Oliver Steinmetz

Die Strategie der Integrierten Produktentwicklung

Oliver Steinmetz

Die Strategie der Integrierten Produktentwicklung

Softwaretechnik und Organisationsmethoden zur Optimierung der Produktentwicklung im Unternehmen

Die Deutsche Bibliothek - CIP-Einheitsaufnahme

Steinmetz, Oliver:
Die Strategie der integrierten Produktentwicklung :
Softwaretechnik und Organisationsmethoden zur Optimierung
der Produktentwicklung im Unternehmen / Oliver Steinmetz. -
Braunschweig ; Wiesbaden : Vieweg, 1993
ISBN-13: 978-3-528-05328-4 e-ISBN-13: 978-3-322-83873-5
DOI: 10.1007/978-3-322-83873-5

Softcover reprint of the hardcover 1st edition 1993
Der Verlag Vieweg ist ein Unternehmen der Verlagsgruppe Bertelsmann International.

Druck und buchbinderische Verarbeitung: Lengericher Handelsdruckerei, Lengerich
Gedruckt auf säurefreiem Papier

Ci sono nuove cose da scoprire –
con un po' di fantasia
e d'immaginazione!

Für Petra und Marissa

Geleitwort

Dieses Buch behandelt die Produktentwicklung in Industrieunternehmen aus der Sicht der Wirtschaftsinformatik. Das bedeutet, daß die Analysen und Lösungsvorschläge von neuesten Erkenntnissen sowohl der Betriebswirtschaftslehre als auch der Informatik beeinflußt sind.

Die Effizienz der Produktentwicklung erreicht inzwischen für viele Unternehmen existentielle Bedeutung, weil der Wettbewerb um die Gunst des Kunden immer härter und globaler ausgetragen wird. Nur wer sich heute um die strategische Ausrichtung der Informationsverarbeitung *zusammen mit* der Organisation kümmert, kann den Anschluß halten. Die besseren Chancen hat derjenige, der seine Produkte zügiger, zum günstigeren Preis und zu höherer Qualität auf den Markt bringen kann als seine Mitbewerber.

In diesem Buch findet der Praktiker verwertbare Vorschläge, wie er in seinem Unternehmen die Integration der Produktentwicklung vorwärtsbringen kann. Aber auch der mehr wissenschaftlich orientierte Leser findet viele Anregungen, die zu weiterer Forschung Anlaß geben mögen.

Da moderne Informationstechniken fünf bis sieben Jahre benötigen, bis sie aus der Phase von Prototypen in die breite Anwendungsdurchdringung wachsen, müßten viele der zur Jahrtausendwende eingesetzten Techniken bereits heute bekannt sein. Zum Aufzeigen strategischer Richtungen für die Informationstechnik in Unternehmen ist deshalb mehr eine Extrapolation und Gewichtung von vorhandenen Techniken gefordert, als das Spekulieren über neuartige Technologien.

Ganz in diesem Sinne zeigt das vorliegende Buch, wie man mit heute noch 'neuen' Techniken wie Objektorientierung, wissensbasierten Systemen und Organisationsmethoden zur präventiven Qualitätssicherung ein Unternehmen für den Wettbewerb der Zukunft schneller und wendiger machen kann.

Menschen, die mit Wissen arbeiten, werden durch diese neuen Techniken stark betroffen sein. Dem Autor ist es gelungen, diese Techniken und ihre möglichen Auswirkungen transparent darzustellen. So kann der Leser sich ein Bild von den kommenden Veränderungen machen, um sich besser auf sie einzustellen, oder auch um sie aktiv mitzugestalten.

Saarbrücken, im Sommer 1993 Prof. Dr. August-Wilhelm Scheer

Vorwort

Alles hatte wieder einmal so harmlos angefangen: Ich hatte den Auftrag, mir „mal anzusehen, wie hier eigentlich Produkte entwickelt werden" - unter Organisations- und DV-Gesichtspunkten. Daraus wurde eine recht lange und sehr interessante Reise - auch im wörtlichen Sinne. Nun halten Sie meinen Reisebericht in Händen.

Die Analyse und Optimierung von Produktentwicklungs-Prozessen in großen Unternehmen ist faszinierend, weil sie in dreierlei Hinsicht Wissensgebiete zusammenbringt, zwischen denen der Austausch leider oft noch spärlich ist:

- Bedürfnisse der **Praxis** werden analysiert und mit den von der **Wissenschaft** angebotenen Organisations- und DV-Methoden konfrontiert.
- Erkenntnisse aus **Betriebswirtschaft und Informatik** müssen zusammengebracht werden, zum Zwecke der besseren Unterstützung für die Praxis.
- Und schließlich war es mir ein persönliches Anliegen, neueste Erkenntnisse aus den **USA** hier einfließen zu lassen.

Angesichts des offensichtlichen Bedarfs an Verbesserungen gerade in deutschen Unternehmen halte ich es für nötig, daß 'die DV' sich emanzipiert und klarstellt, wie fundamental sie heute das Schicksal eines Unternehmens gestalten kann - positiv, wenn man sie fördert, aber auch negativ, wenn Führungskräfte mangels DV-Wissen (oder wenigstens entsprechender Beratung) die Potentiale nicht erkennen.

Viele Menschen haben zum Zustandekommen dieses Buches beigetragen. Ihnen allen gilt mein aufrichtiger Dank. Insbesondere danke ich den Professoren August-Wilhelm Scheer und Christian Weber an der Universität des Saarlandes. Die Begegnungen mit den Professoren J. Encarnação (ZGDV) sowie Wolfgang Wahlster und Gerhard Barth (DFKI) waren wichtige Meilensteine in meinem Erkenntnisprozeß. Hervorheben möchte ich auch die große Hilfsbereitschaft meiner Gesprächspartner am Massachusetts Institute of Technology, an der Carnegie-Mellon University, in Stanford und die meiner Freunde an der University of Massachusetts.

Den Unternehmen Robert Bosch, Artificial Intelligence Technologies, Digital Equipment und Dresdner Bank danke ich dafür, daß sie Anschauungsmaterial, Ressourcen oder zumindest bemerkenswerten Langmut zu meinen Bemühungen beigetragen haben.

Über 'Feedback' zu meinen Thesen freue ich mich. Es gibt auf diesem sehr 'trächtigen' Gebiet noch viel zu diskutieren!

Frankfurt, im Sommer 1993 Dr. Oliver Steinmetz

Inhalt

Geleitwort VI

Vorwort VII

Inhalt IX

1 Integrierte Produktentwicklung – Eine Erweiterung des CIM-Gedankens 1

1.1 Die weltweite Herausforderung 1

1.2 Ziele dieses Buches 4

1.3 Inhaltsübersicht und Tips für Schnell-Leser 7

2 Typische Probleme bei der Sequentiellen Produktentwicklung 9

2.1 Eine konventionelle Produktentwicklungs-Organisation 9

2.1.1 Aufbauorganisation 11

2.1.2 Visualisierung von Produktentwicklungs-Prozessen mit modifizierten Vorgangskettendiagrammen 12

2.1.3 Ablauforganisation 14

2.2 Externe Faktoren 21

2.3 Organisatorische Probleme 21

2.3.1 Aufbauorganisation 22

2.3.2 Ablauforganisation 23

2.4 Know-How-Probleme 29
2.4.1 Was ist eigentlich Know-How? 30
2.4.2 Warum ist Know-How so wichtig? 30
2.5 Informations- und Kommunikationsprobleme 31
2.5.1 Intra-Prozeß-Kommunikation 32
2.5.2 Inter-Prozeß-Kommunikation 33
2.5.3 Probleme im EDV-Bereich 35
2.6 Die Ziele von IPE 38
2.7 Schlußfolgerungen 41

3 Konzepte zur Integration der Produktentwicklung 45

3.1 Computer Integrated Manufacturing (CIM) 45
3.2 Simultaneous- / Concurrent Engineering 46
3.3 X-gerechte Konstruktion 47
3.3.1 Fertigungs- und montagegerechte Konstruktion 48
3.3.2 Kostengerechte Konstruktion 49
3.3.3 Prüfgerechte Konstruktion 50
3.3.4 Umweltgerechte Konstruktion 51
3.4 Präventive Qualitätssicherung 52
3.4.1 Quality Function Deployment (QFD) 55
3.4.2 Taguchi Quality Engineering 58
3.4.3 Failure Modes and Effects Analysis (FMEA) und Fault Tree Analysis (FTA) 60
3.5 Gemeinsamkeiten und Synergie-Effekte 64
3.5.1 Gemeinsamkeiten unter den Methoden 64
3.5.2 Auf dem Weg zu einer Synthese: Synergieeffekte unter den Methoden 65
3.6 Schlußfolgerungen 67

4 Modellierungshilfen für die Integrierte Produktentwicklung 69

4.1 Objektorientierte Programmierung 70

4.2 Wissensbasierte Systeme 75

4.2.1 Überblick 76

4.2.2 KI und Engineering – Grundlagen, Begriffe und Beispiele 79

4.2.3 Vor- und Nachteile wissensbasierter Systeme für IPE 86

4.3 Datenbank-Management-Systeme und ihre Erweiterungen 87

4.3.1 Die Anforderungen der Produktentwicklung an DBMS 88

4.3.2 Bewertung von DBMS aus der Sicht von IPE 90

4.3.3 Aktuell: DBMS und wissensbasierte Techniken 91

4.4 Graphische Benutzungsoberflächen und Hypermedia 96

4.5 Schlußfolgerungen 100

5 Eine DV-Architektur für die Integrierte Produktentwicklung 105

5.1 Fallstudie: Ein FMEA-Informationssystem 108

5.1.1 Grundlegende Anforderungen 109

5.1.2 Software-Entwicklungsumgebung 112

5.1.3 Systemarchitektur und Implementation 114

5.1.4 Lehren aus dem FMEA-Projekt 127

5.2 Anforderungen an eine DV-Architektur für IPE 130

5.2.1 Integration konventioneller Anwendungen 131

5.2.2 Modellierung der Produktentwicklung 136

5.3 Das Know-How-Management-System – ein offener Markt für Daten und Know-How 142

5.3.1 Die Know-How-Bank 145

5.3.2 Das Object Level Interface (OLI) 150

5.3.3 Das Data Level Interface (DLI) 163

5.4 Know-How-Definitions- und -Manipulations-Werkzeuge 165
5.4.1 Der Thesaurus-Editor 166
5.4.2 Der Entwicklungs-Leitstand 167
5.4.3 Der Produktmodell-Editor 169
5.4.4 Der Regel-Editor 172
5.4.5 Der Erfahrungsbank- und Hypermedia-Editor 173
5.5 Know-How-basierte Ingenieurwerkzeuge 174
5.5.1 Werkzeuge fürs Konzipieren 176
5.5.2 Werkzeuge fürs Entwerfen 176
5.5.3 Werkzeuge fürs Ausarbeiten 184
5.5.4 Ex-post-Qualitätssicherung: Diagnose 185
5.6 Nutzen und Grenzen 186
5.6.1 Grundsätzliche Auswirkungen von IPE 186
5.6.2 Synergieeffekte innerhalb der Informationsverarbeitung 187
5.6.3 Auswirkungen auf die Organisation 191
5.7 Schlußfolgerungen 194

6 Der Übergang von der Sequentiellen zur Integrierten Produktentwicklung 197

6.1 Phase 0: Vorbereitungen 198
6.2 Phase 1: Ziele festlegen 200
6.2.1 Ziele der Task Force 200
6.2.2 Ziele für IPE 201
6.3 Phase 2: Analyse des Ist-Zustandes 203
6.3.1 Vorgangsketten-Analyse 203
6.3.2 Analyse der Know-How-Flüsse 205
6.4 Phase 3: Eine Strategische Entwicklungs-Initiative 206
6.4.1 Organisatorische Maßnahmen 207
6.4.2 Technische Maßnahmen am Produkt 214
6.4.3 DV-Maßnahmen 215

6.4.4 Information und Schulung 217
6.4.5 Ein Szenario: Der 'Look and Feel' von IPE 218
6.4.6 Präsentation für die Unternehmensführung 220
6.5 Phase 4: Aspekte der Implementation..................................221
6.5.1 Auswahl eines Testgebietes für IPE 221
6.5.2 Know-How-Akquisition 222
6.6 Schlußfolgerungen 225

7 Schlußfolgerungen und Ausblick............................ 227

Anhänge 235

A Modifizierte Vorgangskettendiagramme..............................235
B Bibliographie 247
B.1 Aufsätze und Monographien 247
B.2 Periodika 265
C Abbildungen...267
Glossar 271
Stichwortverzeichnis 275

1 Integrierte Produktentwicklung – Eine Erweiterung des CIM-Gedankens

1.1 Die weltweite Herausforderung

Everybody is world-class

Ein Industrieunternehmen, das für sich in Anspruch nimmt, Weltklasse zu sein, kommt heute nicht selten zu der ernüchternden Erkenntnis, daß alle seine Konkurrenten ebenfalls Weltklasse sind: *Alle* haben ein sehr gutes Marketing, eine kompromißlose Qualitätssicherung, eine bis ins Letzte durchrationalisierte Fertigung, einen erstklassigen Service und selbstverständlich auch minimierte Gemeinkosten. Und es kommt noch schlimmer: Langsam, aber unverkennbar sinkt der Marktanteil. Immer wieder kommt es vor, daß die Kunden das neue Produkt eines Konkurrenten vorziehen. Dabei sollte man doch denken, daß sie ein ausgereiftes Produkt bevorzugen? Leider ist das neue Produkt der Konkurrenz aber nicht nur preiswerter und sieht chic aus, sondern es ist bereits unmittelbar nach seiner Markteinführung genauso ausgereift, wie das über Jahre hinweg verfeinerte eigene Produkt. Eine Frage beschleicht alle: *Wie machen die das?*

Nutzen wir das Know-How besser!

Wenn Sie, lieber Leser, solche oder ähnliche Situationen erleben, sollten Sie die Diskussion über mögliche Ursachen nicht gleich mit dem modischen Hinweis auf den 'Kosten-Nachteil des Standortes Deutschland' abbiegen. Lange vor diesem Argument könnte man sich doch einmal auf die wichtigste Ressource der hochindustrialisierten Länder besinnen: Hochausgebildete Menschen und hochspezialisiertes Know-How. Gut, das haben die Konkurrenten ja durchweg auch. Aber vielleicht kann man diese Ressourcen ja rationeller, verlustfreier einsetzen?

Zeit, Kosten und *Qualität optimieren*

Hier kommt man eventuell zu dem Schluß, daß der 'Knackpunkt' in der Fähigkeit der Unternehmen liegt, neue, aktuelle Produkte, die obendrein preiswert und qualitativ einwandfrei sind, schnell auf den Markt zu bringen. Es geht also kurz gesagt um die **Optimierung von Zeit, Kosten und Qualität.**

Der Schlüssel liegt vorne

Nehmen wir einmal an, jetzt käme jemand mit der Faustformel: „Über 80% der Kosten, Qualität, Leistung, Zuverlässigkeit und Time-to-Market eines Produkts sind zum Zeitpunkt seiner Fertigungsfreigabe effektiv bereits 'im Kasten'"[1], will sagen: nicht mehr zu verbessern, nicht mehr zurückzuholen. – Wo würden Sie dann Maßnahmen ansetzen, wenn sie möglichst viel 'bang for the buck', möglichst viel Hebelwirkung haben wollen? In der *Produktentwicklung* natürlich, und zwar schon so früh im Entwicklungsprozeß wie möglich.

Wie und womit optimieren?

Davon handelt dieses Buch. Es untersucht und zeigt, wie und womit man die Produktentwicklung heute optimieren kann. Abb. 1.1 skizziert die Richtung des Fortschritts in der Beherrschung von Zeit, Kosten und Qualität.

Die F&E-Bereiche waren traditionell eher ein Stiefkind der Rationalisierungsbemühungen. Doch mit neuen Softwaretechniken und Organisationsmethoden sind jetzt Mittel vorhanden, um auch hier wesentliche Fortschritte zu erzielen. Die Philosophie des Computer Integrated Manufacturing (CIM) dient dabei als Ausgangspunkt der Überlegungen.

Mehr als je zuvor müssen Unternehmen in der Lage sein, auf Veränderungen des Marktes oder anderer externer Faktoren *schnell* zu reagieren. Häufiger denn je müssen heute bewährte Designs, Techniken oder Werkstoffe ersetzt werden, weil es bereits billigere oder umweltverträglichere Alternativen gibt, oder schlicht und einfach, weil sich schon wieder der Kundengeschmack geändert hat.

Die Märkte werden immer schneller

Angesichts der immer 'schnelleren Märkte' brauchen Unternehmen Methoden, die ihre Position im Markt sicherstellen, wenn nicht sogar verbessern können. Während aber die meisten Angestellten wissen, wie sie die Parameter in ihrem unmittelbaren Funktionsbereich verbessern könnten, fällt es schwer, eine Gesamtschau der Prozesse zu bekommen:

- Im Marketing weiß man, daß das Unternehmen seine Wettbewerbsfähigkeit nur sichern kann, wenn es schneller neue Marktchancen ergreift und neue Produkte entwickelt.
- Buchhaltung und Controlling favorisieren insbesondere Kostensenkungen.
- Die Qualitätssicherungs-Experten werden nicht müde, alle Kollegen darauf hinzuweisen, daß Qualität das oberste Ziel sein sollte.

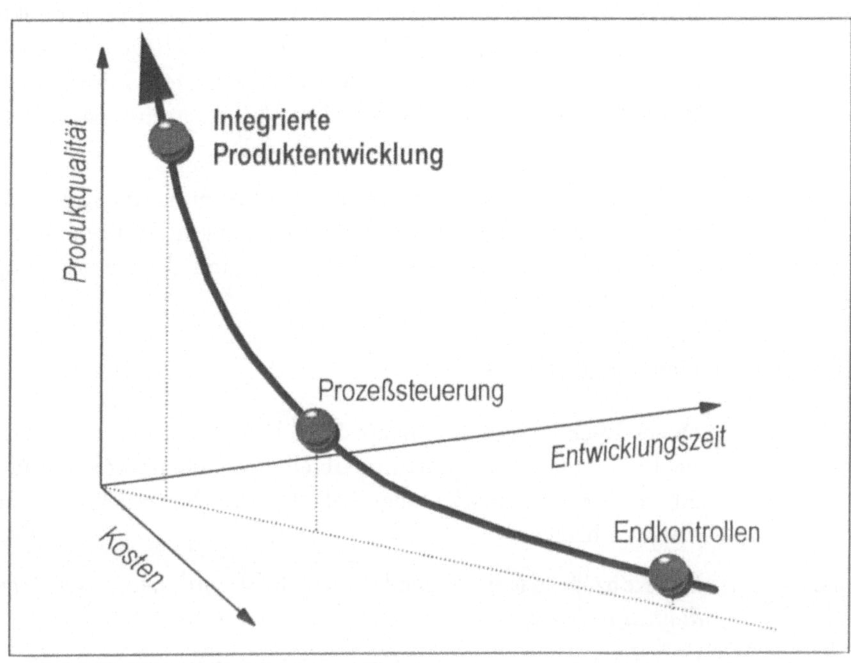

Abb. 1.1: *Fortschritte in der Beherrschung von Zeit, Kosten und Qualität.*

- Die Organisationsberater weisen auf die positiven Effekte funktionsübergreifender, teamorientierter Organisationsformen hin.
- Software-Entwickler versuchen, durch neue Software-Werkzeuge und Methoden ihre Produktivität zu erhöhen, um die steigenden Ansprüche ihrer Benutzer zu befriedigen.
- Die Ingenieurwissenschaften suchen nach Mitteln, die es den Ingenieuren ermöglichen, sämtliche relevanten Anforderungen an ein neues Produkt bereits während der Konstruktion zu berücksichtigen.

Wissen aus verschiedenen Bereichen zusammenbringen ...

Offensichtlich kann in dieser Situation ein *interdisziplinärer*, die Funktionen übergreifender Ansatz helfen. Wenn es einen Weg gäbe, das Wissen all dieser Leute schon am Beginn des Produktlebenszyklus zusammenzubringen, könnten alle Entwurfs-Zielkonflikte (z.B. zwischen Kosten und Qualität) bereits in diesem frühen Stadium offengelegt und ausgetragen werden. Dadurch könnten einige zeit- und kostenintensive Änderungs-Schleifen vermieden werden.

Die Konstrukteure sitzen am Anfang des Produktentwicklungsprozesses und tragen dadurch eine große Verantwortung: Sie müssen theoretisch *alle* Restriktionen, die sich aus dem Lebenszyklus des Produkts ergeben, *gleichzeitig* in ihr Kalkül einbeziehen. Falls das gelingt, kann man viel Zeit,

Kosten und Ärger in späteren Phasen sparen. Die Produkte könnten schneller, zu geringeren Kosten und mit höherer Qualität entwickelt werden. Unglücklicherweise braucht man immer mehr Informationen, um ein Produkt zu entwickeln, während die Informationsverarbeitungskapazität des Menschen nach wie vor ihre Grenzen hat.

... und zwar schon am Anfang!

In Wissenschaft und Praxis greift die Erkenntnis um sich, daß es zur Erreichung der obengenannten Ziele notwendig ist, Wissen aus allen Phasen des Produkt-Lebenszyklus bereits am Beginn des Entwicklungsprozesses zusammenzubringen.

1.2 Ziele dieses Buches

Dieses Buch richtet sich hauptsächlich an Praktiker aus F&E-Bereichen, aus EDV- und aus Organisationsabteilungen, die praktikable Wege suchen, um die Produktentwicklungs-Abläufe eines Unternehmens 'auf Vordermann zu bringen'.

IPE

Das Konzept, das im folgenden vorgestellt wird, nennt sich *Integrierte Produktentwicklung*.

> **Integrierte Produktentwicklung (IPE)** ist
> die **organisatorische und technische** Integration
> aller Vorgänge der Produktentwicklung
> **und des dazu nötigen Wissens**
> in einem Unternehmen.

SPE

Als Gegenstück zu IPE wird hier die konventionelle Organisation der Produktentwicklung als *Sequentielle Produktentwicklung* (SPE) dargestellt.

Datenintegration → Know-How-Integration

Die Produktentwicklung wird hier als ein Teil der Einflußsphäre von CIM (Computer-Integrated Manufacturing) verstanden (vgl. Abb. 1.2). IPE erweitert den CIM-Ansatz der *Daten*integration auf die Integration von *Know-How*. Dieses Ziel ist mit einer Synthese aus technischen und organisatorischen Mitteln zu erreichen:

Moderne DV-Techniken ...

- Den *technischen* Teil von IPE bildet eine Systemarchitektur, die dank moderner Programmiertechniken die DV-Unterstützung für die Produktentwicklung verbessert. Sie trägt zur Integration von bislang verteiltem Know-How bei, indem sie es den Beteiligten jederzeit und in der jeweils sinnvollsten Form zugänglich macht.

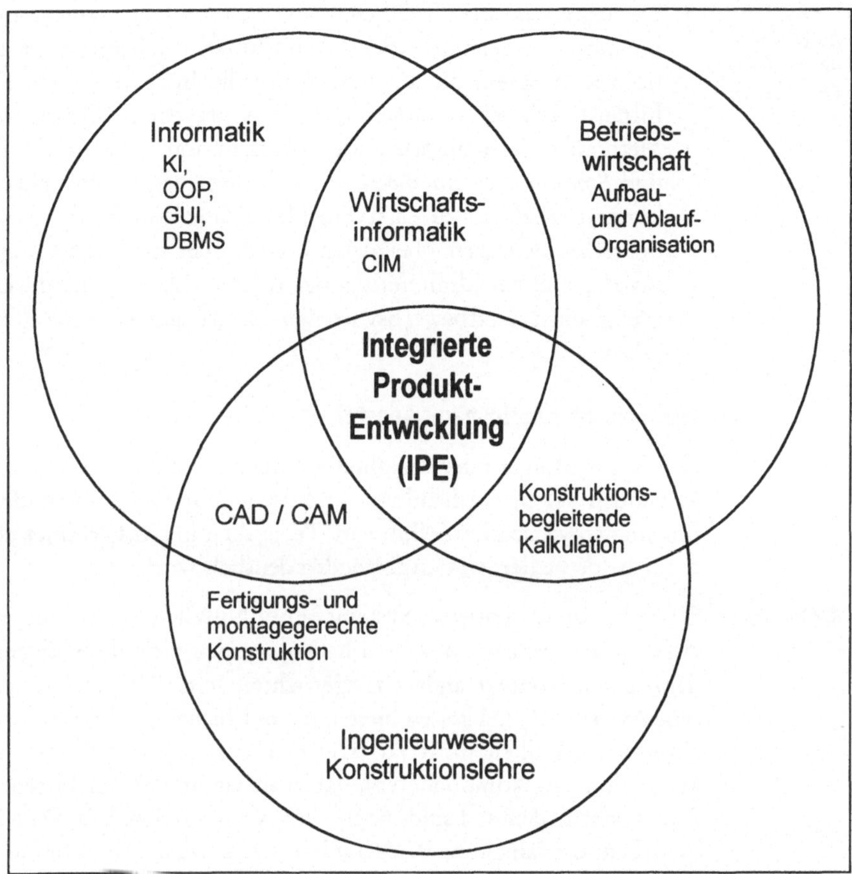

Abb. 1.2 *Die Positionierung der Integrierten Produkt Entwicklung (IPE) zwischen verwandten Konzepten.*

Die Architektur stützt sich auf neueste Erkenntnisse der Informatik, insbesondere aus den verwandten Bereichen Artificial Intelligence (AI / KI), Wissensbasierte Systeme (WBS) und Objektorientierte Programmierung (OOP), die viele neue Mittel zur Formalisierung, Integration und benutzerfreundlichen Darstellung von verteiltem Entwicklungs- und Konstruktions-Know-How hervorgebracht haben.
Während einige der hier eingesetzten Techniken recht jung sind, wurde beim Entwurf der IPE-Systemarchitektur großer Wert auf Praktikabilität gelegt: Sie muß in die heutige 'wirkliche Welt' der DV-Infrastruktur von Unternehmen passen! Daher muß sie mit heute erhältlichen Werkzeugen und unter Einhaltung heutiger Normen zu implementieren sein.

... und funktions-übergreifende Organisation

- Der *organisatorische* Teil beschäftigt sich mit einer synergetischen Kombination von teamorientierten und funktionsübergreifenden Organisations-Konzepten, die auf ihre Weise die Integration von Know-How fördern. Die Hauptbestandteile sind präventive Qualitätssicherungs-Methoden, fertigungsgerechte Konstruktion, *Concurrent Engineering* und *Simultaneous Engineering*. Auch diese organisatorischen Konzepte können erheblich zu einer Beschleunigung von Produktentwicklungsprozessen beitragen – bei gleich hohem oder sogar erhöhtem Qualitätsniveau, und bei Minimierung der Kosten. Dies wiederum kann zu beträchtlichen Wettbewerbsvorteilen für das anwendende Unternehmen führen.

Wozu ein interdisziplinärer Ansatz?

Der hier verfolgte interdisziplinäre Ansatz aus DV- und organisatorischen Methoden verspricht handfeste praktische Vorteile. Insbesondere die Einführung wissensbasierter Software-Techniken in CIM eröffnet neue Aspekte für beide Felder, wie im folgenden deutlich wird.

KI? Vorsicht: Praxis!

Obwohl wissensbasierte Systeme ihre Nützlichkeit bereits in anderen Anwendungsgebieten bewiesen haben, werden viele ihrer Eigenschaften in dem neuen Kontext anders zu gewichten sein: Während sie einige wünschenswerte Möglichkeiten bieten, die mit bisherigen konventionellen Programmiertechniken nicht zu erreichen waren (z.B. verbesserte Wartbarkeit, Erklärungskomponenten), haben sie auf anderen Gebieten, die für die Praxis sehr bedeutend sind, noch einiges aufzuholen (z.B. Datensicherheit, Mehrbenutzerfähigkeit, Wiederanlauf). Die wichtigste Voraussetzung für ihre Anwendbarkeit in IPE ist eine problemlose Vereinbarkeit mit bestehenden DV-Infrastrukturen. Dazu müssen sie mit Normen und Standards z.B. für Benutzungsoberflächen, Datenbanken und Realzeit-Umgebungen kompatibel sein.

Weg vom Taylorismus! Aber wie?

Andererseits werfen auch die durch IPE implizierten organisatorischen Veränderungen neue Fragen auf: Der Übergang vom Taylorismus mit seinen zerteilten, hintereinandergeschalteten Strukturen („over-the-fence engineering“[2]) zu stärker integrierten und computerunterstützten Organisationsformen hält einige Herausforderungen für die Betriebswirtschaft bereit.

1.3 Inhaltsübersicht und Tips für Schnell-Leser

Falls Sie nur ausgewählte Abschnitte des Buches lesen wollen, hier einige Tips:

- Wenn Sie primär an *organisatorischen* Aspekten interessiert sind, sollten Sie sich insbesondere mit den Kapiteln 2, 3 und 6 befassen.
- Falls Sie sich insbesondere für die Aspekte der *Informationsverarbeitung* in IPE interessieren, werden Sie die Kapitel 4 und 5 bevorzugen. Diese Kapitel setzen Grundkenntnisse über klassische Software-Techniken voraus, wie z.B. relationale Datenbanken und strukturierte Programmierung.
- Zum Stöbern können Sie sich der Marginalientexte bedienen. Damit können Sie gewissermaßen im 'Daumenkino-Modus' durch den Text pflügen.

Gliederung

Kapitel 2 handelt von den typischen Problemen in sequentiell organisierten Produktentwicklungsprozessen. Wenn Sie diese Art von Problemen kennen, sollten Sie auch ein interessierter Leser der darauffolgenden Kapitel sein. Außerdem werden dort die Konzepte *Know-How-Vorwärtskopplung*, *Know-How-Rückkopplung* und *Know-How-Integration* eingeführt.

Als nächstes geben zwei Grundlagen-Kapitel Überblicke über den Stand der Techniken, die als nützliche Bausteine für IPE anzusehen sind:

Kapitel 3 präsentiert einige für IPE nützliche *organisatorische* Konzepte, darunter mehrere teamorientierte und funktionsübergreifende Methoden.

Kapitel 4 gibt eine ähnliche Zusammenschau für den (DV-) *technischen* Bereich. Das Interesse gilt hier hauptsächlich den Techniken aus den Gebieten der Artificial Intelligence und der Datenbanken.

Kapitel 5, der Hauptteil des Buches, beginnt mit einer Fallstudie über ein rechnergestütztes System für eine der in Kapitel 3 vorgestellten Methoden: Ein FMEA-Informationssystem. Hier werden auch einige Details der Programmierung vorgestellt.

Aufbauend auf den Erfahrungen aus diesem und zwei weiteren Projekten wird danach eine DV-Architektur für IPE entwickelt. Es wird gezeigt, wie objektorientierte und wissensbasierte Techniken, Datenbank-Management-Systeme und graphische Benutzungsoberflächen in Kombination angewendet werden können, um IPE zu ermöglichen.

Kapitel 6 kümmert sich wiederum um die organisatorischen Aspekte: Es enthält u.a. eine systematische Vorgehensweise zur Überführung einer

Produktentwicklung vom 'sequentiellen' zum 'integrierten' Zustand, also von SPE nach IPE.

Kapitel 7 präsentiert die Schlußfolgerungen: Es faßt die gewonnenen Erkenntnisse zusammen und gibt Ausblicke auf die weitere Forschung.

... und ein ausführlicher Anhang!

Zur weitergehenden Information finden Sie am Ende jedes Kapitels kommentierte Literaturhinweise und im **Anhang** eine ausführliche Bibliographie. Dort stehen auch zwei modifizierte Vorgangskettendiagramme in ausführlicher Form. Zur schnellen Orientierung dient auch das Stichwortverzeichnis.

Beginnen wir also mit einer Beschreibung der Sequentiellen Produktentwicklung (SPE) und der Probleme, die in ihr typischerweise anzutreffen sind.

Anmerkungen zu Kapitel 1

1 [FOX.R 89]
2 vgl. [WALKLET 89].

2 Typische Probleme bei der Sequentiellen Produktentwicklung

Dieses Kapitel führt uns durch die heutige Produktentwicklung. Vielen von Ihnen wird dabei einiges unangenehm bekannt vorkommen. Doch das muß niemandem peinlich sein, denn *noch* geht es den meisten Unternehmen so: Sie betreiben das, was ich hier „Sequentielle Produkt-Entwicklung (SPE)" nenne. Nach der Beschreibung des Ist-Zustandes werden die Probleme, die dadurch typischerweise entstehen, beschrieben und aufgegliedert. Schließlich werden daraus erste Zielsetzungen für die „Integrierte Produktentwicklung" (IPE) abgeleitet.

Vor dem Hintergrund dieser Erwägungen können Sie auch das Potential der Lösungsansätze, die in den Kapiteln 3 (organisatorisch) und 4 bis 5 (informationstechnisch) vorgestellt werden, für Ihre Situation am besten einschätzen.

2.1 Eine konventionelle Produktentwicklungs-Organisation

Aufbau- versus Ablauf-Organisation

Die Diskussion beginnt mit der exemplarischen Beschreibung einer typischen Sequentiellen Produktentwicklung. Dabei ist die Unterscheidung in Aufbau- und Ablauforganisation hilfreich: Die *Aufbau*organisation beschreibt im wesentlichen die Organisationseinheiten (z.B. Geschäftsbereiche, Stäbe, Abteilungen, Referate, Gruppen) und die 'Machtstrukturen' unter ihnen, also Zuständigkeiten und Verantwortlichkeiten. Die *Ablauf*organisation hingegen beschäftigt sich mit der Analyse und Beschreibung der Wege, die die Ströme von Waren, Geld und Informationen durch die Organisation nehmen.

Beispiel: Kfz-Elektronik

Die Produkte, um die es hier beispielhaft geht, sind Leiterplatten, die zentralen Bestandteile elektronischer Steuergeräte für Kraftfahrzeuge. Diese Steuergeräte werden z.B. in Kraftstoff-Einspritzungen und Zündsystemen, Anti-Blockier-Systemen (ABS) oder integrierten Motormanagement-Systemen eingesetzt.

Dieser Markt erfuhr seit der Mitte der achtziger Jahre ein starkes Wachstum, hauptsächlich verursacht durch die Einführung der geregelten Katalysatoren in Europa, die solche elektronischen Systeme brauchen. Allgemein ist der internationale Markt für Kraftfahrzeuge gekennzeichnet durch schrumpfende Produktlebenszyklen, steigenden Kosten- und Zeitdruck und wachsende Individualität der Produkte, was wiederum zu steigender Diversifikation und kleineren Serien führt.

Steuergeräte sind nicht einfach ...

Steuergeräte sind auf kleinem Raum zusammengedrängte, gemischt analog-digitale Schaltungen, die unter extremen Bedingungen 'überleben' müssen. Die Entwicklung von Leiterplatten für diese Geräte stellt die Ingenieure vor eine ziemlich unfreundliche Kombination von Anforderungen. Manche davon widersprechen sich, und ihre Anzahl ist höher als z.B. bei der Entwicklung von VLSI-Chips:

- Es gibt mechanische Restriktionen, z.B. die maximale Größe des gesamten Steuergeräts, damit es am vorgesehenen Platz in den Motorraum paßt, oder Mindestabstände zwischen Komponenten, damit sie von den Bestückungsautomaten plaziert werden können.
- Elektrische Anforderungen umfassen u.a. Timing-Probleme, die wiederum Maximallängen für bestimmte Leiterbahnen implizieren oder für andere Leiterbahnen genau gleiche Längen erfordern. Zur Vorbeugung gegen Störströme müssen Mindestabstände eingehalten werden.
- Redundanzen und Notfall-Schaltkreise („*Fallback*") tragen zur Erhöhung der Komplexität bei.
- Zu allem Überfluß ist der Motorraum eines Kraftfahrzeuges eine sehr unwirtliche Umgebung: Es gibt starke Netzspannungsschwankungen (der Autobatterie), extreme Temperaturen mit schnellen Temperaturänderungen, Feuchtigkeit, Staub, Salz, Vibrationen und Störströme von anderen elektromagnetischen Aggregaten.
- Gleichzeitig muß das Steuergerät selbst möglichst geringe Störstrahlung aussenden, um den Radioempfang und die anderen elektronischen Systeme im Auto nicht zu beeinflussen.
- Nicht zuletzt muß das Gerät so geringe Herstellkosten wie möglich verursachen.

Wie schaffen es Unternehmen, unter solch schwierigen Bedingungen neue Produkte zu entwickeln? Es gehört offenbar einiges an Organisation dazu, um nicht im Chaos zu versinken.

2.1.1 Aufbauorganisation

Vorgangsketten gehen quer durch klassische Organisationen

Produktentwicklung ist normalerweise Teamarbeit: Mehrere Menschen arbeiten zusammen, um ein gemeinsames Ziel zu erreichen. Nur selten aber gehören die Teammitglieder auch zur selben organisatorischen Einheit. Große Unternehmen mit funktional gegliederter, hierarchischer Aufbauorganisation neigen zu hochgradiger arbeitsteiliger Differenzierung, die sich in einer starken Spezialisierung der einzelnen Stellen niederschlägt. Dadurch können sich Vorgangsketten leicht über mehrere Abteilungen oder gar Unternehmensbereiche hinweg erstrecken.

Bei der Entwicklung neuer Produkte kommt dieser Effekt besonders stark zum Vorschein: Das 'Team' kann hier mehrere Abteilungen oder sogar mehrere Geschäftsbereiche überschauen. Beispielsweise kann die Leiterplatten-Konstruktionsabteilung zu dem Geschäftsbereich gehören, der auch die Fertigung betreut, während die Schaltplanentwicklung verteilt über mehrere andere Geschäftsbereiche in den jeweiligen Produktabteilungen stattfindet. So fungiert die Leiterplatten-Konstruktion als eine Art interner Dienstleister - womöglich auch als Profit Center (vgl. Abb. 2.1).

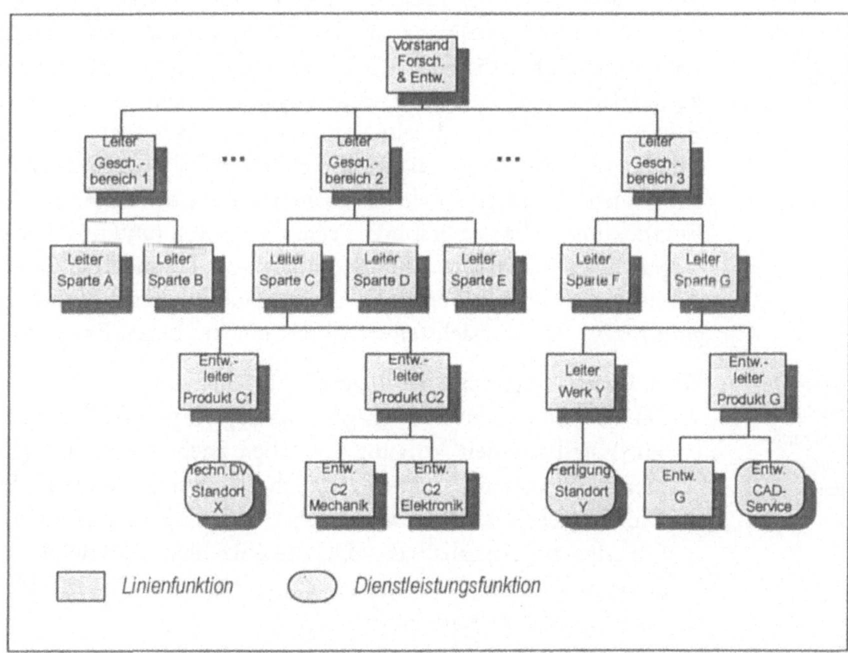

Abb. 2.1 *Eine herkömmliche Aufbauorganisation für die Produktentwicklung.*

Aufteilung kann sinnvoll sein

Für eine solche Aufteilung können durchaus einige gute Gründe sprechen:

- Das Ziel, Cost- bzw. Profit Centers zu formen und damit bessere Planung und Kontrolle von Kosten und Nutzen zu ermöglichen (soweit der Nutzen zahlenmäßig erfaßbar ist – und da liegt ja der Haken ...).
- Der Wunsch, wichtige Bereiche, die besonders viel Know-How oder Kapital beanspruchen, in Form von „Kompetenzzentren" zusammenzufassen.
- Ein enger Kontakt der Leiterplattenkonstrukteure zu den Fertigungsexperten wird eventuell als wichtiger angesehen als der zu den Schaltplanentwicklern.

Sogar unternehmens*übergreifende Teams*

Wegen der immer weiter reduzierten Fertigungstiefen und der dadurch immer stärkeren Verflechtung zwischen Herstellern und Zulieferern (z.B. in der Automobilindustrie) werden immer häufiger auch Mitarbeiter verschiedener Unternehmen zu einem Team gerechnet.

2.1.2 Visualisierung von Produktentwicklungs-Prozessen mit modifizierten Vorgangskettendiagrammen

Wie 'malt' man eine Ablauforganisation?

Bevor wir in die Beschreibung von Ablauforganisationen einsteigen, ist zunächst eine Anmerkung zu den Visualisierungsmethoden angebracht: Ich verwende hierfür eine modifizierte Form der Scheer'schen Vorgangskettendiagramme[1], die zur Darstellung von Abläufen z.B. in Auftragsbearbeitung und Fertigung sehr gut geeignet sind. Sie bieten bloß keine Möglichkeit, iterative Abläufe, also Schleifen im Prozeß, darzustellen. Solche Schleifen sind aber, wie das nächste Teilkapitel zeigen wird, gerade für Entwicklungsprozesse besonders charakteristisch (und problematisch), und wegen ihres Rationalisierungspotentials von besonderem Interesse. Abb. 2.3 zeigt eine komprimierte Form eines modifizierten Vorgangskettendiagramms für den im nächsten Abschnitt beschriebenen Entwicklungsablauf.

Vorteile der modifizierten Vorgangskettendiagramme

Diese Darstellungsweise hat folgende Vorteile:

- Die herkömmlichen Vorgangskettendiagramme (Abb. 2.2 zeigt ein Beispiel) stellen einen Vorgang von oben nach unten dar. Weil die Zeit hier so interessant ist, bevorzuge ich die zweidimensionale Darstellung: Die Zeitachse verläuft waagerecht. Auf diese Weise kann man auch Schleifen sequentialisieren, d.h. die einzelnen Durchläufe nebeneinanderlegen. Diese Darstellung entspricht auch eher den üblichen Projektplanungssystemen.[2]

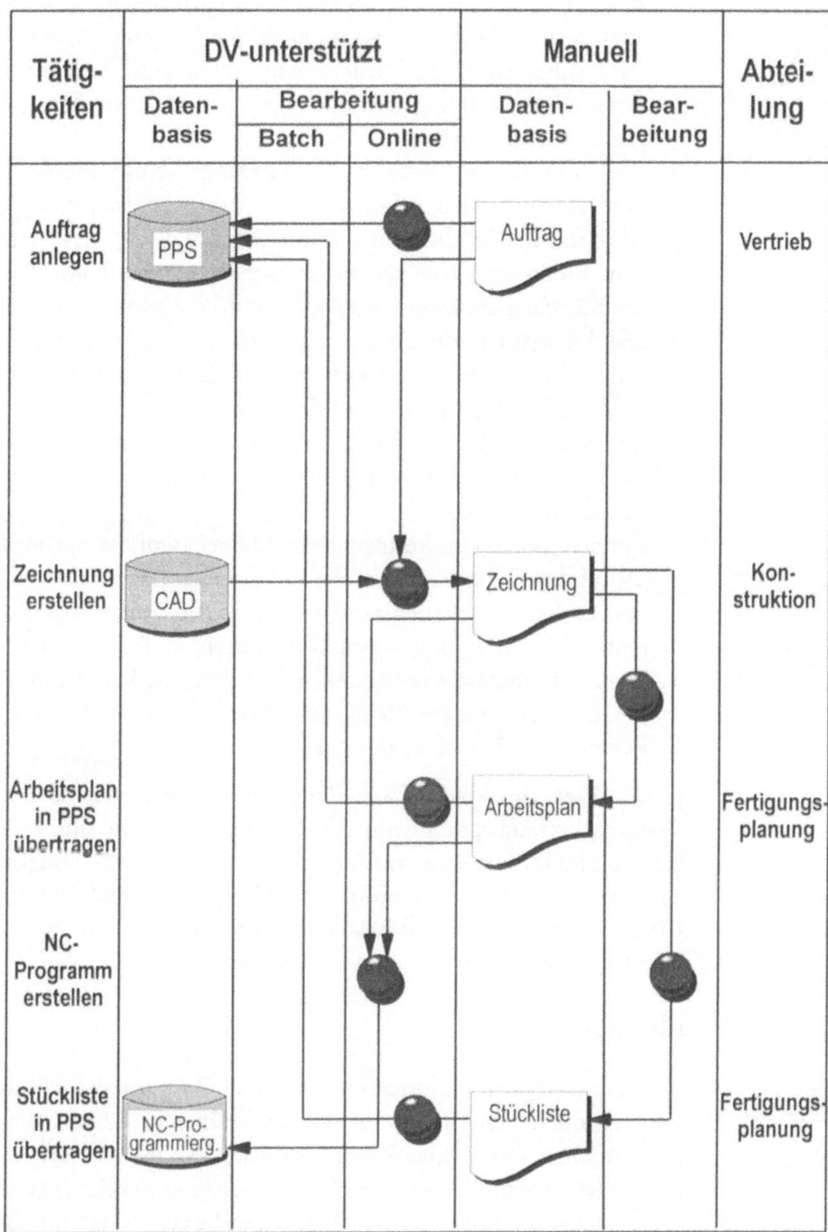

Abb. 2.2 *Modellierung von Ablauforganisationen – Beispiel für ein Vorgangskettendiagramm nach Scheer [SCHEER CIM d 88].*

- Auf der Hochachse werden von oben nach unten die wichtigsten Aktivitäten des Projektes angetragen in der Reihenfolge, wie sie *normalerweise* auftreten – jedoch jede organisatorische Einheit nur einmal. Diese vertikale Anordnung entspricht im wesentlichen den normalen Vorgangskettendiagrammen.
- Die Punkte, die Zustände des Vorgangs symbolisieren, werden 'vergrößert' zu Kästchen mit Text, in denen stichwortartig die jeweilige Aktivität beschrieben wird. Dadurch wird der Ablauf leichter verständlich. Wenn man eine genaue Zeitachse antragen kann, kann die Breite der Kästchen die Dauer der Aktivität widerspiegeln.
- Die Übergänge zwischen Zuständen werden weiterhin durch Pfeile symbolisiert, allerdings mit verschiedenen Facetten: Durchgehende Pfeile stellen Übergänge dar, die 'immer' stattfinden. Gestrichelte Pfeile stehen für bedingte Übergänge (z.B. Rücksprünge: Falls der Prototyp die Dauerprüfung nicht besteht, muß die Entwicklungsabteilung noch einmal 'ran).
- Entlang der Pfeile können auch kleine Symbole angeordnet werden. Damit kann man auf Probleme hinweisen, wie z.B. das Überqueren von Grenzen zwischen verschiedenen DV-Umgebungen oder eine potentielle Verzögerung wegen Wartezeiten.
- Die Darstellungsweise ist natürlich ausbaubar: Man kann für spezifische Umgebungen andere Pfeile, neue Symbole und z.B. auch verschiedene Formen von Kästchen einsetzen.

Dank ihrer intuitiven Darstellungsweise haben sich die modifizierten Vorgangskettendiagramme in der Praxis bewährt. Sie sind Hilfsmittel zum Finden und Diskutieren von Schwachstellen in Entwicklungsprozessen. Im Anhang A sind zwei modifizierte Vorgangskettendiagramme in voller Länge abgebildet, die die Ablauforganisationen von Sequentieller und Integrierter Produktentwicklung darstellen.

2.1.3 Ablauforganisation

Jeder Entwicklungsprozeß ist anders

Wenn wir die Ablauforganisation einer Produktentwicklung unter die Lupe nehmen, sollten wir uns immer darüber im klaren sein, daß es sich hier um einen *forschenden* Prozeß handelt, der viel mit Versuch und Irrtum zu tun hat. Dadurch liegt die Herausforderung bei der Analyse vor allem darin, einen *typischen* Ablauf herauszuarbeiten. Dazu müssen in vielen Gesprächen mit Beteiligten Einzelfälle analysiert werden, woraufhin sich langsam eine Art Grundmuster herauskristallisiert. Der schließlich hier gezeigte Ablauf ist daher eigentlich rein hypothetisch: In Wirklichkeit weist jede Entwicklungsgeschichte zahlreiche Abweichungen von diesem Ablauf

auf. Trotzdem ist die Darstellung sehr hilfreich, da sie endlich eine Diskussionsgrundlage für Verbesserungen der Vorgangskette bietet.[3]

Der Entwicklungsprozeß von Steuergeräten

Die Entwicklung von Steuergeräten umfaßt drei wesentliche Schritte:

- *Entwicklung*: Darunter verstehen wir im folgenden die Schaltungsentwicklung bis zur Fertigstellung des Schaltbildes.
- *Konstruktion*: Dies umfaßt die Leiterplattenentflechtung (Layout) für die gedruckten Schaltungen sowie die mechanische Konstruktion von Steuergeräte-Gehäusen.
- *Fertigungsvorbereitung*: Hier geht es um die Planung der Maschinenbelegung, Taktzeiten, Logistik usw.

Wie läuft das ab?

Die folgenden Abschnitte werden die typische Art beleuchten, in der solch ein Prozeß heute abläuft.

Zuerst muß festgehalten werden, daß dieser Gesamtablauf mehrmals durchlaufen wird: Es gibt bis zu drei Musterphasen (A bis C), bis schließlich das C-Muster nach nur noch geringen Verbesserungen die Fertigungsfreigabe erhält und in Serie geht. Anhand der modifizierten Vorgangskettendiagramme in Abb. 2.3 (Kurz-Übersicht) und A.1 (Langform) können Sie nun den Weg mitverfolgen, den unser Beispiel-Produkt von der Idee bis zur Serienreife nimmt.

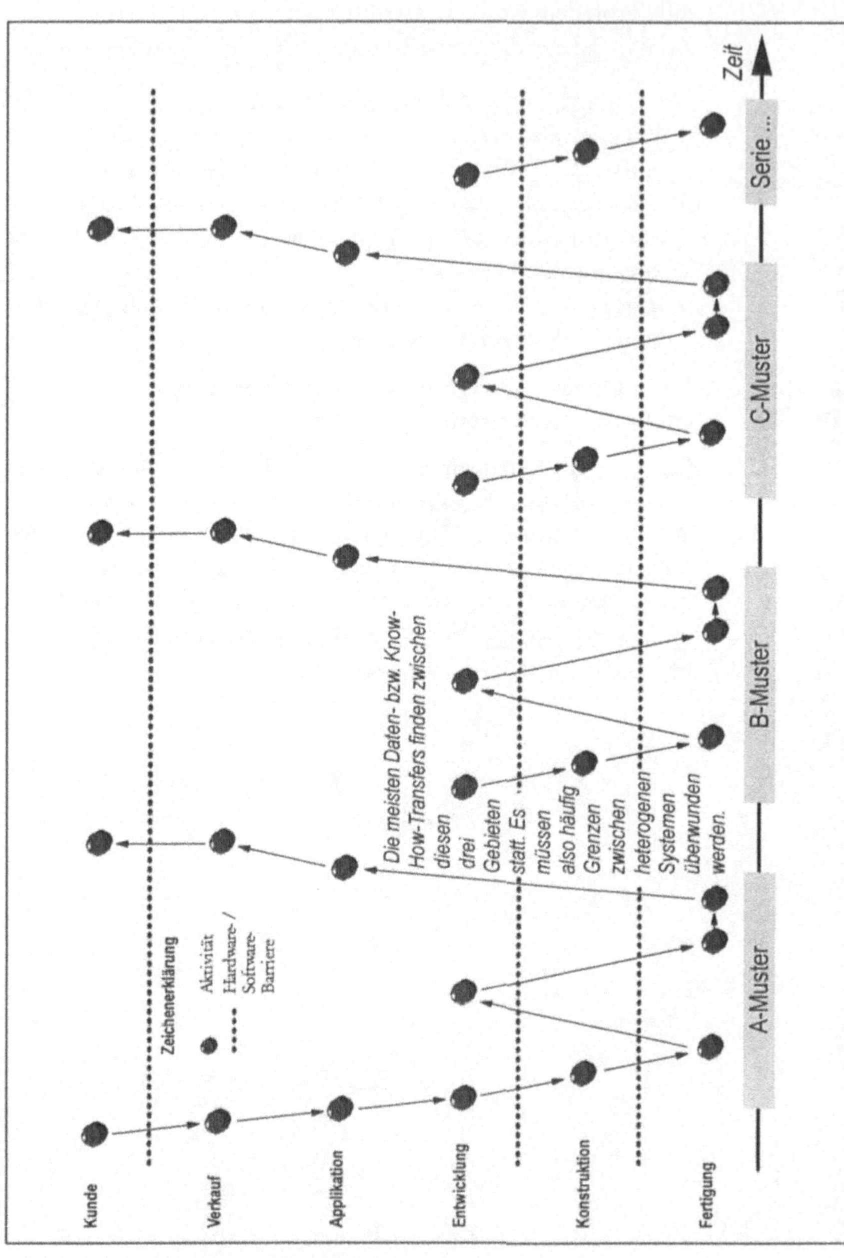

Abb. 2.3 *Ablauforganisation eines Produktentwicklungs-Prozesses in der Sequentiellen Produktentwicklung – komprimierter Überblick über das modifizierte Vorgangskettendiagramm. Ausführliche Darstellung siehe Anhang A.*

2.1.3.1 Schaltplanentwicklung

Wie beginnt das Leben eines Steuergerätes? Wir werden das künftige Produkt gewissermaßen von der 'Zeugung' bis zur 'Geburt' verfolgen.

Wenige neue Funktionen ...

Aus Vorgesprächen mit einem Kunden wird ein Pflichtenheft und daraus in Zusammenarbeit mit der Entwicklung eine Angebotszeichnung erstellt. Die Verkaufsingenieure finden heraus, ob geforderte Funktionen bereits als Schaltungen existieren bzw. ob die Möglichkeit besteht, solche neuen Funktionen zu realisieren. Da i.d.R. die meisten Funktionen schon in anderen Steuergeräten existieren, handelt es sich zu ca. 90% um Varianten und nur bei ca. 10% um echte Neuentwicklungen.

... und trotzdem viele neue Leiterplatten

Der geringe Anteil an 'echten' Neukonstruktionen impliziert aber nicht einen geringen Anteil von neuen Leiterplatten. Vielmehr wird für *jedes* neue Steuergerät eine neue Leiterplatte konstruiert, denn mit einem streng modularen und damit konfigurierbaren Aufbau von Leiterplatten lassen sich die strengen Anforderungen vor allem bezüglich Platzminimierung und elektromagnetischer Verträglichkeit noch immer nicht erfüllen.

Schaltungsentwurf

Im Anschluß an die Projektdefinitionsphase beginnt der eigentliche Entwurf einer Schaltung (*Schematic Design*). Dazu wird ein CAD-System verwendet, das auch den Zugriff auf Schaltungs-Simulatoren gewährleistet. Die elektronischen Komponenten werden aus Katalog-Datenbanken herausgesucht, die der Hersteller des CAD-Systems mitliefert. Diese Kataloge müssen allerdings laufend um eigene ASICs (Application-Specific Integrated Circuits) und neueste Zukauf-Komponenten ergänzt werden. Ein Mitarbeiter ist speziell mit der Verwaltung der Kataloge betraut. Die Schaltung wird nahezu völlig aufgrund elektrischer und logischer Anforderungen entwickelt. Mechanische Restriktionen (Größe etc.) spielen dabei im wesentlichen noch keine Rolle.

Labor-Tests

Sobald eine neue Schaltung in Simulationsläufen theoretisch ausgetestet ist, erfolgt eine Überprüfung des theoretischen Ansatzes durch einen Laboraufbau. So wird der Entwurf in Zyklen zwischen theoretischen und praktischen Tests verfeinert. Dann werden die Dokumente und Dateien erzeugt, die zur Weitergabe an die Leiterplattenkonstruktion notwendig sind. Hierbei handelt es sich um

Übergabe an Leiterplatten-Konstruktion

- eine *Zeichnung* des Schaltplans,
- eine *Stückliste* für die festgelegten Bauelemente,
- eine *Netzliste*, die besagt, wie die einzelnen Bauelemente miteinander verbunden sind,
- *Layout-Hinweise*, die über Besonderheiten für das Layout informieren, z.B. Vorsichtshinweise an den Layouter, Auslegungsvorschriften für

bestimmte Leiterbahnen sowie Datenblätter von Bauelementen, die vielleicht noch nicht in der Bibliothek des CAE-Systems stehen.

Alle Gegenstände bis auf den letzten können durch das CAD-System automatisch generiert werden.

2.1.3.2 Konstruktion

Mit den vom Entwickler kommenden Informationen kann ein anderer Ingenieur in der Konstruktion (in einem anderen Geschäftsbereich) seine Arbeit beginnen. Trotzdem muß er das Layout im Laufe der Erstellung durchschnittlich dreimal mit dem Entwickler durchsprechen um sicherzugehen, daß er auch alle Wünsche des Entwicklers in der Leiterplatte verwirklicht.

Leiterplatten-Konstruktion

Die Aufgabe des Leiterplatten-Konstrukteurs, aus dem nach rein funktionalen Gesichtspunkten erstellten Schaltplan ein Leiterplatten-Layout zu erzeugen, zerfällt in drei wesentliche Arbeitsgänge:

Plazierung

- *Plazierung* der Bauelemente (Placement): Die Bauelemente müssen so angeordnet werden, daß sie möglichst wenig Platz verbrauchen, möglichst leicht automatisch zu bestücken sind und nicht sich gegenseitig oder die Umgebung mit Störsignalen beeinflussen. Außerdem muß für die Verlegung von Leiterbahnen zwischen den Bauelementen genügend Raum bleiben, und die *Tabuzonen* (z.B. Plätze für Kühlwinkel und Befestigungsschrauben) auf der Leiterplatte müssen frei bleiben.

Entflechtung

- *Entflechtung* der Verbindungen (Routing): Was auf dem Schaltplan noch übersichtlich aussehen kann, wird spätestens beim Finden von Pfaden für die elektrischen Verbindungen auf der Leiterplatte zum Problem: Im Gegensatz zum Schaltplan dürfen sich hier Leiterbahnen nicht kreuzen. Bei heutigen Chip-Gehäusen mit bis zu 60 Pins stellt das an die Kombinationsgabe und Erfahrung des Layouters (oder des Autorouters) sehr hohe Anforderungen. Weitere Restriktionen für die Leiterbahnen sind z.B. maximale Längen oder minimale Flächen.

Simulation

- *Simulation*: Hier wird die Entwicklung und Verteilung von Wärme beim Betrieb der Schaltung simuliert und graphisch dargestellt. Die Ergebnisse können Anlaß zu Layout-Änderungen sein.

Übergabe an Fertigungsplanung

Wenn auf diese Weise ein Layout fertiggestellt ist, werden die relevanten Daten an die Fertigungsplanung übergeben. Einen Großteil davon kann das CAD-System über Postprozessoren erzeugen.

Zur Musterfertigung und zurück ...

Im Falle von B- bzw. C-Mustern wird jeweils eine kleine Stückzahl von Muster-Leiterplatten produziert und bestückt. Diese werden dann zum Entwickler zurückgeschickt, der sie in der Anwendungsumgebung durchtestet. Daraus erwachsen Verfeinerungen des Schaltplans, und der Entwicklungszyklus beginnt von Neuem.

2.1.3.3 Fertigungsplanung

Mit den oben erwähnten Daten kann ein Fertigungsingenieur den Einsatz der Fertigungsmittel und den Fertigungsablauf planen.

Eine neue Stückliste ...

Vor dem Serienanlauf müssen die Daten aus dem Entwicklungsbereich in die kaufmännische Datenverarbeitung übernommen werden. Aus der Entwicklungs-Stückliste, die im Prinzip nur eine Aufzählung von Sachnummern und zugehörigen Anzahlen ist, muß die Werks-Stückliste in Form einer Baum-Stückliste erzeugt werden. Diese Form zeigt deutlicher die Fertigungsstruktur und erleichtert auch die anschließende Erstellung von Arbeitsplänen.

Freigabegespräch

Für jedes komplett neue Layout einer Leiterplatte findet ein Freigabegespräch im Fertigungswerk statt. In diesem Gespräch treffen sich alle, die am Entwicklungsprozeß beteiligt sind: Experten aus Entwicklung, Konstruktion, Fertigungsvorbereitung, Fertigungsausführung und Qualitätssicherung. Gegenstand der Diskussion sind die Muster-Leiterplatten, die bis dahin in kleinen Stückzahlen gefertigt worden sind. Jeder kritisiert, was er aus seiner Sicht und nach seiner Erfahrung an dem Produkt bedenklich findet. Das Hauptziel dieses Gesprächs ist es herauszufinden, ob das Produkt in seiner vorliegenden Form in Produktion gehen kann, und falls nicht, welche Änderungen noch nötig sind. Es ist schwierig und kostenintensiv, die Gesprächsteilnehmer aus den verschiedenen Standorten zusammenzubekommen.

Informations- Timing *ist wichtig!*

In der Regel sieht ein Fertigungsingenieur eine neue Leiterplatte erst kurz vor dem Freigabegespräch zum ersten Mal. Dabei gibt es einige mögliche Gründe, warum er sie besser schon vorher zu Gesicht bekommen sollte:

- Vielleicht steht überhaupt kein adäquater Fertigungsprozeß zur Verfügung.
- Toleranzen könnten zu eng gewählt sein, was zu unakzeptabel hohen Ausschußraten und Kosten für manuelle Nacharbeit führen würde.
- Eine zu anspruchsvolle Konstruktion könnte den Kapitalbedarf für Maschinen zu sehr in die Höhe treiben.

Für Entwickler und Konstrukteur der Leiterplatte ist diese Sitzung wie eine Prüfung: Wenn die Konstruktion nicht angenommen wird, ist das ziemlich blamabel, und sie müssen ein Redesign vornehmen. Danach findet evtl. ein zweites Freigabegespräch statt, falls größere Änderungen nötig gewesen sind.

... und das war der Idealfall*!*

Bis hierher wurde eher der Idealfall eines Entwicklungsprozesses gezeigt. Schon bei B- und C-Mustern wird derselbe Satz von organisatorischen Einheiten zweimal durchlaufen. Häufig werden die Schleifen noch komplexer. Hauptsächlich wegen der *trial and error*-Struktur der SPE-Prozesse können an mehreren Punkten kleinere Schleifen ausgelöst werden. Wenn z.B. der Schaltungsentwickler nach Lieferung der Muster-Leiterplatten feststellt, daß diese überhaupt nicht funktionieren, muß der Layout-Konstrukteur etwa 50% seiner Arbeit wiederholen. Alle diese Effekte treiben die Zeiten für Entwicklung und Fertigungsvorbereitung und damit auch die Entwicklungskosten in die Höhe.

Probleme analysieren nach Wirkung auf ...

Die nächsten Abschnitte analysieren die Probleme, die SPE mit sich bringt, top-down unterteilt in die Kategorien 'Externe Faktoren', 'Organisation', 'Know-How' und 'Information und Kommunikation' (vgl. Abb. 2.4).

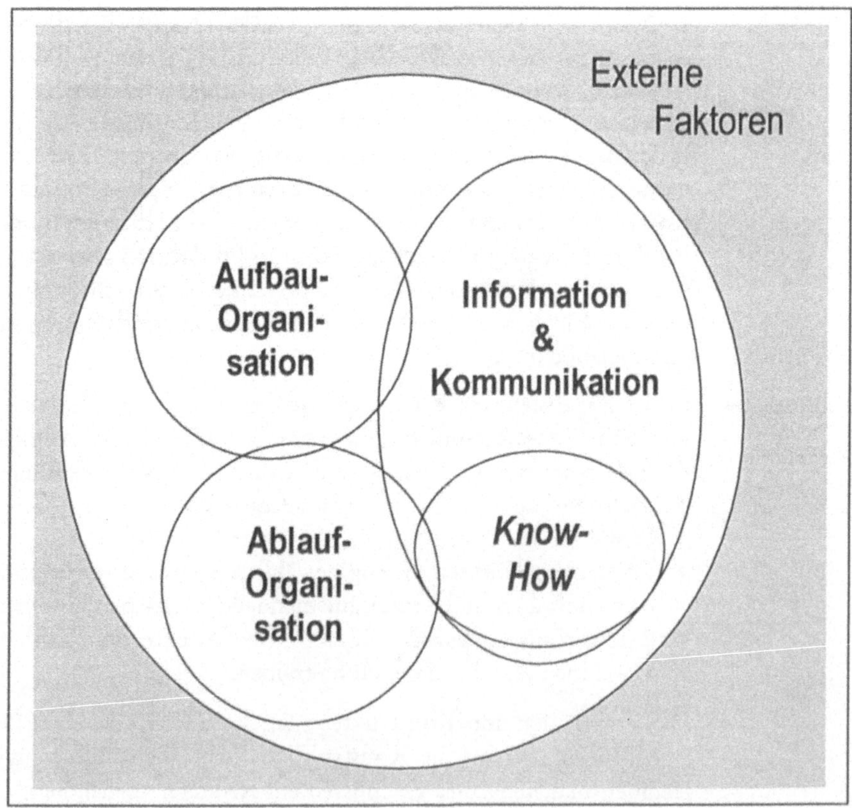

Abb. 2.4: Die wichtigsten Problembereiche der Sequentiellen Produktentwicklung.

Die meisten dieser Probleme beeinflussen sich gegenseitig. Es soll klar werden, in welcher Weise sie sich negativ auswirken auf

Zeit
- die **Zeit**, die der Prozeß braucht;

Kosten
- die anfallenden **Kosten**;

Qualität
- die **Qualität** der Produkte.

Bilden Sie sich selbst ein Urteil, welche dieser Probleme in Ihrer Umgebung die wichtigsten sind.

2.2 Externe Faktoren

Externe Faktoren

Externe Faktoren sind diejenigen, welche durch ein einzelnes Unternehmen nicht direkt beeinflußt werden können. Das Unternehmen kann auf diese Faktoren nur *re*agieren. Das heißt aber nicht, daß man das Nachdenken über diese Probleme nur den Marketing- und Volkswirtschaftsabteilungen überlassen sollte. Zu den externen Faktoren gehören::

- *Die Kunden*: Sie verlangen immer individuellere Produkte mit exzellenter Qualität zu günstigen Preisen. Außerdem haben z.B. Zulieferer in der Automobilindustrie mit Änderungen von Spezifikationen während laufender Entwicklungen zu kämpfen.
- *Die globale Konkurrenz*: In Europa und den USA hat man in den letzten Jahren die Frage „Warum sind die Japaner besser?" intensiv studiert – mit gutem Grund, denn Studien haben z.B. gezeigt, daß die Japaner um etwa $^1/_3$ weniger Zeit von ursprünglicher Konzeption bis zum Kunden brauchen als die Amerikaner und Europäer.[4]
- *Regierungen*: Diese erlassen neue Gesetze, die der Produktentwicklung zusätzliche Restriktionen auferlegen. Gegenwärtig sind dies vor allem Umweltauflagen, z.B. betreffend Emissionen oder Recycling.

Um sich gegen diesen Druck von außen zu behaupten, muß ein Unternehmen möglichst gleichzeitig

- **Zeit** einsparen beim Entwickeln neuer Produkte;
- **Kosten** reduzieren – sowohl in der Fertigung, als auch bei der Entwicklung;
- und die **Qualität** seiner Erzeugnisse erhöhen.

Die folgenden Abschnitte sollen zeigen, wo man dazu ansetzen könnte.

2.3 Organisatorische Probleme

Welche *organisatorischen* Probleme behindern die Integration in der klassischen Produktentwicklung? Um diese Frage zu beantworten, sehen wir uns zunächst die Aufbau- und danach die Ablauforganisation an.

2.3.1 Aufbauorganisation

Spezialisierung – einziges Mittel zur Beherrschung der Informationsflut?

Traditionell hat man die Entscheidungsprozesse im Unternehmen sequentialisiert und in immer mehr Einzelentscheidungen zerteilt.[4] Das ist verständlich, denn bisher war Spezialisierung das einzige Mittel, um mit den immer größeren und komplizierteren Mengen von Informationen fertigzuwerden, die man zur Entwicklung eines Produkts brauchte. Jede Organisationseinheit konzentriert sich dann auf ihre *eigenen* Probleme – oder zumindest jene, die sie dafür hält, oder jene, die man ihr als solche 'von oben' angewiesen hat. Jeder optimiert laufend die *eigenen* Abläufe – und vernachlässigt dabei oft die übergeordneten Aspekte von Integration und Informationsfluß.

> Bereiche im Unternehmen, die ihr Know-How teils versehentlich, teils absichtlich anderen Bereichen vorenthalten, bezeichnen wir als
> ***Know-How-Inseln.***
> Solche abgeschlossenen Bereiche können zu Verzögerungen und Filter-Effekten im Informationsfluß führen.

Know-How-Inseln

Dieses Kapitel beleuchtet einige Problembereiche, die eine Änderung dieser Strukturen erschweren.

Insel-Effekte

Inseln, 'Fürstentümer' und Kleinstaaterei wie im Deutschland des 18. Jahrhunderts sind gerade in Produktentwicklungsprozessen besonders unangenehm, denn hier muß besonders viel Information besonders reibungslos fließen. Die Verteilung von Vorgangsketten über mehrere organisatorisch getrennte Bereiche, wie in 2.1.1 beschrieben, kann noch zuätzlich zu Verzögerungen im Entwicklungsprozeß führen, denn die Insel-Effekte werden noch verschlimmert. Um bei unserem Beispiel zu bleiben: Wenn eine große Nachfrage nach Leiterplatten-Layouts besteht, arbeiten die hauseigenen Layouter nicht so effektiv wie ein externes Ingenieurbüro. Die Angestellten des Großunternehmens legen eben keine Nachtschichten ein ... Die Auftraggeber sitzen zwar im selben Unternehmen, sind aber über die Mitarbeiter eines anderen Geschäftsbereichs nicht weisungsbefugt. Der Weg über den 'kleinsten gemeinsamen Vorgesetzten' dauert meistens zu lang. Bei Terminüberziehung drohen dem Inhouse-Lieferanten keine Vertragsstrafen. Er ist entkoppelt von dem Druck, den der für das Produkt verantwortliche Projektleiter seinerseits vom (externen) Kunden zu spüren bekommt.

Abfluß von Know-How

Nach einigen schlechten Erfahrungen dieser Art wird ein Projektleiter sich nach alternativen Lieferanten umschauen – außerhalb des Unternehmens.

Das führt zu einer weiteren Gefahr: Know-How fließt aus der Firma heraus. Dies ist die am wenigsten wünschenswerte Form von Know-How-Fluß.

Forderungen an eine Aufbauorg. für IPE

Offenbar muß eine Aufbauorganisation für die Produktentwicklung konkurrierende Ziele erfüllen: Sie muß Raum für notwendige Spezialisierung bieten, gleichzeitig aber auch den nötigen Grad an Integration der ständig wachsenden Informationsmengen ermöglichen. Es gibt im wesentlichen zwei Wege aus diesem Dilemma:

- Entweder verfährt man weiter nach dem Motto *Teile und herrsche* und zerteilt die Firma in immer stärker spezialisierte Einheiten, was die oben beschriebenen Zersplitterungs-Probleme weiter verschlimmert.
- Oder man gibt den Mitarbeitern Mittel an die Hand, die es ihnen ermöglichen, mit mehr Information effizienter umzugehen.

2.3.2 Ablauforganisation

SPE verengt den Horizont

Die heute übliche, sehr methodische und sequentielle Art, Produkte zu entwickeln, ist natürlich auch mit der Zeit in organisatorische Strukturen 'gegossen' worden.[5] Solche Ablauforganisationen wurden schon hämisch, aber treffend als *Über-den-Zaun-Entwicklung* bezeichnet: Einer denkt sich etwas seiner Meinung nach Optimales aus, und wenn er fertig ist, wirft er sein Ergebnis *über den Zaun* zum nächsten Bearbeiter. Er hat keine Ahnung, was hinter jenem Zaun passiert, und es braucht ihn auch nicht zu interessieren. Es kann natürlich sein, daß – nach ein paar Wochen – seine Arbeit über den Zaun zurückgeflogen kommt, mit dem Vermerk: „So können wir das nicht machen". Nun muß er sich erneut in den Vorgang eindenken, evtl. andere laufende Vorgänge beiseite legen, und das kostet wiederum wertvolle Zeit.

Über-den-Zaun-Entwicklung ...

... isoliert den Konstrukteur von den Anforderungen

Die gegenwärtigen sequentiellen Entwicklungsmethoden isolieren den Ingenieur von den Anforderungen, die an seine Konstruktion später im Prozeß gestellt werden. Das führt jedesmal zu Design- und Redesign-Zyklen, sobald von einer 'fernen Insel' Wünsche nach Konstruktionsänderungen kommen. Die im folgenden dargestellten beiden Hauptprobleme bedingen sich gegenseitig.

Übergänge zwischen Funktionen

Übergänge zwischen Funktionen: Ein Produkt muß auf dem Weg von der ursprünglichen Idee bis zur Produktion viele *Zäune* überwinden. Um in der bereits eingeführten Metapher zu bleiben: Es muß sich von Know-How-Insel zu Know-How-Insel durchschlagen. Manche dieser Inseln besucht das Produkt sogar mehrmals wegen der auftretenden Schleifen im Ablauf.

Direkte und lange Schleifen

Schleifen: Man kann zwei Arten unterscheiden: *Direkte Schleifen* zwischen zwei direkt aufeinanderfolgenden Aktivitäten des Entwicklungsprozesses und *lange Schleifen* mit Rücksprüngen über eine oder mehrere Aktivitäten hinweg. Nach einer Untersuchung in der Automobilindustrie sind Schleifen für bis zu 30% der Kosten und über 60% der Dauer eines Entwicklungsprojekts verantwortlich. In einer anderen Studie[6] fand man heraus, daß jedes Teil durchschnittlich 20 Konstruktionsänderungen erfuhr – *nach* der Fertigungsfreigabe! Jede dieser Änderungen verursachte durchschnittlich Kosten von 1.500 US$, wobei die Maschinenumrüstung nicht eingerechnet wurde. Die Umrüstungen schlugen mit 20.000 bis zu 2 Mio. US$ zu Buche. Ein anderer Autor kommt zu dem Schluß, daß jede Konstruktionsänderung etwa 2.000 US$ kostet. Das ergibt bei 20 Änderungen *pro Teil* 40.000 US$! Was das für Ihr komplettes Produkt bedeutet, können Sie sich gern ausrechnen, wenn Sie diese Summe einmal grob mit der Teilezahl Ihres Produkts multiplizieren ...

... und was sie kosten!

Dieser Prozeß, in dem jeder Aspekt der Konstruktion von den verantwortlichen Spezialisten im Nachhinein geprüft wird, ist umständlich, zeitaufwendig und teuer, aber er dient dem übergeordneten Ziel der Qualität. In gewissem Maße ist schrittweise Verfeinerung ja unvermeidlich beim Entwickeln neuer Gegenstände.

2.3.2.1 Arten von Konstruktionen

Arten von Konstruktionen

Die Ingenieurwissenschaften haben einen großen Bestand an Modellen und Methoden für Entwicklungsprozesse. Für Konstruktionsarten und die Phasen des Konstruktionsprozesses haben sich Standards eingebürgert. Es lohnt sich, das hier aufgebaute Wissen zu berücksichtigen, damit wir die organisatorischen Alternativen besser einschätzen können.[7]

Pahl und Beitz unterscheiden drei Konstruktionsarten, deren Grenzen aber fließend sind:[8]

Neukonstruktion

- **Neukonstruktion:**
  Erarbeiten eines neuen Lösungsprinzips bei gleicher, veränderter oder neuer Aufgabenstellung für ein System (Anlage, Apparat, Maschine oder Baugruppe). In der Praxis stellen Neukonstruktionen eine Minderheit dar.[9]

Anpassungskonstruktion

- **Anpassungskonstruktion:**
  Anpassen eines bekannten Systems (Lösungsprinzip bleibt gleich) an eine veränderte Aufgabenstellung zur Überwindung offenbar gewordener Grenzen. Dabei ist die Neukonstruktion einzelner Baugruppen oder -teile oft nötig.

Variantenkonstruktion

- **Variantenkonstruktion:**
  Variieren von Größe und / oder Anordnung innerhalb von Grenzen

vorausgedachter Systeme. Funktion und Lösungsprinzip bleiben erhalten. Es treten keine neuen Probleme durch z.B. Werkstoff, Beanspruchung oder Technologie auf.

Zumindest die zweite und dritte Art beinhalten neben kreativer Arbeit auch bedeutende Anteile an Ableitungen aus ähnlichen Konstruktionen und scheinen somit geeignete Kandidaten für eine automatisierte Unterstützung zu sein. Im Rahmen unserer Betrachtungen wollen wir auch davon ausgehen, daß Konstruktion nicht in erster Linie eine Kunst ist, die sich jeder Formalisierung entziehen würde.

2.3.2.2 Der Konstruktionsprozeß

Phasen der Konstruktion

Der Konstruktionsprozeß selbst besteht in Pahls Modell aus vier Teilen, die als detailliertes, schrittweises Referenzmodell beschrieben werden, bis hinunter zu einzelnen Ablaufdiagrammen. Das Modell hat die einschlägigen VDI-Richtlinien[10] stark beeinflußt und beschreibt die folgenden vier Phasen:

- Produkt planen und Aufgabe klären.
- Konzipieren.
- Entwerfen.
- Ausarbeiten.

Abb. 2.5 zeigt eine graphische Übersicht des Konstruktionsprozesses.

An dieser Darstellung erkennt man, daß viel Mühe aufgewendet wurde, um den Konstruktionsprozeß in kleine, handhabbare Teile zu zerlegen und diese in eine logische Reihenfolge zu bringen. Auch Schleifen wegen Konstruktionsänderungen sind zu erkennen. Das muß aber nicht heißen, daß eine Konstruktion immer so streng sequentiell durchgearbeitet werden muß. Das Modell zeigt die einzelnen nötigen Aktivitäten, aber in der Praxis muß sich die Ablauforganisation daraus erst ergeben, abhängig vom Einzelfall.

Im folgenden betrachten wir die vier Phasen des Konstruierens genauer, unter besonderer Beachtung der DV-Unterstützung. In 5.5 werden wir wieder auf diese Einteilung zurückkommen.

Klären der Aufgabe / Planen

Diese Phase besteht aus Situationsanalyse und Klärung der Unternehmensziele, Produktideenfindung, Produktauswahl und schließlich der Definition des Produkts und seiner Anforderungsliste. Hier können wahrscheinlich nur die letzten drei Schritte von einer DV-Unterstützung profitieren.

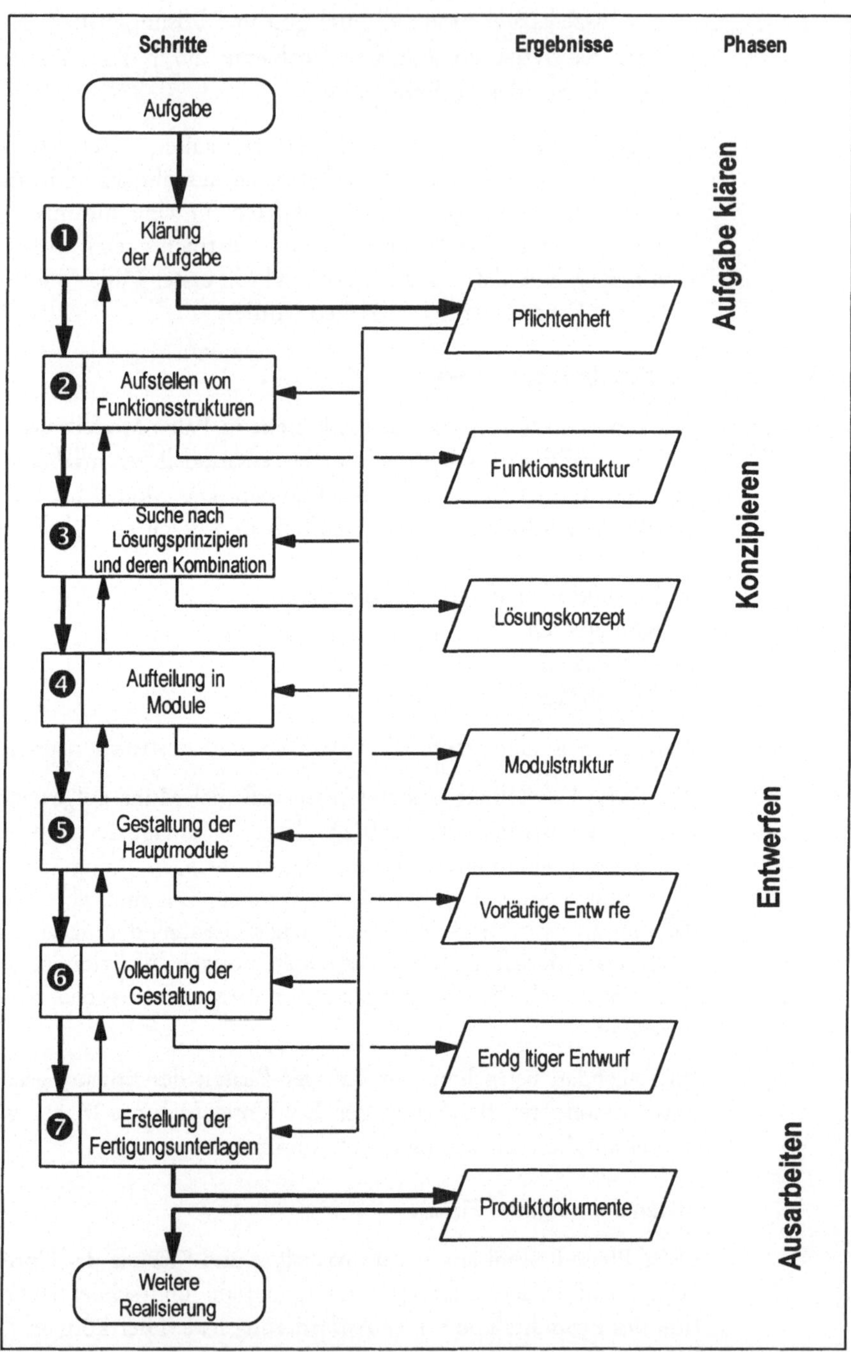

Abb. 2.5 *'Methodik zur Entwicklung und Konstruktion' – ein Flußdiagramm des Konstruktionsprozesses (nach [VDI 87a]).*

Konzipieren

Konzipieren ist „der Teil des Konstruierens, der nach Klären der Aufgabenstellung durch Abstrahieren, Aufstellen von Funktionsstrukturen und durch Suche nach geeigneten Lösungsprinzipien und deren Kombination den grundsätzlichen Lösungsweg durch Erarbeiten eines Lösungskonzepts festlegt."[11]

Im Hinblick auf IPE ist das Aufstellen von Funktionsstrukturen ein ganz entscheidender Punkt: Falls man solche Strukturen sogleich in einem DV-System erfassen und sie weiter 'stromabwärts' verfügbar machen kann, wird ein starker Rationalisierungseffekt möglich, denn dadurch kann der Computer bereits in einem wesentlich früheren, abstrakteren Stadium der Produktentwicklung nutzbringend eingesetzt werden.

Entwerfen

Entwerfen ist „... der Teil des Konstruierens ..., der für ein technisches Gebilde vom Konzept ausgehend die Gestaltung nach technischen und wirtschaftlichen Gesichtspunkten soweit vornimmt und durch weitere Angaben ergänzt, daß ein nachfolgendes Ausarbeiten zur Fertigungsreife eindeutig möglich ist."[12]

Auch hier wird eine fast algorithmische Detailbeschreibung der Aktivitäten geliefert, die ein Ingenieur in dieser Phase ausführen sollte. Heute ist diese Phase die erste, die nennenswerte DV-Unterstützung erfährt - z.B. durch CAD-Systeme.

Ausarbeiten

Ausarbeiten ist „... der Teil des Konstruierens ..., der den Entwurf eines technischen Gebildes durch endgültige Vorschriften für Anordnung, Form, Bemessung und Oberflächenbeschaffenheit aller Einzelteile, Festlegen aller Werkstoffe, Überprüfen der Herstellungsmöglichkeiten sowie der Kosten ergänzt und die verbindlichen zeichnerischen und sonstigen Unterlagen für eine stoffliche Verwirklichung schafft. Schwerpunkt der Ausarbeitungsphase ist das Erarbeiten der Fertigungsunterlagen, ..."[13]

Dieser Bereich wird schon heute in SPE zumeist gut durch DV unterstützt, wenn auch die häufig vorherrschenden Insellösungen einer Integration im Wege stehen.

Die Abb. 2.6 sagt sehr viel über die grundsätzlichen Chancen für DV-Unterstützung der Konstruktion: Sie zeigt grob die Anteile kreativer gegenüber schematischen Aktivitäten im Entwicklungsprozeß. Sie belegt anschaulich die Aussage: „Generell kann festgestellt werden, daß der Anteil der schematischen und damit algorithmierbaren Tätigkeiten mit steigendem Konkretisierungsgrad ... zunimmt.«[14]

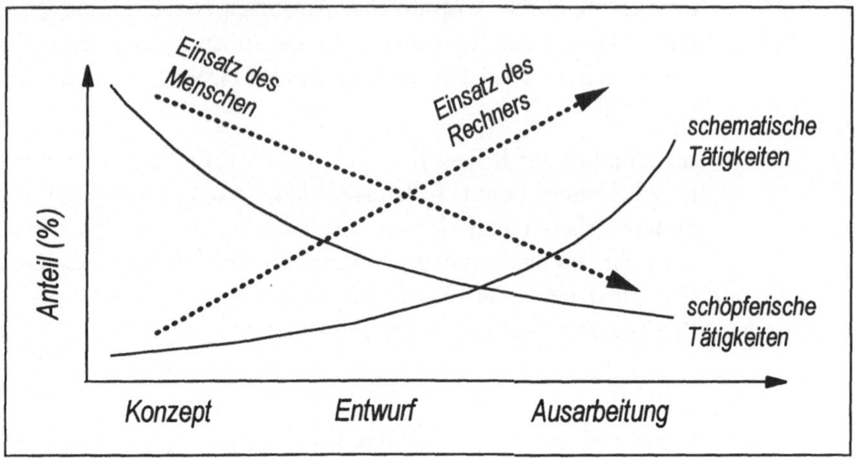

Abb. 2.6 *Anteil schöpferischer gegenüber schematischen Tätigkeiten im Laufe des Entwicklungsprozesses (nach [PAHL 77]).*

Eine gar zu pessimistische Einstellung gegenüber der DV-Unterstützung wird inzwischen von vielen Forschern und Praktikern bestritten: Es sind beileibe nicht mehr nur schematische Aktivitäten, die durch Computer unterstützt werden können (vgl. Kapitel 4). Zumindest sollte es möglich sein, das Niveau der Kurve „Einsatz des Rechners“ in Abb. 2.6 anzuheben. Dies bezieht sich insbesondere auf die Anfangsstadien der Entwicklungsprozesse (Produktdefinition und Definition der Anforderungsliste), bei denen die gegenwärtige Rechner-Unterstützung schlecht integriert ist, soweit überhaupt vorhanden.

Selbst wenn dieses Modell nicht genau die Schritte wiedergibt, die Ingenieure in der Wirklichkeit ausführen, so hat es doch zur Vereinheitlichung der Begriffe beigetragen, und es beschreibt einen Zielzustand, für den es sich lohnt, Ressourcen einzusetzen.

Der nächste Abschnitt setzt sich mit den Informations- und Kommunikationsproblemen auseinander, die durch die bisher unvollkommene Know-How-Integration entstehen.

2.4 Know-How-Probleme

Know-How kann ein Wettbewerbsvorteil sein

Dieses Kapitel befaßt sich mit dem Phänomen *Know-How*. Know-How kann ein wichtiger Wettbewerbsvorteil sein, *falls* es überall im Unternehmen zur Verfügung steht, wann und wo immer es gebraucht wird.

Zunächst wird anhand eines Praxisbeispiels das Problem verdeutlicht. Anschließend wird eine Arbeitsdefinition des Begriffs Know-How entwickelt. Den Abschluß bildet eine Liste von charakteristischen Eigenschaften von Know-How, die typischerweise in konventionellen Produktentwicklungs-Umgebungen zu Schwierigkeiten führen.

Im oben präsentierten Fall beruht die führende Rolle des Unternehmens wesentlich auf dem über die letzten 15 Jahre angesammelten Erfahrungsschatz auf diesem Gebiet. Dieses Erfahrungswissen besteht aus Konstruktions-Know-How, Fertigungs-Know-How, Kenntnissen über die Vorlieben der Kunden, Wissen über externe Faktoren (z.B. Gesetze), usw.

Beispiel: Diesel-Einspritzpumpen

Ein Praxisbeispiel aus dem Bereich der Dieselkraftstoff-Einspritzpumpen veranschaulicht die große Bedeutung von Know-How: In den 80er Jahren sahen sich die Entwickler von Diesel-Einspritzpumpen mit einer für sie neuen Situation konfrontiert: Plötzlich häuften sich Pumpendefekte. Die Ursache war schnell ermittelt: Erstmals hatte der Gesetzgeber für Diesel-Kraftstoff die Beimischung von Alkohol (gegen Einfrieren im Winter) freigegeben. Da aber einige Dichtungen nicht alkoholresistent waren, quollen sie auf und legten die Pumpen lahm. Es stellte sich heraus, daß die Pumpen nie auf Alkohol-Festigkeit hin konstruiert oder geprüft worden waren.

Daher mußten neue Materialien für Dichtungen und Lager gefunden werden. Erst nach einiger Zeit fand jemand heraus, daß in den 50er Jahren Alkohol im Diesel schon einmal erlaubt war. Offensichtlich hatten schon einmal alkoholresistente Pumpen existiert. Von da an war es wesentlich einfacher, die aktuellen Pumpen umzukonstruieren: Alte Entwicklungsberichte *in Verbindung mit* neueren Erkenntnissen der Materialkunde führten schnell zu den gewünschten Lösungen.

Man hatte also durch den Rückgriff auf 'altes' Erfahrungswissen sehr viel Zeit und Geld gespart. Der Schlüssel zu diesem *Know-How* lag im Kopf eines alten, erfahrenen Mitarbeiters. Wäre der schon pensioniert gewesen – wer weiß, wie lange man geforscht hätte?

2.4.1 Was ist eigentlich Know-How?

Know-How ist ...

Im folgenden wird der Begriff Know-How als Oberbegriff für diese Arten von Erfahrungswissen verwendet werden:

> **Know-How** ist Produkt-Gestaltungswissen,
> das durch Erfahrungen im Unternehmen,
> z.B. in eigenen Forschungs- und Entwicklungsarbeiten
> und im Rahmen der Fertigung, entstanden ist,
> und das außerhalb des Unternehmens
> weitgehend unbekannt ist.

Allgemein liegt der größte Wert von Know-How gerade darin, daß es außerhalb der Firma *nicht* bekannt ist. Umgekehrt resultieren viele der Probleme mit Know-How daraus, daß es nur innerhalb einer spezifischen Organisationseinheit verfügbar ist (Know-How-Insel, vgl. S. 22).

Know-How hat viele Gesichter

Der Begriff des „Know-How" („Wissen, wie man's macht ...") kann viele Facetten beinhalten, z.B.:[15]

- „Wissen, wer dasselbe Problem bereits vorher einmal hatte" – damit man nicht das Rad zum zweiten Mal erfindet (vgl. das obige Praxisbeispiel).
- „Wissen, wie man's auf keinen Fall tun sollte", z.B. welche Konstruktionsdetails man aus Gründen der Fertigbarkeit unbedingt vermeiden sollte.
- „Wissen, warum", z.B. warum diese Bohrung genau 4,2 mm Durchmesser besitzt und nicht etwa 4,3 mm.
- Meta-Know-How: „Wissen um die Existenz von Know-How" und „Wissen darüber, wo ich Know-How bekommen kann", d.h. auch „Wissen, wer's weiß"; „Wissen, wen man fragen muß".

2.4.2 Warum ist Know-How so wichtig?

Know-How besitzt einige charakteristische Eigenarten, die wir im Umgang mit ihm berücksichtigen müssen:

Know-How wächst schnell ...

- *Know-How wächst schnell*: Die Menge von Know-How, die zur Entwicklung eines neuen Produkts benötigt wird, wächst ständig, z.B. wegen neuer Materialien und neuer Fertigungstechnologien. Anders ausgedrückt: Produkte werden immer Know-How-intensiver.

... ist ein wichtiger Vermögensbestandteil

- *Know-How ist ein wichtiger Bestandteil des Vermögens* eines Unternehmens. Es kann sogar der Hauptbestandteil eines Wettbewerbsvorteils für ein Unternehmen sein. Die Ansammlung von Know-How erfordert Zeit und Ressourcen. Wer Know-How besitzt, kann die Lehren aus früheren Aktivitäten nutzen, um Zeit und Geld zu sparen. Das führt zu einem Sicherheits-Dilemma: Einerseits sollte Know-How *innerhalb* des Unternehmens so schnell und weit wie möglich verbreitet werden, andererseits darf es aber nicht nach *außen* gelangen, weil dadurch Wettbewerbsvorteile gefährdet sein könnten.

... komplex

- *Know-How ist komplex*: Es umfaßt nicht nur Wissen über die Behandlung von Produkten in der Fertigung, sondern auch darüber, welche anderen Restriktionen bei der Konstruktion berücksichtigt werden müssen. Außer der fertigungs- bzw. montagegerechten Konstruktion gibt es ja z.B. noch kostengerechte, wartungsgerechte und prüf-gerechte Konstruktion (vgl. 3.3.).

... leicht flüchtig

- *Know-How ist leicht flüchtig*. Know-How kann verlorengehen, entweder durch Verlust der menschlichen Know-How-Träger (auch „Experten" genannt) – durch Pensionierung, Job Rotation, oder schlicht, indem sie die Firma verlassen –, oder durch Vergessen. Diese Effekte begründen die Notwendigkeit der *Konservierung* von Know-How (s.u.).

... schwer zu übertragen

- *Know-How ist schwer zu transferieren*: Weil Know-How sehr produkt- und anwendungsspezifisch ist, kostet die Weitergabe von Know-How, z.B. beim Anlernen neuer Experten, sehr viel Zeit. Beispielsweise braucht man i.d.R. 15 Monate, um aus einem Diplom-Ingenieur der Fachrichtung Elektrotechnik einen guten Leiterplatten-Konstrukteur für Kfz-Steuergeräte zu machen.

... kann ungünstig verteilt sein

- *Know-How kann ungünstig verteilt sein*, oder es kann – wenn überhaupt – an schwer zugänglichen Stellen gespeichert sein: Es gibt Situationen, in denen Experten sich mit Routinearbeit beschäftigen, während weniger erfahrene Mitarbeiter vergeblich jemanden suchen, der „weiß wie" man ihr Problem löst.

Aus diesen Aspekten folgt, daß Know-How eine ganz besondere Art von Information ist, **ein Produktionsfaktor von zunehmender Bedeutung für den Erfolg eines Unternehmens.** Die Zugänglichkeit von Know-How – manchmal sogar von 'altem' Know-How – wenn und wo es im Betrieb gebraucht wird, ist daher ein wichtiger Baustein des Erfolgs.

2.5 Informations- und Kommunikationsprobleme

Information und Kommunikation sind weitere Schlüsselfaktoren für die Gestaltung und Beurteilung von Entwicklungsprozessen. Das wird deutlich, wenn man bedenkt, daß Ingenieure etwa ein Viertel ihrer Arbeitszeit mit dem Sammeln von Informationen verbringen.[16]

Um die damit verbundenen Effekte und Probleme besser auseinanderzuhalten, widmen sich die drei folgenden Abschnitte der *Intra*-Prozeß-Kommunikation, der *Inter*-Prozeß-Kommunikation und der Informationsverarbeitung.

2.5.1 Intra-Prozeß-Kommunikation

Als **Intra-Prozeß-Kommunikation** definieren wir den Austausch von Informationen zwischen verschiedenen organisatorischen Einheiten, die an *demselben Entwicklungsprozeß* beteiligt sind.

- oft ein Engpaß

Auf diesem Gebiet ergeben sich folgende Probleme:

Viele der Gedanken, Erwartungen und Anforderungen, die – z.B. vom Marketing her – in eine Produktidee eingeflossen sind, werden unzureichend oder gar nicht 'stromabwärts' weitervermittelt und umgesetzt. In SPE sind die Kommunikationskanäle zwischen den einzelnen Aktivitäten sehr schwach – man muß sich eben stärker anstrengen, um 'über den Zaun' miteinander zu reden. Das betrifft die Verbindung zwischen den Entwicklungsbereichen wie auch die zwischen Entwicklung und Fertigung (vgl. Abb. 2.7). Im oben beschriebenen Beispiel würden der Layoutkonstrukteur weniger Besprechungen mit dem Schaltplanentwickler brauchen, wenn die Anforderungen an das Endprodukt schon zu Beginn des Layout-Prozesses genauer und umfassender definiert wären.

Der Transport von Know-How in der Richtung des Entwicklungsprozesses ('stromabwärts') wird im folgenden als ***Know-How-Vorwärtskopplung*** bezeichnet.

Know-How muß recht-zeitig *fließen!*

Häufig ist auch der *Zeitpunkt*, zu dem Know-How übermittelt wird, ein viel größeres Problem als sein Umfang oder seine Qualität. Statt daß z.B. die Layout-Konstrukteure etwas 'ausbrüten' und erst danach an die Fertigung übergeben (Motto: „Jetzt seht zu, wie ihr das gefertigt kriegt!"), sollten sie lieber schon während ihrer Arbeit in engem Austausch mit den Kollegen von der Fertigungsvorbereitung stehen. Dadurch ließen sich auch einige peinliche Überraschungen beim Freigabegespräch vermeiden.

Dieses Beispiel führt auch zu einem weiteren wichtigen Aspekt der Intra-Prozeß-Kommunikation: Know-How muß auch in der Gegenrichtung fließen, also 'stromaufwärts', z.B. von der Fertigung zur Entwicklung oder vom Leiterplatten-Layout zu den Schaltplanentwicklern.

> Der Transport von Know-How gegen die Richtung des Entwicklungsprozesses ('stromaufwärts') wird im folgenden als
> ***Know-How-Rückkopplung***
> bezeichnet.

Eine Form: Konstruktionsrichtlinien

Manchmal ist die Know-How-Rückkopplung auch bereits mehr oder weniger institutionalisiert in Form von Konstruktionsrichtlinien. Darin findet sich dann Fertigungs-Know-How so aufbereitet, daß die Konstrukteure klare Regeln für ihre Arbeit daraus ableiten können. Solche Sammlungen liegen in der Regel in Papierform vor. Das bedeutet:

- Die Aktualisierung ist erschwert.
- Sie sind nur sehr schwer gegen unberechtigten Zugriff zu schützen. Immerhin handelt es sich hier um wichtiges und evtl. sehr begehrtes firmeneigenes Know-How!

Abb. 2.7 zeigt die zwei wichtigsten Richtungen von Know-How-Flüssen im Entwicklungsprozeß anhand von Scheers CIM-Y-Diagramm.

2.5.2 Inter-Prozeß-Kommunikation

> Als **Inter-Prozeß-Kommunikation**[17]
> definieren wir den Austausch von Informationen zwischen
> *verschiedenen Entwicklungsprozessen.*

Von der Vergangenheit in die Gegenwart

Dies bedeutet einen Austausch zwischen zeitlich getrennten Prozessen mittels interner Berichte, Projektdokumentationen, Geschichtsbüchern usw. Natürlich kann es hier nur eine Richtung geben: Von der Vergangenheit in die Gegenwart. Sender und Empfänger dieser Informationen können in derselben organisatorischen Einheit sitzen oder auch in sehr verschiedenen Bereichen des Unternehmens (letzteres ist eine nur allzu selten genutzte Möglichkeit).

Hier liegt das Hauptinteresse nicht im schnellen Transfer von Know-How, sondern in seiner sicheren *Konservierung* in wohlorganisierter Form, damit man es später umso leichter und schneller wieder zur Anwendung bringen kann.

> Die Dokumentation und Speicherung von Know-How zum Zwecke der späteren Wiederverwendung wird als
> **Know-How-Konservierung**
> bezeichnet.

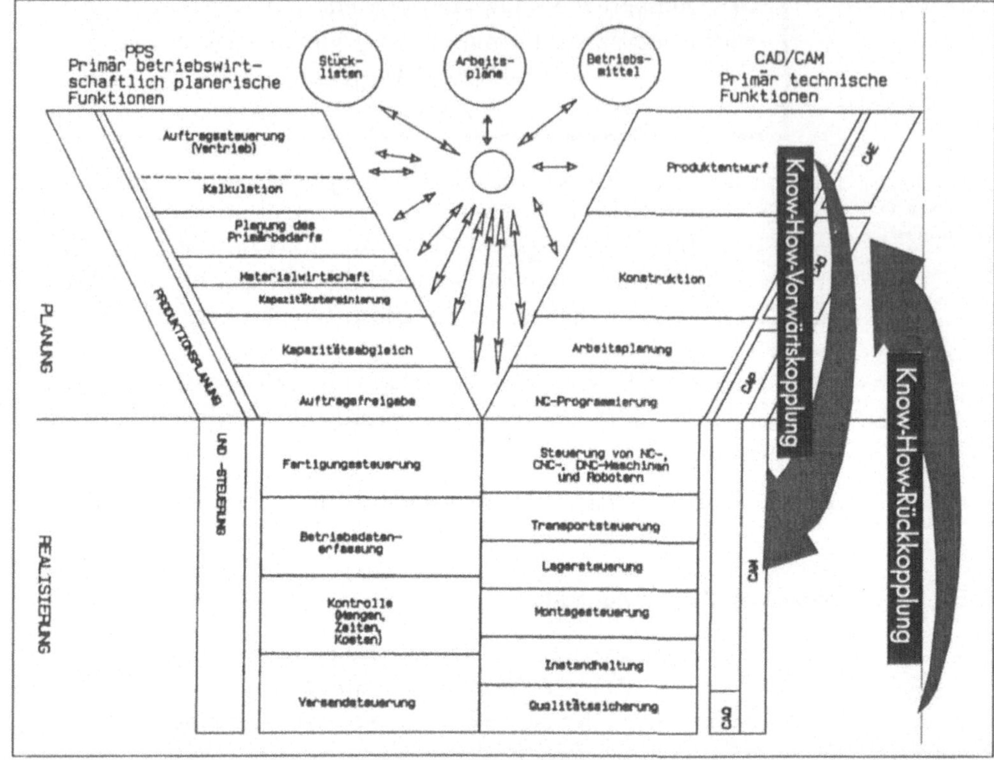

Abb. 2.7 *Die beiden Ausprägungen der Intra-Prozeß-Kommunikation – Know-How-Vorwärts- und Rückkopplung, dargestellt in Scheers CIM-Y-Diagramm [SCHEER CIM d 88]) – Siehe auch 3.1.*

Nutzen der Know-How-Konservierung

Obwohl diese Art der Übermittlung von Know-How weniger bedeutend erscheinen mag, birgt Sie doch ein ebenso großes Potential für Verbesserungen des Entwicklungsprozesses, wie das obige Beispiel bereits gezeigt hat (s. S. 29).

Weniger Fehler zweimal

- Fehler, die in einem früheren Projekt gemacht wurden, können 'der Nachwelt zur Warnung' dienen.

Qualität

- Die Konservierung und Wiederverwendung von Know-How ist ein Schlüssel zur Sicherstellung hoher Produktqualität bereits im Konstruktionsstadium: Nur wer aus Schäden seiner Vorgänger lernen kann, wird mehr Zeit haben, um wirkliche Innovationen auszuprobieren.

kürzere Anlernzeiten

- Anhand der Dokumentationen aus früheren Projekten können neu ins Unternehmen kommende Ingenieure zügig in die Konstruktionsmethoden und die im Unternehmen verwendeten Begriffe eingeführt werden. Sie brauchen dadurch erheblich weniger Zeit zur Umstellung von den allgemeingültigen Konzepten, die sie im Studium gelernt haben, auf die praktischen Bedürfnisse der spezifischen Produktgruppe.

Die vorangegangenen Betrachtungen haben gezeigt, daß eine Förderung der Know-How-Flüsse sowohl innerhalb einzelner Entwicklungsprozesse als auch zwischen verschiedenen Entwicklungsprozessen sehr zu deren Beschleunigung, zur Erhöhung der Produktqualität und zur Kostensenkung beitragen kann. Als nächstes wenden wir uns einem Bereich zu, der häufig zu stark unter unmittelbaren Kostengesichtspunkten betrachtet wird: Die EDV.

2.5.3 Probleme im EDV-Bereich

SPE führt zu 'DV-Zoos'

Der hohe Grad der Arbeitsteilung in SPE-Organisationen führt wegen der vereinzelten Entscheidungen auch zu 'bunten' DV-Landschaften, oder etwas vornehmer: heterogenen EDV-Systemen.[18] Der Grad und damit die Komplexität dieses Problems steigt mit der Anzahl organisatorischer Einheiten, mit deren Unabhängigkeit in Fragen der DV-Strategie und daher allgemein mit der Größe des Unternehmens. Dieser Abschnitt untersucht die Dimensionen und Auswirkungen von Heterogenitäten in der Informationsverarbeitung eines Unternehmens.

Dimensionen der Heterogenität

Man kann verschiedene Dimensionen der Heterogenität unterscheiden:

'Die Teilung' ...

- Zum einen gibt es die in vielen Unternehmen schon unüberwindbar erscheinende Teilung in 'kaufmännische' und 'technische' EDV mit häufig grundlegend verschiedenen Hardware- und Softwarewelten. Das Aufzeigen von Parallelen zur Teilung Deutschlands (Stichwort 'Mauerbau' ...) wäre gewiß eine ebenso amüsante wie lehrreiche Abhandlung wert.
- Zum anderen kann es auch innerhalb dieser Welten wieder unterschiedliche Hardwareplattformen geben. Insbesondere der technische Bereich ist nach wie vor durch eine Vielzahl von spezialisierten Hardwarelösungen mit entsprechend inkompatibler Software gekennzeichnet.
- Der schlimmste Fall tritt dann ein, wenn zwei Funktionen im Entwicklungsprozeß, die sehr stark voneinander abhängig sind, inkompatible Systeme benutzen.

  Wenn z.B. der Schaltplanentwickler ein CAE-System benutzt, das keine Schnittstellen zum CAD-System des Leiterplatten-Konstrukteurs besitzt, muß der Schaltplan von Hand in das CAD-System eingegeben werden. Selbst wenn eine Schnittstelle zur Übergabe des Schaltplans besteht, müssen immer noch die Bauteilebibliotheken doppelt geführt und von Hand synchronisiert werden, damit die beiden Systeme überhaupt über dieselben Bauelemente 'sprechen'.

Situationen dieser Art führen zu einem ebenso unerwünschten wie typischen Phänomen: Da es in der Regel sehr schwierig ist, die Daten aus einem System 1:1 in das andere System zu übertragen, gehen einige der im ersten System eingegebenen Informationen verloren. Das betrifft insbesondere die eher abstrakten Informationen, in denen gerade das Know-How enthalten ist: Anmerkungen (*annotations*) oder zusätzliche Eigenschaften (*properties*), die eigens zum besseren Verständnis von Hintergründen, Absichten, Konstruktionsdetails etc. eingegeben wurden (vgl. Abb. 2.8).

An Schnittstellen zwischen heterogenen Systemen gehen oft wertvolle Informationen verloren. Diesen Effekt bezeichnen wir als **Know-How-Verlust.**

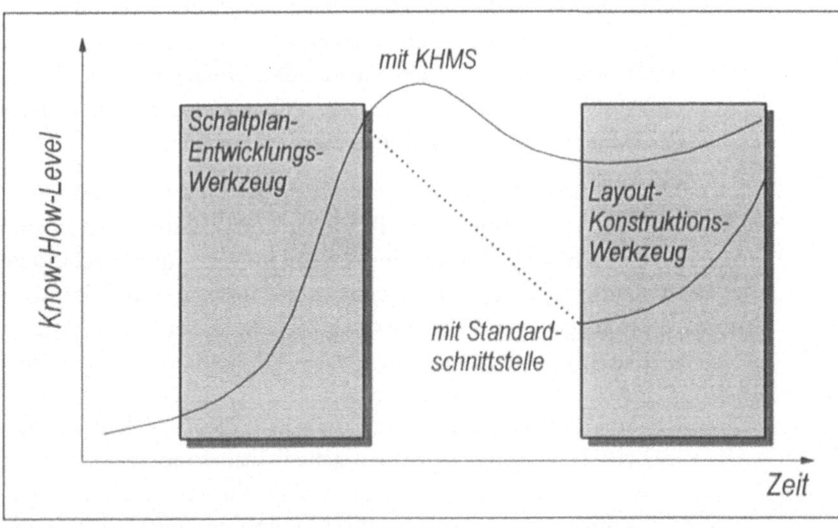

Abb. 2.8 *Know-How-Verlust an der Schnittstelle zwischen zwei heterogenen Systemen.*

Weitere Gründe für Software-Probleme

Abgesehen von Heterogenitäten bei Hard- und Software können Integrationsbemühungen speziell im CAx-Bereich behindert werden durch Diskrepanzen in:

- der *Erfahrung* in der Anwendung der jeweiligen Software.
- der *Angemessenheit* der Software für die jeweilige Aufgabe.
- der *Erweiterbarkeit* der Software, um sie z.B. firmenspezifischen Gegebenheiten anzupassen.

- der *Offenheit* ihrer Systemarchitekturen und Schnittstellen zu ihren Nachbar-Anwendungen. Viele Systeme in verwandten Arbeitsgebieten überschneiden sich in ihren Funktionen, aber ihre Integrationsfähigkeit ist nicht sehr weit gediehen. Die Verbindungsmöglichkeiten zur kaufmännischen oder fertigungsnahen DV sind zumeist noch schwächer ausgeprägt.
- der *Interoperabilität*, d.h. der Fähigkeit zur Vernetzung unterschiedlicher Hardware, Betriebssysteme und Software.
- der Ernsthaftigkeit, mit der der Hersteller des Systems die Wünsche des Unternehmens zur Kenntnis nimmt und umsetzt (neudeutsch: sein *commitment*). Diese ist leider sehr stark davon abhängig, ob er die Wünsche *dieses* Unternehmens als für ihn strategisch wichtig einschätzt.
- der Bindung der Benutzer an ihr Werkzeug. Benutzer werden oft lieber ein Werkzeug akzeptieren, das möglichst wenig Umgewöhnung erfordert, selbst wenn die anderen hier aufgeführten Aspekte schlechter erfüllt werden. Auf die Dauer tut man sich damit aber keinen Gefallen ...

Know-How-Konservierung in Büchern hat ihre Grenzen ...

Ferner herrscht ein Mangel an Mitteln zur Konservierung und zum Wiederfinden von Know-How. Dieses Gebiet wird von den heutigen DV-Werkzeugen im Engineering-Bereich kaum abgedeckt. Und auch Know-How-Konservierungsmethoden auf Papierbasis haben ihre Grenzen: Selbst wenn ein indexierter Schnellzugriff auf die gesuchte Information möglich ist (über ein ausführliches Stichwortverzeichnis), unterliegt ein Buch doch zumeist folgenden Beschränkungen:

- Die Vermittlung des Know-How erfolgt zumeist nur auf einer Ebene. Auf unterschiedliche Ebenen von Vor-Erfahrung beim Leser (Novize bis Experte) kann ein Buch sich nur selten einstellen. Software kann dagegen leichter mit verschiedenen 'user levels' ausgestattet werden.
- Die Erklärungskomponente ist unterentwickelt: die Konstruktionsregeln enthalten oft keine Begründungen – schon allein, weil diese wahrscheinlich den Rahmen eines Buches sprengen würden. Wenn man aber Regeln nur nach dem Muster „X sollte vermieden werden" formuliert, wird die Kreativität des Ingenieurs nicht gerade angespornt. Vielmehr sollte sie auch eine eingehende Beschreibung der Umstände enthalten, unter denen sie zustande kam. Eine solchermaßen *begründete* Regel kann die Kreativität des Ingenieurs sogar fördern, denn dann sieht er sehr schnell, welche Ideen noch nicht ausprobiert wurden.

Gewohnheitstiere ...

Hard- und Software-Infrastrukturen eines Unternehmens sind normalerweise über viele Jahre hinweg gewachsen und insofern gut verankert, als sie und ihre Benutzer bereits lange (und oft schmerzhafte und kostenintensive) gegenseitige Anpassungsprozesse hinter sich haben.

Der 'Fluch der Aufwärtskompatibilität'

Der 'Fluch der Aufwärtskompatibilität' setzt oft weitere Grenzen: Der Weg zu einem eindeutig besseren System kann dadurch versperrt sein, daß allein die Übernahme der Datenbestände einen untragbar hohen Aufwand bedeuten würde.

CIM hilft schon, reicht aber nicht

Viele dieser Probleme werden bereits durch CIM-Methoden gelindert oder beseitigt (z.B. CAE / CAD- und CAD / CAM-Integration), aber für einige Aspekte, wie z.B. die Dokumentation und Konservierung von Know-How, die Verwaltung von Konstruktionsregeln und die Beratung von Konstrukteuren reichen sie noch nicht aus. Daher sollten DV-Systeme für IPE in diesen Bereichen nennenswerte Fortschritte bieten.

Über die naheliegenden Integrationsprobleme hinaus sorgen die Leistungsgrenzen der heutigen CAD-Werkzeuge häufig für Unzufriedenheit bei den Benutzern. Sie sind einfach nicht 'schlau' genug, um wirkliche *Design Automation* zu erzielen. Jeder unentdeckte Verstoß gegen eine Konstruktionsregel zieht später aufwendige Konstruktionsänderungen nach sich, die als Rücksprünge und Schleifen im modifizierten Vorgangskettendiagramm erscheinen. Die Schwere der durch einen solchen Konstruktionsfehler verursachten Kosten und Verzögerungen hängt davon ab, wie spät im Entwicklungsprozeß (d.h. wie weit 'stromabwärts') er erkannt wird (mehr dazu in Kapitel 3, siehe auch Abb. 3.4 auf S. 54).

DV ist Abbild der Aufbauorg.!

Bei aller Euphorie über die Möglichkeiten der DV müssen wir aber auch festhalten, daß die **DV-Infrastruktur eines Unternehmens weitgehend durch seine Aufbauorganisation bestimmt** wird. Deshalb sind viele DV-Probleme in Wahrheit nur Auswirkungen organisatorischer Probleme. Das wiederum bedeutet, daß ohne organisatorische Veränderungen keine grundlegende Verbesserung der DV-Probleme zu erzielen sein wird. Dies ist eine wichtige Schlußfolgerung, die uns direkt zu den Oberzielen für IPE führt.

2.6 Die Ziele von IPE

Was sind also die Hauptziele von IPE? In welchen Richtungen sollte IPE Fortschritte erzielen? Wir gehen nach den wichtigsten Problemfaktoren von SPE vor.

Externe Faktoren

Die Beeinflussung der *externen Faktoren* ist Aufgabe der Volkswirtschaft, der Politik und der Sozialwissenschaften. Ein Unternehmen muß diese Faktoren in der Regel als gegeben hinnehmen. Die anderen zwei Gebiete können jedoch im Rahmen des Unternehmens angegangen werden und sind daher auch Gegenstand dieses Buches.

Verbesserter Fluß von Know-How

Die zentrale Schlußfolgerung aus den vorangegangenen Erwägungen ist, daß ein verbesserter Fluß von *Know-How* innerhalb der Produktentwicklung sehr förderlich ist. Know- How muß in zwei entgegengesetzten Strömen fließen können (vgl. 2.5.1 und Abb. 2.7 auf S. 34), genannt *Know-How-Vorwärtskopplung* und *Know-How-Rückkopplung*.

Abschnitt 5.2 wird zeigen, daß Know-How mehr umfaßt als die Arten von Daten und Informationen, die heute in DV-Systemen in der Industrie gehandhabt werden können. Dadurch ergibt sich über die klassischen CIM-Ziele der „Daten- und Vorgangsintegration“[19] hinaus ein drittes Integrationsziel:

> Das Know-How zu allen für das Unternehmen wichtigen Aspekten der Gestaltung eines Produkts (Konstruktion, Fertigung, Qualität, Kosten etc.), das in konventionellen Organisationen über Know-How-Inseln verteilt ist, muß integriert werden, um es allen an der Entwicklung eines Produkts Beteiligten zugänglich zu machen – insbesondere den Mitarbeitern am Beginn des Produktlebenszyklus.
>
> Dieses Ziel wird im folgenden als
> **Know-How-Integration**
> bezeichnet.

Nach den Mitteln zur Ansammlung und zum Transport von Know-How können wir zwischen *logischer* und *physischer* Know-How-Integration unterscheiden.

Physische Know-How-Integration

Physische Know-How-Integration: Traditionell wird Know-How in den Köpfen von Menschen und auf Papier angesammelt. Sein Transport erfolgt in Form von zwischenmenschlicher Kommunikation. Teamorientierte organisatorische Konzepte, wie sie im nächsten Abschnitt beschrieben werden, und auch die oben beschriebenen Freigabegespräche sind typische Beispiele für physische Know-How-Integration.

Natürlich könnte man sich bei einem Freigabegespräch noch mehr Teilnehmer vorstellen, die einen konstruktiven Beitrag zur Optimierung des Produkts zu leisten hätten: Experten aus dem Einkauf kennen die Preis- und Liefersituation am Markt. Es gibt Normungs-Experten, welche die Konformität mit bestehenden und zukünftigen Normen sicherstellen könnten – ein u.U. erhebliches Kosteneinsparungspotential: Die Gefahr von Produktänderungen wegen neuer gesetzlicher Anforderungen würde verringert, und die Wartung des Produkts wäre besser gesichert, wenn es nicht auf zukünftig exotische oder altmodische Teile angewiesen ist.

Grenzen der physischen Know-How-Integration

Doch leider muß man bei dieser Form der Know-How-Integration berücksichtigen, daß die Menge an Information, die innerhalb eines Teams ausgetauscht werden muß, mit der Teamgröße exponentiell zunimmt.[20] Wenn darüber hinaus das zu entwickelnde Produkt sehr komplex ist, kann das 'Team' so groß werden, daß sich die Mitglieder noch nicht einmal alle kennen. Sie können sogar in verschiedenen Erdteilen sitzen. In einer solchen Situation ist es schon schwierig genug, alle wirklich jeweils *notwendigen* Informationen den jeweiligen Nachfragern verfügbar zu machen. *Allen* Beteiligten *alle* Informationen zu senden, ist sogar kontraproduktiv, weil eine Informationsüberflutung die Entscheidungsqualität sogar verschlechtert.

Im obigen Beispiel der Steuergeräte erscheint es ideal, eine überschaubare Gruppe hochkarätiger Experten zusammenzubringen – ein Experte für jeden Aspekt der Konstruktion, der irgendwann im Leben des Produkts wichtig wird – und dieses Team über die gesamte Projektdauer bestehen zu lassen.

> IPE sollte also durch geeignete Team-Konfigurationen sicherstellen, daß die resultierende Konstruktion wirklich (nahezu) alle Erwartungen der Menschen erfüllt, die sich im weiteren Fortgang mit dem Produkt befassen – einfach weil sie dann alle von Anfang an involviert sind.

Logische Know-How-Integration

Logische Know-How-Integration: Die Ziele der optimalen Know-How-Vorwärts- und -Rückkopplung könnten besser erreicht werden, wenn die Agglomeration (d.h. Konservierung und Dokumentation) und der Transport von Know-How auch durch andere Medien unterstützt würde. Know-How könnte in DV-Systemen gesammelt und per Mensch-Maschine-Kommunikation transportiert werden. Auch hier geht es darum, das Know-How von Menschen zu Menschen zu übermitteln, allerdings tritt hier die DV als Mittler auf: Beispielsweise könnte ein Konstrukteur während der Arbeit am CAD-System durch ein Know-How-basiertes Konstruktionsberatungssystem unterstützt werden, das quasi den Zustand simuliert, als stünden alle anderen Know-How-Träger bei ihm und würden ihm bei seiner Arbeit 'über die Schulter schauen'.

Know-How ist eine sehr begrenzte Ressource. Experten haben oft nicht genug Zeit, ihre eigene Arbeit zu tun, geschweige denn anderen gute Ratschläge zu erteilen. Oft nehmen sie gerne die Möglichkeit wahr, ihr Wissen an viele Kollegen weiterzugeben, ohne daß es jedesmal ihre Zeit kostet.

> IPE sollte also durch geeignete DV-Infrastrukturen für die **logische Know-How-Integration** sorgen, so daß die Erreichbarkeit von Know-How nicht unbedingt die Erreichbarkeit der Experten voraussetzt.

Ziele für IPE

Insgesamt sollte IPE sich also auf zwei Grundziele konzentrieren:

- Verbesserung der *Organisation* der Produktentwicklung hin zu einer 'Anti-Insel-Aufbauorganisation', die den Fluß, die Integration und die Konservierung von Know-How erleichtert.
- Verbesserung der *informationstechnischen Infrastruktur* für die Produktentwicklung. Hierbei ist das Hauptziel eine Homogenisierung der DV-Umgebung, um logische Know-How-Integration zu ermöglichen, d.h. um Know-How zur richtigen Zeit an den richtigen Ort zu bringen. Dieses Ziel ist zwar zunächst unabhängig von der Aufbauorganisation, aber je mehr die Aufbauorganisation die Know-How-Integration fördert, desto weniger muß man auf die logische Know-How-Integration zurückgreifen.
  Um die Durchgängigkeit der Know-How-Flüsse entlang der Entwicklungsprozesse zu verbessern, sollte die DV-Infrastruktur viel stärker durch die *Ablauf*organisation geprägt werden.

Insbesondere in großen Unternehmen ist ein kohärentes Konzept, das sich an Organisation *und* DV richtet, wichtig. Mehrere Projekte arbeiten in dieser Richtung.[21] Sie kommen aus den Ingenieurwissenschaften, der Informatik und der Betriebswirtschaftslehre. Wegen der vielen Überschneidungen zwischen diesen Feldern erscheint ein interdisziplinärer Ansatz auch am erfolgversprechendsten.

2.7 Schlußfolgerungen

Dieses Kapitel hat die Schwierigkeiten, die in einer typischen Sequentiellen Produkt-Entwicklung auftreten, gezeigt und untersucht. Organisatorische Probleme liegen hauptsächlich in der hochgradigen Arbeitsteilung, verbunden mit Unzulänglichkeiten in der Kommunikation und Integration von Know-How unter den organisatorischen Einheiten. Sie können eine zu starke Konzentration auf lokale Probleme ('Insel-Denke') bewirken, was wiederum nahezu unweigerlich zu nur *lokal* optimierten Lösungen führt. Außerdem führen sie zu langen Transferzeiten zwischen den einzelnen Aktivitäten im Entwicklungsprozeß.

Die DV-Infrastruktur ist oft nur ein Abbild dieser Probleme. Daher bieten gemeinsame Anstrengungen im organisatorischen und im Informatik-Bereich die größten Chancen für Verbesserungen.

IPE sollte durch organisatorische Verbesserungen die physische und durch Verbesserungen der DV-Unterstützung die logische Know-How-Integration verstärken.

Das nächste Kapitel wird einige organisatorische Methoden vorstellen, die die Ziele von IPE unterstützen können.

Anmerkungen zu Kapitel 2

1 vgl. [SCHEER CIM d 98].
2 z.B. die *Critical Path Method* (CPM) [LEVY 63] und die *Project Evaluation and Review Technique* (PERT) [MALCOLM 59].
3 Die Entwicklung eines Produkts ist auch ein Entscheidungsprozeß über Fragen wie: "Wie soll das Produkt funktionieren?", "Wie soll es aussehen?" etc. Das bedeutet, daß im Laufe des Projekts viele Unter-Entscheidungen über Unterziele getroffen werden müssen, üblicherweise unter Beteiligung mehrerer Personen, also als Gruppenentscheidung. Daher kann man die Produktentwicklung auch als einen kooperativen Entscheidungsfindungsprozeß ansehen.
4 vgl. [SCHEER CIM d 90].
5 [FINGER 89c].
6 [MACDOW 89].
7 Eine umfangreiche Bibliographie findet sich in [FINGER 89b] und [FINGER 89c].
8 [PAHL 77].
9 "... in der Maschinenbauindustrie basierten etwa 55 % der Produkte auf Anpassungskonstruktionen, 25 % auf Neukonstruktionen und 20 % auf Variantenkonstruktionen." ([PAHL 88]).
10 vgl. [VDI 77/82] and [VDI 87a].
11 [PAHL 77].
12 [PAHL 77].
13 [PAHL 77].
14 [PAHL 77].
15 Vgl. auch [LU 91].
16 vgl. [BULLINGER 89b]. [PAHL 88], behauptet, daß das "Klären der Aufgabe" etwa 10% und die "Suche nach Lösungen" etwa 19% verbraucht.
17 Dieser Begriff soll natürlich nicht verwechselt werden mit der Inter-Prozeß-Kommunikation in Betriebssystemen wie z.B. Unix.
18 vgl. [SCHEER 89a].
19 vgl. [SCHEER CIM d 90].
20 vgl. [REICHWALD 90].
21 z.B. [AYEL 88], [BACKES 88], [BARKER 89], [BERNARDI 90a, 90b], [CAMARINHA 89], [FORKEL 90], [HERNANDEZ 91a, 91b], [KRAUSE 90a], [LAVE 89], [SEIFERT 89, 90], [SPUR 88a, 88b].

3 Konzepte zur Integration der Produktentwicklung

Organisatorische Konzepte für IPE

Dieses Kapitel soll zeigen, wie moderne Organisationskonzepte bei der Integration von Entwicklungsprozessen eine wichtige Rolle spielen können. Es werden einige Entwicklungstendenzen aus dem organisatorischen Bereich präsentiert, die

- Rahmenwerke anbieten, in die IPE eingebettet werden kann, oder
- als Basis oder Bausteine für IPE einsetzbar sind, oder
- mit IPE eng verwandt sind.

Für jedes dieser Konzepte werden wir

- kurz seine grundlegenden Vorgehensweisen und Begriffe vorstellen;
- den momentanen Stand seiner Umsetzung darstellen;
- seine Auswirkungen auf die Qualitäts-, Zeit- und Kostenziele von IPE einschätzen.

Am Ende werden die Gemeinsamkeiten und Synergieeffekte zwischen den Techniken hervorgehoben. Dabei sollten prinzipielle Ideen herauskommen, wie eine Organisation für IPE aussehen sollte.

3.1 Computer Integrated Manufacturing (CIM)

CIM

Nach Scheer bezeichnet „Computer Integrated Manufacturing (CIM) ... die integrierte Informationsverarbeitung für betriebswirtschaftliche und technische Aufgaben eines Industriebetriebs.“[1] IPE ist als neuer Aspekt von CIM gemeint, der sich darauf konzentriert, in einem bestimmten Teil des CIM-Ablaufs Integration zu erreichen, nämlich in der Produktentwicklung. Wir legen die Betonung folglich auf das 'I' in CIM. Die Integrations-Philosophie von CIM kommt im Y-Diagramm sehr anschaulich zur Geltung (siehe Abb. 2.7 auf S. 34).

CIM versucht, nicht nur eine friedliche Koexistenz, sondern gegenseitigen Nutzen zwischen den technischen und den administrativen Funktionen eines Unternehmens zu erzielen. Dazu „[müssen] die in sich bereits zum Teil integrierten Informationssysteme ... nun auch untereinander verbunden werden, weil innerhalb der Ablaufkette ... zunehmend technische und betriebswirtschaftliche Teilfunktionen ineinandergreifen."[2]

Aktuelle Tendenzen in CIM

Die Absichten und Mittel von CIM sind an anderer Stelle eingehend dokumentiert.[3] Daher genügen hier einige Hinweise auf neue Tendenzen, die im Zusammenhang mit IPE von Bedeutung sind:

- Normen und Standards für DV-Systeme erleichtern die Integration. Zu den aktuellen Tendenzen gehört die wachsende Unterstützung für das Betriebssystem Unix sowie für das Manufacturing Automation Protocol (MAP).[4]
- Die funktionale Integration von DV-Systemen, z.B. die Verbindung von Geometrie, Stücklisten-, Arbeitsplan- und Kostenrechnungsdaten und -funktionen für eine konstruktionsbegleitende Kalkulation[5], wird als eine Hauptvoraussetzung für organisatorische Integration angesehen.
- Kosten- und Qualitätsgesichtspunkte werden verstärkt bereits ins Entwicklungsstadium einbezogen (vgl. Abschnitt 3.3).
- CIM-Konzepte werden zunehmend durch Qualitätssicherungsmethoden angereichert (vgl. 3.4).

Daten- und Vorgangs-integration

„Beide Effekte, die Datenintegration und die Vorgangsintegration am Arbeitsplatz, bilden das hohe Rationalisierungspotential von CIM."[6] Allerdings hat das vorangegangene Kapitel gezeigt, daß die Informationen, die in einer Produktentwicklungs-Umgebung fließen müssen, nicht ausschließlich *Daten* im klassischen Sinne sind: Auch *Know-How* muß integriert werden. Und weil Know-How einige andere Eigenschaften besitzt als Daten, sind auch andere Methoden für dessen Integration nötig. IPE zielt auf die Erweiterung der CIM-Konzepte in diese Richtung.

Die nächsten Abschnitte zeigen einige organisatorische Konzepte, die Wege zur Know-How-Integration anbieten.

3.2 Simultaneous- / Concurrent Engineering

Simultaneous Engineering

Die Begriffe „Simultaneous Engineering" und „Concurrent Engineering" werden wir in diesem Text als Synonyme verwenden. Sie werden gemeinhin definiert als „eine systematische Vorgehensweise zur integrierten, parallelisierten Entwicklung von Produkten und ihren (Fertigungs-) Prozessen. Diese Vorgehensweise soll die Entwickler dazu bringen, von vornherein sämtliche Elemente des Produktlebenszyklus in ihre Erwägungen einzubeziehen, von Konzeption bis Entsorgung, einschließlich Qualität, Kosten, Zeitpläne, und – ganz besonders – Anforderungen der Kunden / Benutzer."[7]

Vorteile

Von Simultaneous Engineering erhofft man sich folgende Vorteile[8]:

- Synchronisierte Entwicklung von Produkten und ihren (Fertigungs-) Prozessen.
- Mehr Zusammenarbeit über die Grenzen klassischer Unternehmensbereiche hinweg.
- Minimierung der Anzahl von Konstruktionsänderungen, insbesondere Vermeidung 'später' Änderungen.
- Integration nicht nur innerhalb des Unternehmens, sondern auch zwischen Produzenten und ihren Zulieferern, sei es für Produktkomponenten oder Fertigungsanlagen.
- Minimierung der Produktkosten (sowohl Entwicklungs-, als auch Herstellkosten).
- Minimierung der Anzahl von Einzelteilen und Varianten eines Produkts.
- Optimierung der Produkte für automatisierte Fertigung und Montage bzw. andere moderne Fertigungsverfahren.

Das Nutzenpotential von Simultaneous Engineering ist beträchtlich: Es liegt nach verschiedenen Untersuchungen bei 30 bis 60% Kostenersparnis, 30 bis sogar 90% Verkürzung der Entwicklungsdauer und Verbesserung der Qualität (im Sinne der Senkung von Ausfallraten) um 30 bis 87%.[9]

Simultaneous Engineering versucht also, Know-How-Integration durch engere Verbindungen zwischen den bisher wenig integrierten Organisationseinheiten zu erreichen. Wenn man diese Verbindungen genauer betrachtet, kommt man zu den verschiedenen Ausprägungen der „X-gerechten Konstruktion".

3.3 X-gerechte Konstruktion

Konstruktion muß mehr Ansprüchen genügen

Lange Zeit war man der Auffassung, daß sich Konstrukteure primär mit Form und Funktion eines Produkts zu beschäftigen haben. Ein wachsendes Bewußtsein für die Kosten, die diese relativ enge Sichtweise mit sich bringt, hat zu der Erkenntnis geführt, daß man noch viele weitere Aspekte des Produktlebenszyklus in den Konstruktionsprozeß einbeziehen sollte. Daraus erwachsen verschiedene Bestrebungen, die in ihrer Gesamtheit mit „X-gerechte Konstruktion" umschrieben werden können, wobei das „X" für Fertigung, Montage, Kosten, Qualitätsprüfung, Umwelt usw. steht.[10]

Einige dieser Aspekte haben mit der Konstruktion im engeren Sinne (siehe 2.3.2.1) auf den ersten Blick gar nicht so viel zu tun. Doch es leuchtet ein, daß ein Konstrukteur sich während seiner Arbeit so genau wie möglich der Anforderungen bewußt sein sollte, die später im Entwicklungsprozeß von ganz anderen Leuten an seine Konstruktion gestellt werden[11] – z.B. in puncto Zuverlässigkeit, Wartbarkeit oder Sicherheit.[12]

Life-Cycle Design

In diesem Zusammenhang spricht man auch von 'Life-Cycle Design'[13], was man mit *Lebenszyklus-orientierter Konstruktion* übersetzen könnte. Natürlich haben Ingenieure schon immer alle diese Aspekte mehr oder weniger stark berücksichtigt, doch die explizite Unterscheidung zwischen den einzelnen Aspekten schärft den Blick auf die jeweiligen Bedürfnisse. Die folgenden Unterarten von X-gerechter Konstruktion werden hier behandelt:

- Fertigungs- und montagegerechte Konstruktion (*Design for Manufacturability / Design for Assembly*).
- Kostengerechte Konstruktion.
- Prüfgerechte Konstruktion (*Design for Testability*).
- Umweltgerechte Konstruktion (*Design for the Environment*).

Viele der vorgeschlagenen Lösungen für diese Problemkreise sind computerunterstützt, häufig unter Verwendung wissensbasierter und objektorientierter Techniken, wie sie auch im Kapitel 5 auftauchen.

3.3.1 Fertigungs- und montagegerechte Konstruktion

Das Produkt muß gut zu fertigen sein

Das Ziel der fertigungs- und montagegerechten Konstruktion ist es, das Produkt so auszulegen, daß es einfach zu fertigen ist, und zu verhindern, daß Konstruktionen von den Fertigungsingenieuren zurückgewiesen werden müssen (vgl. S. 19). Offensichtlich erfordert das eine enge Informationskopplung zwischen Konstrukteuren und Fertigungsexperten.

Beispiel: Konstr.-Richtlinien für Leiterplatten

Ein Beispiel für die Unterstützung der fertigungs- und montagegerechten Konstruktion sind die oben erwähnten Konstruktionsrichtlinien-Handbücher. Bei Leiterplatten kann es beispielsweise wichtig sein, daß gewisse Mindestabstände zwischen den Bauelementen eingehalten werden. Eine einfach zu formulierende, aber recht schwierig zu automatisierende Regel lautet: Flache Komponenten sollen zeitlich vor hoch bauenden Komponenten und in gebührendem Abstand plaziert werden. Der Grund dafür ist, daß die Greifarme der automatischen Bestückungsmaschinen eine 'freie Einflugschneise' brauchen, sonst werden bereits plazierte Bauelemente gnadenlos über den Haufen gerannt – mit entsprechend peinlichen Folgen, die häufig erst bei der Endkontrolle auffallen, also nachdem bereits alles verlötet ist. Dann bleibt nur noch die Alternative: Manuelle Nacharbeit oder Wegwerfen. Beides verursacht erhebliche Kosten.

Umgekehrt sollten die Fertigungsexperten möglichst früh über eventuelle Spezialanforderungen eines neuen Produkts ins Bild gesetzt werden. Zur Zeit laufen einige Forschungsprojekte in dieser Richtung.[14]

Der Nutzen liegt auf der Hand: „Fertigungsgerechte Konstruktion reduziert die Anzahl der Einzelteile und die Komplexität der Fertigung, was sowohl Entwicklungs-, als auch Fertigungskosten einspart.“[15]

3.3.2 Kostengerechte Konstruktion

Minimierung der Lebenszykluskosten

Das Ziel der kostengerechten Konstruktion ist die Minimierung der Lebenszykluskosten eines Produkts, d.h. der Kosten, die dem Hersteller über die gesamte Lebensdauer eines Produkts entstehen.

Das eingangs erwähnte 80%-Argument (siehe S. 2) ist im Kostenbereich besonders gut zu quantifizieren: Im Verlauf der Produktentwicklung gibt es eine Diskrepanz zwischen Kostenfestlegung und Kostenzurechnung (siehe Abb. 3.1).

Kosten verursachungsgerecht zuordnen!

Im buchhalterischen Sinne würde man sagen: Es werden mit der Konstruktion schon sehr früh Aus*gaben* festgelegt, deren Aus*zahlungen* erst viel später entstehen. Diese später anfallenden Auszahlungen werden aber auch nicht mehr dem ursprünglichen Verursacher zugerechnet (nämlich den Konstrukteuren), sondern als „Fertigungskosten“, „Wartungskosten“ u.ä. verbucht.

Hier nützt Know-How-Rückkopplung ...

Die Ingenieure würden sich ja über sachdienliche Hinweise freuen, z.B. auf Teile, die funktional gleichwertig, aber billiger oder leichter zu bekommen sind, oder die geringeren Fertigungsaufwand verursachen – was ja oft auch vom konkreten Maschinenpark im Fertigungswerk abhängt. Dies sind klassische Erscheinungsformen von *Know-How-Rückkopplung*. Beispielsweise kann der Konstrukteur einer Leiterplatte durch Einhaltung der Abstandsregeln die teurere und fehleranfälligere manuelle Plazierung von Bauelementen vermeiden.

... und Know-How-Vorwärtskopplung!

Umgekehrt wären die Materialbeschaffungsplaner erfreut, wenn sie etwas früher Hinweise auf besondere Bauelemente bekämen, die für ein Produkt benötigt werden – eine typische *Know-How-Vorwärtskopplung*. Dadurch können z.B. schwer erhältliche Teile früher bestellt werden.

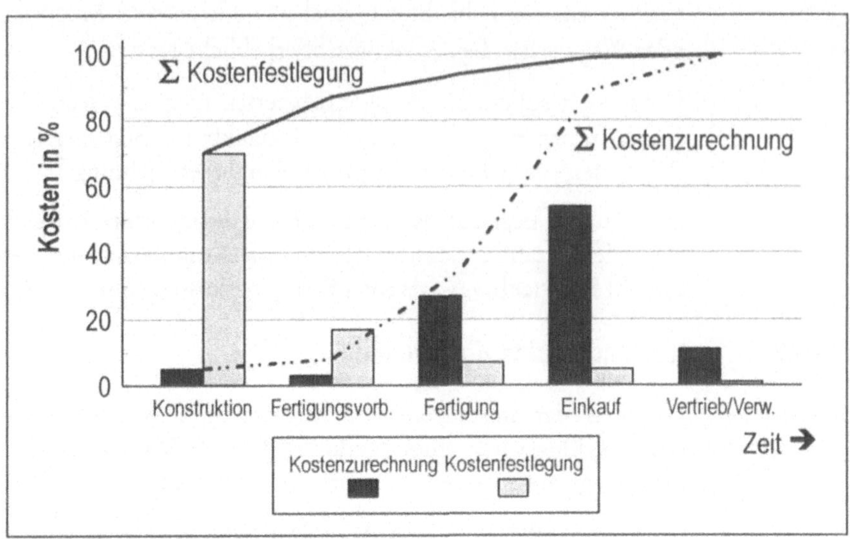

Abb. 3.1 *Kostenfestlegung gegenüber Kostenabrechnung im Verlauf der Produktentwicklung (nach [BULLINGER 89b]). Vgl. auch [SCHEER CIM d 88].*

Aber bitte nicht wieder ausschließlich *auf die Kosten schielen!*

Da monetäre Aspekte bei wirtschaftlichen Planungen immer eine wichtige Rolle spielen, könnte man versucht sein, die kostengerechte Konstruktion als den zentralen Aspekt der X-gerechten Konstruktion anzusehen. Ein solch monokausaler Ansatz könnte allerdings nur einen Teil des Verbesserungspotentials erschließen.

Auch in diesem Bereich laufen einige Projekte, z.B. Bocks Arbeiten zur „konstruktionsbegleitenden Kalkulation".[16]

3.3.3 Prüfgerechte Konstruktion

Automatische Prüfmittel

Insbesondere bei elektronischen Produkten, aber auch vermehrt bei mechanischen Teilen verläßt man sich in der fertigungsnahen Qualitätssicherung zunehmend auf automatische Prüfmittel. Leider ist die Entwicklung von Prüfprogrammen und -adaptern sehr aufwendig. Daher ist die prüfgerechte Konstruktion für IPE genauso wichtig wie die fertigungs- und montagegerechte Konstruktion. Ihr Ziel ist die Reduzierung der Kosten der Entwicklung von Prüfmitteln durch Konstruktionen, die den Zugang für Prüfmittel erleichtern oder sogar Selbsttestschaltungen vorsehen.

Dieses Forschungsgebiet befindet sich erst im Anfangsstadium.[17]

3.3.4 Umweltgerechte Konstruktion

Wir alle haben von unseren Kindern einen wichtigen Auftrag: Die Erde so zu hinterlassen, wie wir sie vorzufinden wünschen. Wer Produkte entwikkelt, hat auch darauf erheblichen Einfluß. Durch das wachsende Umweltbewußtsein wird auch vom Konstrukteur in immer stärkerem Maße Rücksicht auf Umweltaspekte verlangt.

Konstrukteure können auch viel für die Umwelt tun!

Dieser recht junge Aspekt der Konstruktionslehre kann unter dem Begriff „Umweltgerechte Konstruktion" zusammengefaßt werden. Weitere Begriffe in diesem Zusammenhang sind „recyclinggerechte Konstruktion" (Design for Recyclability), „entsorgungsgerechte Konstruktion" (Design for Disposability) oder schlicht „Green Engineering": Ziel ist die Optimierung von Produkt- und Prozeßauslegung auf Umweltfreundlichkeit ohne Kompromisse bei der Produktqualität. Man will neue Techniken finden, entwickeln und nutzen, die die Produktivität erhöhen können, ohne die Umwelt zu beeinträchtigen.[18]

Beispiel: Kühlschränke

Ein typisches Beispiel für die zu lösenden Probleme sind Haushaltsgeräte wie Kühlschränke, Herde, Waschmaschinen usw. Bei älteren Kühlschränken sind die Kühlrohre in die Isolierung eingeschäumt. Sie sind damit praktisch nicht mehr zu trennen, was ein wesentliches Hindernis beim Recycling darstellt. Oft sind Metallgehäuse und elektrische und elektronische Komponenten nicht ganz zu trennen, was nicht nur die sachgerechte Entsorgung von Gefahrstoffen erschwert, sondern auch dafür sorgt, daß die recyclierten Metalle wegen der Verunreinigungen von minderer Qualität sind.

Unter Umweltgesichtspunkten muß eine Konstruktion auf gute *Trennbarkeit* hin optimiert werden. Das ist nicht notwendigerweise dasselbe wie gute Demontierbarkeit z.B. zu Wartungszwecken. Auch die verwendeten Materialien sollten nicht nur nach Fertigungs- und Kostenkriterien, sondern auch nach Kriterien wie umweltschonender Produktionsprozeß, Recyclingfreundlichkeit, Gehalt an Gefahrstoffen und biologische Abbaubarkeit bewertet werden. Mit teilweise geringem Aufwand lassen sich heute bereits erhebliche Verbesserungen erzielen.

Dieser kurze Überblick hat gezeigt, daß die „X-gerechte Konstruktion" für die Implementierung von IPE sehr hilfreich sein kann, weil sie eine klare Strukturierung der immer komplexer werdenden Anforderungen ermöglicht, die an eine Konstruktion gestellt werden. Alle diese Anforderungen müssen für jedes Produkt individuell gewichtet werden. Natürlich kann man sich noch mehr Facetten dieses Themas vorstellen, z.B. „Analysegerechte Konstruktion“[19]. Hier gibt es noch viel zu tun. In Kapitel 5 werden fortgeschrittene DV-Systeme zur Unterstützung dieser Ziele dargestellt.

Ein Schlüsselaspekt, der die meisten anderen beeinflußt, ist die Qualität. Der nächste Abschnitt könnte auch mit „Qualitäts- und zuverlässigkeitsgerechte Konstruktion“ überschrieben sein.

3.4 Präventive Qualitätssicherung

QS: Produktsicherheit und -zuverlässigkeit immer wichtiger

Neue Produkthaftungsgesetze (z.B. in der EG) und die immer höheren Erwartungen der Kunden lassen die Produktsicherheit und -zuverlässigkeit zu einem immer entscheidenderen Wettbewerbsfaktor werden. Damit wächst die Bedeutung des präventiven, *ex-ante*-Teils der Qualitätssicherung (QS).

Geschichte der Qualitätssicherung

In den Anfängen der Industrialisierung war QS eher ein Synonym für „Endkontrolle“. Sie hatte eine eher polizeiliche Aufgabe, eng begrenzt auf die Fertigung. Ihre Hauptaufgabe war das *Entdecken* von Fehlern in oder nach der Fertigung. Vor dem zweiten Weltkrieg, als der Bildungsstand der Arbeitskräfte bereits deutlich höher war und erstmals eindeutige Qualitätskriterien festgelegt wurden (insbesondere vom Militär), wurde der QS-„Werkzeugkasten“ um statistische Methoden erweitert, wie z.B. die Statistische Prozeßsteuerung (Statistical Process Control, SPC). Aber weiterhin war Qualität definiert als Übereinstimmung gefertigter Güter mit vorgegebenen Spezifikationen. In den 50er Jahren hatten die Japaner heftige Qualitätsprobleme. Daher riefen sie amerikanische (!) Experten ins Land (insbesondere W. E. Deming und J. M. Juran) und hörten ihnen sehr aufmerksam zu. Daraufhin richteten sich die japanischen Unternehmen – dem Rat der Ausländer folgend – von oben bis unten nach dem Ziel *Qualität* aus.

Die beeindruckenden Ergebnisse dieser grundlegenden Umorientierung kennen wir alle. Eine Untersuchung hat gezeigt, daß die Japaner sowohl bezüglich der Gesamtzahl an Konstruktionsänderungen, als auch bezüglich der Häufigkeitsverteilung solcher Änderungen über die Entwicklungszeit hinweg beträchtlich besser liegen als die Amerikaner (vgl. Abb. 3.3).

„Der Qualitätssicherung ist im Laufe der letzten Jahre ein deutlich vergrößerter Aufgabenbereich erwachsen, dessen Schwerpunkt in der bereichs- und abteilungsübergreifend organisierten Bereitstellung und Verarbeitung von Informationen ... liegt.“[20]

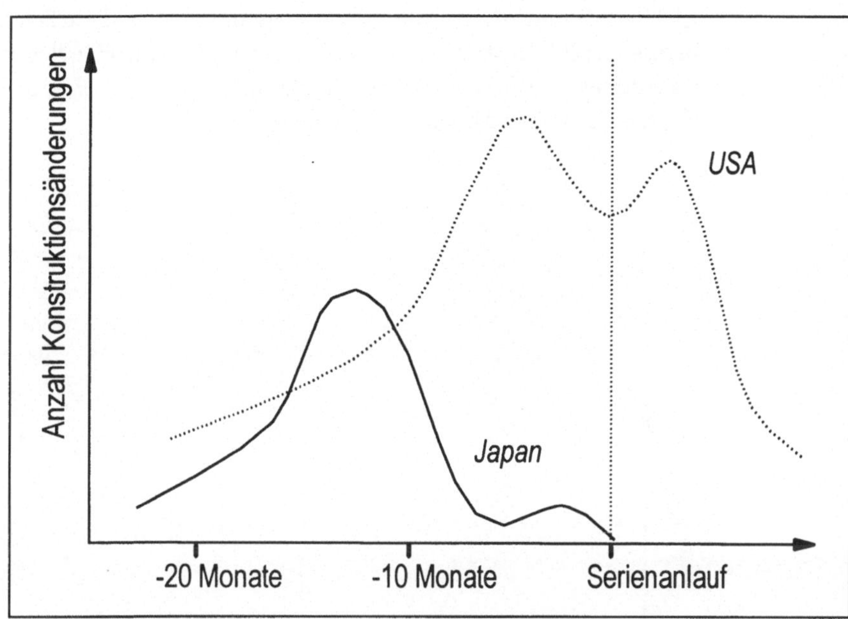

Abb. 3.3 *Ein Vergleich der Anzahl von Konstruktionsänderungen im Entwicklungsprozeß (nach [MÜLLER 89a]).*

Qualität ist ...

Auch die Definition von 'Qualität' ist wesentlich umfassender geworden: „Qualität ist die Erfüllung festgelegter (das ist relativ einfach zu beschreiben, z.B. Pflichtenheft oder Spezifikationen) und vorausgesetzter (das ist sehr schwer zu beschreiben, z.B. Erwartungshaltung des Kunden) Forderungen. Qualität ist eine Management-Funktion. Sie ist repräsentiert durch eine unternehmensweite Qualitätspolitik.“[21] In diesem Zusammenhang spricht man auch von „Quality Engineering“, definiert als „Qualitätsplanung und -sicherung im Stadium der Entwicklung und Konstruktion von Produkten und Prozessen.“[22]

Von der Entdeckung zur Vermeidung *von Fehlern*

Gleichzeitig mit einer Bewegung von einer produktzentrierten Sichtweise zur markt- und kundenorientierten strategischen Planung hat sich der Schwerpunkt der QS verschoben: Weg von der *on-line*, ex-post heilenden Funktion und hin zur *off-line*, ex-ante vorbeugenden Funktion. Es ist einfach kostengünstiger, Fehler schon qua Konstruktion zu *vermeiden*, als sie, nachdem sie passiert sind, mühevoll zu *entdecken* und aufwendig zu beheben.

Rule of Ten

Mit jedem Schritt im Entwicklungsprozeß erhöhen sich die Kosten zur Fehlerbeseitigung etwa um den Faktor 10. „Diese einfache, aber in der Praxis anerkannte Verzehnfachungsregel macht eindeutig klar, daß die *Prävention* erheblichen *wirtschaftlichen Nutzen* bringt“[23] (vgl. Abb. 3.4).

Ein Beispiel aus der Automobilindustrie unterstützt diese Schätzung: Probleme, die Rückrufaktionen oder Reparaturen beim Händler auf Garantie erforderten, verursachten im Durchschnitt um den Faktor 10 höhere Kosten als Änderungen in der Fertigung.[24]

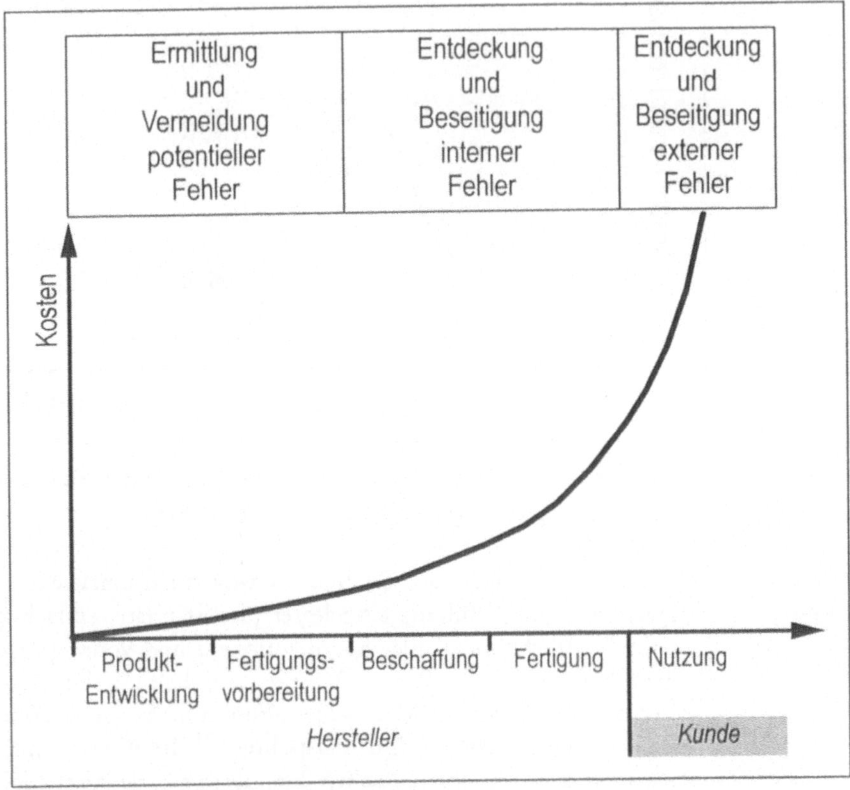

Abb. 3.4 *Die 'Rule of Ten' – Die Kosten zur Beseitigung von Fehlern verzehnfachen sich mit jedem weiteren Stadium des Produktlebenszyklus (nach [KERSTEN 88]).*

Für die Produktentwicklung bedeutet dies, daß höhere Produktqualität mit weniger Prüfungs- und Fehlerbeseitigungs-Schleifen (bei der Software-Entwicklung spricht man von 'test and debug loops') erreicht werden muß. Genau dazu dienen die Methoden der präventiven QS. Sie tragen erheblich zu den Zielen von IPE bei, indem sie Entwicklungsprozesse abkürzen können. Die wichtigsten Methoden in diesem Zusammenhang werden im folgenden vorgestellt:

- Quality Function Deployment (QFD).
- Taguchi Quality Engineering / Design of Experiments (DoE).

- Fehler-Möglichkeiten- und -Einfluß-Analyse (Failure Modes and Effects Analysis, FMEA) und Fehlerbaumanalyse (Fault Tree Analysis, FTA).

Sie alle sind wichtige Bausteine für unternehmensweite Qualitätskonzepte, die häufig unter dem Titel *Total Quality Management* (TQM) firmieren.[25]

3.4.1 Quality Function Deployment (QFD)

QFD: Kundenorientierung

„Quality Function Deployment" (QFD) ist eine verkürzte Übersetzung aus dem Japanischen. „Kundenorientierte Produktentwicklung, -verbesserung und vermarktung"[26] trifft das Wesen der Methode schon besser.

Marktforschungsergebnisse ergeben zumeist keine genügend detaillierten Aufschlüsse über technische Anforderungen an das Produkt. QFD schließt diese Lücke, indem es eine formalisierte, stufenweise Übertragung von Kundenanforderungen in technische Spezifikationen ermöglicht.

House of Quality – *Formular*

Auch QFD wird in Teams durchgeführt. Diese benutzen ein Matrix-Formular, das einem Haus ähnlich sieht (daher der Name '*House of Quality*', siehe Abb. 3.5), und das sie in 11 wohldefinierten Schritten ausfüllen und diskutieren.

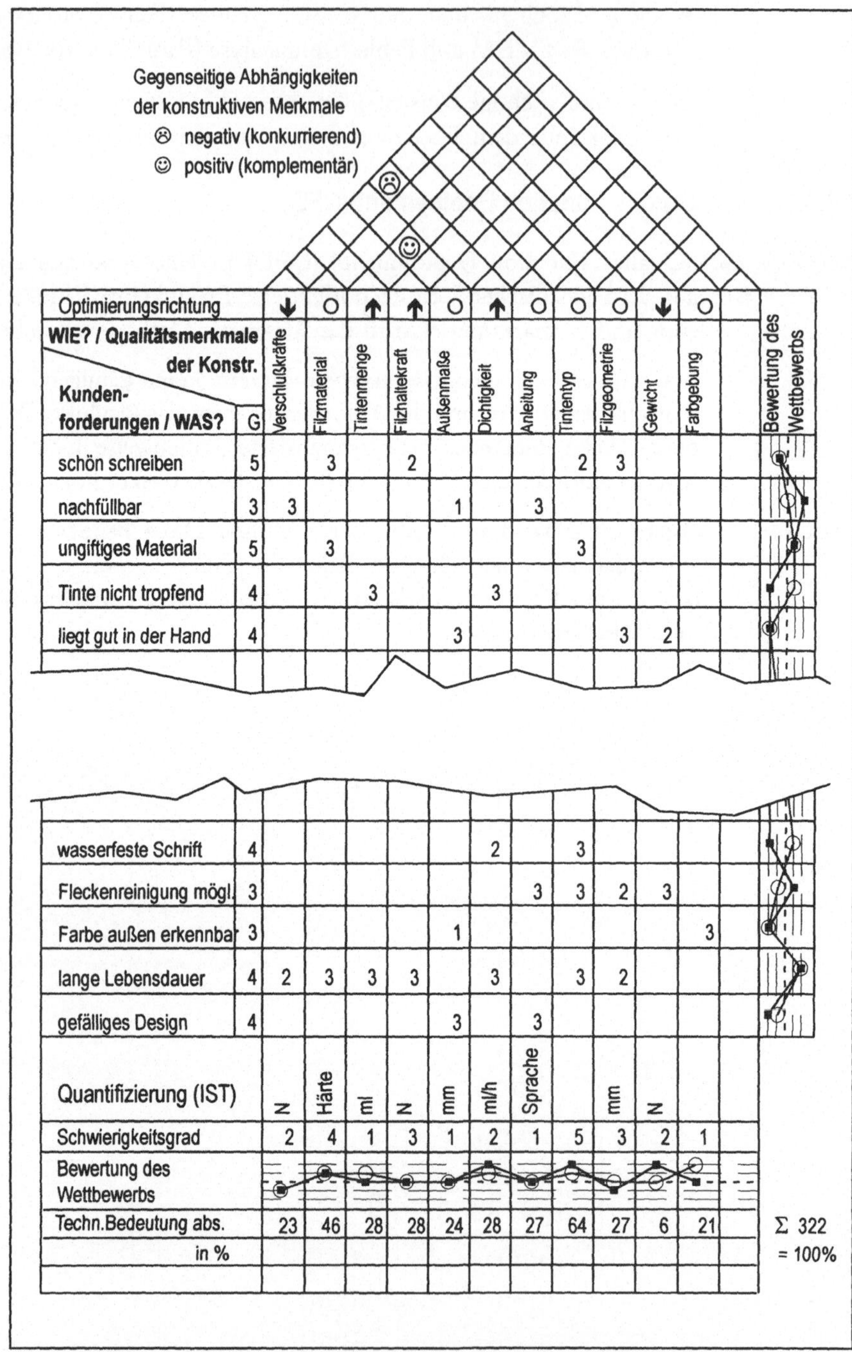

WIE? / Qualitätsmerkmale der Konstr. / Kundenforderungen / WAS?	G	Verschlußkräfte	Filzmaterial	Tintenmenge	Filzhaltekraft	Außenmaße	Dichtigkeit	Anleitung	Tintentyp	Filzgeometrie	Gewicht	Farbgebung		Bewertung des Wettbewerbs
Optimierungsrichtung		↓	O	↑	↑	O	↑	O	O	O	↓	O		
schön schreiben	5		3		2				2	3				
nachfüllbar	3	3				1		3						
ungiftiges Material	5		3						3					
Tinte nicht tropfend	4			3			3							
liegt gut in der Hand	4					3				3	2			
wasserfeste Schrift	4						2		3					
Fleckenreinigung mögl.	3							3	3	2	3			
Farbe außen erkennbar	3					1						3		
lange Lebensdauer	4	2	3	3	3		3		3	2				
gefälliges Design	4					3		3						
Quantifizierung (IST)		N	Härte	ml	N	mm	ml/h	Sprache		mm	N			
Schwierigkeitsgrad		2	4	1	3	1	2	1	5	3	2	1		
Bewertung des Wettbewerbs														
Techn.Bedeutung abs.		23	46	28	28	24	28	27	64	27	6	21		Σ 322
in %														= 100%

Abb. 3.5 *Ein 'House of Quality'-Formular für QFD-Teams, hier am Beispiel eines Filzschreibers (nach [BLANK 90]).*

Kaskadierung von HoQ-Formularen

Man kann auch mehrere HoQ-Formulare hintereinanderschalten. Abb. 3.6 zeigt, wie die Kundenwünsche Stufe für Stufe übersetzt werden in Forderungen an die Konstruktion, an die wichtigsten Teile, an den Fertigungsprozeß und schließlich an die Fertigungspläne. Dabei wird jeweils aus dem *Wie*-Teil (den resultierenden Qualitätsanforderungen) eines HoQ der *Was*-Teil (Was wird vom Kunden gefordert?) der nächsten Phase.

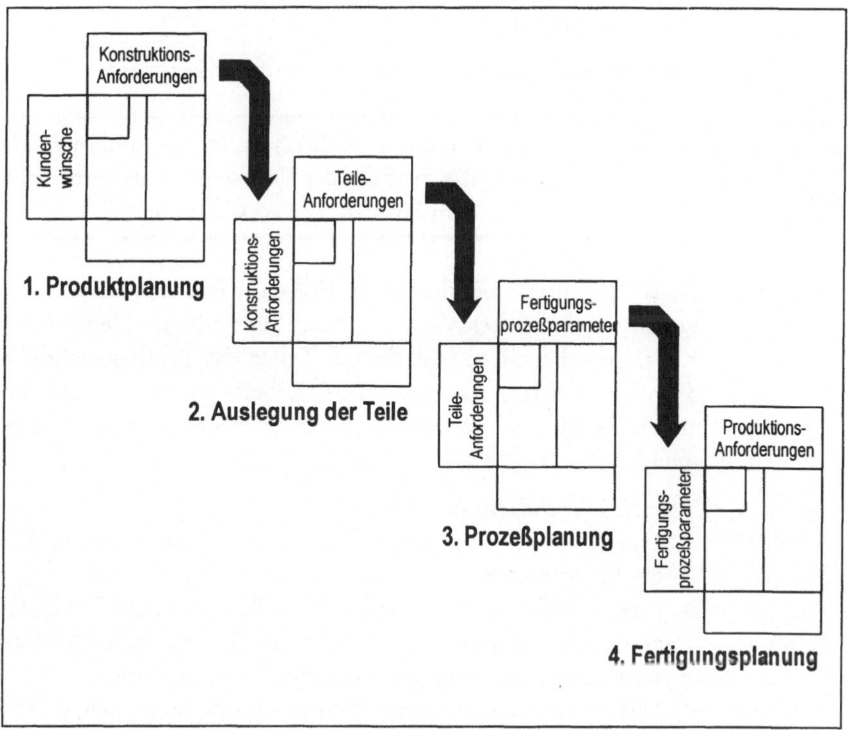

Abb. 3.6 Eine Kaskade von 'House of Quality'-Formularen übersetzt die Wünsche des Kunden bis hin zu Anforderungen an die Fertigung.

QFD fördert die physische Know-How-Integration

Insgesamt kann QFD als Rahmenwerk für TQM-Konzepte eingesetzt werden, innerhalb dessen andere QS-Methoden angewendet werden. Es erzielt *physische Know-How-Integration* durch „abgestimmte Planungs- und Kommunikationsschritte, die systematisch alle Bereiche vom Marketing über Entwicklung, Fertigung und Beschaffung bis zur Qualitätssicherung am Entwicklungsprozeß beteiligen.“[27]

Auch QFD würde vom Einsatz der DV profitieren: Man könnte sich ein System vorstellen, das alle Kundenanforderungen verwaltet und das graphisch-interaktive Erstellen von Houses of Quality ermöglicht.

3.4.2 Taguchi Quality Engineering

Taguchi: Hilfsmittel für fertigungsgerechte Konstruktion

„Die Taguchi-Methoden dienen zunächst dazu, wesentliche Parameter von Fertigungsprozessen zu entdecken und sie in Hinsicht auf größere Robustheit zu optimieren."[28] Doch als Know-How-Rückkopplungs-Effekt zwingen diese Methoden auch den Entwicklungsingenieur, seine Konstruktion auf diese Ziele hin zu optimieren, wiederum im Sinne der fertigungsgerechten Konstruktion.

Taguchis Definition von „Qualität" ist bemerkenswert:

Taguchis bemerkenswerte Definition von Qualität

> „Die Qualität eines Produkts ist der (zu minimierende) Verlust, den das Produkt der Volkswirtschaft verursacht, ab dem Moment der Auslieferung."[29]

Diese Definition berührt auch Fragen wie zum Beispiel: „Was ist ein volkswirtschaftlicher Verlust?" Nach der gültigen Definition wird durch Reparaturarbeiten an fehlerhaften Teilen das Bruttosozialprodukt erhöht, d.h. sie werden als *produktive* Arbeit gewertet. Taguchi sieht das anders – und zwar vor allem aus der Sicht des produzierenden Unternehmens!

Taguchis Grundaxiome

Taguchis Grundaxiome sind:

- Qualität wird nicht durch Toleranzen, sondern an der Kundenzufriedenheit gemessen.
- *Jede* Abweichung vom Idealwert – z.B. auch in der Fertigung – bedeutet einen Qualitätsverlust und daher „volkswirtschaftliche Verluste". Abweichungen sind daher weitestgehend zu eliminieren.
- Das Ziel ist es, den Ausschußanteil so weit zu senken, daß stochastische Prüfmethoden nutzlos werden. Nicht zuletzt werden manchmal Defekte sogar *durch* Prüfungen *verursacht*![30]

Quality Engineering ist ...

Taguchi unterteilt das Quality Engineering in die folgenden drei Schritte (vgl. Abb. 3.7):[31]

System Design

- *System Design*: Die grundlegenden konstruktiven Konzepte werden festgelegt, und für die wichtigsten meßbaren Attribute des Produkts werden Idealwerte gesetzt. Dies kann z.B. durch QFD geschehen, wobei auch Erfahrungswerte aus früheren Konstruktionen genutzt werden sollten. Zunächst sollten 'billige' Lösungen und Materialien vorgesehen werden.

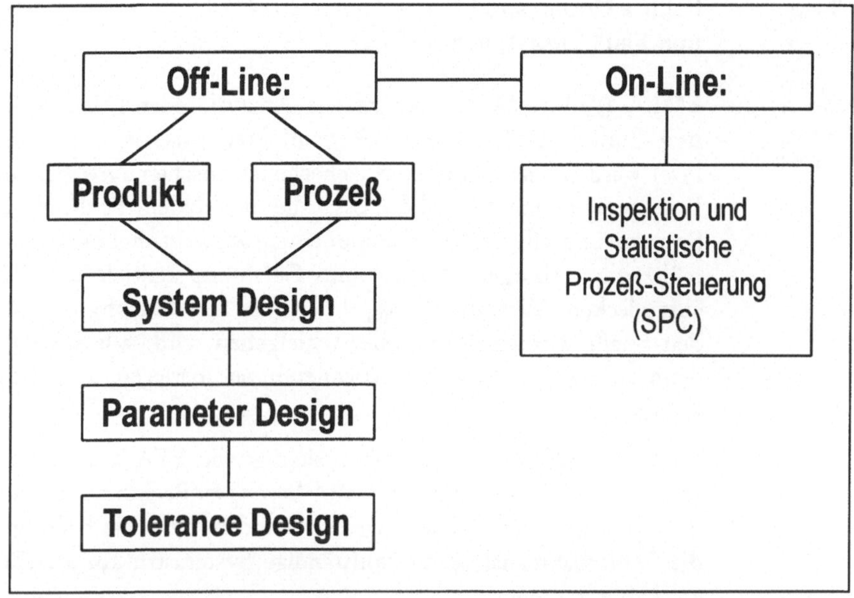

Abb. 3.7 *Grundbestandteile des Taguchi Quality Engineering [MÜLLER 89a].*

Parameter Design

- *Parameter Design*: In diesem Stadium werden das Produkt und seine Prozesse mit Hilfe der Verlustfunktion und der „Signal-to-Noise Ratio" optimiert. Dadurch wird die „Robustheit" (i.S.v. Unempfindlichkeit gegen Störgrößen) maximiert, also z.B. ein möglichst stabiler Fertigungsprozeß erzielt. An dieser Stelle wird eine Methode namens „Design of Experiments (DoE)" eingesetzt: Versuche mit vorher systematisch geplanten Kombinationen von Steuergrößen (z.B. Prozeßtemperatur) und Störgrößen (z.B. Lufttemperatur in der Fertigungshalle) führen zu einem maximal robusten Prozeß. DoE sorgt dafür, daß mit möglichst wenigen Tests alle Eventualitäten abgedeckt werden und somit eine gesunde Basis für die Ermittlung von Optimalwerten besteht. So wird wieder Zeit und Geld gespart - man denke nur an Crash-Tests in der Fahrzeugentwicklung!

Tolerance Design

- *Tolerance Design*: Nachdem im Parameter Design mit den 'billigen' Lösungen die kostengünstigste Konstruktion gefunden worden ist, können aber noch einige Produktattribute zu hohe Varianzen aufweisen. Jetzt müssen teurere Fertigungsprozesse oder Materialien eingeführt werden, um die noch verbliebenen Qualitätsrisiken zu minimieren.

3.4.3 Failure Modes and Effects Analysis (FMEA) und Fault Tree Analysis (FTA)

Murphy's Law und die Gegenmittel ...

FMEA (Failure Modes and Effects Analysis oder Fehler-Möglichkeiten- und -Einfluß-Analyse) und FTA (Fault Tree Analysis oder Fehlerbaumanalyse) werden insbesondere bei sicherheitskritischen Systemen angewendet. Ihre gemeinsame Grundidee ist, alle denkbaren Fehlfunktionen eines Systems und aller seiner Komponenten vorwegzunehmen, um möglichst frühzeitig verborgene Mängel und Gefahrenpotentiale der Konstruktion aufzudecken. Vereinfacht ausgedrückt, ist hier Murphy's Law in Methoden gefaßt worden: Wenn alles schiefgehen wird, was schiefgehen kann, dann tut man gut daran, von vornherein zu überlegen, *was* alles chiefgehen könnte.

Im Gegensatz zur FMEA berücksichtigt die FTA auch Kombinationen von Fehlern. Dafür kann die FMEA bereits zu Beginn der Entwicklung für neue und geänderte Teile eingesetzt werden, denn sie benötigt nicht wie die Fehlerbaumanalyse die vollständige Systemstruktur zur Bestimmung kritischer Bauteile.

Die FMEA stammt aus der Raumfahrt

Dieser Abschnitt konzentriert sich im folgenden auf die FMEA. Diese Methode wurde ursprünglich Mitte der 60er Jahre von der NASA für das Apollo-Raumfahrtprogramm entwickelt und findet inzwischen breite Anwendung in den USA, Japan und Europa. Sie ist heute in vielen Unternehmen fester Bestandteil von Qualitätssicherungssystemen.[32]

Es gibt grundsätzlich zwei Typen von FMEAs, die beide auf Formularen wie dem in Abb. 3.7 geschrieben werden.

Produkt-FMEA

- Die *Produkt-FMEA* untersucht eine Konstruktion auf potentielle Fehler und deren Auswirkungen. Sie soll herausfinden, ob die Konstruktion alle Anforderungen abdeckt, und falls nicht, evtl. notwendige Änderungen lange vor der Fertigungsfreigabe vornehmen zu können. Die verwandte Methode „System-FMEA" kann bereits in der Konzeptionsphase eines Produkts angewendet werden.

Prozeß-FMEA

- Eine *Prozeß-FMEA* wird insbesondere für Fertigungsprozesse erstellt. Sie baut auf den Ergebnissen der Produkt-FMEA auf: Fehler, die in der Produkt-FMEA auf Fertigungsprobleme zurückgeführt wurden, können jetzt genauer analysiert werden. Das Ziel ist hier ein robuster Fertigungsprozeß mit durchgängig hoher Qualität.

... vollständig und systematisch ...

Um wirklich zu signifikanten Fortschritten in der Konstruktion zu kommen, muß eine FMEA *vollständig* und *systematisch* sein. Deshalb ist die FMEA in Vorgehensweise und Hilfsmitteln weitgehend formalisiert.

QUALITÄTSSICHERUNG

FEHLER- MÖGLICHKEITEN- UND -EINFLUSS- ANALYSE
ERZEUGNIS: Gleichstrommotor für Druckaufbau
SACH-NR. : 1 234 567 890

SEITE: 4
ABTLG: R2/D2
FMEA: Y 998 765 432
DATUM: 12.06.1990

NR.	KOMPONENTE PROZESS	FUNKTION	FEHLER-ART	FEHLER-AUSWIRKUNG	FEHLER-URSACHE	FEHLER-VERMEIDUNG	FEHLER-ENTDECKUNG	S S	- A	E E	SxE RZ	MASSNAHMEN V: / T:
1	3/3 MV Diagonale 1	Druckaufbau ermöglichen	Druckaufbau nicht möglich	kein Druck im RZ/VR+HL	Kein Durchfluß des Fluids	Einsatz von Filter-elementen	Werkstatt	6	1	10	60	
					fehlerhafte MV-Stellung (elektr.)	ABS-Ab-schaltung	Ventil-überwachung und mC-Redundanz, Sila	6	2	1	12	
					fehlerhafte MV-Stellung (mechan.)	Einsatz von Filter-elementen	eventuell Fahrer	6	1	1	6	
					externe Leckage		Pedalweg länger, eventuell Fahrer	6	3	1	18	
								6	3	1	18	Niveau-schalter V:R2 T:E7.89

S = Fehlerschwere A = Auftretenswahrscheinlichkeit E = Entdeckungswahrscheinlichkeit Risikozahl RZ = S x A x E
V = Verantwortlichkeit T = Einführungstermin

Abb. 3.8: Ein konventionelles FMEA-Formular.

... lang-wierig ...

Diese Prozedur kann unter Umständen so lange dauern wie der gesamte Entwicklungsprozeß – und parallel zu ihm laufen. Die FMEA ist arbeitsintensiv: Gewöhnlich arbeitet ein interdisziplinäres Team (= *physische Know-How-Integration*!) aus jeweils etwa fünf Ingenieuren in wechselnder Besetzung an einer FMEA. Es sind Mitarbeiter aus Konstruktion, Versuch, Dauererprobung, Verkauf, Fertigungsvorbereitung, Qualitätssicherung und Fertigung. Hinzu kommt ein *Moderator*, der in der Methodik intensiver ausgebildet sein muß.

... teuer ...

Das Ziel der *umfassenden* Analyse macht eine FMEA zeitaufwendig und teuer. Ein Team braucht etwa 20 Sitzungen zu je sechs Stunden, um eine mittelgroße FMEA zu erstellen. Dadurch kostet eine 'kleine' FMEA von 25 Seiten Länge 50 bis 100 TDM. Eine 'große' FMEA kann aber bis zu 700 Seiten umfassen. So erschreckend diese Beträge erscheinen mögen – sie sind gering im Vergleich zum dadurch erzielbaren Nutzen:

... aber nützlich! Kosten ...

- **Kosten**senkung: Qualitätsprobleme können zu einem Zeitpunkt erkannt werden, an dem Korrekturen noch mit wesentlich geringeren Kosten verbunden sind, als z.B. nach Produktionsbeginn. Investitionskosten für Fertigungsmaschinen können gesenkt werden. Auch die Kosten für die Endkontrollen sind niederiger, wenn Fehler qua Definition gar nicht erst passieren können.

... Zeit ...

- Reduzierung der Entwicklungs**zeiten** und damit der „Time-to-Market". Die Prozeß-FMEA trägt obendrein zur Erhöhung der Effizienz von Fertigungsprozessen bei.

... Qualität

- Viele Fehler in Konstruktion und Fertigung werden von vornherein vermieden;
- Die systematische Erfassung und Konservierung von Konstruktions-Know-How verringert die Wahrscheinlichkeit der Wiederholung von Fehlern;
- Dank höherer **Qualität** (geringere Ausfallraten) wird das Risiko teurer Rückrufaktionen (speziell in der Automobilindustrie) reduziert.

FMEA braucht Top-Down-Einführung

„Die FMEA ist ein Instrument des Risiko-Managements, das von der Unternehmensleitung 'top-down' in das Unternehmen eingeführt werden muß."[33] Oft ist es nicht leicht, die Ingenieure von der Notwendigkeit der arbeitsintensiven Fehleranalysemethoden zu überzeugen. Man muß ihnen aber auch die Zeiten für die Erarbeitung dieser Analysen einräumen.

Know-How-Konservierung

Einer der Hauptvorteile von FMEA und FTA aus der Sicht von IPE ist die Tatsache, daß sie die meisten Gedanken, die in eine Konstruktion eingeflossen sind, schriftlich dokumentieren. Daher tragen sie nicht nur zur Know-How-Integration, sondern auch zur Know-How-Konservierung bei. Diese Dokumentation von Know-How ist nicht nur aus internen, sondern auch aus externen Gründen wichtig: Im Zeitalter der Produkthaftungsgesetze muß ein Unternehmen in der Lage sein zu *beweisen*, daß genügend Vorsichtsmaßnahmen gegen Fehler getroffen wurden.

Warum nicht auch die unerwünschten Funktionen?

Eine grundlegende Einschränkung der Fehleranalysemethoden ist bisher, daß nur die *erwünschten* Funktionen eines Systems dargestellt und analysiert werden. Es wäre sicher interessant, auch die *un*erwünschten Funktionen einzubeziehen, denn diese sind es zumeist, die die 'Fehler' genannten Effekte verursachen.

Darstellung könnte intuitiver sein

Ein weiterer Punkt für Verbesserungen der Methode ist die Tabellenform der FMEA: Sie ist nicht gerade eine intuitive Darstellungsweise für die Interdependenzen zwischen Ursachen, Fehlern und Fehlerauswirkungen. Ein Baum- oder Graphendiagramm wie in FTAs wäre wahrscheinlich leichter zu verstehen (vgl. 5.5.2.2). Um *Kombinationen* von Fehlern überhaupt handhabbar zu machen, muß Rechnerunterstützung eingebracht werden. In diesem Zusammenhang können intelligente Suchtechniken aus dem Bereich der wissensbasierten Systeme helfen, die 'kombinatorische Explosion' zu verhindern.

Kritik an den QS-Methoden allgemein

Zu den vorgestellten präventiven QS-Methoden gibt es insbesondere die folgenden wesentlichen Kritikpunkte:

- **Ein gemeinsames Rahmenwerk fehlt:**
  Es muß noch viel gearbeitet werden, bis die verschiedenen Methoden in einem gemeinsamen Rahmen zusammengefaßt sind, der dann zu recht den Namen „Total Quality Management" (TQM) tragen könnte.
- **Ressourcen-Intensität:**
  Eine unschöne Gemeinsamkeit von QFD, FMEA, FTA und Taguchi-Methoden ist ihr großer Bedarf an Ressourcen, sowohl im Sinne des Zeitbedarfs beim Lernen und Anwenden der Methoden als auch bezüglich des Einsatzes und der Zähigkeit, die seitens des Managements zu ihrer Einführung erforderlich sind. Man sollte allerdings diesen Einsatz vergleichen mit dem, der heute durch Fehlerbehebung und Schleifen im Entwicklungsprozeß absorbiert wird.

Grundaxiome moderner QS

Insgesamt kann man die Grundaxiome moderner QS folgendermaßen beschreiben:[34]

- Qualität muß in das Produkt und die Prozesse von vornherein hinein*konstruiert* werden, anstatt sie ex post zu er*prüfen*.
- 80% der Fehler sind durch Management-Entscheidungen *vorbestimmt*, nur 20% entstehen in der Fertigung.
- 80% der Fehler entstehen *zwischen* Abteilungen, 20% entstehen innerhalb von Abteilungen.

Der letztgenannte Grundsatz entspricht der Argumentation aus Kapitel 2 über Know-How-Inseln und Know-How-Integration. Er führt geradewegs zu dem Schluß, daß moderne QS von einer integrierten und integrierend wirkenden Informations- und Kommunikations-Infrastruktur profitieren könnte.

3.5 Gemeinsamkeiten und Synergie-Effekte

Dieser Abschnitt beginnt mit einem Überblick über die oben präsentierten Techniken, der ihre Gemeinsamkeiten hervorhebt. Anschließend werden Synergieeffekte zwischen den Methoden ausgelotet. Dadurch sollen sich die wichtigsten Elemente einer Organisation für IPE herauskristallisieren.

3.5.1 Gemeinsamkeiten unter den Methoden

Gemeinsamkeiten

Die in diesem Kapitel beschriebenen Methoden lassen folgende Gemeinsamkeiten erkennen:

Gemeinsamkeit: Physische Know-How-Integration durch Teams

Physische Know-How-Integration durch Teams

Eine der offensichtlichsten Gemeinsamkeiten ist die *physische Know-How-Integration in interdisziplinären Teams* mit Teilnehmern aus verschiedenen Phasen des Entwicklungsprozesses. Insbesondere Simultaneous Engineering, QFD und FMEA basieren auf Teams. Diese Eigenschaft scheint auch eines der Erfolgsgeheimnisse der japanischen Industrie zu sein.

Gleichzeitiger Einsatz der Methoden nur mit logischer Know-How-Integration!

Gleichzeitiger Einsatz der Methoden

Die diversen Methoden der präventiven QS haben untereinander ein großes Integrationspotential, das allerdings erst in Ansätzen untersucht ist. Erst die Existenz eines *gemeinsamen organisatorischen Rahmens* kann ein wirkliches „Total Quality Management" (TQM) ermöglichen. Z.B. würde die gleichzeitige Anwendung aller Methoden zu einer Inflation von Teams führen, was den erwünschten Effekt der Zeitersparnis zunichte machen würde. Es sind also *Methoden der logischen Know-How-Integration* gefragt, um die positiven Effekte auch ohne allzu häufige Treffen der Beteiligten sicherzustellen.

Gemeinsamkeit: Funktionsübergreifende Strukturen

Funktionsübergreifende Strukturen

Das Ziel der Know-How-Integration führt zwangsläufig zu *funktions- und bereichsübergreifenden Organisationsstrukturen*, die quer zu klassischen, funktional gegliederten Strukturen laufen. Diese *'cross-functional teams'* sind am Enstehungsprozeß des Produkts orientiert. Eine Organisation, die den funktionsübergreifenden Informationsfluß fördert, ist lebenswichtig in einer Zeit, in der die Produkte immer komplexer und die Märkte immer internationaler werden.

Gemeinsamkeit: Die Methoden können von DV-Unterstützung profitieren

DV-Unterstützung hilft

Ein weiterer durchgängiger Aspekt ist die *Dankbarkeit der Methoden für DV-Unterstützung*. Fertigungsgerechte Konstruktion z.B. kann durch Prüfungs-Module in einem fortgeschrittenen CAD-System implementiert werden (mehr hierzu in Kapitel 5). Die Automatisierung von FMEA und FTA erfordert allerdings noch mehr Wissen (z.B. ein Funktionsmodell) über das untersuchte Produkt.

Gemeinsamkeit: Vorteile sind schwer zu quantifizieren

Vorteile schwer zu quantifizieren

Eine weniger angenehme Gemeinsamkeit ist die *schwierige Quantifizierbarkeit der Nutzenpotentiale*. Eine Aussage über CIM läßt sich auch auf die anderen Methoden anwenden: „... man nimmt an (oder hofft), daß die Nutzeneffekte im Sinne erreichter Unternehmensziele die eigentlichen Investitionen weit übertreffen. Niemand kann ... (allerdings dafür) einen realistischen numerischen Beweis in Form einer Investitionsrechnung (Return on Investment, ROI) vorlegen, weshalb so viele Führungsgremien an diesem Punkt zögern."

Gemeinsamkeit: Top-Down-Einführung verspricht mehr Erfolg

Top-Down-Einführung

Wegen ihrer weitreichenden Wirkungen profitieren alle geschilderten Methoden bei ihrer Einführung von einem *Top-Down-Ansatz*, d.h. von einem offenen Bekenntnis der Führungskräfte zu der einzuführenden Methode.

3.5.2 Auf dem Weg zu einer Synthese: Synergieeffekte unter den Methoden

Synergieeffekte ...

Jede der in den vorausgegangenen Abschnitten diskutierten organisatorischen Techniken kann zu den Qualitäts-, Zeit- und Kostenzielen von IPE beitragen – für sich alleine. Ein organisatorischer Rahmen für IPE sollte ihre besten Eigenschaften vereinigen, allerdings in einer mit Bedacht gestalteten Kombination, die die Synergieeffekte unter den Methoden nutzt, aber gleichzeitig schädliche Nebenwirkungen vermeidet. Die folgende Aufstellung von Synergieeffekten, die sich bei der gemeinsamen Anwendung der Methoden der präventiven QS ergeben, soll skizzenhaft die Grundeigenschaften einer Organisation für IPE zeigen.

Synergien zwischen den präventiven QS-Methoden

Synergien zwischen den QS-Methoden

Die verschiedenen QS-Methoden scheinen ein großes Integrationspotential zu besitzen. Bis heute haben Unternehmen nur die eine oder andere Methode eingeführt, ohne daß bisher ein integrierendes Rahmenkonzept bekanntgeworden wäre. Das Interesse an solch einer Integration wächst.

Speziell bei FMEA und FTA bietet sich eine Anwendung in einem gemeinsamen Kontext an: FMEA für die konzeptuellen Phasen und FTA für die 'Härtung' von Detail-Konstruktionen. Wenn beide Methoden durch ein gemeinsames funktionales Produktmodell im Computer unterstützt werden, können sie sich auch in ihrer Funktion als Know-How-Akquisitionsinstrumente besser gegenseitig befruchten und gleichzeitig zur Know-How-Konservierung beitragen. Das so gesammelte Wissen über die Funktionen eines Produkts kann im Prinzip sogar später in Expertensystemen für die Fehlerdiagnose verwendet werden.

Synergien zwischen QS-Methoden und CIM

Synergien QS – CIM

Insbesondere präventive QS setzt einen *hohen Grad der Daten- und Vorgangsintegration* voraus. Diese kann durch CIM gewährleistet werden.

Synergien zwischen präventiver QS und Simultaneous Engineering

Synergien QS – Simultaneous Engineering

Der konsequente Einsatz der präventiven QS hat Auswirkungen auf die Organisation der Produktentwicklung: „Mit dem Einsatz der Quality-Engineering-Verfahren wird sich langfristig der Schwerpunkt der Teamarbeit zur Fehlervermeidung ... in die Konstruktions- und Planungsabteilungen hinein verlagern. Diese Teams arbeiten dann vom frühen Produktplanungsstadium an und sind funktionsübergreifend zusammengesetzt.“[35] In dieser Hinsicht hat Simultaneous Engineering die gleichen Ziele.

Das Potential von QFD ist in diesem Zusammenhang noch lange nicht ausgeschöpft: Wenn man QFD-Teams nicht nur 'theoretisch' arbeiten läßt, sondern ihnen auch die Kompetenzen zu Entscheidungen über Kosten-Qualitäts-Abwägungen überträgt, könnte QFD das Vehikel zur Implementierung von Simultaneous Engineering werden.

Synergien zwischen QS-Methoden und 'X-gerechter Konstruktion'

Synergien QS – X-gerechte Konstruktion

Die meisten beschriebenen QS-Systeme unterstützen auch die „X-gerechte Konstruktion“, weil sie den Ingenieur in die Lage versetzen, die später auf das Produkt einwirkenden Faktoren besser einzuschätzen. Sie fördern die fertigungs-, montage- und prüfgerechte Konstruktion, indem sie die Kommunikation zwischen Konstruktion und Fertigung intensivieren. QFD und FMEA fördern direkt die kostengerechte Konstruktion. Und QFD kann zu umweltgerechter Konstruktion führen, sobald Umweltfreundlichkeit als eine wichtige Kundenforderung von Anfang an eingebracht wird.

Synergien zwischen QS-Methoden und DV

Synergien QS - DV

Zur Fehlerentdeckung braucht man Kontrollinstrumente, aber zu Fehlervermeidung braucht man Informationen! Warum sollte also die Informationsverarbeitung nicht eine schnell wachsende Rolle in der präventiven QS spielen? Viele der beschriebenen Methoden können durch eine - integrierte - DV-Unterstützung wesentlich effizienter gestaltet werden.

Die Synergieeffekte wirken in diesem Falle sogar auch umgekehrt fördernd auf die DV, denn: „Man muß sich vergegenwärtigen, daß die heute propagierten Methoden zur Off-line Qualitätssicherung in erster Linie eine Systematik zur Erschließung der in den Köpfen der Mitarbeiter verankerten Erfahrung darstellen."[36] Mit anderen Worten: Diese Methoden sind Instrumente für die Akquisition, Dokumentation, Integration und Konservierung von Know-How. Schon ihre 'bloße' Abbildung auf computerbasierte Verfahren könnte also erheblich zur logischen Know-How-Integration beitragen. Doch zu dieser Abbildung braucht man sehr mächtige DV-Modellierungstechniken, wie sie in Kapitel 4 vorgestellt werden.

3.6 Schlußfolgerungen

In diesem Kapitel haben wir uns organisatorische Techniken und Methoden angesehen, die für IPE nützlich sein können: CIM ist ein Rahmenkonzept, das relativ leicht auf den F&E-Sektor erweitert werden kann. Simultaneous Engineering und 'X-gerechte Konstruktion' bieten organisatorische Konzepte, die sich gut zur Unterstützung durch DV-Werkzeuge eignen - wenn diese *angemessen mächtig* sind (siehe Kapitel 4). Techniken der präventiven QS wie QFD, Taguchi, FMEA und FTA können die Integration und Konservierung von Know-How unterstützen. Alle diese Techniken beinhalten beträchtliche Potentiale zur Erhöhung der Produktqualität bereits während der Entwicklung, zur Beschleunigung von Entwicklungsprozessen und dadurch auch zur Kosteneinsparung.

Wir haben die Gemeinsamkeiten und gegenseitigen Synergieeffekte analysiert und sind dabei zu Ansatzpunkten für eine IPE-Organisation gekommen. Im Kap. 6 wird diese Organisation genauer dargestellt, insbesondere mit Überlegungen zum Übergang von einer SPE-Organisation zu IPE. Die in Kap. 5 vorgestellte Informationssysteme-Architektur ist darauf ausgelegt, in einer solchen Organisation gut zu gedeihen. Das nun folgende Kapitel befaßt sich mit neuen Entwicklungen aus dem Informatik-Bereich, die entscheidende Bausteine zu einer DV-Infrastruktur beisteuern können.

Anmerkungen zu Kapitel 3

1 [SCHEER CIM d 90].
2 [SCHEER CIM d 90].
3 vgl. [SCHEER CIM d 90], [SCHEER WINFd 90].
4 [BECKER 89].
5 [BECKER 89], siehe auch den folgenden Abschnitt über kostengerechte Konstruktion.
6 [SCHEER CIM d 90].
7 [ASWAD 89].
8 vgl. [BULLINGER 89b]; [WORRESCHK 89].
9 [ASWAD 89].
10 [FINGER 89c]. Interessanterweise behandeln sie die Begriffe *Fertigungsgerechte Konstruktion*, *Concurrent Design* und *Simultaneous Engineering* als Synonyme.
11 [MATSUMOTO 89a].
12 [ELLIOTT 89].
13 [CHALFAN 87].
14 vgl. [BULLINGER 89a, 89b], [CHALFAN 87], [DWIVEDI 89], [KORDE 89], [LIESEGANG 89].
15 [SALZMAN 88].
16 vgl. [BOCK 90], [SCHEER 88a, 91]. Siehe auch [BREESE 89], [EVERSHEIM 90], [LINDNER 88], [ST.CHARLES 89].
17 vgl. [WU 88], [GLUTSCH 89], [MATSUMOTO 89a], [CLARK 89].
18 [NAVINCHANDR.90b]; [NAVINCHANDR.91b]; [HENSTOCK 90].
19 [FINGER 89c].
20 [PFEIFER 88].
21 [PFEIFER 88].
22 [MÜLLER 89a].
23 [KERSTEN 88].
24 [MACDOW 89].
25 z.B. [SCHÖLER 90].
26 vgl. [BLANK 90].
27 [SCHÖLER 90].
28 [BACKES 88].
29 [LAU 88].
30 vgl. [HARADA 89].
31 vgl. [MÜLLER 89a].
32 [KERSTEN 86].
33 [KERSTEN 88].
34 [PFEIFER 88]. Die Prozentzahlen sind natürlich nicht wörtlich zu nehmen, sondern wollen im Pareto-Sinne verstanden sein.
35 [MÜLLER 89a].
36 [PFEIFER 88].

4 Modellierungshilfen für die Integrierte Produktentwicklung

Die computergestützten Modelle der 'wirklichen Welt' haben sich seit langem auf rein numerische Techniken verlassen, wie z.B. Differentialgleichungen und die entsprechenden Lösungsalgorithmen. Auf vielen Gebieten ist so eine Darstellung sinnvoll, beispielsweise für Schaltkreis-Simulatoren im Elektronik-CAE oder Finite-Elemente-Analysen im mechanischen CAD. Ihr Nutzen für andere Gebiete, z.B. ökonometrische Modellierung, ist hingegen begrenzt, um nicht zu sagen zweifelhaft.[1]

Rechnen allein genügt nicht mehr

Auch die 'Welt' der Produktentwicklung besitzt trotz ihrer stark technischen Prägung beträchtliche Bereiche, die sich alles andere als einfach numerisch modellieren lassen. Im Gegenteil: Sie bietet an vielen Stellen Komplexitätsbarrieren (z.B. bei intelligenten CAD-Systemen, die den Konstrukteur aktiv unterstützen), die sich mit herkömmlichen Programmiertechniken nicht durchbrechen lassen.

Neue Software-Techniken

Im folgenden möchte ich Ihnen einige Software-Techniken vorstellen, die in dieser Hinsicht signifikante Fortschritte versprechen. Sie sind für IPE besonders interessant, weil sie die Dokumentation, Konservierung und Integration von Know-How unterstützen können. Daher sind sie integrale Bestandteile der in Kapitel 5 präsentierten Architektur:

- Objektorientierte Programmierung (OOP).
- Wissensbasierte Systeme (WBS).
- Neue Erweiterungen von Datenbank-Management-Systemen (DBMS).
- Graphische Benutzungsoberflächen und Hypermedia-Systeme.

Die folgenden Abschnitte enthalten zu jeder Technik jeweils

- eine kurze Einführung in Geschichte, Grundkonzepte und Begriffe;
- kurze Beispiele, um die Wirkungsweisen zu verdeutlichen;

- Hinweise auf existierende Anwendungen oder laufende Forschungsprojekte, die diese Techniken einsetzen; und
- eine Einschätzung ihrer Eignung und Grenzen bezüglich der Computerunterstützung für F&E.

4.1 Objektorientierte Programmierung

Zauberwort OOP?

OOP, so scheint es, ist das neue Zauberwort. Erinnern Sie sich noch an die früheren Zauberwörter? In den 70er Jahren war es z.B. die strukturierte Programmierung, in den 80ern die künstliche Intelligenz. In den 90ern – Downsizing? Client-Server? Neuronale Netze? Fuzzy Logic? Oder eben objektorientierte Programmierung? Sehr viele Leute reden zur Zeit über OOP – leider allzu wenige auf der Basis solider Praxiserfahrungen. Außerdem herrscht noch ein Mangel an allgemein anerkannten Definitionen.

Zauberwörter kommen und gehen, aber was steckt denn nun an substantiellem Fortschritt hinter OOP? Um es vorwegzunehmen: Vieles von dem, was dem Neuling an OOP neuartig erscheint, sind nur ungewohnte Begriffe. Sobald man sich von denen nicht mehr ablenken läßt, kann man sich auch den wirklich nützlichen Aspekten dieser Programmier-Philosophie widmen.

Einige sehr elegante Aspekte

Versuchen wir es zunächst einmal mit einer ganz groben Definition: Auch in OOP gilt: Programme = Algorithmen + Datenstrukturen. Allerdings ist die 'Aufbauorganisation' etwas anders: „Objektorientierte Software-Erstellung bedeutet, den vorliegenden Problembereich in ein Universum kommunizierender Objekte abzubilden.“[2] Dadurch kann man Programme schreiben, die tendenziell näher an der Begriffswelt der Anwender liegen und sogar deren Sicht der Zusammenhänge getreulich abbilden.

Klassen, Vererbung, Methoden

Objekte mit ähnlichen Charakteristiken werden in einer *Klasse* plaziert. Die Algorithmen bilden die Verhaltensweisen der Objekte einer Klasse ab. Die Objekte werden also fast wie kleine Individuen behandelt. Anstatt ein Programm-Modul `TabelleLoeschen` aufzurufen, sage ich *zu der* `Tabelle: Loesche_Dich`. Und die muß dann schon selbst wissen, wie sie das macht. Die *Klassen* (auch Abstrakte Datentypen genannt) in Verbindung mit der *Vererbung* und den *Methoden* verbessern – so hört man häufig – die Wiederverwendbarkeit von Code. Eine einmal definierte Klasse kann auch in anderen Programmen eingesetzt werden.

Instanzen und 'Beziehungskisten'...

Was in konventionellen Programmiersprachen als 'Element vom Typ X' bezeichnet wurde, heißt nun '*Instanz* der Klasse X'. Instanzen können untereinander durch Beziehungen verbunden werden. Der Programmierer kann solche Beziehungen frei definieren – das ist ein wichtiger Unterschied zu relationalen Datenbanken, in denen nur 1:1-, 1:n- und m:n-Beziehungen zur Wahl stehen. Doch auch hier gibt es einen Standardsatz von Beziehungstypen zwischen Instanzen und / oder Klassen (in Klammern ihre gebräuchlichen Bezeichnungen) – vgl. Abb. 4.1:

Klassifikation, Slots

- *Klassifikation*: gleichartige Objekte können in Klassen gruppiert werden. In diesem Fall bezeichnet man ein einzelnes Objekt als *Instanz* bzw. Ausprägung einer Klasse. Beispielsweise ist der Widerstand `R124` in einer ganz konkreten Schaltung eine Instanz der Klasse `Widerstand`. Diese Technik entspricht der Zusammenfassung von Datensätzen zu Tabellen in einem relationalen DBMS (is-a / is-a-kind-of / instance-of / ist-ein / Instanz-von / Ausprägung-von). Die einzelnen Werte, die die Instanzen beschreiben, stehen in *Slots* – woanders heißt sowas Feld oder Attribut oder Spalte.

Generalisierung / Spezialisierung

- *Generalisierung / Spezialisierung*: Klassen können als Hierarchie von *Ober-* und *Unterklassen* arrangiert werden, z.B. kann die Klasse `Widerstand` als Unterklasse oder *Spezialisierung* der Klasse `Bauelement` deklariert werden (subclass-of / Unterklasse-von).

(Mehrfach-) Vererbung

- *Vererbung* ermöglicht redundanzarme Klassendefinitionen: Eine Unterklasse kann automatisch *Slots* (und auch Methoden, s.u.) von ihrer Oberklasse erben. So kann z.B. die Klasse `Widerstand` von ihrer Oberklasse `Bauelement` den *Slot* `Teile-Nr` erben – denn jedes Bauelement braucht eben eine `Teile-Nr`, also auch alle Unterarten. In manchen objektorientierten Systemen ist auch *Mehrfachvererbung* (*Multiple Inheritance*) möglich. Damit kann z.B. eine Unterklasse von besonders teuren Widerständen (nennen wir sie `Edel-Widerstände`) außer von der Klasse `Bauelement` auch *Slots* aus einer Klasse `A-Teile` erben, die einer besonderen Bestandsüberwachung unterliegt.

Aggregation

- *Aggregation*: Gruppierung heterogener Instanzen zu komplexen Objekten. Der typische Fall hiervon ist die Stückliste, die als Baum (Gozinto-Graph) dargestellt werden kann (part-of / component-of / Teil-von / besteht-aus / one-part-is).

Assoziation

- *Assoziation*: Die Gruppierung von Instanzen aus durchaus unterschiedlichen Klassen zu einem Objekt einer höheren Abstraktionsebene ermöglicht die Definition von Mengeneigenschaften. Z.B. kann eine bestimmte Gruppe von Bauelementen auf einer Leiterplatte unter dem Begriff `Hochspannungsteil` zusammengefaßt werden. Oft sind auch Assoziationen zwischen nur zwei Instanzen sinnvoll (z.B. Bruder-von).

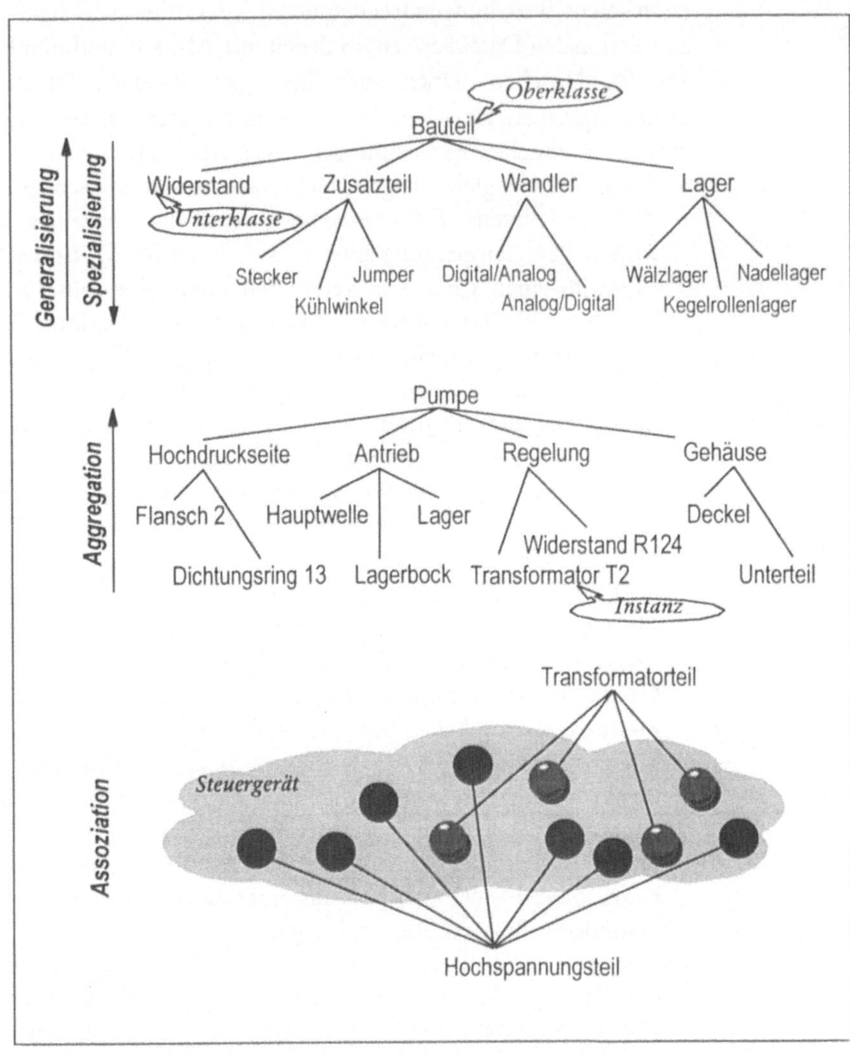

Abb. 4.1 *Arten von Beziehungen zwischen Klassen bzw. zwischen Instanzen in der objektorientierten Programmierung – Basiselemente semantischer Netze.*

Semantische Netze

Mengen von Beziehungen desselben Typs können als Bäume (Hierarchien) oder Graphen (Netze) dargestellt werden, die aus Knoten (den Instanzen) und Kanten (den Beziehungen) bestehen. Ferner können auch mehrere Beziehungstypen in einem Graphen zusammen gezeichnet werden, was ein *semantisches Netz* ergibt (vgl. Abb. 4.2).

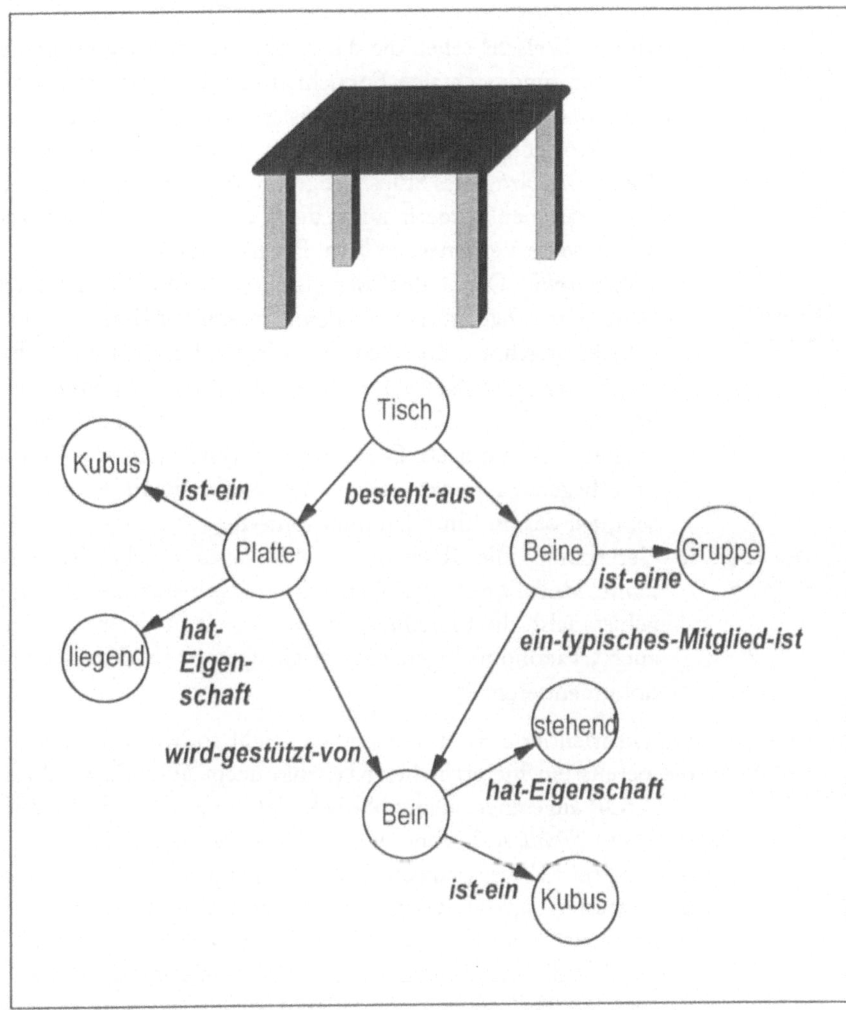

Abb. 4.2 *Ein semantisches Netz, das die Beziehungen zwischen Klassen bzw. Instanzen zeigt – am Beispiel eines Tisches (nach [WINSTON 77]).*

Eine Instanz kann viele solche Beziehungen gleichzeitig besitzen: Sie kann über Mehrfachvererbung eine Instanz mehrerer Klassen sein, die zu verschiedenen Generalisierungshierachien gehören. Sie kann zugleich Komponente eines aggregierten Objekts oder Element einer Menge sein. Eine derartige Vielfalt kann aber nicht in allen Programmiersystemen dargestellt werden.

Bessere Modularisierung durch ...

Barth und Welsch[3] sehen die durch objektorientierte Programmierung ermöglichten fundamentalen Fortschritte in der Software-Entwicklung vorwiegend in der Weise, wie Modularisierung möglich wird:

... datenzentrierten Systementwurf

- Objektorientierte Programmierung führt zu einem *'datenzentrierten Systementwurf*'. Jedes Stück Programmcode gehört zu einer Klasse. Klassenhierarchien fördern auch die Top-down-Vorgehensweise und die schrittweise Verfeinerung beim Programmieren.

... Polymorphie, Encapsulation

- *Polymorphie*: Der Aufruf der gleichen Methode kann unterschiedliche Wirkungen haben, je nachdem, welcher Klasse das angesprochene Objekt angehört. Z.B. bedeutet die Methode `Addieren` bei Instanzen der Klasse `Imaginäre_Zahl` etwas anderes als bei Instanzen der Klasse `Reelle_Zahl`. Auf den Aufruf `Lösche-Element` muß eine `Liste` anders reagieren als ein `Baum`. Dank der 'Encapsulation', der Einkapselung der unterliegenden Funktionalität im Objekt, kann es dem Aufrufer egal sein, *wie* das im Einzelfall funktioniert.

... Vererbung, Taxonomien

- Vererbung: Die Klassenhierarchie eines objektorientierten Systems kann idealerweise die Generalisierungshierarchie des Anwendungsgebiets (also die Einteilung der Mini-Welt in Ober- und Unterbegriffe, auch „Taxonomie" genannt) originalgetreu abbilden – und damit auch dokumentieren!

Geschichte: Von Simula 67 bis heute

Objektorientierte Konzepte sind gar nicht so neu: Die Sprache Simula 67, die bereits ein hierarchiches Klassenkonzept enthielt, wird als der Urahn der OOP angesehen. Die wohl bekannteste rein objektorientierte Sprache ist heute *Smalltalk*[4]. Eine andere Entwicklungslinie besteht aus objektorientierten Erweiterungen herkömmlicher Programmiersprachen. Die bekanntesten davon basieren auf *C*[5] und *Common Lisp*[6]. Zur Zeit setzt sich von den verschiedenen 'C-basierten Dialekten' offensichtlich *C++*[7] durch. Auf der Lisp-Seite hat man sich schon seit längerem auf eine Norm namens *CLOS* (*Common Lisp Object System*) als Erweiterung der *Common Lisp*-Norm verständigt.

In diesem Buch sind die Beispiele in CLOS beschrieben. Auch die wichtigste in Kap. 5 beschriebene Anwendung benutzt CLOS als objektorientierte Sprache. Statt der Message-Philosophie von Smalltalk benutzt CLOS *generische Funktionen*, die eine Entkoppelung von Klassen und Methoden sicherstellen, also auch von Datenstrukturen und Algorithmen. Diese Denk- und Darstellungsweise erleichtert Menschen, die prozedurale Programmierung gewohnt sind, das Verständnis von objektorientierter Programmierung.

Re-Usability?

Doch ob C++ oder CLOS – der vielbeschworene Effekt der 'Re-usability', der Wiederverwendbarkeit von Code, erfordert nach wie vor große Disziplin. Erfahrungen zeigen, daß dazu größere Veränderungen bei der Ausbildung von Programmierern, bei Entwicklungsstilen und Werkzeugen notwendig sind. Es bringt gar nichts, wenn man statt *Spaghetti-Code* jetzt *Klassen-Ravioli* erzeugt.

Ein weiteres Problem ist die Standardisierung: Smalltalk ist ein de-facto-Standard, aber bloß deshalb, weil es im wesentlichen nur einen Hersteller hat. C++ ist auf dem Wege der Standardisierung[8], leidet aber darunter, daß es eine Vielzahl von Dialekten gibt. CLOS ist ebenfalls dabei, eine ANSI-Norm als Teil der bereits bestehenden Common Lisp-Norm zu werden[9], ist aber auf weniger Hardware-Plattformen einsetzbar.

Wenn dieser Überblick Sie neugierig gemacht hat, dann wäre es an der Zeit, sich einmal mit einem der gegenwärtigen 'Gurus' auf diesem Gebiet zu befassen.[10] Das kann sich lohnen, denn dank der Konzepte von Klassen, Vererbung und Polymorphie bietet die objektorientierte Programmierung mächtige Techniken für eine den menschlichen Denkweisen nähere Modellierung von Bereichen der wirklichen Welt. Dazu gehören auch Produkte, deren Teile, sowie all' ihre Aspekte, die im Verlauf des Produktlebenszyklus interessant sind.

4.2 Wissensbasierte Systeme

Wissensbasierte Systeme

Wissensbasierte Systeme (WBS) sind ein Bereich der 'Artificial Intelligence', die höchst mißverständlich mit 'Künstliche Intelligenz – KI'[11] übersetzt wurde. Daher sind sie auch genauso in der dauernden Gefahr, durch spezielle Wortschöpfungen mystifiziert zu werden.[12] Dieser Abschnitt soll deutlich machen, daß wissensbasierte Systeme tatsächlich viele neue und nützliche Ideen bieten, aber auch, daß sie eigentlich nur eine weitere Gruppe von Programmier-Paradigmen sind. Diese Einführung soll eine 'bodenverbundene' Diskussion im weiteren Verlauf ermöglichen.

Einige Success Stories

Es gibt sehr viele profitable und wohldokumentierte WBS-Anwendungen. Die meisten von ihnen sind *Expertensysteme* für Konfiguration und Diagnose, einige von ihnen auch im Engineering-Bereich.[13] Das Computer-Konfigurationssystem XCON (ehemals R1)[14] erspart seinem Betreiber (Digital Equipment Corporation, DEC) etwa 40 Millionen $ im Jahr[15] und beeinflußt inzwischen die Art, wie das gesamte Unternehmen arbeitet. Viele erfolgreiche Diagnose-Expertensysteme sind in der Literatur beschrieben.[16] Solche Fälle zeigen bereits, wie Expertensysteme über unterschiedliche Bereiche einer Organisation hinweg Know-How integrieren können. Beispielsweise wurde es dank XCON erstmals möglich, daß Verkäufer fast in Sekundenschnelle detaillierte Angebote über komplexeste Computerkonfigurationen erstellen konnten – mit verläßlichen Preisangaben und Lieferfristen!

Auch WBS sind keine Magie

Dabei besteht zur Mystifizierung solcher Erfolge kein Anlaß. Die WBS sind nicht die ersten Programme, die 'Wissen verarbeiten'. Jedes konventionelle Programm verarbeitet auch Wissen – es wird nur anders repräsentiert. WBS beeinhalten tatsächlich einige neue Techniken zur *Wissensakquisition*[17] und *Wissensrepräsentation*[18]. Dadurch können sie in besonderer Weise einige der zentralen Integrationsprobleme der Produktentwicklung lösen helfen, wie z.B. die Verbindung zwischen CAD und CAM: Ein CAD-System und ein Arbeitsplan für die Fertigung repräsentieren überwiegend dieselben Sachverhalte, bloß auf sehr verschiedene Weisen. Die Unterschiede zwischen diesen beiden Repräsentationen sind aber leider so groß, daß es mit konventionellen Programmiertechniken sehr schwierig bis aussichtslos ist, einen automatischen 'Übersetzer' von der einen Repräsentation in die andere zu bauen.

4.2.1 Überblick

Wie funktioniert eigentlich ein Expertensystem?

Expertensysteme sind bis jetzt der kommerziell erfolgreichste Bereich der KI.[19] Die Wissensbasierten Systeme können durch ihre Einbeziehung objektorientierter Prinzipien (siehe auch das vorangegangene Unterkapitel) als Erweiterung des Expertensystem-Ansatzes gesehen werden. Feigenbaum, einer der Väter der KI-'Bewegung', definiert Expertensysteme als „Computerprogramme, die eine Sammlung von Wissen mit einer Prozedur koppeln, die mit Hilfe dieses Wissens logische Schlußfolgerungen ziehen kann. Das Wissen kann aus *Fakten* bestehen, wie man sie in Lehrbüchern, Bedienungsanleitungen oder Zeitschriften findet, oder aus *Heuristiken*: Erfahrungen, Einschätzungen, 'weiches' Wissen."[20]

Aus dieser Definition ergeben sich zwei Fragen: Erstens, wie wird eine solche „Sammlung von Wissen" codiert (oder '*repräsentiert*')? Und zweitens, wie sieht eine Prozedur aus, damit sie mit Hilfe dieses Wissens logische Schlußfolgerungen ziehen kann?

Wissensrepräsentation: Regeln

Das wichtigste Mittel zur Wissensrepräsentation in regelbasierten Expertensystemen sind die *Regeln*, oder vornehmer: *Produktionsregeln* (nicht im Sinne von 'Fertigung'!). Der `WENN`-Teil einer Produktionsregel (auch „linke Seite", „Situationsteil" oder „Prämisse") beschreibt eine oder mehrere Bedingungen, auf die man achten muß, und der `DANN`-Teil (auch „rechte Seite", „Aktionsteil" oder „Conclusion") definiert, was zu tun ist, falls alle Bedingungen des `WENN`-Teils erfüllt sind.[21] Wenn Sie eine `if-then-`

Anweisung verstanden haben, werden Sie wahrscheinlich fragen: Was ist denn daran so neu?

Inferenzmaschine

Das Neue ist die „Prozedur", die den Ablauf der Schlußfolgerung über das Wissen steuert. Sie heißt *Inferenzmaschine* (Inference Engine). Das ist ein Algorithmus, der aus eingegebenen Fakten ('datengetrieben') mittels der Regeln Schlußfolgerungen zieht. Diese Richtung wird *Vorwärtsverkettung* genannt. Das eben erwähnte XCON ist eine sehr dankbare Anwendung dieser Technik.

Vorwärts- und Rückwärtsverkettung

Die Inferenzmaschine kann aber auch umgekehrt vorgehen: Sie versucht, zu gegebenen Daten Fakten zu finden, die zu diesen Daten geführt haben könnten. In diesem Falle spricht man von *Rückwärtsverkettung*. Diese Technik eignet sich vor allem für Diagnose- Probleme. Das bekannteste Beispiel dieses Genres war MYCIN[22], das Ärzte bei der Diagnose von bakteriellen Infektionen beraten konnte und anschließend auch Behandlungsempfehlungen ausgab.

Weil in diesem Bereich die Gefahr der Konfusion für Neulinge erfahrungsgemäß besonders groß ist, zeigt die Abb. 4.3 eine kleine Unterscheidungs- und Entscheidungshilfe zwischen Vorwärts- und Rückwärtsverkettung.

Frames

Nun sind Regeln beileibe nicht die einzige Methode zur Darstellung von Wissen in Software.[23] Rein *regel*basierte Expertensysteme sind nur in sehr begrenzten Anwendungsgebieten einsetzbar, denn jenseits der durch die Regelbasis abgedeckten Datenkonstellationen bricht ihre Intelligenz jäh ab, und die Ergebnisse werden sinnlos. Dieses Verhalten wird als 'brittleness' bezeichnet. Daher wurde das Konzept der *Frames*[24] (sehr eng verwandt mit den *Klassen* der objektorientierten Programmierung) eingeführt. Durch die Kombination von Frames und Regeln in einem System enstehen die *hybriden Wissensrepräsentationen*. Damit lassen sich u.a. *modellbasierte* Expertensysteme erstellen, die nicht nur eine reine Regelbasis, sondern auch Modelle von Objektwelten enthalten.[25] Die Regeln arbeiten dann auf den einzelnen Instanzen der Objektwelt.

	Vorwärtsverkettung	Rückwärtsverkettung
Englischer Begriff	Forward Chaining	Backward Chaining
Vorgehensweise	datengetrieben (data driven) IF → THEN	zielgetrieben (goal driven) IF ← THEN
Typische Aufgaben-formulierung	„was können wir aus den gegebenen Fakten schließen?"	„wir wollen herausfinden, ob die Schlußfolgerung 'E-Cholibakterien' gerechtfertigt ist"
Typischerweise geeignet für ... ... wie z.B.	Synthese-Aufgaben Konfiguration	Analyse-Aufgaben Diagnose
Bekannteste Anwendungen	XCON (R1): Computerkonfiguration	MYCIN: Bakterielle Infektionen
Typische Basis-Sprachen	OPS5	Prolog

Abb. 4.3 Eine kleine Unterscheidungs- und Entscheidungshilfe für die Anwendung von Vorwärts- und Rückwärtsverkettung in den Inferenzmaschinen regelbasierter Expertensysteme.

WBS-Entwicklungstools Für die Entwicklung wissensbasierter Systeme gibt es im wesentlichen drei Arten von Instrumenten:

KI:Assembler
- Programmiersprachen wie Lisp[26] und Prolog[27], die man auch als 'KI-Assemblersprachen' bezeichnet.

Experten-system-Shells
- Expertensystem-*Shells*. Das sind Systeme, die die Inferenzmaschine und die Wissensrepräsentation für eine bestimmte Sorte von wissensbasierten Systemen (z.B. Diagnosesystem) bereits mitbringen. Zumeist sind diese Systeme auch auf ein Anwendungsgebiet hin optimiert, d.h. 'domain-spezifisch'. Das einzige, was man hier noch einbauen muß, ist das Wissen aus dem konkreten Problembereich.

Wissensbasierte Tools
- Wissensbasierte *Tools* sind komplette CASE-Werkzeuge, die eine vollständige Software-Entwicklungsumgebung zur Verfügung stellen. Dazu gehören Bereiche zur Entwicklung von regelbasierten und andere zum Aufbau von objektorientierten Wissensrepräsentationen.

Entwicklungs- und Zielumgebungen Shells und Tools waren zunächst nur auf speziellen Hardware-Plattformen zu bekommen (z.B. KEE auf der Symbolics Lisp Machine). Das machte es großenteils unmöglich, ein WBS auf demselben System zu entwickeln, auf dem später auch die Anwendung laufen sollte. Daher mußte man zwischen 'Entwicklungsumgebung' (*development environment*) und 'Zielumgebung' (*delivery environment*) unterscheiden. Inzwischen wird diese Unterscheidung immer seltener nötig, angesichts immer mehr Tools, die vielfältig genug in den Wissensrepräsentationsmethoden sind, aber auch auf 'normaler' Hardware laufen.

Die Grundkonzepte von WBS und OOP sind eng verwandt, was auch ihren gemeinsamen Einsatz sehr erleichtert. Man kann drei Generationen von Expertensystemen erkennen:[28]

- Regelbasierte Systeme;
- Objektorientierte Ansätze;
- Modellbasierte Ansätze.

DV-Systeme für die Produktentwicklung können von vielen Techniken profitieren, die im Bereich der WBS entwickelt und zur Reife gebracht worden sind. Der folgende Abschnitt weist auf eine Reihe interessanter Ansätze zu diesem Thema hin. Bevor wir uns mit solchen Systemen eingehender beschäftigen, sollten wir allerdings ein paar weitere Begriffe klären.

4.2.2 KI und Engineering – Grundlagen, Begriffe und Beispiele

Die Produktentwicklung ist sehr Know-How-intensiv

Forscher aus dem Bereich der Künstlichen Intelligenz (KI) waren schon sehr früh von der Konstruktion als möglichem Anwendungsgebiet fasziniert, denn sie ist ein *kreativer* Prozeß, der sicherlich 'Intelligenz' erfordert. Der Prozeß des Entwickelns eines Produkts erfordert unzweifelhaft große Mengen von Know-How. Man kann also sagen, er ist *Know-How-intensiv*. Dabei wird auf viele Wissensquellen zurückgegriffen, wie z.B. Studien, Lehrbücher, eigene oder Kollegen-Erfahrungen in ähnlichen Fällen, und sogar Geschichten und Gerüchte. Insbesondere das Konzipieren ist ein sehr schöpferischer Vorgang an der Grenze zur Erfindung.

KI im F&E-Bereich

Da viele der KI-Forscher durch die behavioristische Psychologie beeinflußt sind, die vom beobachtbaren Verhalten auf die inneren Abläufe zu schließen versucht, stehen sie normativen Modellen des Konstruktionsprozesses (wie dem von Pahl in 2.3.2) kritisch gegenüber, da diese nicht flexibel genug seien, um die 'bunte Wirklichkeit' abzubilden.

Die Forschungsarbeiten zur Anwendung von KI im F&E-Bereich haben einige vielversprechende Ergebnisse gezeitigt, von denen manche im produktiven Einsatz stehen.[29] Andere zeigen neue Grundlagen der Unterstützung von Ingenieuren[30] bzw. mächtigere Repräsentationstechniken zur besseren Unterstützung von CIM-Konzepten.[31]

Wichtige Grundbegriffe

Dabei haben sich bestimmte Begriffe herausgebildet, deren Kenntnis für das Verständnis der aktuellen Trends z.B. bei CAD-Systemen sehr wichtig ist:[32]

Perspektiven

- *Perspektiven*
  sind etwa so zu verstehen wie die Sichten (*Views*) einer Datenbank: Jeder an der Entwicklung eines Produkts Beteiligte sieht das Produkt und seine Teile aus seiner Perspektive. Die Palette möglicher Perspektiven ist daher sehr groß: Von geometrischen Primitiven über Struktur und Funktion bis zu Umwelt, Kosten, Qualität, Marketing usw. (vgl. 3.3). DV-Systeme sollten in der Lage sein, den verschiedenen Benutzern die Informationen aus der jeweils gewünschten Perspektive zu zeigen (vgl. auch die Liste von Know-How-Partikeln in 5.2).

Features

- *Features*
  sind Attribute, die einem Produkt zugeordnet werden können. Je nach *Perspektive* des Benutzers können sehr verschiedene Features interessant sein: Während der Layout-Konstrukteur sich stark für geometrische Belange interessiert, ist die Überbetonung dieser Geometrie-Attribute z.B. für Fertigungsplaner eher hinderlich. Sie achten beim Lesen einer Zeichnung eher auf benötigte Fertigungsverfahren oder Stellen, die mit Werkzeugen schwer zu erreichen sind. Der Verkaufsingenieur hingegen interessiert sich wesentlich mehr für Elemente, die 'nicht gut aussehen' oder die unterdimensioniert sind und deshalb vielleicht den Gebrauch nicht überstehen. Die '*Feature*-basierten' CAD-Systeme versuchen, diesen Bedürfnissen Rechnung zu tragen.[33]

Constraints

- *Constraints*
  stellen die Restriktionen dar, denen die Konstruktion unterliegt. Im Kontext des Produktmodells ist ein Constraint eine Beziehung zwischen *Features*, z.B. bezogen auf Gewicht, ein physikalisches Gesetz, eine Passung oder Fertigungsanforderungen (z.B. keine Hinterschneidungen). Vom Standpunkt der Informationsmodellierung sind Constraints wie andere Beziehungen, als Kanten in einem semantischen Netz darstellbar. Ein solches Netz zur Darstellung der Restriktions-Beziehungen heißt also *Constraint Network*. Abb. 4.4 zeigt ein Beispiel für einen Elektromotor.

Eine Auswahl interessanter KI-basierter Projekte

Nach dieser kurzen Einführung in die Terminologie wird nun eine kleine Auswahl interessanter KI-basierter Projekte kurz vorgestellt, die sich mit der Modellierung des Entwicklungsprozesses und / oder des Produktes selbst befassen.[34]

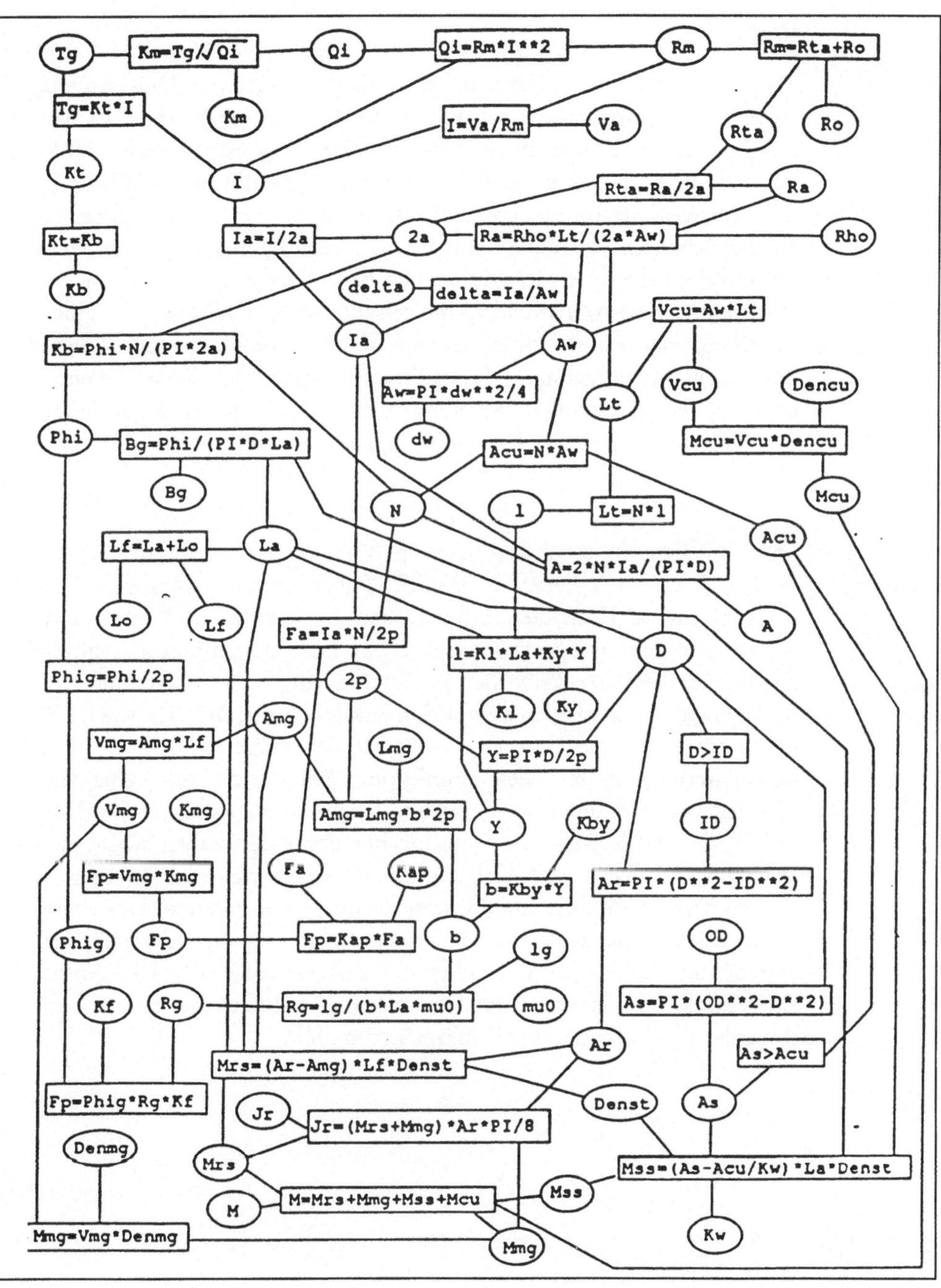

Abb. 4.4 *Beispiel eines Constraint Network – Die Restriktionsbeziehungen zwischen diversen* Features *eines Gleichstrom-Elektromotors [RINDERLE 90].*

KRISYS

KRISYS: Konstruktion als Entscheidungsprozeß

Deßloch[35] von der Universität Kaiserslautern hat ein Unterstützungssystem zur Konfiguration von Einfamilienhäusern beschrieben. Es basiert auf dem „KRISYS" genannten Wissensbank-Management-System (WBMS), das auch in 4.3 erwähnt wird. Dort wird das Produkt in der Wissensbasis als Entscheidungsbaum repräsentiert, in dem jede Verzweigung einer Konstruktionsentscheidung entspricht. Die Inferenzmaschine erstellt anhand der bekannten Constraints den Baum, der in den 'erlaubten' Konstruktionsalternativen mündet. Interessanterweise impliziert das eine *Beschreibung des Konstruktionsprozesses als Entscheidungsprozeß*. Umkehrschluß: Wenn es gelingt, Unterstützungssysteme für Konstrukteure in dieser Weise darzustellen, ist es nicht mehr weit bis zu Entscheidungsunterstützungssystemen (*Decision Support Systems*, DSS) in anderen Gebieten.

HyperDesign

HyperDesign: wissensbasierte Unterstützumg beim Konzipieren.

Forkel, Spur u.a. arbeiten an der TU Berlin an wissensbasierter Unterstützung für das Konzipieren. Ihr System „HyperDesign"[36] baut auf dem Modell von Pahl und Beitz auf (vgl. 2.3.2). Ein „Design Editor" (vgl. Abb. 4.5) bietet die Perspektive der Hierarchie von Funktionen und Unterfunktionen. Wenn man eine Funktion anklickt, zeigt der „Knowledge Base Navigator" eine Spezialisierungshierarchie der (konkreteren) Implementations-Alternativen für diese Funktion. Wenn man nun eine dieser Alternativen mit der Maus anwählt, landet man wiederum im Design Editor, der mittlerweile die Funktionshierarchie des soeben ausgewählten Teils zeigt. So entwickelt sich die Konstruktion während des Hin- und Herspringens zwischen funktionaler Sicht und konkreten Umsetzungsalternativen entlang der zwei Dimensionen „Konkretisieren / Abstrahieren" und „Zerlegen (Detaillieren) / Zusammenfassen". Die Auswahl einer Funktion führt zu einer Detaillierung, während die Auswahl einer Realisierungsalternative zur Konkretisierung führt.

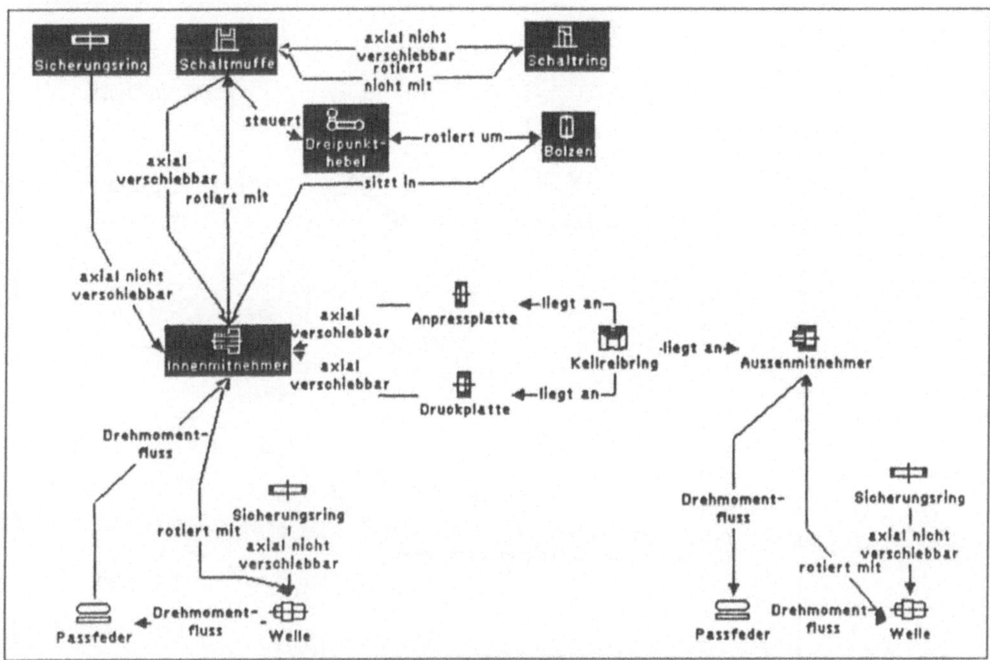

Abb. 4.5 *Bildschirmabzug aus dem Design Editor von HyperDesign: Die Funktionshierarchie einer Kupplung wird bearbeitet. [FORKEL 90]*

Design Fusion

Design Fusion: Ein Versuch, die Konstruktion zu automatisieren

An der Carnegie-Mellon University (CMU) in Pittsburgh (USA) wird unter dem Titel „Design Fusion“[37] ein Unterstützungssystem für die mechanische Konstruktion entwickelt. Es ist Teil des DICE-Projekts, das vom amerikanischen Verteidigungsministerium gesponsort wird (DARPA Initiative for Concurrent Engineering). Das Ziel ist es, „Wissen über die stromabwärts stattfindenden Aktivitäten in den Konstruktionsprozeß einfließen zu lassen, damit Konstruktionen schneller und richtiger erzeugt werden können.“ Abb. 4.6 zeigt einen Überblick über die Architektur von Design Fusion.

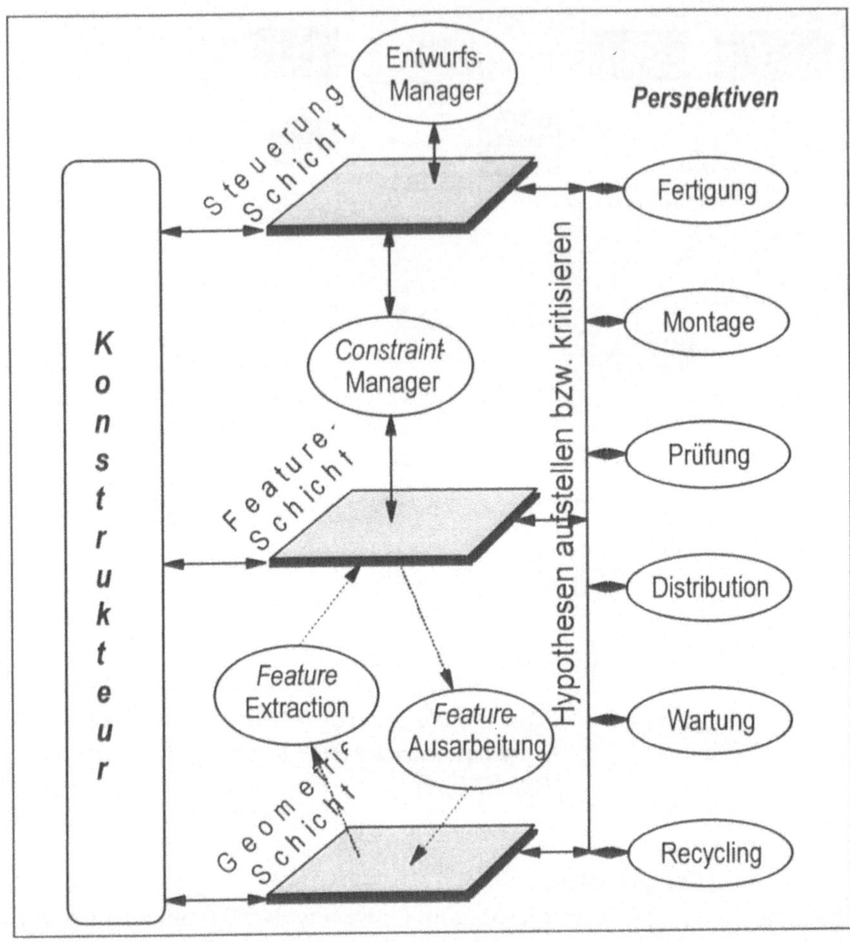

Abb. 4.6 *Ein Überblick über die Architektur des Design Fusion – Systems [FINGER 90a].*

Das Projekt setzt sich ein ehrgeizigeres Ziel als die hier in Kapitel 5 vorgestellte Architektur: Man versucht, den Konstruktionsprozeß tatsächlich so weit wie möglich zu *automatisieren*. Dies soll durch die folgenden grundlegenden Konzepte erreicht werden:

- Integration der verschiedenen Aspekte des Lebenszyklus durch die Verwendung mehrerer *Perspektiven*, wovon jede einen Lebenszyklus-Aspekt wie Fertigung, Distribution oder Wartung repräsentiert. Die Perspektiven sind als separate Programme ausgelegt, die über ein *Blackboard*[38] zusammenarbeiten.

- Repräsentation des Lösungsraums möglicher Konstruktionen auf verschiedenen Abstraktionsebenen und in verschiedenen Auflösungsgenauigkeiten durch *Features*.
- Einsatz von *Constraints* auf verschiedenen Abstraktionsebenen zur Führung des Konstruktionsprozesses, zur Sicherstellung der Konsistenz des Produktmodells und zur *propagation* (Weiterverbreitung) durch den Konstruktions-Entscheidungsbaum.

Die Vision: Eine neue Zusammenarbeit zwischen Kostrukteur und System

So sehr man darüber diskutieren kann, ob ein so komplexer Prozeß wie das Konstruieren jemals automatisiert werden kann, so weitreichend ist doch die Vision hinter Design Fusion: Ein solches System, wenn es denn über das Prototyp-Stadium hinauskommt, würde die Bedeutung von „Konstruktion" grundlegend verändern: Heute sind die Restriktionen (*Constraints*), die eine Konstruktion erfüllen muß, zum allergrößten Teil *im*plizit (in Köpfen) vorhanden. Es ist Aufgabe des Ingenieurs, unter Beachtung dieser Restriktionen eine *ex*plizite, gegenständliche Lösung zu erzeugen. Mit Design Fusion oder ähnlichen Systemen wird seine Aufgabe verändert: Nun definiert er die Restriktionen im System, macht sie also *ex*plizit. Das *im*pliziert dann bereits (teilweise) die Lösung. Der Ingenieur begleitet nur noch die Inferenzmaschine bei der Suche nach der besten Lösung. Dabei streitet er sich vielleicht sogar hin und wieder mit ihr, woraus die Regelbasis im Extremfall sogar wieder Verbesserungen erfahren kann – das System hätte damit wirklich die Rolle eines intelligenten Assistenten, der sogar lernfähig wäre.

N-Dim

N Perspektiven in einem Info-Pool

Westerberg u.a. entwickeln ebenfalls im Engineering Design Research Center (EDRC) der CMU das System „n-Dim"[39], dessen Name für die 'n-dimensionale' Sichtweise des Produkts aus den verschiedenen Perspektiven steht. Sie wollen die mentalen Modelle, die der Konstrukteur implizit benutzt, erfassen, um sowohl technische- als auch Management-Informationen über das Projekt zu verteilen und zu organisieren. Dabei wollen sie zeigen, daß organisatorische Modelle, Projektplanung, Funktionszerlegungsmodelle, quantitative Modelle und andere zu einer gemeinsamen Informationsbasis integriert werden können. Der in Kapitel 5 gezeigte Ansatz entspricht diesem grundsätzlich sehr stark.

... und dies ist nur die Spitze des Eisbergs

Diese Auswahl ließe sich nahezu beliebig fortsetzen. Beispielsweise am MIT, in Stanford und an der University of Massachusetts laufen ebenfalls Arbeiten in diese Richtung. Überhaupt scheinen die Amerikaner allgemein den Bedarf zur Rationalisierung der Produktentwicklung wesentlich ernster zu nehmen als die Deutschen.

Nun folgt eine Gegenüberstellung von Vor- und Nachteilen von WBS, bezogen auf die Produktentwicklung.

4.2.3 Vor- und Nachteile wissensbasierter Systeme für IPE

WBS verringern die 'semantische Lücke'

Zu den Hauptvorteilen der WBS zählt zweifellos ihre Fähigkeit, Wissen expliziter darzustellen (z.B. Konstruktionsregeln, modellbasierte Diagnoseregeln), wodurch die 'semantische Lücke' zwischen der Weltsicht des Endbenutzers und der des Systementwicklers schmaler wird:

- Flexible Wissensrepräsentationsmethoden ermöglichen die effiziente Darstellung und Verwaltung von Informationen in Modellen. Diese sind einfach zu verstehen und daher auch leichter zu benutzen und zu pflegen.
- Inferenzmechanismen können bei der Konstruktionsberatung, bei der Diagnose und in fortgeschrittenen Datenbank-Konzepten hilfreich sein.
- Auch Ergebnisse aus anderen Gebieten der KI können Anwendung finden: Man kann natürlichsprachliche Techniken für eine benutzerfreundliche Ein- und Ausgabe einsetzen, z.B. für intuitive DB-Abfragen. Diese Systeme bauen zumeist auf mehreren der oben geschilderten Techniken auf.

Weitere Vorteile der WBS

Insbesondere besitzen WBS Fähigkeiten zur

- Veränderung von Klassendefinitionen zur Laufzeit.
- Speicherung und Handhabung von Objekten mit dynamisch veränderlichen Anzahlen und / oder Typen von Attributen, mehrwertigen Attributen usw.
- Kapselung (*Encapsulation*) von Programmcode (Methoden und Funktionen) als Attribute in Objekten.
- Speicherung nicht nur expliziter Fakten ('extensionale Daten'), sondern auch impliziter ('intensionalen') Daten: Über die bereits explizit in einer Wissensbasis gespeicherten 'Fakten' hinaus können durch Anwendung der gespeicherten Regeln neue Fakten 'er-schlossen' werden.

Grenzen der WBS

Andererseits fehlen den WBS viele Eigenschaften, die sie brauchen, um die Rolle von Integrationswerkzeugen in einer Engineering-Umgebung zu spielen:

- Sie sind normalerweise nicht dafür ausgelegt, mit Informationsmengen zu arbeiten, die über die Größe des virtuellen Speichers hinausgehen. Für wirkliche Anwendungen im großen Stil ist es aber notwendig, auf peripher gespeicherte Daten zurückzugreifen. Es hat sich in Tests gezeigt, daß Inferenzprozesse, die ihre Fakten aus Sekundärspeichern beziehen müssen, manchmal inakzeptabel langsam sind.[40]

- Programmunabhängige, dauerhafte (*persistente*) Speicherung von Objekten und Regeln wurde für WBS nie als Problem angesehen. Bisher gibt es kaum Ansätze zu einer Normierung der Speicherung von Fakten und Regeln zur Verwendung durch *verschiedene* WBS.
- Mehrbenutzerfähigkeit war ebensowenig ein Thema: Die meisten WBS sind auf single-user-Betrieb ausgelegt.
- WBS besitzen keine Möglichkeiten für Datensicherung und Wiederherstellung von Fakten und Regeln. Die Verantwortung dafür wird dem Benutzer und anderen Software-Werkzeugen überlassen.

Der Kenner ahnt es bereits: Die meisten dieser wünschenswerten Eigenschaften finden sich in Datenbank-Management-Systemen (DBMS). Mit diesen Systemen befaßt sich folgerichtig der nächste Abschnitt. Dort werden auch Möglichkeiten für eine Kombination aus OOP und DBMS diskutiert.

4.3 Datenbank-Management-Systeme und ihre Erweiterungen

DBMS – eine bewährte Technik ...

Datenbank-Management-Systeme (DBMS) können große Mengen von Informationen in wohlorganisierter Form speichern und wiederfinden. Sie sind – zumindest nach EDV-Maßstäben – eine recht alte Technik, die auf große Mengen von Forschungsarbeit und eine Vielzahl kommerzieller Anwendungen verweisen kann. Aus mehreren konkurrierenden DBMS-Konzepten (z.B. CODASYL-, hierarchische- und Netzwerk-DBMS) hat sich das relationale Modell[41] als de-facto-Norm etabliert. Es wird heute in großem Umfang in der Theorie und Praxis von CIM angewendet.[42]

... aber sie reichen nicht ganz für F&E

Die vorigen Kapitel haben gezeigt: „eine (logisch) einheitliche Datenverwaltung [ist] ... Voraussetzung für eine organisatorisch engere Verkettung der betriebswirtschaftlichen und technischen Abläufe, wie sie das CIM-Konzept fordert“[43]. Diese Integration wird allerdings u.a. dadurch erheblich erschwert, daß konventionelle DBMS die Anforderungen der Ingenieure an 'ihre‘ DV nicht erfüllen können.

Im folgenden werden diese Anforderungen genauer herausgearbeitet, um danach die DBMS an ihnen zu messen. Anschließend werden die verschiedenen Bemühungen zur Verbesserung und Erweiterung von DBMS vorgestellt. Den Abschluß der Erwägungen bildet eine Reihe von Empfehlungen für praktikable dauerhafte Speichersysteme für IPE.

4.3.1 Die Anforderungen der Produktentwicklung an DBMS

Ingenieure haben andere Anforderungen an die Leistungsmerkmale von Speichersystemen als z.B. Kaufleute.[44] Die folgende Liste zeigt die Anforderungen an DBMS aus der Sicht der Produktentwicklung.[45]

Repräsentation von komplexem Know-How

1) **Repräsentation von *komplexer* Information / Know-How:**
Die Arbeit des Ingenieurs ist sehr know-how-intensiv, d.h. nicht nur Daten, sondern auch eine Vielzahl anderer Informationen müssen sicher gespeichert und leicht wiedergefunden werden. Modelle von Produkten sind häufig zu komplex, um in reinen Standard-DBMS abgebildet werden zu können. Deshalb hat sich die Software im Ingenieurbereich sehr stark in anwendungsspezifischer Weise entwickelt: Um überhaupt eine adäquate Modellierung bei annehmbaren Antwortzeiten zu ermöglichen, waren für die meisten Anwendungen hochspezialisierte Repräsentationstechniken notwendig. Diese Spezialisierung führte zu einer Heterogenität in Hardware und Software der 'technischen DV', die wesentlich deutlicher ist als in der 'kommerziellen DV'. Man denke nur an die Spannbreite der unterschiedlichen Anforderungen von Finite-Elemente-Modellierung, analoger bzw. digitaler Schaltungssimulation, Wärmeverteilungssimulation für Leiterplatten bzw. Spritzgießformen und nicht zuletzt 3D-Modellierung.

Große Mengen *von Informationen*

2) **Große *Mengen* von Informationen:** Andererseits ist das Ingenieurwesen aber auch inzwischen zu datenintensiv geworden, um *nicht* durch DBMS oder ähnliches unterstützt zu werden, im Hinblick auf
   - Effiziente Verwaltung großer Mengen von Daten.
   - Gleichzeitige Benutzung von Daten durch mehrere Benutzer.
   - Große Zuverlässigkeit; so gut wie keine Ausfallzeiten.
   - Verwaltung räumlich verteilter Daten.

Benutzungsoberfläche

3) **Benutzungsoberfläche:**
Anwendungen in der Konstruktion stellen durchweg höhere Anforderungen an die Benutzungsoberfläche als kaufmännische Aufgabenstellungen. Wer beispielsweise dreidimensionale Darstellungen von Teilen und Zusammenbauten in Echtzeit mit wirklichkeitsnaher Wiedergabe von Flächen und Schattierungen interaktiv handhaben will, der braucht nach wie vor speziell optimierte Hardware und Algorithmen.

Versionsverwaltung und Archivierung

4) **Versionsverwaltung und Archivierung:**
Die Entwicklung eines Produkts beinhaltet immer Versuche und Irrtümer. Oft werden mehrere mögliche Entwicklungspfade gleichzeitig verfolgt, wohl wissend, daß von ihnen alle bis auf einen fallengelassen werden, sobald entschieden ist, welche Konstruktion, welches Material oder welches Verfahren den meisten Erfolg verspricht. Daher

muß es möglich sein, 'Schnappschüsse' oder 'Versionen' zu archivieren, die bestimmte Entwicklungszustände des Produkts beschreiben. Die Versionen bilden eine Baumstruktur. Dafür braucht man ein recht aufwendiges Versionenkontrollsystem, das in der Lage sein muß, Schlußfolgerungen über zeitliche Zusammenhänge zu ziehen und auf Kommando die Daten verschiedener Zustände des Produkts wiederherzustellen.

Dokumentation

5) **Dokumentation**: F&E-Aktivitäten sollten zumindest in einer verbalen Entwicklungsgeschichte dokumentiert werden. Das hat die folgenden Vorteile:
   - Im Laufe der Entwicklung eines Produkts ermöglicht die Dokumentation schnelle Know-How-Vorwärts und -Rückkopplung, wodurch wertvolle Zeit eingespart wird.
   - Nachfolgende Projekte können im Sinne der Inter-Prozeß-Kommunikation (vgl. 2.5.2) von solch einer Dokumentation profitieren. Sie kann z.B. in Form einer Erfahrungsbank implementiert werden (vgl. 5.4.5 und 5.5.2.1).

Transaktionen und Rollbacks

6) **Transaktionen und Rollbacks**: Die Bedeutung der DBMS-Fachbegriffe 'Transaktion' und 'Rollback' verändert sich in diesem Zusammenhang erheblich: Sobald ein Entwicklungspfad sich als 'Sackgasse' herausstellt, muß man auf einfache Weise die letzte 'gute' Version des Produkts wiederfinden können, was im Grunde bedeutet, alle seitdem gemachten Änderungen und Ergänzungen zu 'vergessen'. Allerdings sollte zu Dokumentationszwecken immer auch diese 'Fehlentwicklung' gespeichert werden, vor allem aber die Gründe, warum man sie verfolgt hatte und warum man sie beendet hat.
   Was Transaktionen betrifft, so muß man sich entscheiden, ob ein Entwicklungspfad, der immerhin Wochen oder Monate dauern und unterwegs viele Versionen erzeugen kann, als eine einzige Transaktion behandelt werden soll. Je länger die Transaktion, desto schwieriger wird es, an ihrem Ende die Veränderungen am Produkt mit den in anderen Transaktionen vorgenommenen Veränderungen wieder zu synchronisieren.

Mehrbenutzerfähigkeit

7) **Mehrbenutzerfähigkeiten**: Ein in Entwicklung befindliches Produkt kann so komplex sein, daß es sehr gefährlich wäre, mehreren Personen *gleichzeitig* Veränderungen zu erlauben. Daher sind entweder anspruchsvolle Interdependenzen-Kontrollen nötig, um automatisch alle Betroffenen von einer Änderung in Kenntnis zu setzen. Aber schon da wird's schwierig: Wie finden wir denn heraus, wer die Betroffenen sind? Oder es muß strikt nach dem Motto „Einer nach dem anderen" verfahren werden, was nichts weiter bedeutet als den Ausschluß gleichzeitiger Bearbeitung.

4.3.2 Bewertung von DBMS aus der Sicht von IPE

Wenn wir uns diese Anforderungen vor Augen halten, erkennen wir aus der Sicht von IPE an den konventionellen DBMS folgende Vor- und Nachteile:

Vorteile von DBMS

Vorteile von DBMS

Die heutigen relationalen DBMS sind hervorragend dafür geeignet, große, komplexe DV-Systeme aus relativ einfachen Einzeldaten zu erstellen. Die auffälligsten Vorteile sind:

- Schnelligkeit: Schneller Zugriff auf große Mengen von Daten, wobei die Performance bei steigender Menge nur allmählich nachläßt. Schnelles Einfügen, Ändern und Löschen von Datensätzen.
- Unterstützung des gleichzeitigen Zugriffs durch mehrere Benutzer dank ausgefeilter Mehrbenutzerkontrolle (Transaktionskonzepte).
- Normierung: Die Datendefinitions- und -manipulationssprache SQL ist eine internationale Norm, die sowohl interaktiv als auch als portable Programmierschnittstelle zur Verfügung steht. Verfügbarkeit auf nahezu beliebigen Rechnern.
- Verläßliche dauerhafte Speicherung der Daten dank Online-Datensicherung und komplexen Wiederanlaufverfahren nach einem eventuellen 'Crash'.

Diese Fähigkeiten werden auch in einer DV-Umgebung für IPE eine entscheidende Rolle spielen.

Grenzen der DBMS

Grenzen der DBMS

Härder faßt die Grenzen der DBMS im Engineering-Bereich folgendermaßen zusammen: „Die konzeptuelle Diskrepanz zwischen den Datenbankmodellkonstrukten und dem Modellierungsbedarf der Anwendung wird in der Regel schwerfällige, unvollständige und leistungsarme Anwendungsmodelle erzwingen.“[46] Im einzelnen sieht er folgende Handicaps im Vergleich zu den objektorientierten Systemen:

- Veränderungen des DB-Schemas sind sehr umständlich. Änderungen einer DB-Struktur erfordern prohibitiven Aufwand.
- Die Attribute eines Objekttyps ('Entity') sind (zur Laufzeit) unveränderbar.
- Jedes Tupel in der DB gehört zu exakt einem Objekttyp und enthält nur das Wissen über die abgebildete Instanz, das zum Zeitpunkt der Eingabe der Daten gültig war. Es enthält also keine Methoden oder Regeln, mit denen man zur Laufzeit Wissen errechnen kann (in anderen Systemen spricht man auch von 'berechneten Feldern').

- Jede Instanz muß einen eindeutigen und permanenten Schlüssel besitzen – den Primärschlüssel. Synonyme sind i.d.R. verboten.
- Die Anzahl der Objekt*typen* ('Relationen') ist vergleichsweise gering ($<= 10^2$, sicher nicht 10^4), aber die Anzahl möglicher Instanzen ('Tupel') ist ziemlich groß ($<= 10^6$).
- Das DB-Design führt zu großer Homogenität innerhalb eines Objekttyps und zu großer Heterogenität *zwischen* Objekttypen.
- Generalisierungshierarchien und erst recht Mehrfachvererbung werden nicht unterstützt.

Da in DBMS die Entities, ihre Attribute und ihre Relationen *vor* der Laufzeit mit Hilfe der Datendefinitionssprache (DDL) festgelegt werden müssen, bieten sie wenig bis gar keine Unterstützung bei der Art von dynamischen Operationen, die in WBS normalerweise vorkommen. Die strikte Trennung zwischen Entities (Meta-Information) und Tupeln (Benutzer-Informationen), die tief im relationalen Modell verwurzelt ist, behindert den Einbau von Abstraktionskonzepten. Dies gilt insbesondere für Aggregation und Assoziation, die in Engineering-Anwendungen häufig auftreten (z.B. in Funktionsmodellen, Stücklisten oder Arbeitsplänen).

Das Fehlen zweier weiterer Fähigkeiten ist ebenfalls ein Problem für die DV in der Produktentwicklung:

- Zeit ist schwer darzustellen. Im Normalfall wird nur ein Schnappschuß eines Objekts gespeichert, nicht jedoch seine Geschichte. Eine Historisierung, d.h. ein Journal aller Veränderungen mit 'Zeitstempeln', ist notwendig, sobald man mehrere Versionen und die Zurücknahme von Entwicklungspfaden zuläßt.
- Räumliche Relationen können überhaupt nicht dargestellt werden. Dadurch ist die DBMS-basierte Konstruktion von objektorientierten CAD-Systemen oder geographischen Informationssystemen (GIS) unmöglich.

Fazit:

„Die fehlende Objektorientierung ... ist aus der Sicht des Benutzers unnatürlich und kompliziert und damit im höchsten Maße fehleranfällig.“[47] Natürlich waren DBMS ja auch gar nicht für diese Art von Problemen gedacht: „Datenbanksysteme wurden vor allem zur Verwaltung *expliziter* Information entwickelt; die Bereitstellung und Behandlung *impliziter* Informationen erfordert neue Konzepte.“[48]

4.3.3 Aktuell: DBMS und wissensbasierte Techniken

Streben nach Vereinigung der Vorteile

Die Erkenntnis der Grenzen von konventionellen DBMS einerseits und OOP und WBS andererseits hat zu Versuchen geführt, Konzepte aus diesen Gebieten zu vereinigen.[49] Gegenwärtig konvergieren die Strömungen von zwei Seiten:

- Datenbank-Forscher sind nicht mehr zufrieden mit den Restriktionen, die relationale DBMS ihnen auferlegen, und versuchen daher, Techniken aus OOP und WBS zur Verbesserung der Ausdrucksmöglichkeiten und der Flexibilität heranzuziehen.
- Gleichzeitig suchen KI-Forscher nach Wegen, um die wachsenden Mengen an Wissen, die in großen WBS eingesetzt werden, in einer dauerhaften und wohlorganisierten Weise abzulegen. Sie brauchen auch weitere typische DBMS-Eigenschaften, wie Mehrbenutzer- (Concurrency) und Wiederanlauffähigkeit (Recovery).

Dieser Abschnitt gibt einen Überblick über einige neue Konzepte, die in der wachsenden Überschneidungszone zwischen DBMS und KI entwickelt werden.

4.3.3.1 Ein Vergleich von WBS und DBMS

Vergleich von WBS und DBMS

Die vorangegangenen Abschnitte haben einige Gründe geliefert, aus denen eine Kombination von WBS und DBMS in der Produktentwicklung besonders erstrebenswert erscheint. Die Mängel der WBS in bezug auf industrielle Anwendungen passen genau zu den Eigenschaften, welche die DBMS gerade für diese Anwendungen auszeichnen.[50] Diese Erkenntnis geht aus einer Gegenüberstellung ihrer Eigenschaftsprofile klar hervor (s. Abb. 4.7).

Bemerkenswerte Gemeinsamkeiten ...

Einerseits gibt es bemerkenswerte Übereinstimmungen zwischen beiden Paradigmen. Z.B. entsprechen die Relationen und Attribute einer DB *fast* genau den Klassen / Frames und den Slots in OOP bzw. WBS. Es gibt auch Gebiete, in denen sie beide schwach sind, z.B. die Unterstützung von Versions-Management und Engineering-Transaktionen.

... und krasse Gegensätze

Andererseits gibt es gewisse grundlegende Gegensätze, die bei allem guten Willen eine Vereinigung sehr kompliziert erscheinen lassen. Gegenwärtig werden mehrere Methoden zur Vereinigung der mächtigen Inferenzmechanismen und Repräsentationsmöglichkeiten der WBS mit den Datenverwaltungsfähigkeiten der DBMS diskutiert.[51] Die zwei erfolgversprechendsten Ansätze sind

2 Vorgehensweisen zur Vereinigung

- *Kopplung* von WBS und DBMS, d.h. Verbindung von auf dem Markt erhältlichen WBS-Tools mit Standard-DBMS.
- *Integration* von WBS und DBMS, was fundamentale Innovationen in den Basistechniken von einem oder beiden Bereichen erfordert.

Diese beiden Ansätze werden im folgenden genauer vorgestellt.

Kriterium	DBMS ☹	DBMS ☺	WBS/OOP ☺	WBS/OOP ☹
Daten / Wissens-Unabhängigkeit		●		●
Mehrbenutzerfähigkeit / Concurrency		●		●
Datensicherheit / Wiederanlauf		●		●
Effiziente Handhabung großer Datenmengen		●		●
Konsistenz- / Integritätsprüfungen	●		●	
Flexibilität der Repräsentation	●		●	
Datenabstraktion / Information Hiding	●		●	
Vererbung	●		●	
Versions-Management	●			●
Engineering-Transaktionen	●			●

Abb. 4.7 *Ein qualitativer Vergleich der Eigenschaftsprofile von Datenbank-Management-Systemen (DBMS) und wissensbasierten Systemen (WBS).*

4.3.3.2 *Kopplung* von DBMS und WBS

Vereinigungs-Ansatz 1:

Die Kopplung von wissensbasierten Systemen (WBS) mit Datenbank-Management-Systemen (DBMS) ist nützlich, denn WBS müssen aus folgenden Gründen auf Datenbanken zugreifen:

- Viele Aufgaben, deren Lösungen Expertenwissen erfordern, sind auch auf die Bereitstellung großer Mengen 'normaler' Daten angewiesen.
- Viele WBS-Anwendungen brauchen den DB-Zugriff z.B. für aktuelle Informationen.

- WBS, die auch Daten aus bereits bestehenden DBMS in ihre Schlußfolgerungen einbeziehen können, können sich in den meisten Organisationen viel schneller nützlich machen.

Die Kopplung zielt darauf, am Markt erhältliche Wissensrepräsentations- und Inferenzsysteme mit Standard-DBMS über Schnittstellen zu verbinden. Dazu gibt es eine Reihe von Möglichkeiten. Mylopoulos sieht einen stufenlosen Übergang von der „losen" bis zur „engen" Kopplung.[52] Einige Punkte auf diesem Kontinuum verdienen genauere Beachtung:

Lose 'Off-Line'-Kopplung

- Die **lose 'Off-Line'-Kopplung:**
  Bei dieser Spielart liest die wissensbasierte Anwendung vor dem eigentlichen Start die benötigten Daten aus der DB in ihre Laufzeit-Objektstrukturen ein. Am Ende speichert sie evtl. veränderte Werte wieder zurück. Dieser 'check-out / check-in'-Ansatz ist sehr einfach, und der Programmierer kann entscheiden, wo er die Daten plazieren will. Andererseits müssen während der Zeit, in der die Daten 'ausgecheckt' sind, Änderungen an der DB unterbunden werden. Außerdem sind die Daten während der Laufzeit des WBS nicht gegen Abstürze gesichert.

Lose 'On-Line'-Kopplung

- Die **lose 'On-Line'-Kopplung**:
  Dazu muß das Objektsystem bereits eine Aufruf-Schnittstelle zu einem DBMS enthalten, mit der man z.B. DB-Tupel während der Laufzeit automatisch in Objektinstanzen transformieren kann. Solche Optionen werden inzwischen von einigen WBS-Tools angeboten. In diesem Fall können die Daten in der DB aktuell gehalten werden. Es ist aber weiterhin Aufgabe des Programmierers, durch Aufrufe der entsprechenden Funktionen dafür zu sorgen, daß das DBMS alle Änderungen mitbekommt. Dieser Ansatz führt häufig zu Performance-Problemen, wenn die DB-Schnittstelle z.B. interpretiertes SQL verwendet.[53]

Enge Kopplung

- Die **Enge Kopplung**:
  In diesem Stadium sollte der Programmierer nur noch ein Objektsystem 'sehen', ohne sich um das darunterliegende dauerhafte Speichersystem kümmern zu müssen. Mit den folgenden Erweiterungen des Objektsystems kann eine enge Kopplung erreicht werden, ohne die Funktionen des DBMS zu beeinträchtigen:
  - Die DBMS-Schnittstelle sollte möglichst schnell sein. Eine wesentliche Beschleunigung gegenüber interpretierten SQL-Schnittstellen kann erreicht werden, wenn 'Treiber' je DBMS geschrieben werden, die direkt die internen Funktionen des DBMS ansprechen. Damit sind diese Befehle genauso schnell wie z.B. compiliertes *Embedded SQL*.

- Eine weitere Beschleunigung der DBMS-Schnittstelle läßt sich durch intelligente Pufferstrategien erzielen, die auch auf die jeweilige Anwendung einstellbar sein müssen.[54]
- Der wichtigste Bestandteil sind schließlich Mechanismen zur *impliziten* Selektion und Veränderung von Tupeln in der DB. Das bedeutet, daß z.B. jede Änderung von Laufzeit-Objekten automatisch und 'im Stillen' zu Updates der entsprechenden DB-Tupel führt. Ferner muß es Methoden zur automatischen Instanziierung ganzer Gruppen von Datensätzen geben.

Nur wenige WBS-Tools bieten heute eine halbwegs enge Kopplung zwischen Objektsystem und relationalen DBMS. Ein Beispiel dieser Art ist Mercury KBE (Knowledge Base Environment), das vom Hersteller auch als 'intelligentes Datenbank-Tool' bezeichnet wird. Mercury wird im nächsten Kapitel eine Rolle spielen.

4.3.3.3 *Integration* von DBMS und WBS

Vereinigungs-Ansatz 2:

Mattos[55] unterscheidet drei Ansätze zur noch engeren Integration von DBMS und WBS:

- *Erweiterung* der *DBMS*-Technik durch die Hinzufügung von Rekursivität, Abstraktionsmechanismen und anderen Aspekten der Objektorientierung. In diesem Bereich sieht man die Begriffe „Deduktive Datenbanken“[56], „OODB (Objektorientierte DBMS)“[57], „Expert Database Systems“[58] und „Non-standard DBMS“[59].
- *Erweiterung* von *WBS* um Mechanismen wie effiziente Nutzung von Sekundärspeichern, Abfrageoptimierung, Mehrbenutzerfähigkeiten usw. Dieser Weg scheint seltener beschritten zu werden.[60]
- *Erfindung völlig neuer Systeme*: Das erfordert die Entwicklung neuer Wissensrepräsentations-Mechanismen zusammen mit neuen DBMS-Techniken. KRISYS (Knowledge Representation and Inference System)[61] ist ein relativ weit gediehener und ausgiebig untersuchter Forschungs-Prototyp eines solchen WBMS (Wissensbank-Management-System). Man rechnet mit dem Erscheinen kommerziell nutzbarer WBMS nicht vor Ende der neunziger Jahre.

Wie wir gesehen haben, befinden sich integrierte WBMS noch im Forschungsstadium. Solange dort fundamentale Fragen noch nicht bindend beantwortet sind, sollte eine DV-Architektur für IPE sich darauf beschränken, einige der bereits anwendbaren Ideen aus dem Gebiet der WBMS einzusetzen. Gegenwärtig besitzen nur die Kopplungs-Ansätze einen angemessenen Reifegrad.

4.4 Graphische Benutzungsoberflächen und Hypermedia

Graphcal User Interfaces

Ein weiteres Gebiet, das in den letzten Jahren starke Fortschritte zu verzeichnen hatte, sind die graphischen Benutzungsoberflächen[62] (Graphical User Interfaces, GUI). Die in Kap. 5 vorgestellte DV-Architektur stützt sich wesentlich auf graphische Oberflächen. Beispiele sind insbesondere in 5.1 zu sehen.

Zeichen-orientierte Oberflächen reichen nicht mehr ...

Rein zeichenorientierte Oberflächen können durchaus alle benötigten Informationen liefern – nur leider in einer Form, die es für Menschen sehr umständlich macht, große Mengen von Informationen zu 'verdauen'. Ein typisches Beispiel für diese Form sind die Online-Datenbanken (vgl. Abb. 4.8).

GUIs sind sehr populär geworden bei der Erstellung von benutzerfreundlichen, intuitiv zu bedienenden Oberflächen für Software-Systeme. Die meisten heute üblichen GUI-Systeme können unter dem nicht ganz ernst gemeinten Akronym WIMP (Windows, Icons, Mouse, and Pointer) zusammengefaßt werden.

Geschichte

Die ersten Benutzungsoberflächen mit Fenstern, die sich das 'Paradigma des unaufgeräumten Schreibtisches' (cluttered desktop paradigm) zu eigen machten, wurden Mitte der siebziger Jahre im Xerox PARC entwickelt. Interessanterweise waren Smalltalk and Interlisp-D (vgl. 4.1) die ersten Programmierumgebungen, die diese Techniken nutzten. Doch damals war die Hardware noch gar nicht geeignet für solche Oberflächen. Ihr Durchbruch kam erst 1984 mit der Vorstellung des Apple Macintosh.

Standard: X Window System

Dank des „Project Athena" genannten Entwicklungsprojekts am MIT hat sich inzwischen auch ein Standard für verteilte Fenster-Oberflächen in Computer-Netzwerken entwickelt, genannt *X Window System*.

Aktuelle Trends

Gegenwärtig sind folgende Entwicklungen zu beobachten:

- Weitere Standardisierungsbemühungen und Erweiterungen der ursprünglichen X-Funktionalität, u.a. koordiniert durch die Open Software Foundation (OSF) unter dem Produktnamen *OSF / Motif*.
- User-Interface-Management-Systeme (UIMS)[63] bieten Programmierschnittstellen auf höherer Ebene an als die ziemlich komplizierten Xlib- (X Library-) und Xt- (X Toolkit-) Aufrufe und sind portabel über verschiedene Window-Systeme hinweg.
- Normierte Graphik-Programmierschnittstellen wie GKS und PHIGS werden in Fenstersystemen integriert[64], so daß auch CAD-Systeme sich der Standards bedienen können.

```
  QN  DOCS QUERY
   1  6049 DATENBANK$
   2  6393 ONLINE
   3   564 1 WITH 2
   4   146 2 ADJ 1
   5    56 3.TI.
   6    55 ABFRAGE$(ABFRAGESPRACHE ABFRAGESYSTEM)
   7   101 RETRIEVAL ADJ (SPRACHE$1 OR LANGUAGE$1)
   8    32 7.TI.
  11     2 10 NOT 5 NOT 9
  12    37 COMMON ADJ COMMAND ADJ LANGUAGE OR CCL
  19    25 18.TI.
  20     0 19 AND 1.TI.
  21    87 18 WITH 1
  22     0 21.TI.
  23    71 21.MN.
  24  3345 KUENSTLICHE$1 ADJ INTELLI$1 OR KI OR ARTIFIC$1 ADJ INTELLIG$1 OR AI
  25   355 1 AND 24
  26  1351 EXPERTENSYSTEM$2 OR EXPERT ADJ SYSTEM$1
  27   174 1 AND 26
  28     7 1.TI. AND 26.TI.
  29     1 1.TI. AND 24.TI.
  30     8 28 29
 END OF DISPLAY

SEARCH MODE - ENTER SEARCH TERMS
   31_: ..p 5 user/1-56/..p 9 user/1-32/..p 11 user/1-2/..p 17 user/1-12

*** Retrieved documents:

       4
DB IDAT, FIZ Technik Frankfurt: INFODATA, Copyright GMD-IZ.
AN IDAT-8706-02037.
OT Kopplung von Datenbank- und Expertensystemen.
AU Reuter-A.
IN Univ. Stuttgart; Inst. fuer Informatik, Stuttgart, DE.
SO Informationstechnik  <IT>,  Computer, Systeme, Anwendungen; Muenchen,
   DE; 1987; Band 29; Heft 3; S. 164-175, 7 Abb., 52 Lit.
AV Bestellnummer: 87-02037.

       5
DB IDAT, FIZ Technik Frankfurt: INFODATA, Copyright GMD-IZ.
AN IDAT-8706-02026.
OT Zur Kopplung von Datenbank- und Expertensystemen.
AU Haerder-T; Mattos-N; Puppe-F.
IN Univ. Kaiserslautern, Kaiserslautern, DE
   Univ. Karlsruhe, Karlsruhe, DE.
SO State of the art: Informationstechnik; Muenchen, DE; 1987; Heft 3; S.
   23-34, 8 Abb., 5 Tab., 18 Lit.
AV Bestellnummer: 87-02026.

                                                    /// ... ///
       7
DB IDAT, FIZ Technik Frankfurt: INFODATA, Copyright GMD-IZ.
AN IDAT-8609-02932.
OT Von Datenbanken zu Expertensystemen.
AU Appelrath-H-J.
SO (=  Informatik-Fachberichte 102); Berlin, DE: Springer; 1985; 159 S.,
   50 Abb., 54 Tab., 178 Lit.
AV Bestellnummer: 86-02932; Signatur: ZB1 86-0387.

                                                    /// ... ///
* END OF DOCUMENTS IN LIST
```

Abb. 4.8 *Zeichenorientierte Benutzungsoberflächen – Ausschnitt aus einer Abfrage-Sitzung mit einer Online-Datenbank.*

- Die Interaktionsmethoden werden immer weiter verfeinert. Beispielhaft seien hier die asynchronen Maus-Events[65] und die 'Sprechblasen' mit Erklärungstexten an Apple-Menüs erwähnt.

Vorteile der GUI

GUI bieten einige Vorteile, die für Ingenieure bei ihrer Arbeit unmittelbar hilfreich sind:

- Graphische, interaktive Benutzungsoberflächen, die intuitiv zu bedienen sind ('Draufzeigen und Klicken' als wichtigste Aktion).
- Einheitlichkeit der Interaktions-Paradigmata. Beispielsweise funktioniert ein Pull-Down-Menü in allen Anwendungen gleich; es gibt sogar immer mehr Ähnlichkeiten über verschiedene Window-Systeme hinweg.
- Der Bildschirm sieht ähnlich wie eine Schreibtischoberfläche aus – mit dem angenehmen Unterschied, daß er sich leichter 'aufräumen' läßt.
- Mehrere Arbeitskontexte können gleichzeitig sichtbar sein. Das paßt besser zum menschlichen Arbeitsstil: Es ist leicht, assoziativ zwischen verschiedenen Kontexten hin- und herzuspringen.
- In Verbindung mit Multitasking-Betriebssystemen und Computer-Netzwerken (z.B. im Falle von Unix mit X Windows) können auch Anwendung und Benutzungsoberfläche auf zwei verschiedenen Rechnern laufen, die sogar an entgegengesetzten Enden der Welt stehen können. Hier kommt Leben in den Begriff 'Client-Server-Konzepte'.

Aber rechenintensiv!

Einer der Hauptnachteile der graphischen Benutzungsoberflächen ist nach wie vor ihr großer Bedarf an Rechnerleistung für große Bitmap-Bildschirme und extrem kurze Antwortzeiten.

Hypertext- / Hypermedia-Konzepte

Die Grundelemente der Fenstersysteme sind schon früh eingesetzt worden, um neue Arten von Software zu entwickeln. Im Zusammenhang mit IPE sind Hypertext- / Hypermedia-Konzepte die wohl ansprechendsten unter ihnen. Sie vereinigen alle Konzepte, die bis jetzt in diesem Kapitel vorgestellt wurden: OOP, WBS, DBMS und UIMS. Sie können *Ingenieure direkt unterstützen durch assoziative Dokumentation und Wiedergabe von Know-How.* Zwei Systeme deuten das Potential dieser Techniken an:

NoteCards

- *NoteCards* ist eine erweiterbare Umgebung, die Menschen helfen soll, Ideen zu formulieren, strukturieren, vergleichen und verwalten. NoteCards bietet dem Benutzer ein 'semantisches Netz' aus elektronischen Notizzetteln, die durch Assoziationen verbunden sind.[66] Man hat sich das etwa so vorzustellen, als würde man eine Wand mit lauter kleinen Zetteln füllen und zwischen Zetteln, die irgend etwas miteinander zu tun haben, Fäden spannen. Dabei hängt an jedem Faden wiederum ein kleiner Zettel, der besagt, was für eine Verbindung in diesem konkreten

Fall gemeint ist, d.h. warum diese zwei Zettel durch diesen Faden verbunden sind. Bei dieser Art einer 'physischen Datenbank' ist leicht absehbar, wann man ein Chaos von Fäden und Zetteln vor sich hat. Nicht so in der elektronischen Form: Sie vereinigt die Vorteile der assoziativen Verknüpfungen mit den nahezu beliebigen Sortier- und Selektionsmöglichkeiten eines DBMS.

Hypercard, ToolBook

Systeme wie *Hypercard* von Apple und *Toolbook* von Asymmetrix für Microsoft Windows haben diese Art der Datenverwaltung inzwischen erfolgreich kommerzialisiert.

HyperPicture

▸ Es gibt auch Ansätze zum weiteren Ausbau dieser Methoden: Systeme wie *HyperPicture*[67] arbeiten auf derselben Basis, erweitern aber den Ansatz hin zu völlig heterogenen Daten: Graphiken, Programme, Töne und Filme können beliebig verbunden werden. HyperPicture ist in X Windows und OSF / Motif implementiert (vgl. Abb. 4.9).

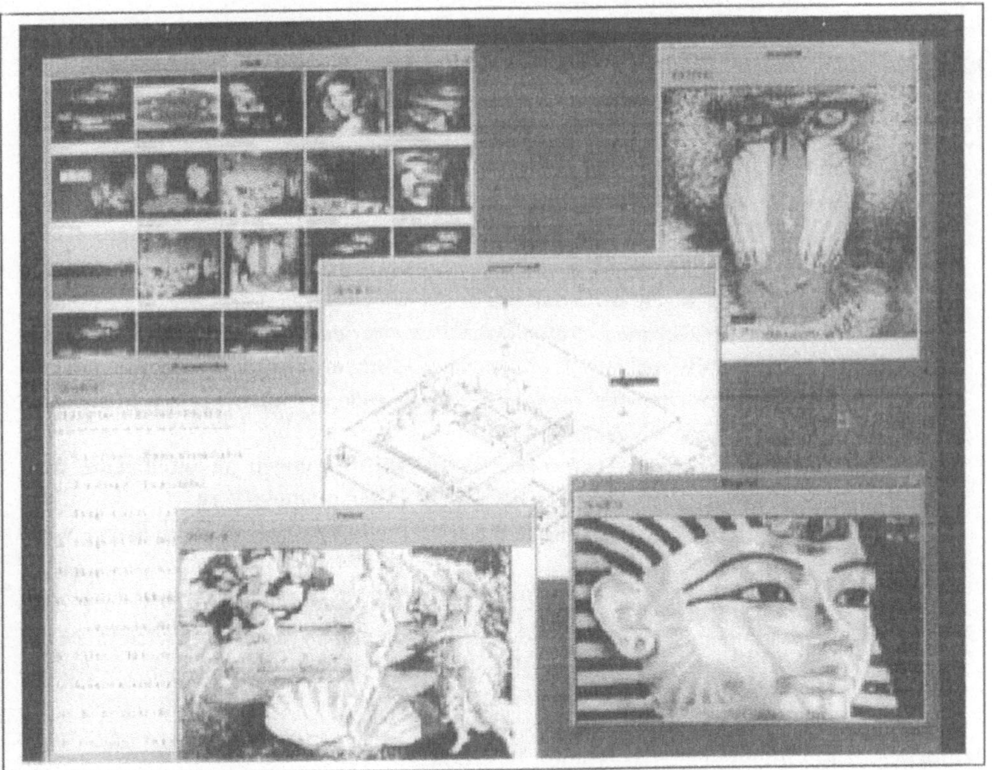

Abb. 4.9 *Bildschirmabzug aus dem Hypermedia-System HyperPicture. Aus den 'Icons' sind inzwischen veritable 'Bilder zum Anklicken' geworden (ZGDV 1991).*

Fazit:

Computer kommen endlich dem Benutzer entgegen. Man kann das Automobil als Metapher für den Fortschritt heranziehen: Wir haben uns langsam geeinigt, wie die Bedienungselemente für Kupplung und Gas, Bremse und Lenkung angeordnet sein sollen. Es gibt zwar noch einige Oldtimer, die mit Lenkstangen dirigiert werden müssen, aber fast alle haben schon ein Lenkrad. Vorteil: Wer einmal 'Fahren' gelernt hat, kann fast jedes neue System ohne viel Lernaufwand bedienen.

Die Hypertext- / Hypermedia-Bewegung ist erst in den Anfängen, und es gibt zur Zeit noch keine Normen in diesem Bereich. Doch es ist absehbar, daß diese Techniken die Art, wie wir in Zukunft mit Computern umgehen, immens beeinflussen werden.

4.5 Schlußfolgerungen

Rationalisierung der Software-Produktion notwendig!

In diesem Kapitel haben wir einige neue Tendenzen der Software-Entwicklung kennengelernt. Dabei sollte klar geworden sein, daß keine der Methoden Wunder wirkt. Aber einige der vorgestellten Techniken sind nützlich und ausgereift genug, um sie ernsthaft in Software-Projekten in der Praxis einzusetzen. Dieser Fortschritt wird hoffentlich auch zu einer *Rationalisierung der Software-Produktion* führen. Diese ist längst fällig, denn die DV-Abteilungen sehen sich zunehmend mit folgender Kette von Schlußfolgerungen konfrontiert:

- Das Unternehmen muß produktiver werden.
- Daher muß auch die Produktentwicklung effizienter werden.
- Dazu brauchen die Ingenieure unter anderem auch bessere Mittel zur Informationsverarbeitung.
- Dadurch kommen immer höhere Anforderungen an intelligente und integrierte Software-Systeme auf die DV-Abteilungen zu.
- Daher müssen auch die Software-Abteilungen selbst produktiver werden.
- Und um das zu erreichen, genügen die klassischen Mittel nicht mehr. Es müssen schleunigst andere Methoden der Software-Entwicklung evaluiert und zum Einsatz gebracht werden – wie z.B. die oben vorgestellten.

Warten auf einen WBMS-Standard

Techniken wie OOP, WBS und Hypermedia bieten neue Möglichkeiten, Ausschnitte der wirklichen Welt zu modellieren. Die WBMS werden sicher in zukünftigen CIM-Projekten eine Schlüsselrolle bei der dauerhaften Speicherung von Know-How spielen, doch leider ist noch nicht einmal klar, ob es für sie eine Standardisierung ähnlich der von DBMS geben kann. Ursprünglich wurden *Daten* in allen möglichen Formen gespeichert, bis die DBMS aufkamen und eine wohlstrukturierte Speicherung und vereinheitlichte Modellierung ermöglichten. Bezüglich *Wissen* und Know-How befinden wir uns heute noch in dieser relativ chaotischen Frühphase.[68] Kann es einen allgemein akzeptierten Rahmen zur Modellierung, Speicherung und Bearbeitung von *Wissen* geben? Wenn überhaupt, so werden wir darauf wohl bis zur Erreichung einer nennenswerten Verbreitung der WBMS warten müssen.

Das nun folgende Kapitel stellt eine Praxis-Implementation aus dem F&E-Bereich vor und entwickelt eine DV-Architektur für IPE. Beide bauen auf den hier beschriebenen Techniken auf.

Anmerkungen zu Kapitel 4

1 Siehe z.B. [USA 80], speziell Band.2, Teil II, Abschnitt 13: „Die Umwelt"; siehe auch [MEADOWS 72].
2 [BARTH 88].
3 [BARTH 88].
4 vgl. [GOLDBERG 83].
5 vgl. [KERNIGHAN 83].
6 vgl. [STEELE 90], [WINSTON 84c].
7 vgl. [STROUSTRUP 86].
8 ANSI Accredited Standards Committee X3, Subcommittee J16 und ISO.
9 ANSI X3 J13 und ISO WG 16.
10 Hier sind insbesondere zu erwähnen: [BOOCH 91], [RUMBAUGH 91], [WIRFS-BROCK 90].
11 Wenn Sie allerdings einmal Interesse an den geradezu philosophischen Hintergründen der KI haben, sollten Sie sich z.B. mit [SIMON 81] befassen ...
12 siehe [SCHANK 87]. Weitere gute Überblicke finden sich in [REDDY 88], [DAVIS 82a], [DAVIS 89a, 89b].
13 vgl. z.B. [MICHIE 89], [GROST 89], [TONG 89], [GÜNTER 90], [WINKELMANN 89] (Anwendungen in der Konstruktion); sowie [CARPENTIERI 88], [SCHACHTER-R. 88], [STRECKER 88, 89, 90], [BARANOWSKI 89], [THUY 89], [AUTENRIETH 88] (Konfiguration).
14 vgl. [MCDERMOTT 82], [MARCUS 88], [BACHANT 84]. Andere Anwendungen: [MITTAL 85], [FEIGENBAUM 88].
15 [FEIGENBAUM 88].
16 vgl. z.B. IBM's DEFT (Diagnostic Expert for Final Test), in [FEIGENBAUM 88]. Andere Praxis-Anwendungen werden beschrieben bei [BONISSONE 83], [BUSCHE 89], [CARNEGIE G.88] / [KAHN 87] / [PEPPER 87], [DAL CIN 88], [ERNST 89] / [PUPPE 87, 89a], [KRAMER 87], [KRICKHAHN 88], [LUFT 89a], [MARGOLIS 87], [MATHONET 87], [SIMOUDIS 90], [SPECHT 88], [SPUR 89], [WEISE 89].
17 Techniken und praktische Beispiele der Wissensakquisition sind z.B. beschrieben bei [SCHIRMER 88, 89], [BARTL 89], [DE GREEF 88], [KARBACH 89], [LAMBERT 88], [LASKE 89], [MUSEN 90] (the „knowledge level"), [SCHACHTER-R. 89], [CHRISTALLER 87], [LINSTER 88]. Das Gebiet ist auch ein Grenzbereich zur Psychologie: vgl. [DÜSPOHL 90], [HEYER 88], [MILLER 56]. Auch sehr interessant: McDermott's Gedanken zu einer Taxonomie der Expertensysteme [MCDERMOTT 88].
18 [BRACHMAN 90] liefert einen guten Überblick des 'state of the art' und der Zukunft der Wissensrepräsentation. Siehe auch [FREKSA 89], [STOYAN 89]. Wichtige Beiträge auf diesem Gebiet sind u.a.: [MCCARTHY 68], [NEWELL 76]; [QUILLIAN 67], [WOODS 75], [BRACHMAN 79, 83] (semantische Netze); [SUSSMAN 80] (Constraints).
19 vgl. z.B. die praxisnahen Bücher [PUPPE 88], [WALTERS 88], [WATERMAN 86], [SAVORY 87].
20 [FEIGENBAUM 88].
21 vgl. [WINSTON 87]. Das Buch enthält eine gute Einführung und Beispiele zu Regelbasen.
22 vgl. [DAVIS 77].

23 vgl. auch das *rule induction*-Paradigma [QUINLAN 86, 87], [GROSS 88], [MANAGO 89], [GOODMAN 88]. [WEISS 89] berichtet, daß Induktion schneller ist als neuronale Netze.

24 vgl. [MINSKY 81], [FIKES 85].

25 vgl. z.B. [STRUSS 89c], [AHRENS 87], [DOYLE.R 84].

26 vgl. [STEELE 90], [TATAR 87].

27 vgl. [CLOCKSIN 87], [SCHNUPP 87a].

28 [RICHTER.M 89].

29 vgl. [ADELI 88], [ELSDON 88], [HERNANDEZ 91a, 91b], [LEE 89], [MARCUS 87], [MARTIN 89], [MITTAL 85], [PANG 89], [PETRIE 89] / [STEELE.R 87, 88], [SIMOUDIS 88], [SRIRAM 89].

30 vgl. z.B. ARC-TEC ([BERNARDI 91], [RICHTER.M 89]), Stanford KSL ([GRUBER 90a], [GRUBER 90b]).

31 [GRÖNER 86, 87], [MEYER.W 88], [SCHEER 89a, 89c], [SEIFERT 89, 90] und [STEIGER 89] diskutieren DV-Architekturen für CIM. [AYEL 88], [CAMARINHA 89], [LINDNER 88], [PAN 90], [ROBOAM 90], [SPECHT 89] und [SPUR 87] befassen sich mit der Anwendung wissensbasierter Techniken auf CIM. Das ARC-TEC-Projekt am DFKI [RICHTER.M 89] zielt auf eine „Symbiose zwischen CIM und KI".

32 [FINGER 88] liefert zu diesen Begriffen eine hervorragende Einführung.

33 z.B. ICAD ([ICAD 90], [BREITLING 88]), Pro/ENGINEER ([PARAMETRIC 89]), I-DEAS ([SDRC 91]), Concept Modeller ([WISDOM 88], [WISDOM 90]).

34 Einen sehr guten aktuellen Überblick zumThema „Wissensbasierte Systeme in der Arbeitsplanung" bietet [VDI-GI-AK 90]. Dieses Buch wurde in einem gemeinsamen Arbeitskreis von VDI und GI erstellt und zeigt vor allem den Stand von Forschung und Praxis in Deutschland.

35 vgl. [DESSLOCH 89].

36 vgl. [FORKEL 90].

37 vgl. [FINGER 88], [FINGER 90a].

38 [FINGER 88]. Zu 'Blackboards' siehe [HAYES-ROTH 85], [JOHNSON 87], [DODHIAWALA 89], [DAUBE 89].

39 [CMU-EDRC 90]. Ähnliche Überlegungen finden sich bei [WEDEKIND 89].

40 [MATTOS 88].

41 vgl. [CODD 70], [DATE 82].

42 vgl. [SCHEER WINFd 90], [SCHEER 88c], [GRÖNER 87], [BRAY 87], [BRAY 88], [CHRYSSOLOUR. 89], [FAMILI 87], [SCHEK 87a].

43 [SCHEER WINFd 90].

44 Vgl. [ATKINSON 89], [GOTTHARDT 87]. Aber es gibt nicht nur 'simple' kaufmännische Anwendungen: [GROSSMANN 87] zeigt ein Beispiel einer ebenso anspruchsvollen Anwendung im Bankbereich.

45 Zum Thema 'DBMS für Ingenieure' liefert [HÜBEL 93] eine fundierte Analyse von Modellen, Werkzeugen usw. auf Basis der Arbeiten am ZRI.

46 [HÄRDER 89].

47 [HÄRDER 89].

48 [REUTER 90].

49 vgl. z.B. [FRIESEN 89], [HÄRDER 87], [MCKAY 90], [WODE 89]. Raghavan und Saxton [RAGHAVAN 87] erwägen eine Kombination mit Information-Retrieval-Systemen.

50 [MATTOS 90].

51 Für einen Überblick vgl. z.B. [REUTER 87a], [BAYER 89], [BECHTOLS-HEIM 88], [BRODIE 88], [GANGHOFF 90].

52 [MYLOPOULOS 90].

53 z.B. KEEconnection von Intellicorp [HOIDN 91].

54 vgl. das *Working Memory System* von KRISYS [MATTOS 88], [DESSLOCH 89].

55 [MATTOS 88].

56 vgl. z.B. [GALLAIRE 84]; [REUTER 90]; [MANTHEY 89].

57 vgl. [ATKINSON 89], [GRAPHAEL 89].

58 vgl. z.B. [KERSCHBERG 85, 86, 88].

59 vgl. [MATTOS 90].

60 vgl. [WALTER 90].

61 vgl. [MATTOS 88], [DESSLOCH 89].

62 Die leider allzu oft verwendete Bezeichnung „Benutzer*er*oberflächen" ist m.E. unpassend: Um wessen Oberfläche geht's denn da?

63 z.B. THESEUS by ZGDV, vgl. [HÜBNER 87, 89].

64 z.B. PHIGS Extension to X (PEX). Am ZGDV hat man GKS* in THESEUS integriert.

65 vgl. [MUTH 91].

66 [HALASZ 87].

67 [KIRSTE 90].

68 Das neue Buch [HÜBEL 93] erläutert den Stand der Wissenschaft und Technik auf diesem Gebiet.

5 Eine DV-Architektur für die Integrierte Produktentwicklung

In den vorangegangenen Kapiteln haben wir gesehen, daß viele Unternehmen als Folge organisatorischer Zerteilung eine 'Insel-Denke' entwickelt haben – und dadurch auch DV-Landschaften besitzen, die eher als DV-Inselgruppen zu bezeichnen sind. Wir haben erkannt, wie wichtig eine Integration nicht nur von Daten und Vorgängen, sondern auch von *Know-How* für die Erhaltung der Flexibilität und damit auch der Marktstellung eines Unternehmens ist. In den Kapiteln 3 und 4 haben wir Organisations- und Software-Methoden studiert, die für diese Integration hilfreich sein können.

DV-Infrastruktur für IPE

Dieses Kapitel zeigt nun, wie eine DV-Architektur aussehen könnte, die nach diesen Gesichtspunkten konstruiert ist. Zunächst wird auch eine Fallstudie detailliert vorgestellt, die viele wichtige Aufschlüsse auf dem Weg zu der Gesamtarchitektur gebracht hat.

... damit Ingenieure ihre Arbeit schneller und besser tun können

Die DV-technische Infrastruktur für IPE soll im wesentlichen Ingenieuren helfen, ihre Arbeit in kürzerer Zeit und besser zu tun als zuvor. Sie zielt darauf ab, ihnen bessere Werkzeuge mit allem Know-How, das sie brauchen, an die Hand zu geben – wann immer sie es brauchen. Das kann sogar so weit führen, daß eine Information angeboten wird, obwohl der Ingenieur sie noch gar nicht explizit angefordert hat.

Die DV-Architektur sollte die Integration von Aktivitäten quer durch die Organisation ermöglichen. Dazu brauchen die Systeme die Fähigkeit, außer *Daten* auch *Know-How* zu speichern und zu bearbeiten – Know-How über den Produktentwicklungsprozeß, das Produkt selbst, seine Fertigung und Montage, Kosten, Marktsituationen und -trends, Feldstatistiken und mehr. Die Systeme sollten gleichermaßen anwendbar sein für die Entwicklung von hochkomplexen mechanischen, hydraulischen und elektronischen Systemen, bis hin zu Produkten, die alle diese Bereiche vereinigen (z.B. Antiblockiersysteme).

Die vorangegangenen Kapitel haben gezeigt, daß die beste Lösung für die Probleme der Sequentiellen Produktentwicklung in einer *Kombination* organisatorischer und DV-technischer Verbesserungen liegt. Teamorientierte Methoden, wie die in Kapitel 3 vorgestellten, sind eine notwendige Voraussetzung für IPE – aber nicht hinreichend: Selbst ein hypothetisches 'Super-Team', bestehend aus den besten Spezialisten und unbehindert durch Kommunikationsprobleme, hätte wahrscheinlich nicht all das Wissen griffbereit, das im Laufe eines Produktentwicklungsprozesses benötigt wird.

Deshalb sollten die Teams (und noch stärker Ingenieure, die allein arbeiten) durch eine DV-Infrastruktur unterstützt werden, die auf *Know-How-Integration* ausgelegt ist. Um die Vorwärts- und Rückkopplung von produktrelevantem Know-How zu erleichtern, muß es allen Personen zugänglich gemacht werden, die an der Entwicklung des Produkts beteiligt sind.

Know-How-Management-System

Dies führt zum Konzept der „Know-How-basierten Architektur", deren zentraler Bestandteil das **„Know-How-Management-System"** (KHMS) ist – eine Analogie zum DBMS. Die Know-How-basierte Architektur umfaßt drei Hauptbestandteile (vgl. Abb. 5.1):

- Die konventionellen Anwendungen.
- Das Know-How-Management-System mit seinen Schnittstellen.
- Die Know-How-basierten Anwendungen, bestehend aus *Know-How-Definitions- und -Manipulations-Werkzeugen* und den *Know-How-basierten Ingenieurwerkzeugen*.

Das Hauptziel dieses Kapitels ist es, zu zeigen, inwiefern diese Kombination aus DB-Konzepten, OOP-Methoden und WBS zu den Zielen von IPE beitragen kann. Die Beschreibung soll hinreichend detailliert und praxisnah sein, um als Richtschnur für Implementationsprojekte in praktischen Fällen dienen zu können. Die Architektur muß einerseits die in Kapitel 3 vorgestellten organisatorischen Konzepte angemessen unterstützen und soll sich andererseits die in Kapitel 4 diskutierten Software-Techniken optimal zunutze machen. Als Resultat sollen Sie in der Lage sein, Situationen zu erkennen, in denen eine solche DV-Infrastruktur in Ihrer Umgebung Verbesserungen verheißt, und Sie sollten die Hauptbausteine und -funktionen der Architektur kennen.

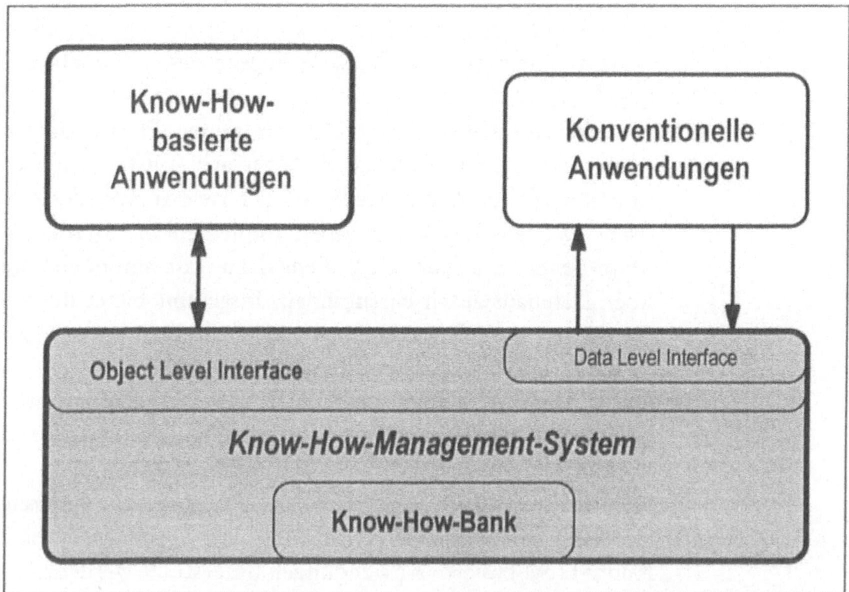

Abb. 5.1 *Die Hauptbestandteile der Know-How-basierten DV-Architektur für Integrierte Produktentwicklung (IPE).*

Gliederung des Kapitels

Das Kapitel geht folgendermaßen vor:

- Eine **Fallstudie** über die Implementation eines **FMEA-Informationssystems** eröffnet die Diskussion. Dieses Projekt wurde 1989-92 in einem Unternehmen durchgeführt. Die Fallstudie liefert auch Motivation für die weiteren Erwägungen und präsentiert einige wichtige Lehren, die aus dieser praktischen Erfahrung zu ziehen sind. Das FMEA-System wird auch im weiteren Verlauf des Kapitels die meisten Beispiele liefern.
- Der zweite Abschnitt beleuchtet die zwei wesentlichen Herausforderungen, denen sich die Architektur stellen muß:
  Erstens die **Integration konventioneller Anwendungen**. In einem Unternehmen können wir – leider – nicht 'auf der grünen Wiese' anfangen. Also muß geklärt werden, was die wichtigsten Elemente in einer konventionellen DV-Umgebung sind und wie diese produktiv in die neue Architektur eingebunden werden können.
  Die zweite Herausforderung: Wie kann man adäquate rechnergestützte Modelle von Produkten und Entwicklungsprozessen aufstellen und pflegen? Daran schließt sich die Frage an: Wie gut, wie intelligent ist 'adäquat'? Um das herauszufinden, werden wir einige Untersuchungen über **Arten von Know-How** anstellen. Die wichtigste Schlußfolgerung

daraus ist, daß DV-Systeme für Ingenieure nicht nur Wissen über das in Entwicklung befindliche Produkt, sondern auch über die Aufbau- und Ablauforganisation des Entwicklungsprozesses brauchen, um wirklich von Nutzen zu sein.

- Als nächstes wird das KHMS mit seinen Programmierschnittstellen vorgestellt: Das **Object Level Interface** (OLI) dient als einheitliche objektorientierte Schnittstelle, auf der viele verschiedene problemspezifische Wissens-Repräsentationen implementiert werden können. Das **Data-Level Interface** (DLI) dient dazu, konventionelle Anwendungen über Datenaustausch einzubinden. Insgesamt bietet die Plattform eine Sammlung von Bausteinen zur Modellierung und Organisation von produkt- und prozeßrelevanten Informationen.
- Der nächste Abschnitt stellt die Know-How Definitions- und Manipulations-Werkzeuge vor, wie z.B. den Thesaurus-Editor und den Entwicklungs-Leitstand.
- Der Abschnitt über Know-How-basierte Ingenieurwerkzeuge skizziert, wie die verschiedenen Abschnitte der Produktentwicklung durch Know-How-basierte Anwendungen unterstützt werden.
- Den Abschluß dieses Kapitels bildet eine Gegenüberstellung von Nutzeffekten und Grenzen Know-How-basierter Anwendungen für IPE. Außerdem werden die Wechselwirkungen und Synergien zwischen der DV-Infrastruktur und der IPE-Organisation aufgezeigt.

5.1 Fallstudie: Ein FMEA-Informationssystem

Praxisbeispiel: FMEA-Informationsystem

Dieser Abschnitt beschreibt ein Softwareprojekt in einem deutschen Großunternehmen, das Ende 1989 begonnen wurde und einen Aufwand von etwa sechs Personenjahren umfaßte. Es ist ein Unterstützungssystem zum Erzeugen von FMEAs, genannt „FMEA-Informationssystem" (FMEA-IS). Dieses System war hauptsächlicher Ideenlieferant und Testplattform für die Theorie und Praxis der Know-How-basierten Architektur.

Die FMEA-Methode (Fehler-Möglichkeiten- und -Einfluß-Analyse) selbst, eine Methode der präventiven Qualitätssicherung, wurde bereits in 3.4.3 präsentiert.

Zunächst werde ich die grundsätzlichen Anforderungen an das System vorstellen. Daran schließt sich eine Beschreibung der daraus erwachsenen Spezifikationen für die Entwicklungsumgebung an, und es wird begründet, warum welche Werkzeuge für die Implementation des FMEA-IS ausgewählt wurden. Danach wird die Systemarchitektur eingehend dargestellt, einschließlich einiger interessanter technischer Details. Abschließend werden die aus diesem Projekt gezogenen Lehren analysiert.

5.1.1 Grundlegende Anforderungen

Eingeführte QS-Methode

Lange vor dem Start des FMEA-IS-Projekts war die FMEA-Methode bereits ein integraler Bestandteil der Produktentwicklungsorganisation dieses Unternehmens. Schon seit längerer Zeit war für jede Produktentwicklung die Durchführung einer Konstruktions-FMEA und einer Prozeß-FMEA (für den Fertigungsprozeß) Vorschrift. Aber die FMEA war nicht nur angeordnet worden, sondern sie war auch dank vieler Kurse schon flächendeckend im Unternehmen bekannt. Die Kunden (Automobilhersteller) verlangten sie, und daher war sie auch der erklärte Wille des F&E-Managements. So weit stimmten alle Voraussetzungen für die erfolgreiche Durchführung von FMEAs – es gab nur ein Problem: Kaum jemand hatte so viel *Zeit*, daß er die langwierigen FMEAs hätte durchführen können.

FMEA-Erstellung effizienter!

Innerhalb der 'Gemeinde' der FMEA-Benutzer bestand die einhellige Meinung, daß man die FMEA-Erstellung rationalisieren mußte. Da man die Vollständigkeit der Analyse nicht antasten kann, ohne die Methode ad absurdum zu führen, blieb nur, den nun einmal notwendigen Aufwand leichter handhabbar zu machen – mit besserer DV-Unterstützung. Die Vorteile einer besseren Unterstützung für dieses zentrale Instrument der präventiven QS waren unumstritten: Bessere *Integration und Konservierung von Know-How* sollte zu einer generellen *Qualitätsverbesserung* führen, und schnellere FMEAs bedeuteten kürzere *time-to-market*.

Klassen von DV-Systemen für FMEA

Wie in vielen Anwendungsgebieten, so gibt es auch für FMEAs unterschiedliche Grade der Computerunterstützung:[1]

- Klasse 1 beinhaltet die Dokumentationshilfen, die im allgemeinen auf Textverarbeitungs- oder Tabellenkalkulationssystemen aufbauen. Der Benutzer füllt ein FMEA-Formular (wie das auf Seite 61) am Bildschirm aus. Das ist zwar 'What you see is what you get' (WYSIWYG), aber leider recht umständlich angesichts der variablen 'Kästchen' im Formular.
- Systeme der Klasse 2 bieten darüber hinaus methodenspezifische Hilfen, z.B. Erklärungstexte für jede Spalte und Skalen zur Auswahl der richtigen Risiko-Koeffizienten.
- Systeme der Klasse 3 sind DB-basiert. Die ersten Systeme dieser Art sind erhältlich.[2] Zumeist bieten sie aber nur Eingabemasken und opfern dafür die WYSIWYG-Fähigkeiten der Klassen 1 und 2.
- Klasse 4 - Systeme können selbständig FMEAs durchführen. Sie befinden sich erst im Forschungsstadium.

Man entschied sich, ein 'Klasse 3'-System zu bauen, allerdings inklusive WYSIWYG-Benutzungsoberfläche und mit der Option zur späteren Erweiterung zu einem 'Klasse 4'-System.

Das Hauptziel des FMEA-IS war die Minimierung der Zeit, die Ingenieure mit dem Schreiben von FMEAs verbringen. Das spiegelt sich in den Spezifikationen wider:

Benutzungsoberfläche

WYSIWYG-Benutzungsoberfläche

Die dynamische, graphische, fensterbasierte WYSIWYG-Benutzungsoberfläche sollte das Original-FMEA-Formular fast 'naturgetreu' wiedergeben (vgl. Abb. 3.8 auf S. 61). Das System sollte sich in vieler Hinsicht wie ein normaler Text-Editor verhalten, gleichzeitig aber höherwertige Funktionen aufweisen, wie z.B.

- Unabhängige Bearbeitung jedes einzelnen Textblocks ('Kästchens') am Bildschirm mit automatischer Neuformatierung des Gesamtformulars unter Berücksichtigung der Zusammenhänge zwischen den Textblöcken.
- Objektorientierte Bearbeitung der FMEA. Das bedeutet im einzelnen:
  - Möglichkeiten zum Einfügen, Löschen, Kopieren und Verschieben von z.B. einer ganzen Funktion mit allen von ihr abhängigen Fehlermöglichkeiten etc., und
  - Objektorientiertes Blättern durch die FMEA, also zur nächsten bzw. vorigen Komponente, Funktion usw., anstelle des nur seitenweise möglichen Blätterns in den normalen Textverarbeitungssystemen.
- Selektives Anschauen, Bearbeiten und Drucken: Der Benutzer sollte die Möglichkeit erhalten, seine Sicht auf dem Bildschirm oder bei der Druckausgabe auf ausgewählte Teile der FMEA einzuschränken (z.B. nur Funktionen mit Risiko-Prioritätszahlen ab 125 aufwärts). Dies sollte mit Hilfe eines *Query-by-Example*-artigen Auswahlmechanismus erfolgen.
- Zusätzliche Informationen sollten auf Wunsch in Pop-Up-Fenstern angezeigt werden: Hilfen betreffend die Methode und die Risikobewertung, Feldstatistiken zur Beurteilung von Fehlerwahrscheinlichkeiten (z.B. die *Mean Time Between Failures* (MTBF) bei Elektronik-Bauelementen).
- Zwei FMEAs gleichzeitig auf dem Bildschirm: Zum Kopieren von anderen, ähnlichen FMEAs sollte der Benutzer die Möglichkeit bekommen, eine weitere FMEA (die er nicht verändern darf) in einem zweiten Bearbeitungsfenster zu öffnen. Allerdings sollte das Kopieren seine Grenzen haben: Risikobewertung und Maßnahmen müssen für jedes Produkt neu erdacht werden.
- Da FMEAs in Teams erarbeitet werden, war es eine weitere wichtige Anforderung, daß die FMEA während der Bearbeitung für vier bis fünf Personen gleichzeitig sichtbar sein sollte.

Diese Eigenschaften der Benutzungsoberfläche stellen eine beträchtliche Weiterentwicklung gegenüber den 'Klasse 3'-Systemen dar.

Datenbank

Zentralisierte FMEA-Datenbank

Eine (logisch) zentralisierte Datenbank sollte die Informationen über alle FMEAs aufnehmen. Neben den üblichen Vorteilen einer Datenbank, wie Sicherheit und Mehrbenutzerzugriff, ist sie vor allem bei der Erstellung von FMEAs für Variantenkonstruktionen auf zweierlei Weise hilfreich:

- Es sollte möglich sein, Teile von FMEAs zu kopieren, um das Sammeln von Fehlermöglichkeiten zu rationalisieren.
- Man kann eine Bibliothek von Standard-FMEAs für typische Komponenten aufbauen, die eine Vereinigungsmenge aller möglichen Fehler und deren Auswirkungen enthalten, die in bisherigen FMEAs für diese Komponenten gefunden wurden. Damit wird die Vollständigkeit der FMEAs besser garantiert. Gleichzeitig wird dadurch die Wiederverwendung von Teil-FMEAs gefördert. Und da diese im Prinzip nur einmal gespeichert werden müssen, werden dadurch auch Redundanzen in der Datenbank minimiert.

Berichte und Analysen

Berichts- und Analysefunktionen

Die Datenbank sollte auch umfassende Berichts- und Analysefunktionen ermöglichen, sowohl für einzelne FMEAs, als auch über Gruppen von FMEAs. Typische Wünsche wären z.B.:

- Eine Auswahl der kritischsten Fehler innerhalb einer FMEA.
- Ein Überblick über alle FMEAs, die in einer Abteilung zur gleichen Zeit laufen, die Arbeitszeiten, die darauf verwandt werden, und den jeweiligen Fertigstellungsgrad.
- Ausdruck kompletten FMEA zur Übergabe an den Kunden, wobei bestimmte Spalten aus Geheimhaltungsgründen unsichtbar bleiben.

Erweiterbarkeit

Erweiterbarkeit

Als langfristige Perspektive sollten Erweiterungsmöglichkeiten hin zu einem 'intelligenten', wissensbasierten ('Klasse 4'-) FMEA-System vorgesehen werden.

Anspruch der DV-Abteilung

Testfall für neue Software-Techniken

Nicht zuletzt sah auch die DV-Abteilung, die mit der Implementierung beauftragt wurde, in diesem Projekt eine besondere Herausforderung. Man hatte den Bedarf an Rationalisierung auch im eigenen Bereich erkannt (vgl. Kap. 2 und 4.3), und das FMEA-IS war als Testumgebung für neue Software-Entwicklungstechniken sehr willkommen.

5.1.2 Software-Entwicklungsumgebung

Entwicklungsumgebung

Diese fachlichen Anforderungen wurden folgendermaßen in Anforderungen an die Software-Entwicklungsumgebung übersetzt:

Relationales DBMS

- Ein *relationales DBMS* sollte die logisch zentralisierte, dauerhafte Speicherung übernehmen.

Objektsystem

- Ein *Objektsystem* sollte die Repräsentation und Verwaltung von FMEAs auf einer möglichst benutzernahen semantischen Ebene ermöglichen.

Benutzungsoberfläche

- Eine *graphische Benutzungsoberfläche* sollte ein 'dynamisches FMEA-Formular' am Bildschirm darstellen und damit für optimal benutzerfreundliche, intuitive Handhabung sorgen. Aus Gründen der Portabilität sollte es auf dem X Window System basieren.

Hardware-Plattform

- Das gesamte System sollte innerhalb der existierenden großen DEC-VAX-Installation auf Workstations laufen, unter dem *Betriebssystem* VMS. Unix, geschweige denn Lisp-Maschinen wurden wegen mangelnder Integrationsfähigkeiten nicht in die weiteren Überlegungen einbezogen.

Die Wahl eines relationalen DBMS und die Hardware-Plattform entsprachen der gängigen, eher konservativen Strategie. Die anderen beiden Komponenten wurden vorwiegend aus Gründen der Zukunftssicherheit und Erweiterbarkeit in Richtung auf das 'Klasse 4'-System gewählt. Die Auswahl eines geeigneten Objektsystems wurde jedoch durch die anderen vorgesehenen Komponenten erschwert:

Restriktionen

- Nicht jedes OOP-System läuft unter VMS.
- Eine *schnelle* Datenbank-Schnittstelle wird bisher beileibe nicht in jedem OOP-System angeboten (vgl. Kap. 4).
- Das System sollte über den X-Windows-Standard hinaus auch die in DECwindows enthaltenen Erweiterungen unterstützen (insbesondere die User Interface Language UIL).

Auch die oben erwähnten Anforderungen an die Oberfläche führten zu einigen Zielkonflikten:

Zielkonflikte

- Die Benutzungsoberfläche sollte graphisch sein, um wirklich ein elektronisches Abbild des Original-FMEA-Formulars wiedergeben zu können – ein DIN A4-Blatt im Querformat.
- Das FMEA-Formular ist kein festes Formular: Es verändert von Seite zu Seite dynamisch seine Einteilung in Textblöcke.
- Trotz dieser Komplexität mußte die Benutzungsoberfläche so schnell werden wie ein einfacher Text-Editor. Erschwerend kommt hinzu, daß Systeme wie X Windows das Netzwerk und die Arbeitsstation viel stärker belasten als z.B. eine zeichenorientierte Terminal-Oberfläche.

Die gewählte Kombination

Vor diesem Hintergrund wurde eine bis dato ziemlich einmalige Kombination von Software-Entwicklungswerkzeugen zusammengestellt:

DEC Rdb

- *Relationales DBMS*: VAX / Rdb V3.1 von DEC, mit SQL und unterstützt durch DECs Data-Dictionary-System CDD Plus (Common Data Dictionary).

Mercury CLOS

- *Objektsystem*: Mercury KBE von AIT[3] wurde als objektorientierte Entwicklungsumgebung ausgewählt, weil es eine vollständige Implementation des Common Lisp Object System (CLOS, Aussprache: [ßii-los]) enthält, ergänzt durch zusätzliche Toolkits, wie z.B. eine Inferenzmaschine und High-Level-Funktionen für die Benutzungsoberfläche. Der wichtigste Toolkit für dieses Projekt ist MSQL (Mercury SQL), eine relativ enge Kopplung zu Rdb und anderen relationalen DBMS (vgl. Abb. 5.2).

X / Motif

- *Graphische Benutzungsoberfläche*: DECwindows V2.0[4] ist die DEC-Implementation des X-Window-Systems (im weiteren kurz als *X* bezeichnet), das inzwischen weithin als Industriestandard akzeptiert ist. Die Standard-Bestandteile von X sind ergänzt um die X-Toolkit-Funktionen und die C-ähnliche Sprache User Interface Language (UIL), mit der man den anfänglichen Zustand einer Benutzungsoberfläche außerhalb der Implementierungssprache spezifizieren kann. Diese beiden Zusätze sind inzwischen Teile des OSF / Motif-Systems geworden.

Common Lisp

- *Programmiersprache*: VAX Lisp V3.1[5], DEC's Implementation der *Common Lisp*-Norm. Mercury ist auf VMS in dieser Sprache implementiert. VAX Lisp beinhaltet eine komplette DECwindows-Schnittstelle, und es erfüllt die Kriterien für eine Zielumgebung, weil man aus VAX Lisp-Programmen ganz normale ausführbare Dateien (*.EXE) erzeugen kann.

C mit SQL

- Zusätzlich wurde für kleine Nebenprogramme und den Daten-Server (s.u.) die Programmiersprache C verwendet, teilweise mit eingebetteten SQL-Befehlen (*Embedded SQL*).

Das Ganze läuft auf DEC VAXstations unter dem Betriebssystem VMS.

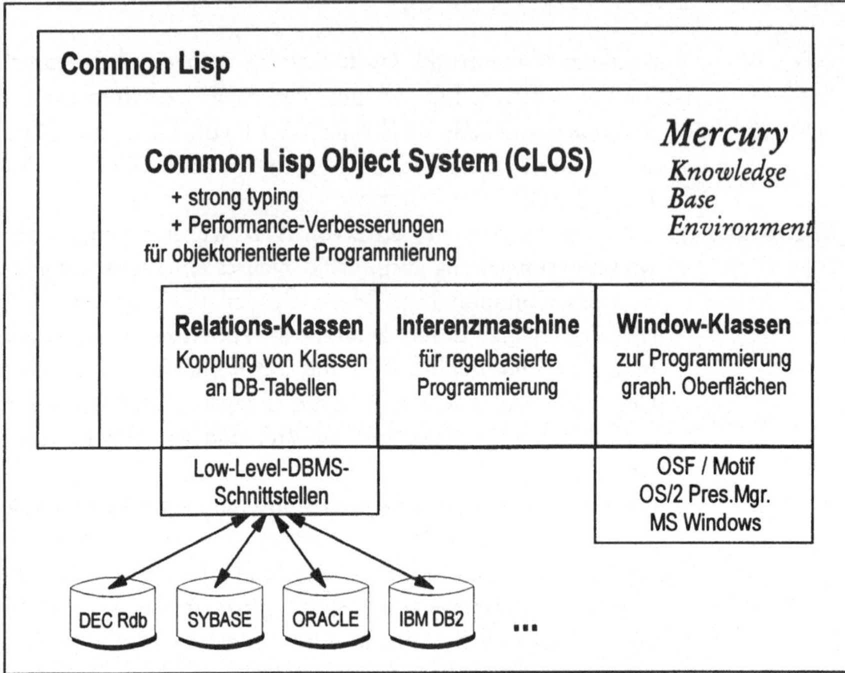

Abb. 5.2 *System-Architektur des 'Mercury Knowledge Base Environment' (KBE) von AIT.*

5.1.3 Systemarchitektur und Implementation

Schichten-Architektur

In dieser Umgebung wurde eine in Schichten aufgeteilte Architektur entwickelt und implementiert. Das FMEA-IS besteht im wesentlichen aus den folgenden Schichten (von unten nach oben, vgl. Abb. 5.3):

- Das relationale DBMS.
- Der Daten-Server, der eine temporäre Arbeitsdatei zur lokalen Speicherung einer gerade in Bearbeitung befindlichen FMEA verwaltet. Dies ist ein separater Prozeß, der im Multitasking parallel zum FMEA-Editor läuft.
- Eine objektorientierte Repräsentation der FMEA, die wahlweise mit dem Daten-Server oder direkt aus dem Objektsystem mit dem DBMS kommuniziert.
- Eine Tabellen-Repräsentation desjenigen Teils der FMEA, der gerade auf dem Bildschirm sichtbar ist (die Widget-Matrix).
- Und schließlich OSF / Motif-*Widgets*, vorgefertigte Elemente, aus denen sich die Benutzungsoberfläche zusammensetzt.

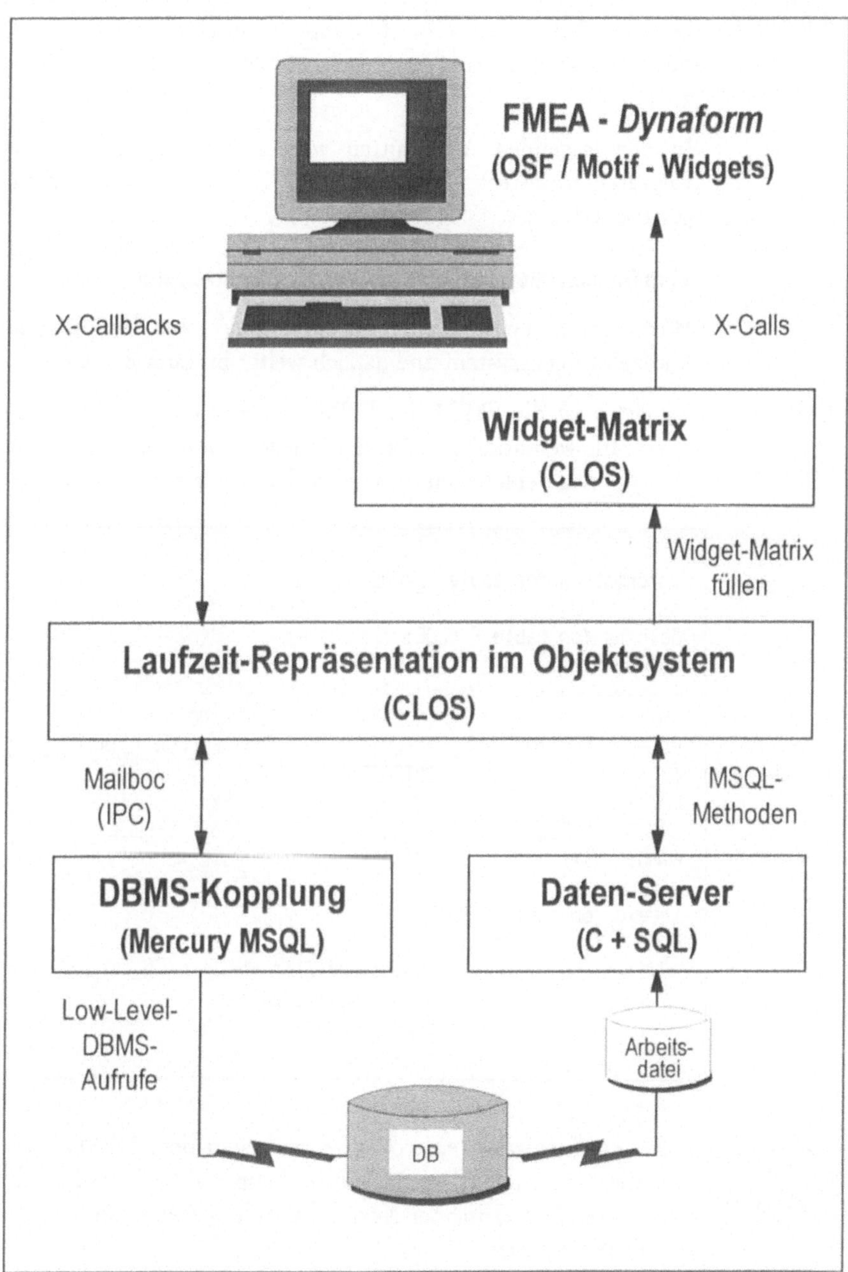

Abb. 5.3 *Schichten-Architektur des FMEA-Informations-Systems – die Transformations-Pipeline vom relationalen Datenbank-Management-System bis zum Benutzer und zurück.*

Transformations-Pipeline

Diese Schichten sind durch eine Transformations-Pipeline verknüpft, in der die FMEA mehrere Abbildungen durchläuft – von der dauerhaften Speicherung bis zur graphisch-interaktiven Bearbeitung und wieder zurück.

In den folgenden Abschnitten werden diese Schichten, ihre jeweiligen Repräsentationstechniken und die Transformationen zwischen ihnen genauer erläutert.

Vom Datenbanksystem bis zur Laufzeit-Objektstruktur

Wir folgen nun einer FMEA auf ihrer 'Reise' von der Datenbank bis in das Laufzeit-Objektsystem und danach weiter bis zum Benutzer.

Repräsentation in der Datenbank

Zunächst ist die FMEA im DBMS als eine Gruppe von Tabellen gespeichert. Im wesentlichen gibt es für jede Spalte des FMEA-Formulars eine Tabelle. Die Fehlerarten sind beispielsweise wie folgt gespeichert:

```
Information for table F_MODE

Columns for table F_MODE:
Column Name          Data Type       Domain
-----------          ---------       ------
FMEA_NO              INTEGER         FMEA_NO
FATHER_FUNCTION      INTEGER         FATHER_FUNCTION
ID                   INTEGER         ID
ENTRY                INTEGER         ENTRY
CHILD_F_EFFECT       INTEGER         CHILD_F_EFFECT
F_MODE_NEXT          INTEGER         F_MODE_NEXT

Indexes on table F_MODE:
F_MODE_IND    with column ID
                     and column FMEA_NO
                     no duplicates allowed
                     type is sorted
```

Transformation DB → Objektsystem

Die Transformation einer FMEA zwischen dem DBMS und der objektorientierten Laufzeit-Repräsentation kann wahlweise auf zwei Arten erfolgen: Unter Benutzung der Kopplungs-Schnittstelle von Mercury oder über den Daten-Server:

... direkt über die Kopplung

Mercury-MSQL-Aufrufe können Sätze aus der DB lesen und sie direkt als Instanzen im Objektsystem darstellen bzw. umgekehrt Instanzen als Datensätze in die DB schreiben. Da die MSQL-Befehle nicht interpretiertes SQL, sondern direkte DBMS-Aufrufe produzieren, handelt es sich hier gemäß der Nomenklatur aus 4.3.3 bereits um eine ziemlich enge Kopplung zwischen dem Objektsystem (hier CLOS) und dem DBMS (hier Rdb).

In Mercury können CLOS-Klassen bereits als Abbildungen von DB-Tabellen (*Relations-Klassen*) definiert werden. Z.B. teilt die Definition der Klasse f_mode (Fehlerart) dem Objektsystem mit, welche Slots welchen Spalten in der oben gezeigten DB-Tabelle entsprechen:

```
(DEF-CLASS (f_mode (:metaclass mos-class)
                   :database *fmea-db*
                   :table t
                   :accessible-slots
                   :settable-slots
                   (:includes tree-element))
  (fmea_no      0  :type integer)
  (owner        0  :type integer :column father_function)
  (id           0  :type integer)
  (entry        0  :type integer)
  (first_child  0  :type integer :column child_f_effect)
  (next         0  :type integer :column f_mode_next)

  ) ; END DEF-CLASS f_mode
```

Zu jeder Spalte in der DB-Tabelle gibt es einen Slot in der Klasse. Falls der Slot-Name eine andere Schreibweise als der entsprechende Spaltenname haben soll, wird dies mittels der *Facette* :column festgelegt. Übrigens kann eine Klasse sehr wohl darüber hinaus noch weitere Slots enthalten, die nicht mit DB-Spalten zusammenhängen.

Diese Klassendefinition nutzt noch eine weitere Mercury-spezifische Erweiterung von CLOS: Die Typen der Slots können schon zur Definitionszeit festgelegt werden (siehe :type). Dadurch werden eine strengere Datentypenkontrolle (*strong typing*) und Compiler-Optimierungen ermöglicht.

MSQL sieht für SQL-Kenner recht vertraut aus, denn es ist einfach eine Art 'Lisp-ifiziertes' SQL. Beispielsweise sieht ein MSQL-Befehl, der zu einer Funktion einer FMEA alle Fehlerarten finden und als Objekte der Klasse f_mode instanziieren soll, so aus:

```
(select-objects f_mode
        :WHERE (AND (eq fmea_no
                        key_1)
                    (eq father_function
                        key_2)))
```

... oder über den Daten-Server

Alternativ können die Objekt-Instanzen auch über den *Daten-Server* geholt werden. Der Daten-Server ist ein parallel laufender Prozeß, der eine FMEA zum Zeitpunkt der Eröffnung durch den Benutzer aus der DB in eine lokale Arbeitsdatei liest und der ab dann mit dem FMEA-Editor über Inter-Prozeß-Kommunikation Daten austauscht (in VMS heißt das 'Mailboxes', entsprechend 'IPC' in Unix). Während der Bearbeitung schreibt er die Modifikationen in die Arbeitsdatei, und am Ende speichert er die gesamte FMEA wieder zurück ins DBMS.

Baumstruktur im Objekt-system

Sobald die Instanzen auf eine der beiden Weisen aus den Datensätzen erzeugt sind, müssen sie in einer baumartigen Struktur (vgl. Abb. 5.17) als Aggregations-Hierarchie arrangiert werden, die die logischen Abhängigkeiten innerhalb der FMEA wiedergibt. Dies erledigen Methoden, die auf den jeweiligen Relations-Klassen definiert sind. Da die Slots zur Speicherung der Zeiger-Verbindungen fast über alle Klassen hinweg gleich sind (`father`, `child_1`, `pred` (Vorgänger) und `succ` (Nachfolger)), gibt es eine Oberklasse namens `tree-element`, von der alle Relations-Klassen diese Slots erben (vgl. die Facette `:includes` in der Definition der Klasse `f_mode`):

```
(DEF-CLASS  (tree-element (:metaclass mos-class)
                          (:base-class t)
                          :accessible-slots
                          :settable-slots)
  (widget-of    NIL )                ; CLOS 'widget' object
  (column       0   :type fixnum )  ; the column in the form
  (father       nil :type tree-element)  ; next higher level
  (child_1      nil :type tree-element)  ; 1st child
  (pred         nil :type tree-element)  ; previous sibling
  (succ         nil :type tree-element)  ; next sibling
  (modified?    nil :type symbol)   ; indicator if new or
                                    ; modified against DB
  (highlighted nil :type symbol)    ; indicator if this
                                    ; widget is selected
  ) ; END DEF-CLASS tree-element
```

Widget-Matrix

Nun haben wir eine objektorientierte Repräsentation der FMEA in RAM (oder zumindest im virtuellen Speicher). Als nächstes wird derjenige Teil davon, der zur Zeit am Bildschirm sichtbar ist, auf eine zweidimensionale Struktur von CLOS-Objekten, genannt *Widget-Matrix*, abgebildet, deren Aufteilung bereits weitgehend dem Arrangement der X-Widgets am Bildschirm und damit dem FMEA-Formular entspricht. Dieser Vorgang wird im folgenden Abschnitt eingehender erläutert.

Von der Laufzeit-Objektstruktur bis zur graphischen Oberfläche

Transformation Objektsystem → Oberfläche

Die graphische Benutzungsoberfläche wurde so weit wie möglich in UIL geschrieben, weil sie dadurch unabhängig vom eigentlichen Programmcode bearbeitet werden kann. Man muß allerdings bedenken, daß UIL nur den *Anfangs*zustand einer Benutzerschnittstelle beschreiben kann. Jegliche Veränderungen zur Laufzeit müssen in der *Host Language* (in diesem Falle VAX Lisp) programmiert werden. Diese Trennung erscheint durchaus natürlich angesichts der Funktionsweise von X: Nachdem ein Programm erst einmal gestartet ist, werden alle weiteren Aktivitäten durch sogenannte *Events* (Ereignisse) angestoßen, die der Benutzer auslöst, z.B. indem er einen Menüpunkt auswählt oder auch nur die Maus bewegt. Für jeden Event kann man eine *Callback-Prozedur* schreiben. Der Name rührt daher, daß hier das Window-System die Anwendung aufruft.

Eine Maus verändert alles ...

Als Programmierer solcher Systeme sieht man sich plötzlich neuartigen Anforderungen gegenüber: Der Benutzer hat viel mehr Möglichkeiten, Befehle zu geben, als z.B. bei einem Maskensystem auf einem zeichenorientierten Terminal. Die Hauptprobleme sind das Zeigegerät und das Multitasking: Man weiß nie, was der Benutzer als nächstes tun wird: Wird er einen Menüpunkt auswählen? Wird er in irgendeinem Textblock weitertippen? Wird er einen *Pushbutton* betätigen (d.h. anklicken)? Wird er gar völlig außerhalb 'unseres' FMEA-Fensters mit der Maus Aktionen durchführen? Die Anwendung muß auf alle diese Handlungen 'gefaßt sein'.

UIL gut fürs Oberflächen-Prototyping

UIL stellte sich als sehr hilfreich beim Schreiben von Oberflächen-Prototypen heraus. Die Implementation geht recht intuitiv und schnell vor sich, weil kaum Anwendungsprogrammcode notwendig ist, um erst einmal sogar kompliziert erscheinende Formulare mit vielen Pull-Down-Menus auf den Bildschirm zu bringen. Der Benutzer kann den 'look and feel' der Oberfläche schon sehr früh 'be-greifen', indem er auf Buttons drückt, Befehle aus Menüs wählt etc. – es passiert dadurch bloß noch nichts, weil noch keine ernstzunehmenden Funktionen als Callback-Ziele dahinterstecken.

Nach diesen Andeutungen können Sie sich sicher vorstellen, daß die Benutzungsoberfläche einen beträchtlichen Teil der Konzeptions- und Programmierarbeit ausmachte. Allerdings gibt es eine fließende Grenze, ab der dieselbe Arbeit beginnt, die man für ein System mit konventioneller Oberfläche auch hätte tun müssen. Bei X-Programmen ist man eher geneigt, eine Prozedur als ein Stück Oberflächenlogik zu sehen, weil es der Callback zu einem bestimmten Menüpunkt ist. Im konventionellen Umfeld hätte man diese Prozedur eindeutig der 'Programmlogik' zugeordnet.

Widgets ...

Die X-*Widgets* (das Wort bedeutet nichts weiter als *kleiner technischer Gegenstand*) sind vorgefertigte Benutzungsoberflächen-Elemente wie ganze Fenster, Pulldown-Menüs, List Boxes, Pushbuttons, Radio Buttons, Text-Fenster etc. Diese Standardelemente sind in einer Klassenhierarchie miteinander verwandt und lassen sich über ihre Attribute im Aussehen und in der Funktion beeinflussen (konfigurieren). Man kann aber auch eigene Widget-Klassen neu konstruieren. Kurz: Die X-Widgets sind objektorientiert!

z.B. kleine Editoren

Als besonders nützlich für das FMEA-IS erwies sich eine Widget-Klasse namens *Simple Text Widget*. Sie bietet die Möglichkeit, viele einzelne Textblöcke selbständig darzustellen und zu editieren. Damit konnte das FMEA-Formular als ein Arrangement vieler kleiner Text-Editoren dargestellt werden. (Fast) alles, was jetzt noch zu tun blieb, war die Erstellung von Code zur dynamischen Verwaltung von über 50 solchen Widgets am Bildschirm. Die Definition eines solchen Simple Text Widget (s.u.) zeigt auch die Ähnlichkeiten zwischen UIL und C.

Der `create`*-Callback*

Der `create`-Callback ist für die Verwaltung der Widgets sehr wichtig. Beim Start der Anwendung wird in dem Moment, wo der X-Server (d.h. der Window-Manager der Workstation, auf der die Oberfläche der Anwendung läuft) dieses Widget wahrnimmt, ein X-*interner* `create`-Event ausgelöst (interne Events sind nicht vom Benutzer ausgelöste Events). Das Anwendungsprogramm enthält für diesen Event die Callback-Funktion `Text-Widget-Created`, die nun aufgerufen wird und die X-interne Nummer (*widget handle*) dieses Widgets im Slot `widget-id` des entsprechenden Elements der Widget-Matrix speichert. Welches Widget aus der Matrix den momentanen Callback-Aufruf ausgelöst hat, läßt sich an dem übergebenen Parameter ablesen. `(304)` beispielsweise bedeutet, daß dies das dritte Textblock-Widget in Spalte 4 ist, d.h. für Fehlerarten.

```
object
   TextWindow304: simple_text {
       arguments {
           sensitive = false;
           font_argument = form_font;
           insertion_point_visible = false;
           mapped_when_managed = true;
           resize_height = false;
           resize_width = false;
           auto_show_insertion_point = true;
           translations = t_table;
       };
       callbacks {
           create = procedure Win_TextCreated (304);
           focus = procedure InputFocus (304);
           lost_focus = procedure LostInputFocus (304);
           value_changed = procedure TextChanged (304);
       };
   };
```

Die Dynaform-*Technik*

Um das Verhalten des von Seite zu Seite stark veränderlichen WYSIWYG-Formulars in einer OSF / Motif-Umgebung angemessen nachzubilden, wurde die *Dynaform*-Technik entwickelt. Sie ist im wesentlichen eine Kombination aus einer objektorientierten Repräsentation dessen, was auf dem Bildschirm erscheinen soll, und einer entsprechenden Menge von Simple Text Widgets, die im X-Server bereitgehalten werden. Für jeden Neuaufbau des Formulars (d.h. spätestens, sobald der Benutzer mit der Maus einen Scroll-Pfeil gedrückt hat) wird eine neue Abbildung der Widget-Matrix auf die Simple Text Widgets durchgeführt, und die geometrischen Attribute der Widgets werden entsprechend neu errechnet. Das Ergebnis ist dann ein neues 'Layout' der *Dynaform*. Abb. 5.4 zeigt einen Beispiel-Bildschirm des FMEA-IS auf dem 19-Zoll-Bildschirm einer X-Workstation.

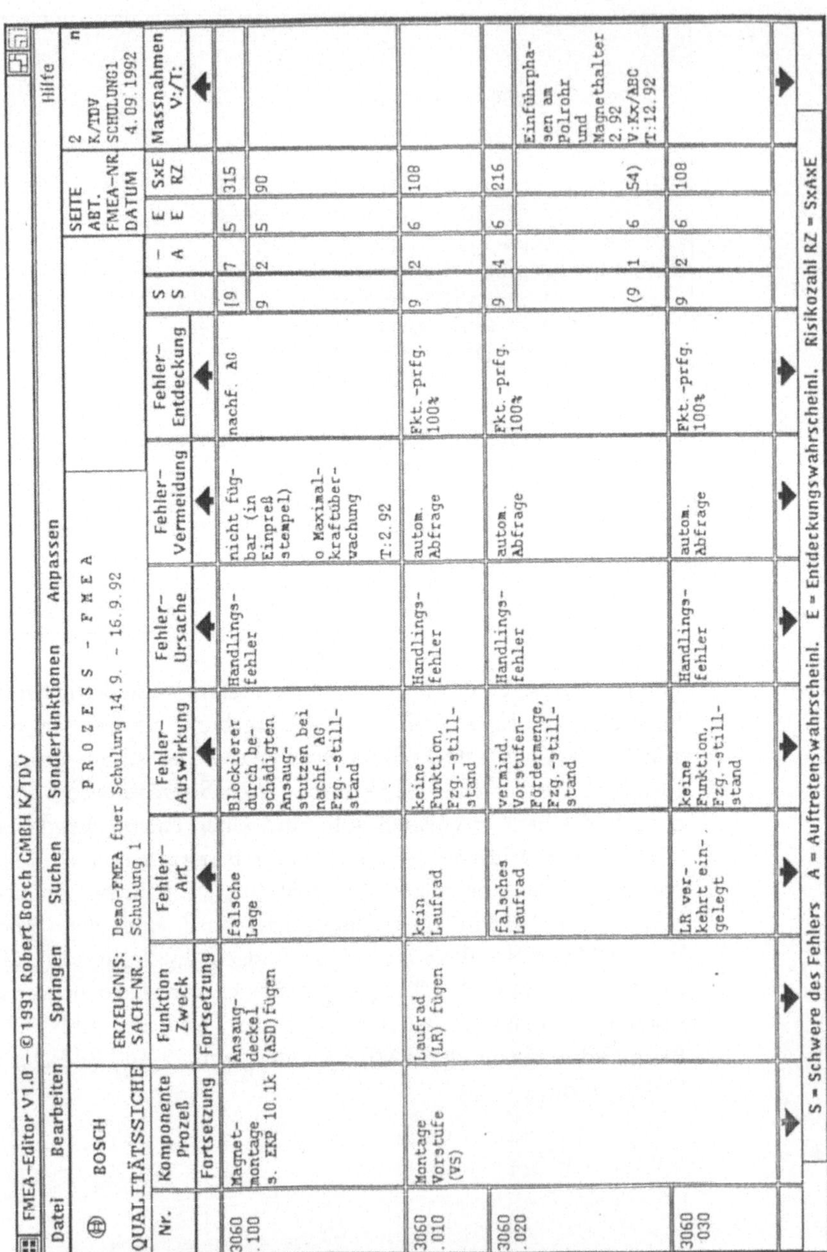

FMEA-Editor V1.0 – © 1991 Robert Bosch GMBH K/TDV

Datei Bearbeiten Springen Suchen Sonderfunktionen Anpassen Hilfe

BOSCH
QUALITÄTSSICHE

ERZEUGNIS: Demo-FMEA fuer Schulung 14.9. - 16.9.92
SACH-NR.: Schulung 1

P R O Z E S S - F M E A

SEITE 2
ABT. K/TDV
FMEA-NR. SCHULUNG1
DATUM 4.09.1992

Nr.	Komponente Prozeß	Funktion Zweck	Fehler-Art	Fehler-Auswirkung	Fehler-Ursache	Fehler-Vermeidung	Fehler-Entdeckung	S S	A	E E	SxE RZ	Massnahmen V:/T:
	Fortsetzung	Fortsetzung	↑	↑	↑	↑	↑					↑
3060.100	Magnet-montage s. EKP 10.1k	Ansaug-deckel (ASD) fügen	falsche Lage	Blockierer durch be-schädigten Ansaug-stutzen bei nachf. AG Fzg.-still-stand	Handlings-fehler	nicht füg-bar (in Einpreß stempel) o Maximal-kraftüber-wachung T:2.92	nachf. AG	[9 9	7 2	5 5	315 90	
3060.010	Montage Vorstufe (VS)	Laufrad (LR) fügen	kein Laufrad	keine Funktion, Fzg.-still-stand	Handlings-fehler	autom. Abfrage	Fkt.-prfg. 100%	9	2	6	108	
3060.020			falsches Laufrad	vermind. Vorstufen-Fördermenge, Fzg.-still-stand	Handlings-fehler	autom. Abfrage	Fkt.-prfg. 100%	9 (9	4 1	6 6	216 54)	Einführpha-sen am Polrohr und Magnethalter 2.92 V:Kx/ABC T:12.92
3060.030			LR ver-kehrt ein-gelegt	keine Funktion, Fzg.-still-stand	Handlings-fehler	autom. Abfrage	Fkt.-prfg. 100%	9	2	6	108	
	↓	↓	↓	↓	↓	↓	↓					↓

S = Schwere des Fehlers A = Auftretenswahrscheinl. E = Entdeckungswahrscheinl. Risikozahl RZ = SxAxE

Abb. 5.4 *Die* Dynaform *des FMEA-Informations-Systems – in normaler Größe. Der Hauptunterschied zum Original-FMEA-Formular (vgl. S. 180) sind die Scroll-Pfeile, die je Spalte das Blättern zum nächsten oder vorherigen Element (= Textblock) ermöglichen.*

Hinter den Kulissen der Widget-Matrix

Die Widget-Matrix ist eine Instanz der Klasse form-class. Es gibt auch eine ähnliche Matrix namens print-array, eine weitere Instanz derselben Klasse, zum Ausdrucken einer FMEA. Beide erben gemeinsame Slots (z.B. last-visible-array-row) von ihrer Oberklasse gen-form-class (allgemeine Formular-Klasse):

```
(DEF-CLASS (form-class (:metaclass mos-class)
                       (:includes gen-form-class)
                       :accessible-slots
                       :settable-slots
                       (:constructor
                          make-form-class ()
                          (gen-form-class)))
  ;; Definition and initialization of the Widget Array
  (widget-array
      (dlet*
        (((widget-array wa)
          (make-array
            (+ *widgets-per-row* 1)
            (+ *total-widget-array-size-y* 1)
              :allocation :static
              :element-type 'widget ; elements are of
                                    ; class widget
              ))
          ((fixnum cols) (array-dimension wa 0))
          ((fixnum rows) (array-dimension wa 1)))
        (dotimes (col cols wa)
          (dotimes (row rows)
            (setf (aref wa col row)
                  (make-widget row)))))
    :type widget-array)

  ) ; END DEF-CLASS form-class
```

In den einzelnen Elementen der Widget-Matrix werden vor allem die Bildschirmkoordinaten gespeichert. Der Slot widget-id enthält die Nummer, unter der man das zugehörige Widget ansprechen kann (das *widget handle*):

```
(DEF-CLASS (widget (:metaclass mos-class)
                   :accessible-slots
                   :settable-slots
                   (:constructor
                      make-widget
                      (row-in-array)))
  (widget-y      0  :type fixnum)  ; in pixels
  (widget-height 0  :type fixnum)  ; in pixels
  (widget-id     0  :type fixnum)  ; X handle
  (widget-text   "" :type simple-text)
  (row-in-array  0  :type fixnum)
  (object-of     nil)              ; pointer to obj.struct
  (highlighted   nil)

  ) ; END DEF-CLASS widget
```

Wie kommt der Text auf den Bildschirm?

Die nächsten Code-Beispiele geben einen Einblick in die Vorgänge, die für jeden *sichtbaren* Textblock ausgeführt werden, wenn das Formular neu aufgebaut wird. Diese Zeilen sind Teil einer Methode, die auf der Klasse `widget` definiert ist:

- Zuerst überträgt ein XUI-Toolkit-Aufruf aus Lisp heraus den *Text* aus der zugehörigen `widget`-Instanz der Widget-Matrix an das Simple Text Widget:

```
(dwt:s-text-set-string (widget-id   wdgt)
                       (widget-text wdgt))
```

- Als nächstes fordert eine zweite XUI-Toolkit-Funktion den X-Server auf, die *geometrischen Attribute* des Simple Text Widgets neu einzustellen:

```
;; Set x, y and height of the widget:
(dwt:configure-widget (widget-id wdgt)
                      (widget-x wdgt)
                      (widget-y wdgt)
                      (aref *column-width* col)
                      (widget-height wdgt)
                      border-width)
```

- Zum Abschluß muß das Widget neu *mapped* (abgebildet) werden, d.h. in seiner neuen Form sichtbar gemacht werden. Dazu muß man eine Basis-X-Funktion (Eine *'intrinsic function'*) verwenden:

```
(clx:map-window (dwt:window (widget-id wdgt)))
```

Jetzt steht der Text-Block im FMEA-Formular neu da.

Für Team-arbeit ...

Ein weiteres Problem für die Implementierung stellte die Forderung dar, die Informationen am Bildschirm für bis zu fünf Personen gleichzeitig lesbar zu machen. Dieser Effekt kann mit PC-basierten Systemen leicht erzielt werden, für die es preiswerte LCD-Auflegedisplays gibt. Leider ermöglicht der Stand der Technik die Projektion eines 19-Zoll-Bitmap-Bildschirms mit 70 Hertz nur unter erheblich größerem Kostenaufwand (ca. DM 30.000,-). Eine mögliche Lösung ist eine parallele Ausgabe des FMEA-Formulars auf ein VT-Terminal im 132-Spalten-Modus (glücklicherweise ist das FMEA-Formular 129 Zeichen breit). Ein PC mit Terminal-Emulation kann diese Darstellung auf seinen Bildschirm übernehmen – oder wiederum auf ein LCD-Display schicken.

... die große Dynaform

Eine weitere Lösung, die keine zusätzliche Hardware erfordert, ist natürlich schlicht die Verwendung einer größeren Schrift. Das reicht bereits für die Teams mit vier bis fünf Personen, wie sie zumeist an FMEAs arbeiten. Allerdings paßt dann das Formular endgültig nicht mehr auf einen 19"-Bildschirm. Hier wurde ein Kompromiß gefunden: Die Höhe des Bildschirms wurde voll ausgenutzt, und der Tatsache, daß dann nicht mehr die gesamte Breite des Formulars sichtbar war, wurde durch eine zusätzliche Horizontal-Scroll-Einrichtung Rechnung getragen (vgl. Abb. 5.5). Nun kann der Benutzer die Größe der *Dynaform* wählen.

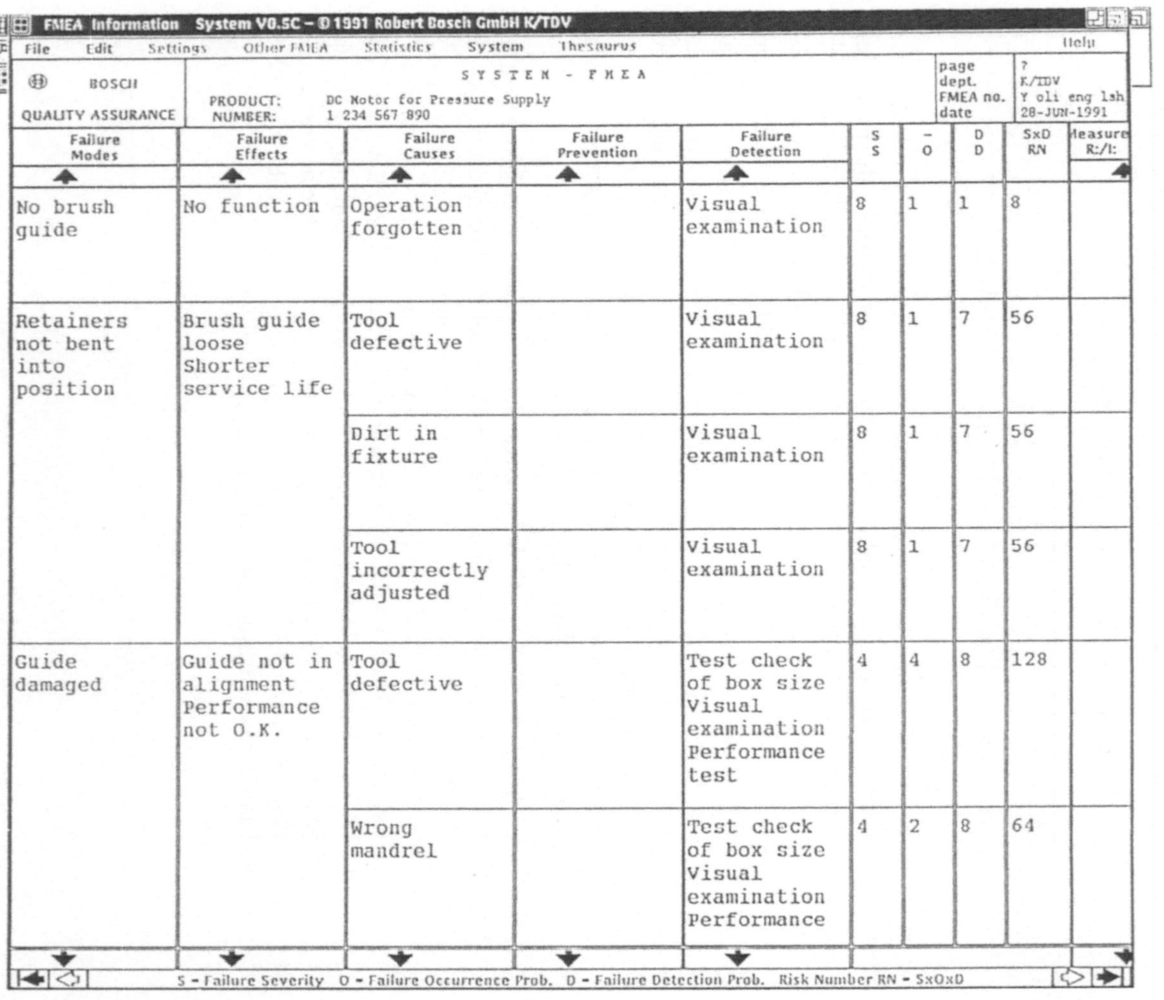

FMEA Information System V0.5C – © 1991 Robert Bosch GmbH K/TDV

File Edit Settings Other FMEA Statistics System Thesaurus Help

BOSCH
QUALITY ASSURANCE

PRODUCT: DC Motor for Pressure Supply
NUMBER: 1 234 567 890

S Y S T E M - F M E A

page ?
dept. K/TDV
FMEA no. Y oli eng 1sh
date 28-JUN-1991

Failure Modes	Failure Effects	Failure Causes	Failure Prevention	Failure Detection	S S	– O	D D	SxD RN	Measure R:/I:
No brush guide	No function	Operation forgotten		Visual examination	8	1	1	8	
Retainers not bent into position	Brush guide loose Shorter service life	Tool defective		Visual examination	8	1	7	56	
		Dirt in fixture		Visual examination	8	1	7	56	
		Tool incorrectly adjusted		Visual examination	8	1	7	56	
Guide damaged	Guide not in alignment Performance not O.K.	Tool defective		Test check of box size Visual examination Performance test	4	4	8	128	
		Wrong mandrel		Test check of box size Visual examination Performance	4	2	8	64	

S - Failure Severity O - Failure Occurrence Prob. D - Failure Detection Prob. Risk Number RN - SxOxD

Abb. 5.5 *Die* Dynaform *des FMEA-Informations-Systems – vergrößertes Formular mit den zusätzlichen Horizontal-Scroll-Pfeilen.*

5.1.4 Lehren aus dem FMEA-Projekt

Das FMEA-Projekt brachte einige grundsätzliche Fragen zum IPE-Konzept zutage. Sie haben sowohl praktische als auch theoretische Implikationen für die Gebiete Softwareentwicklung, Software-Projektmanagement und Organisation. Der nächste Abschnitt diskutiert einige dieser Fragen.

Planungs-Probleme

Während der Planung des Projekts „FMEA-Informationssystem" gab es ein Kommunikationsproblem und ein Know-How-Problem:

Kommunikationsproblem

Die 'Domain Experts', also die FMEA-Experten, redeten mit DV-Experten. Keine der zwei Gruppen verstand die Fachsprache der anderen. So weit scheint dieses Problem aus anderen Software-Projekten vollkommen vertraut. Im Bereich der Expertensysteme spricht man von *Wissensingenieuren* und daß diese die Sprache der *Domain* lernen müssen, um *Wissensakquisition* zu betreiben. Bei konventionellen Softwareprojekten mag die Wortwahl etwas weniger beeindruckend sein, aber die Probleme sind doch weitestgehend gleich.

Know-How-Problem

Was aber in diesem Falle die Sache weiter komplizierte, war die Tatsache, daß die Programmierer bisher nur ansatzweise Erfahrungen mit X Windows oder OOP hatten. Dieser Zustand scheint recht typisch für technische DV-Abteilungen in Großunternehmen zu sein: Die bis heute angewendeten Programmiertechniken beschränkten sich weitgehend auf strukturierte Programmierung mit Sprachen der dritten Generation wie FORTRAN und C, mit zeichenorientierten Terminals als typische interaktive Ein- / Ausgabegeräte. Der wachsende Anteil verwaltender Aufgaben auch im Ingenieurbereich hat auch hier die DBMS zunehmend ins Blickfeld gebracht. Zuerst durch die CAD-Workstations eingebracht, haben sich auch die graphischen Benutzungsoberflächen zunehmend ausgebreitet.[6]

Aus diesen Gründen – und wegen der bereits in Kap. 2 erwähnten strategischen Aussichten – war die zuständige DV-Abteilung gern bereit, OOP und graphische Benutzungsoberflächen anhand dieses Praxisfalles zu erforschen. Es fehlten ihr nur die Erfahrungsgrundlagen für eine verläßliche Kosten- und Zeitschätzung für solch ein Projekt.

Probleme mit neuen Software-Werkzeugen

Wenn Werkzeuge etwas zu neu sind ...

Die meisten eingesetzten Tools litten an anfänglichen Kompatibilitätsproblemen, insbesondere wegen der noch neuen DECwindows-Oberfläche. Die Synchronisation zwischen Lisp und DECwindows war nicht gerade perfekt. Die DECwindows-Version von Mercury war brandneu.

Solche in den Werkzeugen begründete Probleme konnten den 'Kulturschock' derer, die vorher eher konventionelle Umgebungen gewöhnt waren, natürlich nur verstärken. Die oben aufgelisteten Versionsnummern sind allerdings inzwischen im wesentlichen frei von diesen Problemen.

Entwicklungs- versus Zielumgebung

Entwicklgs.- vs. Zielumgebung

Die Übereinstimmung von Entwicklungs- und Zielumgebung (beide VMS) ist noch immer nicht leicht zu erreichen. Man braucht Mittel, um einen Prototypen in 'Stromlinienform' zu bringen und ihn zur Auslieferung so kompakt wie möglich zu machen. Mercury bietet 'strong typing', spezielle Operatoren für den schnellen Zugriff auf Slots und spezielle Makros, die Integer-Operationen beschleunigen.

Spezifikationen und das 'Syndrom des beweglichen Ziels'

Moving Target → maximale Benutzerbeteiligung

Bei so vielen Unbekannten im Projekt mußte ein *modus vivendi* zwischen Programmierern und zukünftigen Benutzern gefunden werden. Man entschied sich für eine maximale Beteiligung der Benutzer über die gesamte Projektlaufzeit. Damit war ein funktionsübergreifendes Team für die Erstellung des Systems verantwortlich. Das bedeutete:

Allzeit präsentierbereit

- Prototypen wurden bereits in sehr frühen Entwicklungsstadien präsentiert. Das Prototyping erwies sich als besonders hilfreich, um z.B. Dummy-Oberflächen schon so früh wie möglich zu testen.

Oberflächengetriebene Entwicklungs-Sessions

- Da insbesondere das Verhalten der Benutzungsoberfläche vorher nicht spezifiziert werden konnte, konzentrierten sich die Präsentationen über weite Strecken auf den 'Look and Feel' der Oberfläche. Die Benutzer fingen an, ihre Wünsche abhängig von dem zu definieren, was sie in den Präsentationen gesehen und gehört hatten. Durch diese Art der Einbeziehung wurden die Präsentationen zu einer Art gemeinsamen Oberflächen-getriebenen Entwicklungs-Sitzungen.

Rückwirkungen auf die FMEA-Methode

- Die Anwendung begann, sich auf die eigentliche Methode auszuwirken: Unvollkommenheiten der FMEA-Methode wurden aufgedeckt, alternative Visualisierungs- und Handhabungskonzepte wurden diskutiert. Es ergab sich auch die grundsätzliche Frage: Ist es überhaupt sinnvoll, eine papierbasierte Methode 1:1 auf ein DV-System abzubilden? Wäre das nicht eine gute Gelegenheit, die Methode selbst zu verändern? Oder würde das zu einem 'Kulturschock' unter ihren Anwendern führen? In vielen Projekten dieser Art wird es sinnvoll sein, diese Frage offen und kreativ zu diskutieren.

Probleme der Datenmodellierung

Anwendungssemantik verlagert sich ...

Die ursprünglichen Spezifikationen für das FMEA-Informationssystem enthielten ein sehr ausgefeiltes DB-Schema, das mit Hilfe der Entity-Relationship-Methode entwickelt worden war. Mit Ausnahme einiger kleiner Veränderungen blieb es über eineinhalb Jahre unumstritten. Erst dann erkannte man, daß es mehr eine Behinderung als ein Segen war: Die Ladezeiten beim Programmstart waren viel länger als nötig, weil das Programm auf sehr viele Tabellen zugreifen mußte.

... aus der DB ins Objektsystem

Daraufhin wurde das DB-Design geändert. Dabei wurde hauptsächlich Semantik aus der DB heraus in die Laufzeit-Repräsentation verschoben. Dadurch wurde das DBMS nur noch als 'dummer' Dauerspeicher-Manager mit Zugriffskontrollen, Mehrbenutzer- und Wiederanlauffähigkeiten benutzt. Dieser Vorgang ist eine Analogie zu den wissensbasierten CAD-Systemen, die dazu übergehen, traditionelle CAD-Tools nur noch als 'Sklaven' für vergleichsweise niedere Tätigkeiten wie Anschauen, interaktive Handhabung oder die Erzeugung sauberer Zeichnungen einzusetzen – mit dem Argument, daß die bisherigen CAD-Systeme auch nie wirklich mehr konnten. Ein positiver Aspekt dieser Verlagerung: Da nun die Semantik fast vollständig im Objektsystem liegt, könnte sie auch später einfach in eine objektorientierte Datenbank eingebracht werden.

Der Lisp-Interpreter und X Windows

Windows-Entwicklung mit Interpreter effizienter!

Dank der Tatsache, daß die Entwicklungsumgebung von Lisp ein Interpreter ist, kann man jederzeit im 'Lisp-Listener', dem Interpreter-Fenster, interaktiv X-Window-Funktionen eingeben (z.B. die oben angegebenen zur Veränderung von Widgets) – sogar mitten während einer Debugging-Session, wenn das Programm z.B. gerade an einem Breakpoint angehalten ist. Das war beim Testen sehr hilfreich, auch wenn es zu Beginn überlagert wurde durch den zusätzlichen Ressourcenverbrauch für die Synchronisation von Lisp und X.

Das FMEA-Informationssystem als Schritt hin zu IPE

Ein Schritt hin zu IPE

Die Diskussion mit den Benutzern führte auch zu der einstimmigen Überzeugung, daß das FMEA-Informationssystem den Ablauf der Produktentwicklung verändern könnte: Heute ist das Schreiben einer FMEA eine umständliche Aufgabe, die oft und gern bis zum letzten Moment aufgeschoben wird, nach dem Motto: „Laßt uns zuerst die Konstruktion fertigstellen, bevor wir die FMEA schreiben – wir wollen doch nicht wegen der Konstruktionsänderungen die Hälfte der FMEA nachher wieder wegwerfen müssen!"

FMEA integriert *in den Konstr.-prozeß*

Mit dem FMEA-Informationssystem und Know-How-basierten CAE-Systemen kann die FMEA-Methode *zusammen* mit dem Konstruktionsprozeß laufen, anstatt an seinem Ende: Ingenieure würden ihre Konstruktion im CAE-System bearbeiten, und das FMEA-System könnte die dazugehörige FMEA weitgehend selbständig entsprechend auf dem neuesten Stand halten. Wenn beispielsweise der Ingenieur eine Komponente im CAE-System löscht, würde diese Komponente auch aus der FMEA verschwinden. Falls hingegen eine Komponente eingefügt wird, wird zumindest ein neuer 'Platzhalter' in die FMEA eingefügt. Das setzt allerdings eine Repräsentation des Produkts voraus, die so flexibel ist, daß beide Arten von Software-Werkzeugen damit arbeiten könnten!

Synergien aus weiterer Integration

Wenn erst einmal die Werkzeuge für die Erstellung von Pflichtenheften, fürs Konzipieren, für CAD / CAE und für Fehleranalysen integriert sind und ein *gemeinsames Funktions- und Strukturmodell des Produkts* verwenden, wird die Realisierung einer wirklich *Integrierten* Produktentwicklung möglich sein. Schon allein mit einer integrierten FMEA könnten Konstruktionsänderungszyklen, die bisher in SPE mehrere Wochen verbrauchen, auf wenige Tage verkürzt werden, weil Fehlermöglichkeiten innerhalb von Tagen anstatt Wochen analysiert werden können. Das Gleiche gilt natürlich auch für andere Aspekte X-gerechter Konstruktion.

Fazit:

Die mit dem FMEA-Informationssystem gesammelten Erfahrungen waren der Ausgangspunkt für die Entwicklung einer Informationsverarbeitungs-Architektur für IPE, die eine langfristige Entwicklungsperspektive für das FMEA-IS selbst und andere Systeme im Ingenieurbereich bietet. Zwei weitere Praxis-Projekte haben ebenfalls wertvolle Einsichten und Ideen beigesteuert. Sie werden in 5.5.2 vorgestellt, ebenso wie Aspekte der Weiterentwicklung des FMEA-IS zu einem Know-How-basierten Konstruktions-Werkzeug. Vor der Vorstellung der DV-Architektur für IPE diskutiert der folgende Abschnitt zuerst einmal deren Anforderungen.

5.2 Anforderungen an eine DV-Architektur für IPE

Integration in die IPE-Architektur

IPEGestatten Sie mir zur Erläuterung der DV-Architektur für IPE zunächst einige grundsätzliche Überlegungen. Die Oberziele für die Modellierung der Produkte und ihrer Entwicklungsprozesse sind von den am Ende des Kapitels 2 aufgeführten Zielen abgeleitet: Die Hauptaufgabe der Architektur ist die Bereitstellung von Mitteln zur Know-How-Integration, insbesondere zur Unterstützung der Konservierung, Dokumentation und

Bereitstellung von Know-How. Daraus ergeben sich für die Architektur zwei wesentliche Herausforderungen:

- Die wichtigste praktische Restriktion: Integration der Know-How-basierten Architektur mit konventionellen Anwendungen.
- Adäquate Modellierung aller Aspekte der Produktentwicklung, einschließlich Know-How.

5.2.1 Integration konventioneller Anwendungen

Integration konventioneller Anwendungen

In der Know-How-basierten DV-Architektur sind mit „Konventionelle Anwendungen" alle DV-Systeme gemeint, die in einer SPE-Umgebung normalerweise anzutreffen sind - z.B. CAE / CAD-Software, Bauteilekataloge und Stücklistensysteme. Die Schwierigkeiten, die sich aus deren Heterogenität ergeben, sind bereits im Kapitel 2 beschrieben worden.

Die Betonung dieses Abschnitts liegt auf der Integration, insbesondere der Integration bereits vorhandener Software-Systeme, in die DV-Architektur für IPE. Man kann die Menge der DV-Werkzeuge, die an der Produktentwicklung beteiligt sind, nach verschiedenen Gesichtspunkten einteilen:

- Aus organisatorischer Sicht kann man unterscheiden zwischen *technischer und kaufmännischer DV*. Dies entspricht den zwei Hälften des Scheer'schen Y-Modells (vgl. Abb. 2.7 auf Seite 34).
- Nach ihren Anforderungen an die Komplexität der Repräsentation und Handhabung von Informationen kann man sie auch in *Standard- und Non-Standard-Anwendungen* unterteilen.

Die nachfolgenden Abschnitte geben einen Überblick über die konventionellen Anwendungen im technischen und kaufmännischen Bereich. Daran schließt sich eine Analyse der Aspekte der DV-Integration an.

5.2.1.1 Arten von konventionellen Anwendungen

Um welche Anwendungen geht's?

In diesem Abschnitt geht es um konventionelle Anwendungen, die entweder durch die Existenz eines Know-How-Management-Systems (KHMS) beeinflußt werden, oder mit denen das KHMS in engem Kontakt stehen sollte, z.B. durch den regelmäßigen Austausch von Daten. Einige dieser Anwendungen - und deren Benutzer - würden von einer engen Verbindung zum KHMS profitieren. Einige sollten sogar als Know-How-basierte Anwendungen neu implementiert werden.

Auf den Gebieten **CAE (Computer-aided Engineering)** und **CAD (Computer-aided Design)** muß die Know-How-basierte Architektur mit Praxissituationen zurechtkommen, in denen viele verschiedene Hard- und

Software-Systeme von unterschiedlichen Herstellern installiert sind. In der Regel besitzen diese Systeme weder eine gemeinsame Datenrepräsentation oder Datenhaltung, noch bieten sie die Möglichkeit, Produktkonstruktionen objektorientiert zu handhaben und zu speichern. Diese Heterogenität verursacht mehrere Probleme, die bereits in 2.5.3 gezeigt wurden. Zwar können zwei ansonsten nicht verbundene Werkzeuge über das KHMS indirekt kommunizieren, aber es kann auch sein, daß die Daten, die sie an das KHMS liefern, einander widersprechen - das kann schon allein daran liegen, daß dort zwei sich überschneidende Datenbestände gepflegt werden, die natürlich nie ganz zu synchronisieren sind (Beispiel: elektronische Bauteilekataloge). In solchen Fällen kann ein KHMS zwar nicht für die umgehende Beseitigung des Problems sorgen, aber es kann - wahrscheinlich erstmals - die Widersprüche ans Tageslicht bringen.

CAD-Systeme können vom Einbau wissensbasierter Techniken beträchtlich profitieren. Beispielsweise können sie zu *Feature-basierten* Systemen erweitert werden (vgl. 4.2.2), wodurch sie u.a. in die Lage versetzt werden können, Variantenkonstruktionen automatisch zu konfigurieren.[7]

Die zweite wichtige Komponente der technischen DV ist **CAP (Computer-aided Planning)**. Diesem Bereich werden gemeinhin die Generierung von Arbeitsplänen (ein bereits gut etabliertes Anwendungsgebiet für wissensbasierte Techniken[8]) und die NC-Programmierung von Werkzeugmaschinen zugeordnet.

Die NC-Programmierung ist auch ein Teil des **CAM (Computer-aided Manufacturing)**. Zu den erfolgreichen wissensbasierten Anwendungen in diesem Bereich gehören Planungssysteme[9], Maschinendiagnoseprogramme in der Fertigung sowie die Diagnose von Produkten oder Komponenten in der Endkontrolle. Die letztere Anwendung ist bereits Teil des (On-line-) **CAQ (Computer-aided Quality Assurance)**.[10]

Den kaufmännischen DV-Systemen mangelt es häufig an Schnittstellen zu den Systemen im technischen Bereich. Dabei haben viele Studien gezeigt, daß solche Schnittstellen Abläufe erheblich verbessern können.[11] Doch selbst wenn endlich die Integration von Daten und Abläufen erreicht ist, bleibt noch sehr viel zu tun, wie die folgenden Abschnitte zeigen.

Materialwirtschaft und Bedarfsplanung sind Gebiete, die oft in der kaufmännischen DV betreut werden und die aus besseren Schnittstellen zu Ingenieuranwendungen große Vorteile ziehen könnten. Fertigungs-Stücklisten könnten weitgehend automatisch aus Konstruktions-Stücklisten generiert werden, wenn wissensbasierte Techniken eingesetzt werden. Das

Produktmodell in der Know-How-Bank muß dazu reichhaltig genug sein, um beide Arten von Stücklisten generieren zu können. In letzter Konsequenz sollte es einem KHMS sogar möglich sein, verschiedene Stücklisten als zwei verschiedene *Perspektiven* desselben Produkts darzustellen.

In der **Fertigungsplanung** kann man die Komplexitäten der Zeit- und Kapazitätsplanung und der Werkstattsteuerung ebenfalls besser in den Griff bekommen, wenn man regelbasierte Systeme einsetzt, die auf objektorientierten Modellen des Fertigungsprozesses arbeiten.[12] Auch diese Planungsprozesse profitieren von den automatisch generierten Arbeitsplänen.

Weiter 'stromaufwärts', in **Verkauf und Marketing**, haben sich Konfigurationssysteme als sehr hilfreich erwiesen, wenn es um die Großserienproduktion von individuell konfigurierten Gütern geht (z.B. Computer[13] oder Lastwagen[14]). Dank ihnen können Angebote schneller erstellt werden, und Bestellungen können direkt in die Produktionsplanungs- und Logistik-Systeme eingefüttert werden. Ein weiteres Beispiel in diesem Bereich sind wissensbasierte Entscheidungsunterstützungssysteme im Marketing[15].

Die Vielzahl bereits eingesetzter Anwendungen, die zumindest wissensbasierte Komponenten besitzen, legt den Schluß nahe, daß die Informationsverarbeitungs-Abläufe in einem Unternehmen durch die Existenz einer gemeinsamen Know-How-Bank erheblich an Nutzen und Effizienz gewinnen könnten. Wie kann man nun diese Anwendungen am besten integrieren, und welche Restriktionen sind dabei zu beachten?

5.2.1.2 Integration – Bedeutung und Mittel

IPE muß selbst gut integrierbar sein

Ein System, das darauf abzielt, in bestehenden organisatorisch wie DV-technisch heterogenen Umgebungen eine Führungsrolle zu übernehmen, muß zuallererst auch selbst einfach zu integrieren sein. Diese Integration muß auf verschiedenen Ebenen erfolgen:

- Reibungsloser Einbau in (und wenn möglich, Verträglichkeit mit) existierende Organisationen.
- Reibungslose Einführung in eine bestehende kollektive Konstruktions-Kultur (z.B. betreffend die benutzten Konstruktionsmethoden).
- Reibungslose Einpassung in die individuellen Denk- und Vorgehensweisen jedes einzelnen Ingenieurs.
- Reibungsloser Einbau in bestehende Umgebungen von Ingenieur-Werkzeugen.

Auf Normen und Standards stützen!

Dieser Abschnitt befaßt sich hauptsächlich mit den technischen Aspekten dieser Integration. Da die Re-Integration heterogener DV-Umgebungen nicht dadurch zu erreichen ist, daß man sie einfach alle auf einmal *ersetzt*, muß eine realistische Architektur viele alternative Wege für einen sanften Übergang von SPE zu IPE anbieten. Außerdem sollte sie sich weitestgehend auf Normen und Standards stützen, um Werkzeug-unabhängige Speicherung und eine leichtere Verbindung der unterschiedlichen Werkzeuge zu ermöglichen.

Evolutionärer Ansatz

Der Übergang von der konventionellen zur Know-How-basierten Informationsverarbeitung sollte durch einen evolutionären Ansatz erleichtert werden, der die Anzahl *notwendiger* Veränderungen minimal hält, während er möglichst viele *Optionen* zur Reorganisation eröffnet.

Durch einen modularen Aufbau sollte es möglich sein, einzelne Teile konventioneller Ingenieurwerkzeug-Umgebungen jeweils dann zu ersetzen, wenn die Benutzer das fordern. Was dann für den Benutzer aussieht wie z.B. die Ersetzung 'seines‘ alten CAD-Systems durch ein neues, ist in Wirklichkeit ein weiterer Mosaikstein einer *übergreifende*n Architektur. Diese Strategie führt zu einem stetig wachsenden Grad der Integration zwischen den Werkzeugen.

Folgerichtig müssen DV-Systeme offene Architekturen und Schnittstellen aufweisen, die die Kompatibilität und Interoperabilität mit anderen vorhandenen und zukünftigen Systemen sicherstellen – sogar in einer Welt wie dem DV-Markt, in der langfristige Planungen und Vorhersagen vor lauter Veränderungen oft geradezu unmöglich erscheinen.

Normen-Konformität erhöht die Planungssicherheit

Eines der Mittel, mit denen die DV-Architektur für IPE das Ziel der Integrierbarkeit erreicht, ist die **Konformität mit Normen**, wo immer es möglich ist, z.B. durch den Einsatz kommerziell erhältlicher, standardisierter DBMS. Internationale Standards können zumindest als Richtlinien für die Planung dienen und ein Mindestmaß an Planungssicherheit gewährleisten. Abb. 5.6 zeigt einige Normen und Standards, die man in diesem Kontext beachten bzw. im Auge behalten sollte. Darin sind auch einige Standard-Dateiformate enthalten, die für den Informationsaustausch mit konventionellen Anwendungen notwendig sind.

X Windows; OSF / Motif[16]	**Werkzeuge für graphische Benutzungsoberflächen.**
PHIGS (PEX)[17]	**Programmierschnittstelle für 2D- und 3D-Graphik.**
Relationale DBMS	**(Logisch) zentrale, dauerhafte Datenhaltung.**
SQL[18]	**Datenmanipulationssprache für relationale DBs.**
CLOS, C++, Smalltalk[19]	**Objektorientierte Programmiersprachen.**
SGML[20]	**Beschreibungssprache für komplexe Dokumente.**
EDIF, VHDL[21]	**Austausch elektronischer CAE / CAD-Daten.**
IGES, VDA-FS, VDA-PS	**Austausch mechanischer CAE / CAD-Daten.**
PDES / STEP[22]	**Austausch strukturierter mech. CAE / CAD-Daten.**
EDIFACT[23]	**Austausch kaufmännischer Geschäftsdaten.**

Abb. 5.6 Einige für IPE interessante Normen und Standards.

Offenheit für Repräsentationen

Ein anderes Mittel, mit dem die Know-How-basierte Architektur das Ziel der Integrierbarkeit erreicht, ist ihre **Offenheit bezüglich der Repräsentation** dank der vielfältigen Möglichkeiten des Objektsystems. Das betrifft Modelle von Organisationen, von Produktentwicklungsprozessen und Produkten. Dadurch können Softwarehersteller auf dieser Plattform implementieren, was ihnen im jeweiligen Fall nützlich ist.

Diese Offenheit ist zum Teil schlichte Notwendigkeit, denn leider beantwortet keine der oben gezeigten aktuellen Normen die zentrale Frage im Kontext der DV-Unterstützung für die Produktentwicklung: Kann es überhaupt einen umfassenden Standard geben für die Repräsentation der Daten, der Informationen und des Wissens, die für Entwurf und Konstruktion von Produkten relevant sind? Angesichts der Vielzahl von Produkten auf dieser Welt erscheint es aussichtslos, deren Darstellung in DV-Systemen standardisieren zu wollen.

Austauschformat für Objektwelten?

Allerdings gibt es Fortschritte: Der PDES / STEP-Standard erlaubt es, die meisten Produktattribute zwischen CAD / CAE / CAM-Systemen ohne wesentliche Nacharbeiten auszutauschen.[24] Für objektorientierte Datenbanken, die man braucht, um solche Repräsentationen dauerhaft zu speichern, werden die Chancen für eine Standardisierung (z.B. à la SQL) von manchen Experten noch schlechter beurteilt. Es gibt aber auch bereits

Projekte zur Entwicklung von Standards für den Austausch von Wissensrepräsentationen.[25]

In 5.4 werden Repräsentationen für Entwicklungsprozesse und für Produkte besprochen. Sie sind zu verstehen als Beiträge zu einer laufenden Diskussion über die Normierung von Repräsentationen im F&E-Bereich.

Wege zur Integration konv. Anwendungen

Dank der Normenkonformität und der Offenheit der Repräsentation gibt es mehrere Möglichkeiten, konventionelle Anwendungen in die Know-How-basierte Architektur zu integrieren:

- Neue Know-How-basierte Anwendungen werden unter Einsatz der Know-How-basierten Programmierschnittstellen implementiert (vgl. OLI und DLI in 5.3).
- Konventionelle Anwendungen können durch den nachträglichen Einbau von Aufrufen der Objekt-Schnittstelle des KHMS ergänzt werden.
- Als konzeptionell 'tiefste' Anbindung konventioneller Anwendungen bleibt noch die Möglichkeit der Kommunikation mit dem KHMS über (möglichst standardisierte) Metadateien (vgl. DLI in 5.3). Auf diese Weise sind keinerlei Veränderungen an der konventionellen Anwendung notwendig, außer wenn sie für keines der möglichen Metadatei-Formate Export/Import-Filter besitzen. In diesem Falle müßte noch ein solcher Übersetzer geschrieben werden.

Auf diese Weise kann die Know-How-basierte Architektur die Rolle eines *representational glue*, eines 'Klebers' übernehmen, der einen Zusammenhalt der verschiedenen Teile der DV-Infrastruktur gewährleistet. Die später in diesem Kapitel vorgestellte Architektur beinhaltet einige der hier angesprochenen Standards. Der folgende Abschnitt gibt eine Einführung in den Modellierungsrahmen, auf dem die Know-How-basierte Architektur aufbaut.

5.2.2 Modellierung der Produktentwicklung

Modelle ...

Um sowohl die technischen als auch die organisatorischen Aspekte des Problems angemessen repräsentieren zu können, sollte die DV-Architektur für IPE folgende Modelle speichern und bearbeiten können:

... von Entwicklungsprozessen

- Modelle von Entwicklungsprozessen, einschließlich statischer Modelle (Aufbauorganisation) und dynamischer Modelle (Ablauforganisation), und

... und Produkten

- Modelle von Produkten und allen ihren Aspekten, die für irgendjemanden, der an der Entwicklung beteiligt ist, von Interesse sein können.

Für die Definition einer Know-How-basierten DV-Architektur muß zuerst geklärt werden, welche Arten von 'Information', 'Wissen' oder 'Know-How' eigentlich im Laufe einer Produktentwicklung ausgetauscht werden. *Das* ist es, was dann in einem KHMS gespeichert und verwaltet werden muß. Also lautet die Kernfrage: Was genau muß denn eine Know-How-Bank 'wissen'? Und kann etwas so Unstrukturiertes wie produktbezogenes Entwicklungs-Know-How überhaupt in DV-Systemen gespeichert und zugänglich gemacht werden? Wir werden uns der Antwort auf diese Fragen schrittweise nähern:

- Ausgehend von typischen Arbeitssituationen in der Produktentwicklung ergibt sich ein Katalog von Informationselementen (*Know-How-Partikeln*), die ein KHMS verwalten sollte.
- Daraus wird ein Modellierungsrahmen für die Produktentwicklung namens *MOPA* erarbeitet.

5.2.2.1 Was muß eine Know-How-Bank 'wissen'?

Was muß eine Know-How-Bank 'wissen'?

Wir haben bereits eine Arbeitsdefinition von Know-How (vgl. 2.4). Jetzt geht es darum, zu erkennen, in welchen Formen Know-How eigentlich vorkommt. Wenn wir das wissen, wird auch klarer, wie Know-How im Produktentwicklungsprozeß gehandhabt wird.

Organisatorisches Know-How

Organisatorisches Know-How: Beispiele

Unter *Organisatorischem Know-How* verstehe ich alle Formen von Know-How, die man braucht, um ein neues Produkt sicher und zügig durch den Entwicklungsprozeß zu bringen. Die folgende Liste von Beispielsituationen soll das veranschaulichen. Ähnlichkeiten mit Ihnen bekannten Situationen sind beabsichtigt.

- Ich denke, die Konstruktion ist jetzt bereit für die Fertigungsfreigabe. Wer muß jetzt was unterschreiben, und in welcher Reihenfolge? Würde es helfen, wenn ich selbst mit dem Papierkram durch die einzelnen Verwaltungs-Stationen wandere?
- Welche Voraussetzungen müssen erfüllt sein, damit wir mit der Aktivität X beginnen können? Brauche ich dafür Unterschriften?
- Wir sind überzeugt, daß wir an dieser Stelle die Konstruktion noch einmal ändern müssen. Wie wird eine Konstruktionsänderung durch die Organisation weitergegeben? Oder: Wen müssen wir alles von der Notwendigkeit und Richtigkeit dieser Änderung überzeugen?
- Wer muß worüber auf dem neuesten Stand gehalten werden?
- Welche anderen Aktivitäten werden betroffen, wenn Aktivität X eine Woche länger dauert?
- Wir brauchen noch einen Dauertest in der Versuchsabteilung. Wie lange wird der dauern? Wann haben die wieder einen Termin frei?

- Frage des Entwicklungsleiters: Was machen meine Leute zur Zeit? Wer arbeitet an welchem Projekt? Zu welchem Grad sind sie ausgelastet? Haben wir noch Ressourcen (also insbesondere Menschen) zur Verfügung, um ein neues Projekt anzufangen? Welchen der möglichen Projekte sollte ich welche Ressourcen zuordnen, welche Projekte sollte ich abwimmeln? Wo liegen zur Zeit die Engpässe?

Arten von Beziehungen zwischen Objekten

Arten von Beziehungen zwischen den Objekten in IPE

Wenn man diese auszutauschenden Informationen einmal eine Ebene näher an der Informationsverarbeitung betrachtet, erkennt man folgende Typen von Beziehungen zwischen Objekten (in OOP müssen wir korrekter *Instanzen* sagen):

- Die unterste Ebene bilden die Assoziationsbeziehungen, mit denen z.B. mehrere graphische Primitive im CAD-System zusammengruppiert werden müssen, um bestimmte Teile zu beschreiben – oder ein beliebiges anderes Objekt: „Das ist ein Bohrloch“, oder „Das ist eine Nut“ (Evtl. logische Anschlußfrage: Wo ist die Feder dazu?).
- Die nächsthöhere Ebene von Strukturinformationen wird erreicht, indem Instanzen zu logischen Einheiten zusammengefaßt (*assoziiert*) werden, selbst wenn sie für ein nur 'zeichnendes' CAD-System nicht als zusammengehörig erkennbar sind: „Diese Chips bilden zusammen das Transformator-Modul.“ Diese Gruppen können auch selbst wiederum in höheren Aggregationen hierarchisch organisiert sein.
- Räumliche Beziehungen, manchmal ergänzt durch Informationen darüber, wie die beiden Teile verbunden sind: „Teil A ist auf Teil B geklebt“. Solche Informationen sind beispielsweise für Fertigungsingenieure sehr wichtig.
- Fertigungs-Beziehungen: „Der Teilzusammenbau A muß fertig sein, bevor er in das Teil B montiert werden kann“. Der Arbeitsplan wird zwar zeigen, daß A zusammengebaut wird, bevor es in B montiert wird, aber er wird nicht die – später vielleicht noch interessante – Information wiedergeben, daß dies der *einzige* Weg ist, und wieso. Er zeigt weder die *Absicht* des Konstrukteurs, noch die des Fertigungsingenieurs.
- Instruktionen, die in der Sequentiellen Produktentwicklung von einem Ingenieur zum nächsten weitergegeben werden. Sie finden sich zumeist bei den eigentlichen Produktunterlagen, die 'über den Zaun geworfen' werden. Beispiel: „Diese Gruppe von Komponenten muß so weit wie möglich entfernt vom Transformator-Modul plaziert werden!“
- Ursache-Wirkungs-Beziehungen – die Grundbausteine für Kausalmodelle. Heute muß dieses Wissen umständlich durch FMEA / FTA-Teams eingesammelt werden, und selbst dann kann man nicht sicher sein, ob wirklich alle *wichtigen* Ursachen und Wirkungen gefunden wurden,

geschweige denn, ob *alle* gefunden wurden. Beispiel: „Wenn dieser Kontakt nicht schließt, wird das nächste Bauelement falsche Daten erzeugen ...".

Know-How in Textform

Know-How in Textform

Bei seiner Arbeit bezieht der Ingenieur viele wichtige Informationen aus Texten – man könnte sie auch als *Know-How-Konserven* bezeichnen. Eine kleine Auswahl sollte reichen, um deren Vielfalt anzudeuten: Neben internen Quellen wie Entwicklungsberichten gibt es z.B. Gesetze über Produktsicherheit und Produzentenhaftung, über Umweltschutz usw; außerdem Kataloge von Standardbauelementen, Empfehlungen der Komponenten-Hersteller über Temperaturbereiche und sonstige Hinweise zum Einsatz. Diese Textquellen sind bloß häufig nicht greifbar, wenn sie gebraucht werden.

Konservierung der Konstruktions-Absicht

Konservierung des Design Intent

Die Absicht des Konstrukteurs, d.h. die Beweggründe, wieso er das Teil *so* und nicht anders konstruiert hat, ist wichtiges Know-How, das unter Ingenieuren und anderen an der Produktentwicklung Beteiligten weitergegeben werden muß. Das geschieht entweder im Rahmen der Inter-Prozeß-Kommunikation (vgl. 2.5.2) als Teil der Konstruktions-Geschichte („Wir haben diese Bohrung *hier*hin gesetzt, weil wir nach vielen Tests herausgefunden haben, daß es anders nicht funktioniert, und zwar aus folgenden Gründen: ..."), oder in der Intra-Prozeß-Kommunikation („Diese Komponente muß so weit wie möglich entfernt vom Transformator plaziert werden, zur Vorbeugung gegen Störstrahlungen").

Wo werden diese Know-How-Partikel heute gespeichert?

Know-How-Partikel

Diese vielen Bruchstücke von Information werden im folgenden als **Know-How-Partikel** bezeichnet. Sie werden normalerweise an sehr verschiedenen Stellen gespeichert:

a) Das Gedächtnis des einzelnen Ingenieurs, das aus den Erfahrungen in Studium und Praxis gespeist wird.
b) Das kollektive Gedächtnis einer Organisation, manifestiert in Form interner Berichte, Aktennotizen usw.
c) Externe Regeln, z.B. Gesetze und Normen, die vom Gesetzgeber, von Normungsgremien oder Industrieverbänden kommen.

5.2.2.2 MOPA – Ein Modellierungsrahmen für IPE

Resultat: Ein Modellierungsrahmen

Ausgehend von diesen Definitionen von Know-How wurde ein konzeptioneller Rahmen für IPE namens MOPA entwickelt (Modellierungsrahmen für Organisationen, Produkte und Aktivitäten). Das Ziel von MOPA ist eine integrierte Sicht der Informationen, die in einem Produktentwicklungsprozeß verwendet werden. Der Aspekt der Know-How-Integration macht MOPA zu einer der wichtigsten methodischen Grundlagen für IPE.

In konventionellen SPE-Umgebungen sind Informationen über die Objekte, die im Produktentwicklungsprozeß involviert sind, normalerweise breit gestreut über diverse rechnerbasierte und andere Medien. Als Konsequenz werden sie durch die DV-Systeme in der Regel auch so behandelt, als hätten sie nichts miteinander zu tun – soweit sie überhaupt behandelt werden. MOPA ist ein Konzept, das eine Zusammen-Schau, eine Synopse all dieser Informationen ermöglichen soll.

MOPA kann die Produktentwicklung auf einer höheren semantischen Ebene – also näher an der menschlichen Sicht – repräsentieren. Dies ist möglich durch die Verwendung von drei Basis-Objekttypen (vgl. Abb. 5.7):

Ressourcen (→ Aufbau-organisation)

- ***Ressourcen.*** Darunter fallen alle Personen und Gegenstände, die irgendeine *Aktivität* zum Entwicklungsprozeß beitragen können – von großen Organisationseinheiten (z.B. Geschäftsbereiche) bis hin zum einzelnen Mitarbeiter, von Grundstücken und Gebäuden bis zu einzelnen Investitionsgütern (z.B. Werkzeugmaschinen, Workstations, Photoplotter etc.). Die *Ressourcen* können auf verschiedene Weisen miteinander in Beziehungen stehen (z.B. in einer Hierarchie). Die Summe aller dieser Beziehungen ist – die **Aufbauorganisation**. Sie bildet den vergleichsweise statischen Teil des Gesamtmodells.

Aktivitäten (→ Ablauf-organisation)

- ***Aktivitäten.*** Sie können durch die *Ressourcen* auf *Objekten* ausgeführt werden. Auch *Aktivitäten* können untereinander in Beziehungen stehen (z.B. zeitlich oder logisch). Die Summe aller dieser Interdependenzen bildet die – **Ablauforganisation**, die den dynamischen Teil des Modells darstellt. Auf diese Weise kann MOPA auch Wissen über interne Vorgänge (z.B. Fertigungsfreigabe) abbilden. Der dynamische Teil kann ebenfalls als Aggregationshierarchie ausgebildet sein: *Aktivitäten* können Unter-*Aktivitäten* haben usw. Es können mehrere Teil-Ablauforganisationen (z.B. Produktentwicklungsprozesse) gleichzeitig existieren.

Objekte (→ Produkte)

- ***Objekte.*** Das sind in diesem Falle die Produkte. An ihnen werden *Aktivitäten* ausgeführt, wie z.B. Konstruktionsänderungen. Der dynamische Aspekt der *Objekte* kommt in Form von verschiedenen Versionen zum Ausdruck.

Ein Arrangement von Ressourcen und Aktivitäten wird **Vorgang** genannt. *Ressourcen* führen *Aktivitäten* auf *Objekten* aus.

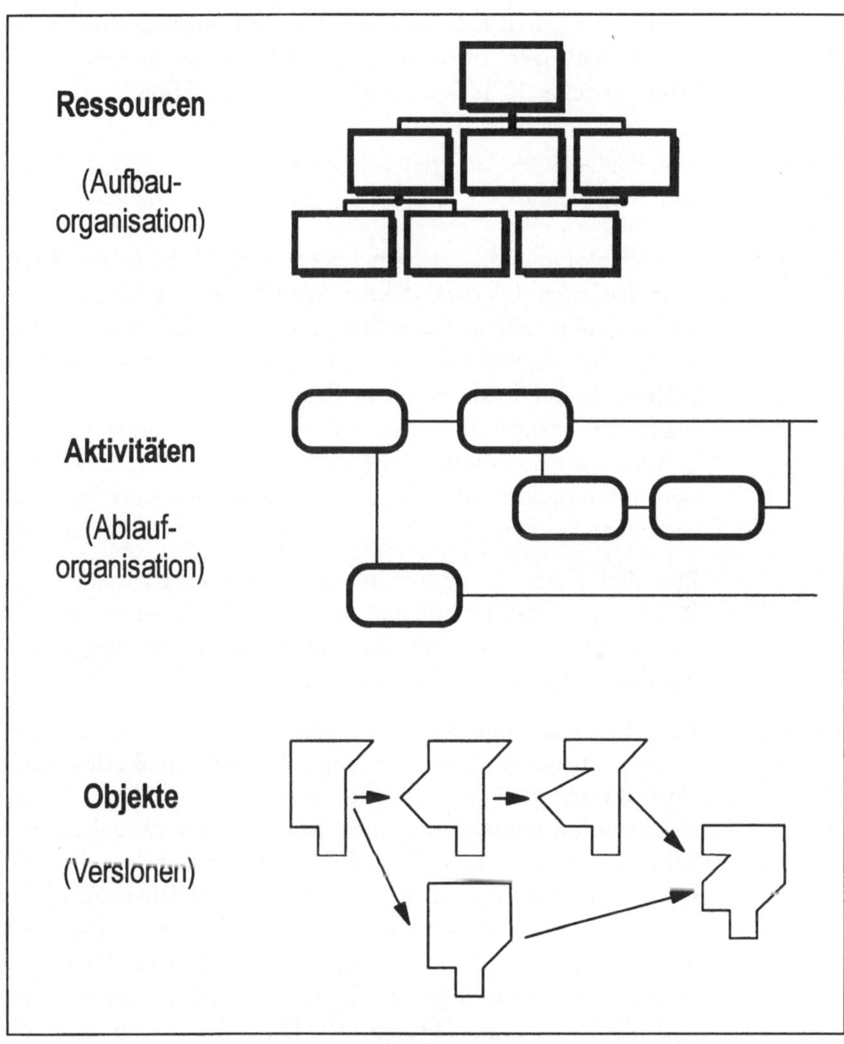

Abb. 5.7 *Die Basis-Objekttypen des Modellierungsrahmens für Organisationen, Produkte und Aktivitäten (MOPA).*

MOPA ist sehr vielseitig: Dieser Modellierungsrahmen kann auch auf andere Gebiete angewendet werden - grundsätzlich für jede beliebige Organisation. In dieser Studie dient er als Richtschnur für die nächsttiefere Modellierungsebene, die ihrerseits z.B. objektorientierte Modelle verwendet, um weiter zur Implementation eines KHMS hinzuführen.

Mit der Klarheit über die Anforderungen bezüglich der Integration, die diversen Formen von Know-How und einen dazu passenden Modellierungsrahmen haben wir jetzt den konzeptionellen Unterbau für eine DV-

Architektur für IPE beisammen. Die nun folgende Beschreibung wandert von 'unten' nach 'oben' durch die Know-How-basierte Architektur (vgl. Abb. 5.1 auf S. 107). Den Anfang macht das KHMS.

5.3 Das Know-How-Management-System – ein offener Markt für Daten und Know-How

Das Know-How-Management-System (KHMS) bildet den Kern der Know-How-basierten DV-Architektur für IPE. Es ist anwendungsunabhängig und speichert und verwaltet alle diejenigen Informationen, die durch konventionelle Anwendungen nicht gespeichert oder verwaltet werden können. Es beinhaltet auch eine Sammlung passender Repräsentationstechniken, mit denen man alle Informationen abbilden kann, die in ihrer Summe das Know-How darstellen (vgl. 2.4 und 5.2.2). Das Konzept stützt sich insbesondere auf die Praxis-Erkenntnisse, die im FMEA-Projekt gewonnen wurden (vgl. 5.1).

Das Ziel dieses Abschnitts ist es, plausibel darzustellen, daß man mit Werkzeugen und Techniken, wie sie im FMEA-Informationssystem verwendet wurden, auch eine DV-Umgebung für die Integrierte Produktentwicklung implementieren kann.

Sehr viele Informationen zu verwalten

Eine Computerumgebung, die über den gesamten Entwicklungsprozeß hinweg intelligente Unterstützung geben soll, muß selbst über beträchtliches 'Wissen' über das Produkt – und mehr – verfügen. Das umfaßt mehr als die Informationen, die man heute in den Datenbanken von CAD-Systemen findet: Eine komplette Repräsentation einer Konstruktion würde Attribute enthalten wie die ursprünglichen Spezifikationen, die Geometrie mit Dimensionen und Toleranzen, die Material- und Struktureigenschaften, die Fertigungs- und Montagefolgen, die Entwicklungsgeschichte mit allen Versionen und Konfigurationen, die Stückliste und die Wartungsanleitungen.[26] Und das wären nur die produktspezifischen Daten. Richtlinien für die 'X-gerechte Konstruktion' sind ein weiterer wichtiger Wissensbereich, den es zu repräsentieren gilt.

Differenzmengen-Ansatz gegen Redundanzen

Um Redundanzen in der Speicherung so weit wie möglich zu vermeiden, speichert das KHMS in seiner *Know-How-Bank* im wesentlichen nur eine *Differenzmenge*, nämlich alle Informationselemente, die für IPE benötigt werden, *außer* denen, die bereits in den (diversen) Datenhaltungs-Systemen der konventionellen Anwendungen stehen (vgl. Abb. 5.8). Schon diese Rest-Menge ist jedoch so umfangreich und komplex, daß sie in einem Standard-DBMS nicht effizient repräsentiert werden kann.

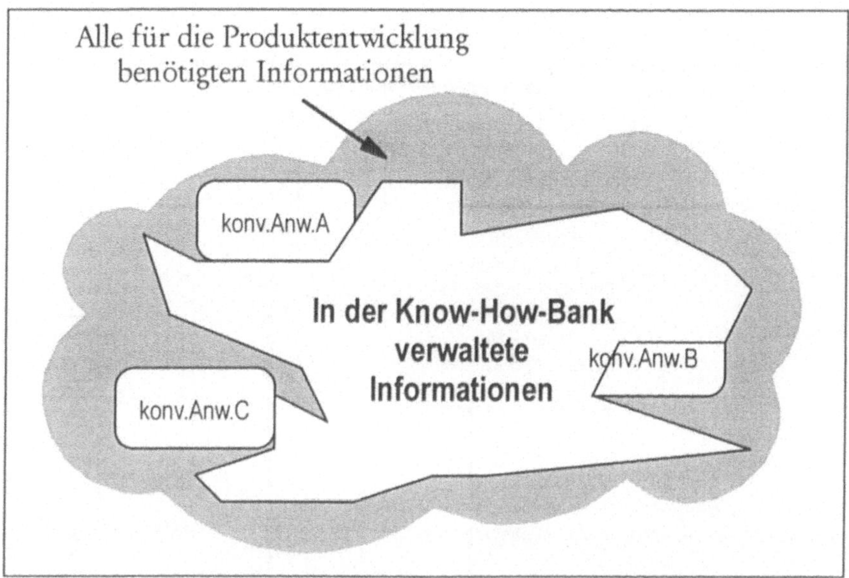

Abb. 5.8 *In der Know-How-Bank des Know-How-Management-Systems werden möglichst keine Daten aus konventionellen Anwendungen gespeichert.*

Schichten des KHMS

Das KHMS vereinigt mehrere Konzepte zur Darstellung und Speicherung von Know-How in seiner Schichten-Architektur:

Know-How-Bank

- Die *Know-How-Bank* umfaßt alle Einrichtungen, die für die *dauerhafte* Speicherung von Know-How auf peripheren Speichermedien zuständig sind. Hier geht es vor allem um die relationale Datenbank und die Text- und Hypermedia-Bank.

Objekt-system

- Das *Objektsystem* ist ein Standard-OOP-System (z.B. CLOS, C++ oder Smalltalk), das *zur Laufzeit* die Objektwelten verwalten kann. Seine Fähigkeiten entsprechen den in 4.1 beschrieben.

Object Level Interface

- Das *Object Level Interface (OLI)* erweitert das Objektsystem um mehrere Gruppen von Klassen und Methoden, die die spezifischen Bedürfnisse des KHMS abdecken.

Data Level Interface

- Das *Data Level Interface (DLI)* ermöglicht Verbindungen zwischen Know-How-basierten und konventionellen Anwendungen.

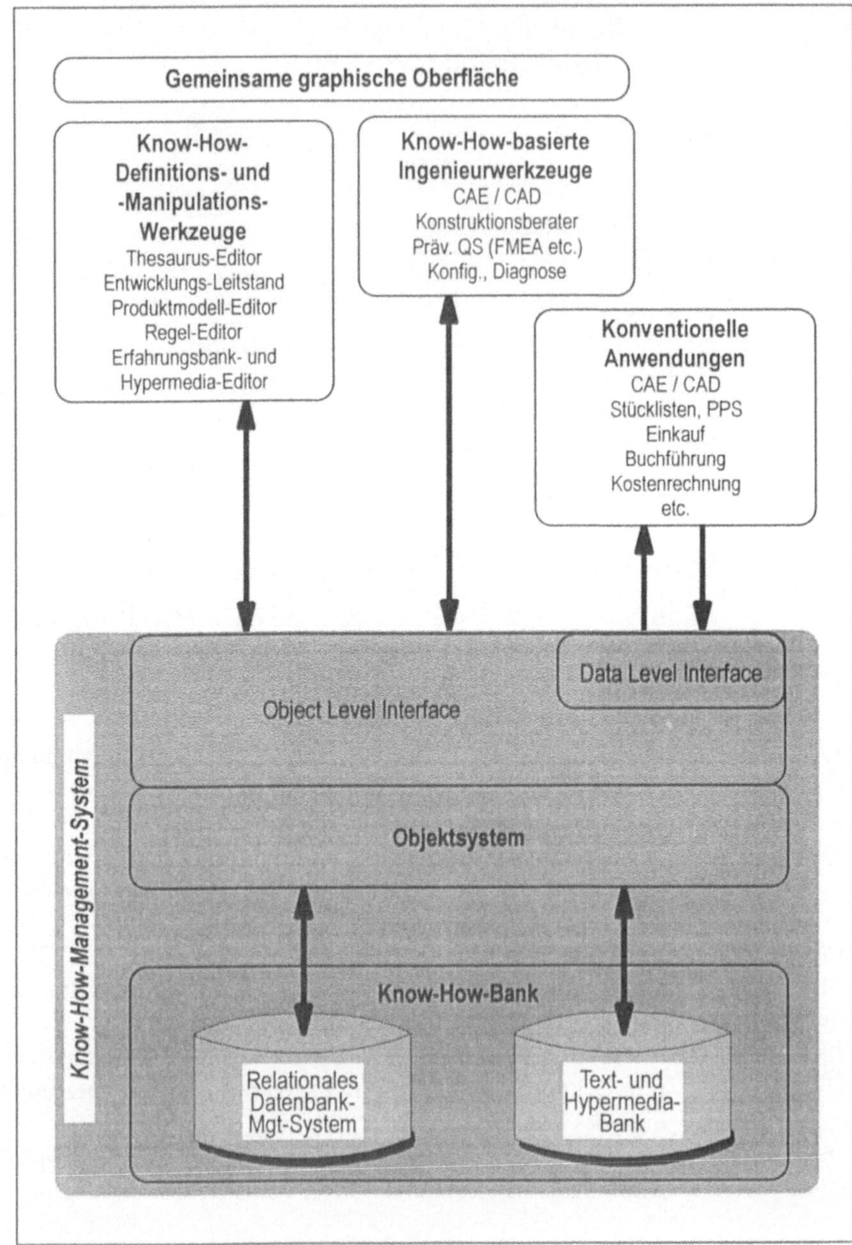

Abb. 5.9 *Überblick über die Know-How-basierte DV-Architektur für die Integrierte Produktentwicklung.*

Die Abb. 5.9 gibt einen genaueren Überblick über die Komponenten des KHMS. Sie werden im folgenden genauer erläutert. Jeder Abschnitt stellt zuerst die Funktionen vor, die die jeweilige Komponente anbietet, und erklärt danach deren Architektur (speziell die Art, wie das DBMS eingesetzt wird). Daran anschließende Abschnitte zeigen, wie diese Fähigkeiten in der Know-How-basierten Architektur eingesetzt werden.

5.3.1 Die Know-How-Bank

Die Know-How-Bank ...

Die Know-How-Bank ist verantwortlich für die dauerhafte Speicherung von Know-How auf peripheren Speichern. Sie benutzt zwei Komponenten:

- *Die* (relationale) *Datenbank* dient als Ablagesystem für alle Fakten (d.h. Klassendefinitionen und Instanzen) und Regeln.
- Die *Text- und Hypermedia-Bank* speichert große, unstrukturierte binäre Objekte, wie z.B. Texte, Bilder, Sprachdateien usw., in assoziativen Strukturen, die für Hypermedia-Zugriffe geeignet sind.

... ist eine Synthese aus WBS, DBMS und WBMS

Die Auslegung der Know-How-Bank spiegelt die schwer zu vereinbarenden Anforderungen wider, die der Konstruktion des KHMS zugrundelagen: Einerseits die besonderen Anforderungen der Produktentwicklung an IT-Infrastrukturen, und andererseits das Streben nach problemloser Integration in existierende DV-Welten. Daher muß das gesamte KHMS bezüglich seiner Fähigkeiten zwischen den WBS, den standardisierten DBMS und den heute noch etwas futuristisch anmutenden Wissensbank-Management-Systemen (WBMS, vgl. 4.3) positioniert werden (vgl. Abb. 5.10).

5.3.1.1 Die Datenbank

Die (relationale) Datenbank

Dieser Abschnitt stellt die Grundkonzepte des relationalen DB-Teils der Know-How-Bank vor und arbeitet die konzeptionellen Gemeinsamkeiten und Unterschiede im Vergleich zu Wissensbank-Management-Systemen (WBMS) heraus. Die Möglichkeiten, die ein WBMS im Prinzip über ein DBMS hinaus bieten kann, sind in 4.3 diskutiert worden.

Das KHMS vereinigt mehrere Wissensrepräsentationstechniken (vgl. Kap. 4), um die verschiedenen Arten von *Know-How-Partikeln* speichern und verwalten zu können, die in Entwicklungsprozessen auftreten (vgl. 5.2.2). Um den Anwendungen im CIM-Umfeld ein solides Fundament zu geben, muß das KHMS aber nicht nur die Speicherungs-Anforderungen der WBS erfüllen, sondern auch diejenigen von weitaus konventionelleren Ingenieur-Werkzeugen. Das Ergebnis ist ein Konzept, das in puncto Breite der Anwendbarkeit und Integrationsfreundlichkeit ehrgeiziger als ein

WBMS ist, während es in der Flexibilität der Repräsentation von Wissen Kompromisse eingeht.

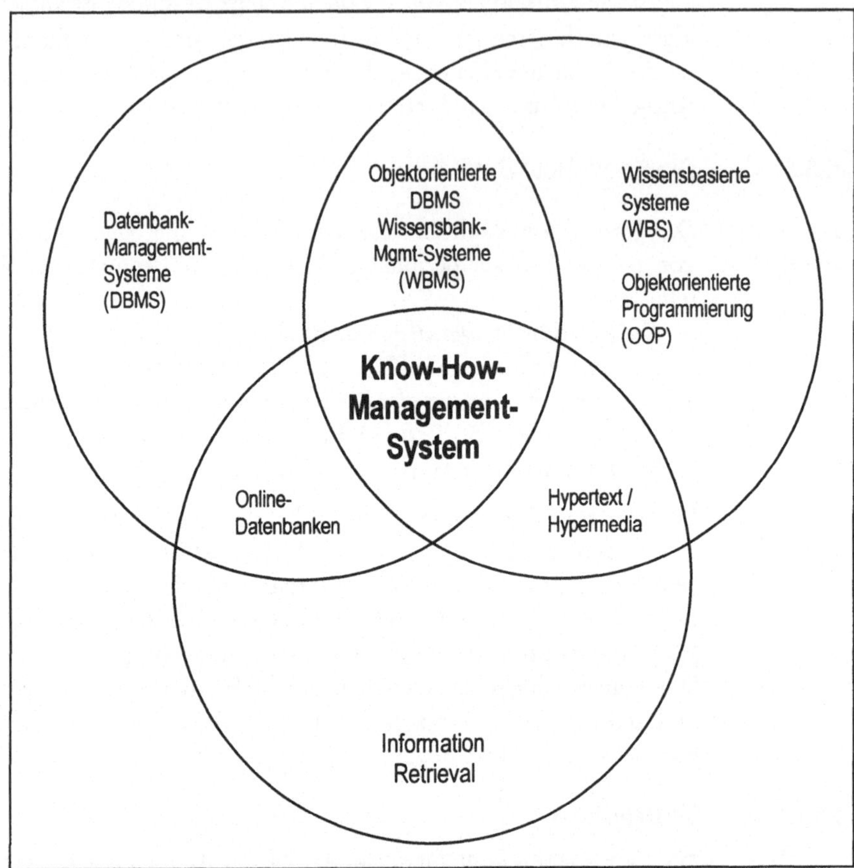

Abb. 5.10 *Positionierung des Know-How-Management-Systems zwischen den Konzepten 'Wissensbasiertes System (WBS)', 'Datenbank-Management-System' (DBMS) und 'Wissensbank-Management-System' (WBMS).*

KHMS 'von Null an'?

Die wachsende Vielfalt von Modellierungsmethoden und die Fortschritte, die im Bereich der WBMS gemacht wurden (vgl. 4.3), sind sehr ermutigend, und viele dieser Ideen sind hier eingeflossen. Allerdings wäre es unrationell, das KHMS 'von Null an' zu bauen. Wir sparen uns viel Arbeit, wenn wir für die dauerhafte Speicherung auf ein relationales Standard-DBMS zurückgreifen. Dadurch opfert das KHMS etwas an Ausdrucksstärke in der Daten-Repräsentation, aber selbst reine WBS brauchen selten eine dauerhafte Speicherung, die genauso flexibel ist wie ihr Laufzeit-Objektsystem. Der Abschnitt 5.3.2.4 wird zeigen, daß man einen Kompromiß zwischen diesen beiden Extremen finden kann.

Es folgen die Charakteristiken des KHMS bezüglich der Datenbank.

Zwei Grade der Kopplung stehen zur Auswahl

2 Grade der Kopplung

Das KHMS besitzt eine maximal enge Kopplung zwischen dem Objektsystem und dem relationalen DBMS – aber ohne Veränderungen am relationalen DBMS vorauszusetzen. Der große Vorteil dieser Lösung ist ihre Portabilität über nahezu beliebige relationale Standard-DBMS hinweg. Auch die zwei Grade der Kopplung sind durch das FMEA-Informations-System inspiriert (vgl. 5.1):

Enge On-line-Kopplung

- Eine relativ enge On-line-Kopplung über die DB-Aufrufe des Object Level Interface (OLI, vgl. 5.3.2).

Lose Off-line-Kopplung

- Eine lose Off-line-Kopplung (check-out / check-in) mit einem nebenläufigen Prozeß, der seine eigene lokale Arbeitsdatei verwaltet.

Damit ist das KHMS erheblich leichter in bestehende Computer-Umgebungen zu integrieren als vollwertige WBMS. Es kann sofort implementiert werden, so weit wie möglich unter Benutzung bereits vorhandener Datenbestände des Unternehmens. Die logisch zentralisierte Speicherung von produktbezogenen Daten und Know-How bewirkt einen 'offenen Markt' für alle produktbezogenen Informationen: Alle 'Marktteilnehmer' besitzen vollen Zugang zu den Informationen, die sie für ihre Entscheidungen brauchen. Dank des Differenzmengen-Ansatzes (siehe Abb. 5.8) werden Redundanzen in der Speicherung minimiert.

Das KHMS versucht gar nicht erst, ein vollwertiges WBMS zu sein

Wozu ein vollwertiges WBMS?

Im Unterschied zu einem WBMS bietet das KHMS keine vollwertige, 'transparente' objektorientierte Programmierschnittstelle, 'unter' der eine dauerhafte Speicherung sitzt. Vielmehr müssen Know-How-basierte Anwendungen einige Dienste des KHMS *explizit* aufrufen, die man in einem WBMS quasi 'gratis' bekäme. Diese Einschränkung ergibt sich aus der Forderung, daß das DBMS unverändert bleiben soll.

Dadurch wird natürlich eine Zwischenschicht notwendig, die als Vermittler zwischen dem WBS und dem DBMS auftreten kann. Sie übersetzt die im DBMS gespeicherten Daten in Objekte in der Repräsentation des Objektsystems, mit denen die Know-How-basierten Anwendungen dann arbeiten können. Dieser Satz von Funktionen ist ein Teil des OLI, das das darunterliegende Objektsystem (z.B. CLOS) um Datenbank-Aufrufe erweitert.

Eine Off-line-Kopplung kann zur Laufzeit schneller sein

Off-line-Kopplung kann zur Laufzeit schneller sein

Praktische Erfahrungen zeigen, daß die Performance relationaler DBMS je nach DB-Design und den benutzten Optimierungstechniken sehr stark schwanken kann. Für Anwendungen, die selbst *nach* einer Optimierung ihrer DB-Zugriffe noch beschleunigt werden müssen, kann beim Programmstart eine lokale Arbeitsdatei auf der Workstation angelegt werden, die die für das Programm nötigen Ausschnitte der DB enthält und auf der die Zugriffe zur Laufzeit ausgeführt werden. In diesem Falle muß die Anwendung nach einer check-out / check-in - Strategie vorgehen.

Konsistenz-Sicherung auf hohen Abstraktionsebenen

High-Level-Konsistenz-Sicherung

Auf der Basis des KHMS können ausgefeilte Versionsführungen und *Constraint Propagation*-Mechanismen implementiert werden. Voraussetzung dafür ist u.a. ein detailliertes Modell des Entwicklungsprozesses. So können Veränderungen, die eine Abteilung an einer Konstruktion vornimmt, unverzüglich und in der jeweils passenden Form an alle davon Betroffenen gemeldet werden.

Das KHMS ist offen für Fortschritt

Das KHMS ist offen für Fortschritt

Sollte es eines Tages wirklich eine Norm für WBMS geben und sollten verschiedene Produkte dieser Art erhältlich sein, wäre das für das KHMS eine willkommene Gelegenheit, sich auf diesen Standard umstellen zu lassen. Einige der Funktionen, die heute in den Know-How-Definitions- und -Manipulations-Werkzeugen (vgl. 5.4) stecken, könnten dann wohl durch eigene Funktionen des WBMS ersetzt werden oder zumindest näher am WBMS angesiedelt werden. Ein wesentlicher Vorteil der Schichtenarchitektur des KHMS liegt darin, daß solche Umbauten bei den Know-How-basierten Anwendungen keine Veränderungen notwendig machen.

5.3.1.2 Die Text- und Hypermedia-Bank

Die Text- und Hypermedia-Bank

Dieser Teil der Know-How-Bank speichert große Mengen von relativ wenig strukturierten Informationen, wie z.B. Texte, Bilder, Tondokumente, Filme und komplexe Dokumente, die aus diesen Elementen zusammengesetzt sind. Sie werden manchmal auch als Binary Large Objects oder kurz BLOBs bezeichnet. Speichertechniken für solche Aufgaben sind im Hypertext- / Hypermedia-Bereich entwickelt worden (siehe 4.4).

5.3.1.3 Optionen für die Hardware-Architektur

Das KHMS macht Anwendungen verteilbar

Durch seinen Aufbau in Schichten bietet das KHMS viele Freiheiten bei der Verteilung Know-How-basierter Anwendungen über Hardware-Plattformen und Netzwerke mit Workstations und Servern. Einen wesentlichen Beitrag zu dazu leisten die 'serienmäßigen' Fähigkeiten heutiger Client-Server-Datenbanksysteme und des OSF/Motif-Systems. Folgende Konfigurationen sind möglich (vgl. Abb. 5.11):

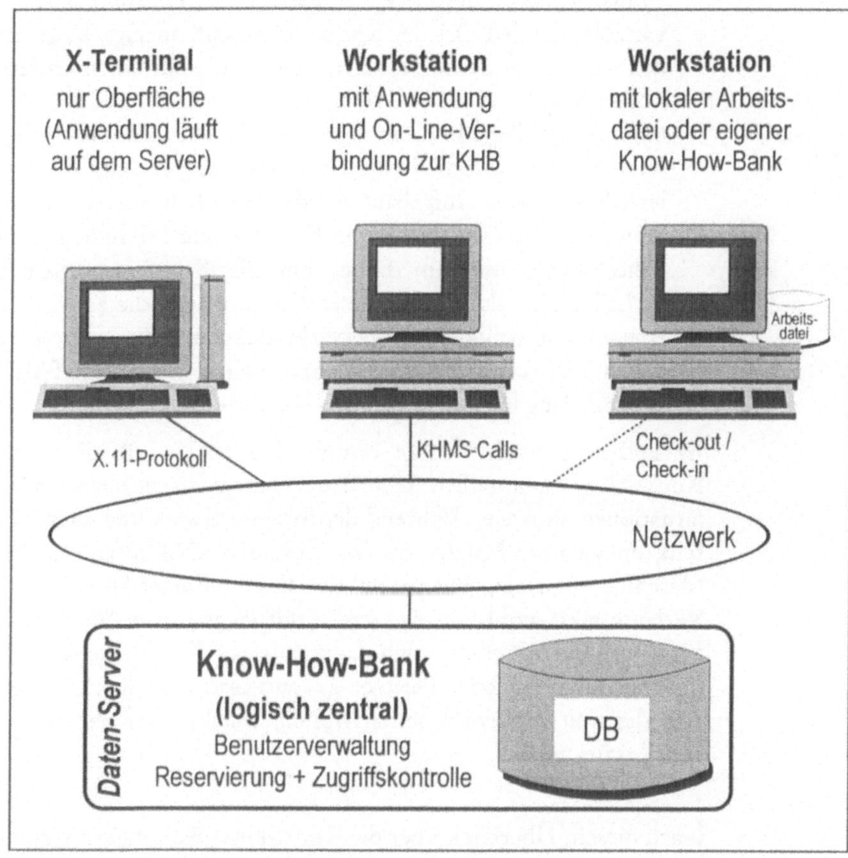

Abb. 5.11 *Alternativen der Verteilung Know-How-basierter Anwendungen über ein Netzwerk von Clients und Servern.*

Lokale On-line-Kopplung

- *Lokale On-line-Kopplung*: In dieser Konfiguration laufen die Know-How-Bank und die Know-How-basierten Anwendungen (d.h. die *Clients* in der Nomenklatur von X Windows) beide auf demselben

Rechner. X-Terminals bzw. einfache X-Window-fähige Workstations arbeiten dabei nur als X *Servers*, sind also nur für die reine Ein-/Ausgabe an der Benutzungsoberfläche zuständig.

Entfernte On-line-Kopplung

- *Entfernte On-line-Kopplung*: In diesem Fall läuft die Know-How-basierte Anwendung auf einer (gut ausgerüsteten) Workstation. Die Zugriffe auf die zentral liegende Know-How-Bank erfolgen mittels der Mechanismen, die das DBMS für solche Fälle zur Verfügung stellt. Für diese Variante braucht man die Know-How-basierte Anwendung noch nicht einmal neu zu compilieren, sondern i.d.R. muß nur eine Umgebungsvariable, die den Ort der Know-How-Bank anzeigt, so gesetzt werden, daß sie statt auf einen lokalen Pfadnamen auf einen entfernten Netzknoten zeigt.

Off-line-Kopplung

- *Off-line-Kopplung*: In dieser Version muß eine On-line-Verbindung zwischen der Know-How-basierten Anwendung und der Know-How-Bank jeweils nur kurz aufgebaut werden, nämlich zuerst, um die für den Anwender interessanten Daten (z.B. über ein Produkt) herunterzuladen ('check-out'), und am Ende, um die Konstruktions-Sitzung abzuschließen ('check-in'). Bei dieser Variante kann die Know-How-basierte Anwendung völlig ohne Netzverbindung zum Know-How-Bank-Server laufen. Das ist beispielsweise dann nützlich, wenn eine FMEA mehrere Wochen lang bei einem Kunden bearbeitet wird.

Es sind auch noch weitere Lösungen denkbar, z.B. die Verteilung der Know-How-Bank selbst. Jede dieser Alternativen bietet in bestimmten Situationen Vorteile: Während der Systementwicklung kann es erwünscht sein, die gesamte Installation (also inklusive DBMS) auf ein und dieselbe Maschine zu setzen, um produktive Systeme nicht zu stören. Die zweite Variante wird wohl von Benutzern mit langsameren Workstations bevorzugt, weil die Maschinen sich dann ganz auf die Tätigkeiten des X-Servers konzentrieren können. Besitzer gut ausgerüsteter Workstations und solche, die weit entfernt arbeiten wollen, werden eher der dritten Variante den Vorzug geben.

Nach diesem Überblick über die Know-How-Bank behandeln die nächsten Unterkapitel die Schnittstellen, die das KHMS für die Systementwicklung zur Verfügung stellt.

5.3.2 Das Object Level Interface (OLI)

Das Object Level Interface

Das Object Level Interface (OLI) ist die objektorientierte Programmierschnittstelle des Know-How-Management-Systems (KHMS). Das OLI soll es Systementwicklern so einfach wie möglich machen, Know-How-basierte

Anwendungen zu entwickeln. Dazu muß es ebenso mächtig wie komfortabel sein. Seine hohe Abstraktionsebene schirmt den Programmierer von den Details der Speicherung und Repräsentation innerhalb der Know-How-Bank ab.

Das OLI bietet dem Systementwickler eine einheitliche, objektorientierte Sicht auf alle produktrelevanten Informationen, egal ob sie im DBMS, in der Text- und Hypermedia-Bank oder bei irgendeiner konventionellen Anwendung gespeichert sind.

Das OLI besteht aus den folgenden Paketen von Klassen und Methoden:

Thesaurus-Manager

- Der *Thesaurus-Manager* verwaltet die Begriffswelten des Anwendungsgebietes in Form von Taxonomien und Hypermedia-Zugriffsstrukturen.

Regel-Manager

- Der *Regel-Manager* enthält Klassen und Methoden zum Erstellen und Pflegen von Regeln. Für ihre Ausführung zur Laufzeit steht eine konfigurierbare Inferenzmaschine zur Verfügung. Die Regeln können auf regulären Objekten des Objektsystems schlußfolgern. Zusammen mit dem Objektsystem stehen damit die beiden wichtigsten Funktionsbereiche eines hybriden WBS-Werkzeugs zur Verfügung: Objektorientierte und regelbasierte Wissensrepräsentation.

Know-How-Bank-Schnittstelle

- Die *Know-How-Bank-Schnittstelle* bietet eine einheitliche Programmierschnittstelle zur Know-How-Bank. Diese umfaßt u.a. spezifische Treiber für On-line-Kopplungen zu verschiedenen DBMS, check-out-/ check-in-Methoden zur Off-line-Kopplung über lokale temporäre Arbeitsdateien, sowie Klassen und Methoden zum Speichern, Anzeigen und Bearbeiten von Daten aus der Text- und Hypermedia-Bank. Auf diese Weise 'sieht' eine Know-How-basierte Anwendung nur die Schnittstelle zur gesamten Know-How-Bank und kann fast völlig unabhängig davon geschrieben werden, ob die Objekte nun aus der DB, einer Arbeitsdatei oder der Text- und Hypermedia-Bank kommen.

Data Level Interface

- Das *Data Level Interface* ist eine Gruppe von extern aufrufbaren Import-/ Export-Filtern, die den Austausch von Daten mit konventionellen Anwendungen besorgen.

Erweiterungen

- Zusätzlich sind mehrere sinnvolle Erweiterungen des OLI vorstellbar, wie z.B. ein User Interface Management System (UIMS, vgl. 4.4), das eine allgemeine Programmierschnittstelle für graphisch-interaktive Anwendungen bereitstellt und die Anwendungen portierbar über mehrere Fenstersysteme macht (z.B. OSF/Motif und Microsoft Windows).

Der Thesaurus-Manager spielt in dieser Gruppe die Rolle eines Dienstleisters: Er liefert den anderen Komponenten des OLI Informationen, die sie zur Verwaltung ihrer Klassen, Instanzen, Beziehungen und Methoden brauchen.

Migration erleichtern

Die Know-How-basierte Architektur nutzt die bessere Wiederverwendbarkeit von Programm-Modulen in OOP, um Benutzer von IPE und auch Dritte in die Lage zu versetzen, mit möglichst geringem Aufwand und möglichst standardisiert neue Anwendungen zu entwickeln oder bestehende Anwendungen auf das KHMS zu portieren. Das ist aus zwei Gründen nötig:

- Es muß einen Migrationspfad für Dritte wie z.B. Hersteller von CAD-Systemen geben, um ihre Anwendungen zu Know-How-basierten Anwendungen zu modifizieren. Der ungeheure Aufwand, der in ein CAD-System einfließt, bis es ausgereift ist, würde eine komplette Re-Implementierung ausschließen. Also muß das KHMS durch seine Offenheit diesen Systemen möglichst weit entgegenkommen, um den Umstellungsaufwand zu minimieren.
- Andererseits muß ein Unternehmen, das sein eigenes KHMS erstellen will, sicher sein, daß man nicht deshalb eigene CAE- / CAD-Systeme bauen muß. Stattdessen möchte man sich weiter auf die bereits bewährten Systeme verlassen, und diese können dank der Verbindung zur Know-How-Bank bessere Unterstützung bieten als vorher.

Handhabung von Instanzen

Das OLI kann seine Instanzen auf zwei verschiedene Weisen handhaben:

- Permanent: Objekte, die dauerhaft gespeichert werden sollen, können in der Know-How-Bank mit Hilfe der Know-How-Bank-Schnittstelle implizit auf dem neuesten Stand gehalten werden.
- Temporär zur Laufzeit: Andere Instanzen 'leben' nur, während ein Programm läuft, z.B. für die Dauer einer Expertensystem-Konsultation.

Die nun folgenden Abschnitte werden die einzelnen Komponenten des OLI genauer erläutern.

5.3.2.1 Der Thesaurus-Manager

Der Thesaurus-Manager

Der Thesaurus-Manager ist eine Sammlung von Klassen und Methoden, die das 'semantische Rückgrat' der gesamten Know-How-basierten Architektur bilden. Die anderen Teile des KHMS verlassen sich – ebenso wie die Know-How-basierten Anwendungen – auf das hier verwaltete Meta-Wissen. Ein *Thesaurus* ist im wesentlichen eine Klassifikations-Hierarchie, die in Form eines hierarchisch strukturierten Kataloges von Schlagworten (*Deskriptoren*) organisiert ist. In der KI kennt man solche Mittel zur Organisation von Wissen unter dem Begriff *Taxonomien* (vgl. 4.2). Das bekannteste Praxis-Beispiel ist wohl die Dezimal-Klassifikation in Bibliotheken, die zeigt, worauf es ankommt: Eine Einteilung der (Mini-) Welt in Ober- und Unterbegriffe.

Nutzen von Thesauri

In der Produktentwicklung, wie auch in jeder anderen Organisation, kann ein Thesaurus sehr hilfreich sein: Angesichts der immer größeren Mengen von Informationen, die in DV-Systemen gespeichert werden, wird es immer schwieriger, eine ganz bestimmte Information zu finden – besonders wenn man es mit heterogenen DV-Systemen zu tun hat. Hier hilft der Thesaurus in folgenden Hinsichten:

- Er hilft z.B. dem Ingenieur, herauszufinden, ob es zu dem Problem, das er gerade bearbeitet, bereits irgendwelche Informationen im Unternehmen gibt.
- Gleichzeitig ermöglicht er es auch den Know-How-basierten Anwendungen, in der Sprache des Fachexperten zu 'reden' und Ähnlichkeiten zu finden.
- Schließlich kann er für das gesamte Unternehmen eine konsistente Nomenklatur, eine einheitliche Verwendung von Begriffen, sicherstellen. Heute benutzen beispielsweise die Ingenieure und die Fertigungsexperten unterschiedliche Namen für das gleiche Teil. In großen Produktentwicklungs-Organisationen kann es sogar zwischen den Ingenieurbereichen abweichende Begriffe geben.

Terminologie- und Taxonomie-Server

Thesauri werden seit vielen Jahren in Online-Datenbanken erfolgreich eingesetzt, um die gespeicherten Daten sinnvoll zu strukturieren (vgl. 4.3). Da die Konstruktion zu großen Teilen ein Informationsbeschaffungsproblem ist (vgl. 2.5), sollten Thesauri auch in diesem Kontext wertvolle Dienste leisten. Im KHMS dienen sie nicht nur als Schlüsselwort-Kataloge, sondern als Terminologie- und Taxonomie-Server, in vieler Hinsicht vergleichbar mit den *Data Dictionaries* in konventionellen DBMS. Die Klassifikation jedes Dokuments mit Deskriptoren aus dem Thesaurus legt Zugriffspfade fest, über die das Dokument im Laufe einer DB-Anfrage gefunden werden kann. Diese Klassifikation ermöglicht eine effiziente und effektive Suche in einer DB mit großen Mengen schlecht strukturierter Informationen (z.B. Texte).

Es überrascht nicht, daß die Online-Datenbanken so eifrige Benutzer von Thesauri sind: Sie werden i.d.R. von großen Teams gepflegt. Eine konsistente Organisation all dieser Informationen kann nur sichergestellt werden, wenn alle Mitarbeiter, die neue Texte in die DB eingeben und 'deskribieren' sollen, sich über die zu verwendenden Deskriptoren vollkommen einig sind. Andererseits ist ein Thesaurus aber auch nie vollständig: Es kann immer Informationen geben (z.B. neue Artikel), die unter keinem der bisher vorhandenen Deskriptoren katalogisiert werden können. Daher muß ein Thesaurus leicht zu ergänzen sein.

Know-How-Bank-Administratoren

Als taxonomische Beschreibung der gesamten im KHMS abgebildeten Mini-Welt hilft er dem KHMS und den Know-How-basierten Anwendungen, Konzepte wie *Synonyme* (zwei verschiedene Wörter mit gleicher Bedeutung), *Homonyme* (ein Wort mit zwei verschiedenen Bedeutungen) und *Generalisierungen* zu 'verstehen'. Thesauri können von speziell geschulten Benutzern, den Know-How-Bank-Administratoren, gepflegt werden (mit der freundlichen Unterstützung z.B. eines 'Wissensingenieurs').

Viele verschiedene, aber miteinander in Beziehung stehende Thesauri müssen gepflegt werden:

Jeder Perspektive ihren Thesaurus

- Jede *Perspektive* (vgl. S. 80) kann ihren eigenen Thesaurus haben, denn ein Produkt kann sehr verschieden strukturiert sein, wenn man es aus verschiedenen Perspektiven betrachtet. Z.B. will ein Vertriebs-Manager Informationen vielleicht hauptsächlich nach Regionen aufgeteilt sehen, während ein Ingenieur i.d.R. nur an *einem* Produkt interessiert ist, dafür aber eingeteilt in Komponenten und Einsatzbedingungen.

Thesauri für die Aufbauorganisation

- Thesauri sind auch sinnvoll zur Modellierung der Aufbauorganisation und der verschiedenen Entwicklungsprozesse. Eine Aufbauorganisation ähnelt häufig sehr einer Taxonomie der Aktivitäten, vornehmlich aufgeteilt nach Funktionen und / oder Produktsparten. Und sogar in einer hierarchiearmen Organisation kann ein Thesaurus z.B. helfen, für ein gegebenes Problem den richtigen Experten zu finden.

... für den Fachjargon

- Thesauri können auch Standard-Schlüsselwort-Strukturen für eine bestimmte Fachsprache beinhalten. Durch geschickten Einsatz der verschiedenen Fach-Taxonomien können Know-How-basierte Anwendungen sich Kontexte, Verbindungen und Beziehungen aus einer großen Menge von Informationen herausfiltern. So kann z.B. ein ähnliches Produkt zu einem bereits vorhandenen herausgesucht werden, indem die beiden Produkt-Taxonomien verglichen werden.

... für Arbeitspläne

- Produktkomponenten-Taxonomien können zur Automatisierung der Erzeugung von Arbeitsplänen sehr nützlich sein. Teile der Taxonomie (s. Abb. 5.12) sehen bereits einer Stückliste ähnlich.

Repräsentation der Thesauri

Jeder Thesaurus wird im Objektsystem repräsentiert und im DBMS dauerhaft gespeichert als ein Baum von Instanzen der Klasse `descriptor`:

```
(DEF-CLASS (descriptor (:metaclass mos-class)
                        :database *experience-db*
                        :table t
                        :accessible-slots
                        :settable-slots)
  (id           0   :type integer)
  (text         ""  :type simple-text)
  (father_desc  0   :type integer)      : another id

  ) ; END DEF-CLASS descriptor
```

Werkzeug zur Pflege der Thesauri

Eine solche Aggregationshierarchie kann an der Benutzungsoberfläche als eine Hierarchie von Auswahl-Menüs präsentiert werden. Eine andere *Perspektive* könnte denselben Baum, ergänzt um Mengenbeziehungen, für das Zeichnen eines Gozinto-Graphen (Stücklisten-Baum) verwenden. Ein Thesaurus sollte mindestens so leicht zu benutzen und zu pflegen sein wie ein Telefonbuch. Daher hat der Thesaurus-Manager sein eigenes Know-How-Definitions- und Manipulations-Werkzeug, genannt *Thesaurus-Editor* (siehe 5.4.1). Dieser hilft den Know-How-Bank-Administratoren, Thesauri zu pflegen, indem sie in einem Baum am Bildschirm Knoten oder ganze Teilbäume ändern, hinzufügen oder löschen.

Beispiel

Abb. 5.12 zeigt als Beispiel einen Ausschnitt aus dem Thesaurus einer Know-How-Bank für Diesel-Einspritzpumpen (weitere Informationen zu diesem System finden Sie in 5.5.2.1). Der Aufbau des Thesaurus gibt die Gebiete wieder, an denen die Ingenieure in dieser spezifischen Umgebung am stärksten interessiert sind.

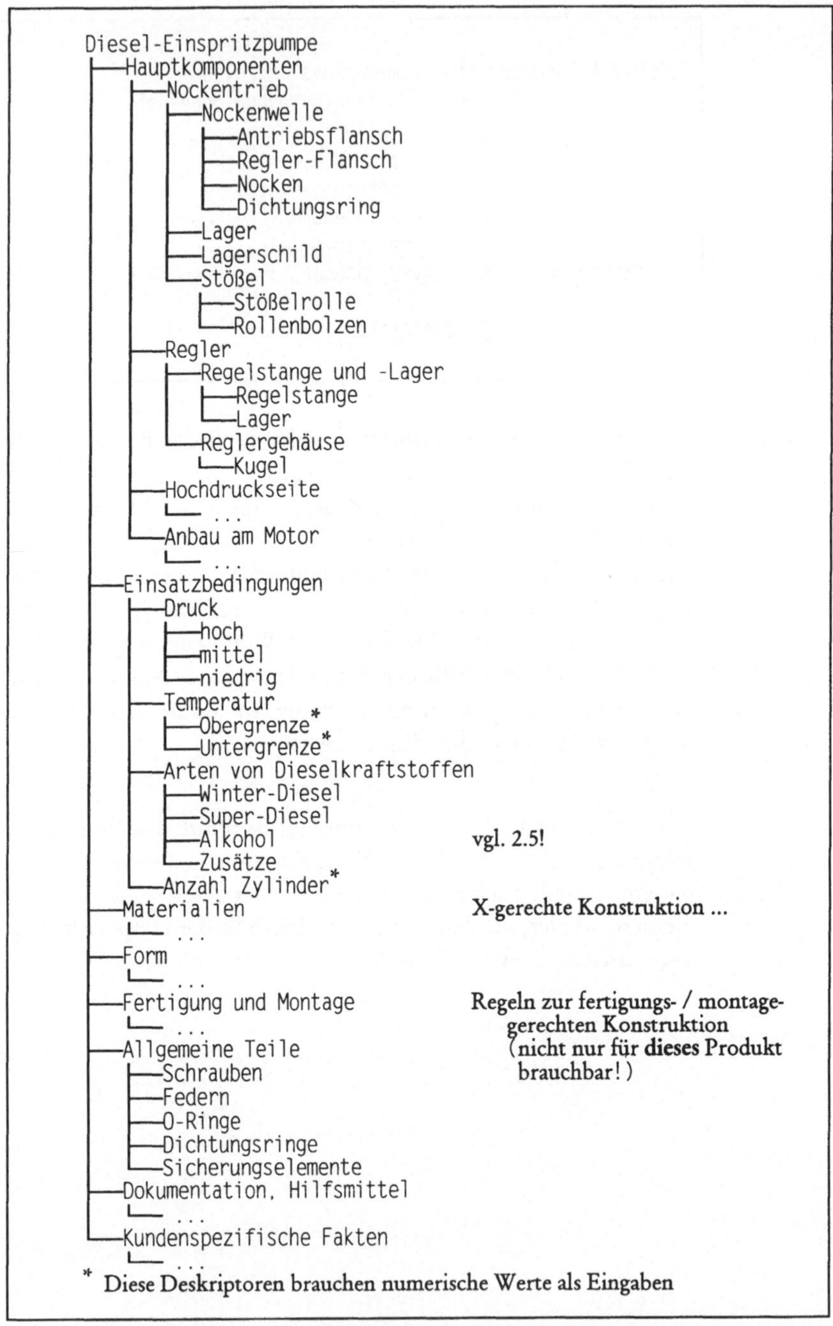

Abb. 5.12 Ausschnitt aus einem Thesaurus für Diesel-Einspritzpumpen, der in einem Erfahrungsbank-Projekt entwickelt wurde.

5.3.2.2 Der Regel-Manager

Der Regel-Manager

Die Regelbasen, die der Regel-Manager verwaltet, dienen u.a. als Kommunikationsmedium 'stromaufwärts', also zur *Know-How-Rückkopplung*: Beispielsweise können Fertigungsingenieure hiermit ihre Konstruktionsregeln verwalten, die von den Konstrukteuren beachtet werden müssen. Abb. 5.13 zeigt ein Funktionsschema des Regel-Managers.

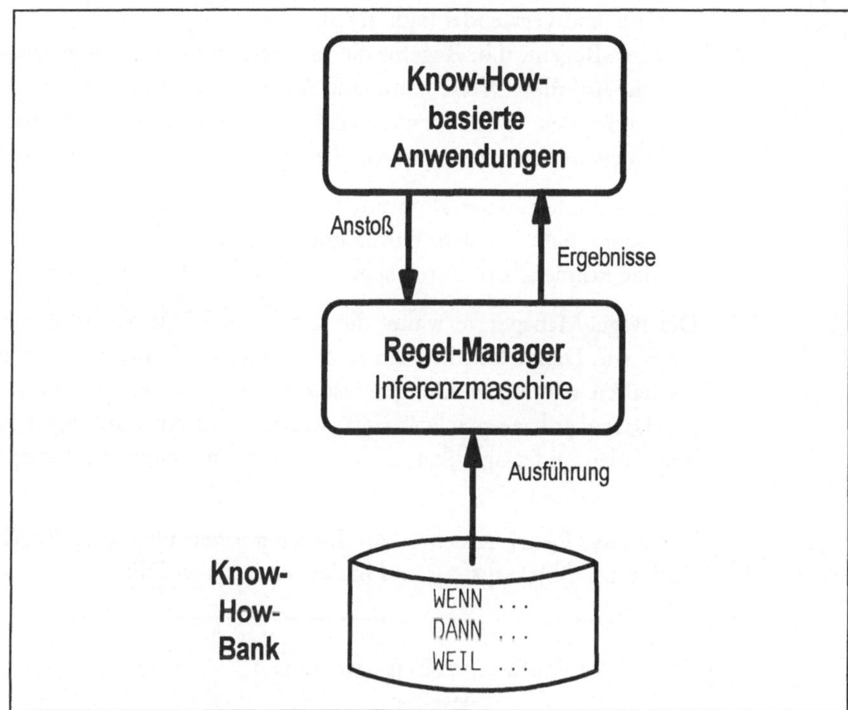

Abb. 5.13 Funktionsschema des Regel-Managers.

Regeln z.B. für Know-How-Rückkopplung

Der Regel-Manager benutzt Informationen vom Thesaurus-Manager, um Produktionsregeln (Definition siehe S. 76) zu verwalten. Er ist für die Organisation, Bearbeitung und Ausführung der Regeln zuständig.

Regeln sind auch nur Objekte ...

Die Speicherung der Regeln überläßt er der Know-How-Bank, denn die Regeln führen nicht nur ihre Schlußfolgerungen anhand von Instanzen des Objektsystems aus, sondern sind auch selbst als Instanzen der Klasse `Regel` repräsentiert. Die Entwickler Know-How-basierter Anwendungen können dazu nach Belieben Unterklassen bilden. U.a. sind Unterklassen von `Regel` möglich:

... mit eigener Klassenhierarchie

- Regelmengen, die Teile Know-How-basierter Anwendungen sind (z.B. Diagnose- oder Konfigurations-Expertensysteme und Konstruktionsberater für X-gerechte Konstruktion).
- Prozeßregeln oder 'Business Rules'. Beispiele: „Wer muß was unterschreiben, wann, in welchen Fällen?“ „Welche Voraussetzungen müssen erfüllt sein, damit man anfangen kann, das Werkzeug X für die Konstruktion einzusetzen?“ Solche Regeln werden vom Konstruktions-Leitstand verwendet (vgl. 5.4.2).
- Meta-Regeln, d.h. Regeln, die das Verhalten der Inferenzmaschine steuern. Auf diese Weise kann eine Auswahl von Inferenzstrategien angeboten werden (z.B. Vorwärtsverkettung, Rückwärtsverkettung und verschiedene Strategien zur Abarbeitung von Konfliktmengen).[27]

Call-Outs

Auch Aufrufe anderer Programme (*Call-outs*) müssen durch das Objektsystem ermöglicht werden, damit unter Umständen extern Fakten ermittelt werden können, z.B. durch spezielle Berechnungsprogramme.

Der Regel-Manager verwaltet die Regeln im Klartext, also in *interpretierbarer* Form. Damit könnte man es privilegierten Benutzern ermöglichen, das Verhalten von Anwendungen selbst zu beeinflussen. Regelmengen, die in der Datenbank gespeichert sind, werden von Anwendungen zur Laufzeit eingeladen und ausgeführt, d.h. der Inferenzmaschine 'verfüttert'.

Repräsentation von Regeln

Die Klasse `Regel` speichert die Informationen über eine Regel folgendermaßen im Objektsystem und in der relationalen DB:

```
(DEF-CLASS (rule (:metaclass mos-class)
                 :database *rule-db*
                 :table t
                 :accessible-slots
                 :settable-slots)
  (condition    T   :type symbol)     ; left-hand side  / IF
  (action       NIL :type symbol)     ; right-h. side / THEN
  (explanation  "no explanation available"
                    :type simple-string)         ; BECAUSE
  (application  ""  :type simple-string)
  (compiled     NIL :type symbol)

  ) ; END DEF-CLASS rule
```

Die Möglichkeit, unter dieser allgemeinen Klasse auch eine Spezialisierungshierarchie mit weiteren Regelklassen einzurichten, eröffnet einige

Freiheitsgrade für die individuelle Organisation großer Mengen von Regeln. Die Regeln könnten z.B. entsprechend den Know-How-basierten Anwendungen eingeteilt werden in Klassen wie 'Prozeßsteuerungsregeln', 'Elektronik-Konstruktionsregeln' und 'Mechanik-Konstruktionsregeln'.

5.3.2.3 Die Know-How-Bank-Schnittstelle

Kommunikator zwischen Objektsystem und Know-How-Bank

Über die Know-How-Bank-Schnittstelle kommuniziert das Objektsystem mit der Know-How-Bank. Sie sorgt vor allem für eine transparente 1:1-Abbildung zwischen gespeicherten Strukturen (d.h. Tabellen und Datensätze der Datenbank bzw. der Arbeitsdatei) und Laufzeit-Strukturen (d.h. Klassen und Instanzen des Objektsystems).

Die Frage, *wie* die Verbindung zwischen Objektsystem und DBMS ausgelegt werden soll, ist von zentraler Bedeutung für das KHMS. Die Zielkonflikte und mehrere Methoden, sie zu lösen, sind in 4.3 beschrieben worden.

Was die Know-How-Bank-Schnittstelle tut

Wegen seines eher konservativen Ansatzes ist das KHMS zwar kein vollwertiges *persistentes* Objektsystem, doch können trotzdem Instanzen, die in Strukturen organisiert sind (Listen, Matrizen, Bäume oder Graphen, z.B. auch die Struktur einer FMEA) dauerhaft gespeichert werden. Die Know-How-Bank-Schnittstelle tut dabei im wesentlichen folgendes:

- Speicherung: Verzeigerte Strukturen werden in relationale DB-Strukturen übersetzt (z.B. werden Zeiger durch Fremdschlüsselrelationen ersetzt).
- Wiederbeschaffung (Retrieval): Umgekehrt muß das System auch in der Lage sein, eine Instanzen-Struktur aus in der DB gespeicherten Werten zu regenerieren. Die Identität zwischen den Repräsentationen in DB und Objektsystem wird sichergestellt, indem es im Moment des Ladens jeder Instanz automatisch eindeutige Schlüssel zuweist.

Methoden sorgen für Kapselung

Das sollte völlig transparent, d.h. ohne für die Anwendung erkennbare Auswirkungen zu haben, vonstatten gehen. Der Programmierer einer Know-How-basierten Anwendung sollte sich also nicht darum kümmern müssen, wie seine Instanzen-Graphen in der Know-How-Bank gespeichert werden. Die dafür zuständigen Routinen sind als Methoden auf den Klassen `Liste`, `Tabelle`, `Baum` und `Graph` definiert. Deren Köpfe sehen so aus:

```
(DEF-METHOD (store-object-structure)
            (tree-element root-object)
            (&optional :BREADTH-FIRST
                       :DEPTH-FIRST
                       :PARTIAL-BREADTH-FIRST)
  ...

  ) END DEF-METHOD store-object-structure


(DEF-METHOD (retrieve-object-structure)
            (mit denselben Optionen wie oben)
  ...

  ) END DEF-METHOD retrieve-object-structure
```

Der Rest wird nun von Graphen-Traversierungsalgorithmen erledigt – man kann die Traversierungsstrategie durch die Angabe eines optionalen Parameters beeinflussen.

Aufgabenverteilung: zwischen Know-How-Bank und Objektsystem

Die Aufgabenverteilung zwischen der Know-How-Bank und dem Objektsystem können wir folgendermaßen zusammenfassen:

- Die Know-How-Bank speichert *ex*tensionale Daten (faktische Daten und Strukturdaten für Listen, Matrizen, Bäume und Graphen) und bestimmte *in*tensionale Daten (Interpreter-fähige Regeln, aber keine Methoden).
- Das Objektsystem, auf dem das OLI implementiert ist, liefert die normalen Laufzeitfunktionen, wie z.B. Klassen- und Methodendefinition, Handhabung von Instanzen etc.
- Die Know-How-Bank-Schnittstelle ist eine zusätzliche Schicht von Methoden zum direkten (und auf Wunsch sogar völlig impliziten) Zugriff vom Objektsystem her auf das DBMS und die Text- und Hypermedia-Bank bzw. die Arbeitsdatei (vgl. die Funktionen `select-objects`, `insert-object` und `update-objects` in Mercury's MSQL in 5.1).

5.3.2.4 Mögliche Erweiterungen des Object Level Interface

Mögliche Erweiterungen des OLI

Die bisher vorgestellten Komponenten des OLI sind nur eine Grundausstattung. Viele weitere Ergänzungen sind vorstellbar. In diesem Abschnitt finden Sie einige Ideen dazu.

Ein User Interface Management System (UIMS)

UIMS – für konsistente Benutzungsoberflächen

Eine der Hauptvoraussetzungen für die Akzeptanz neuer DV-Systeme – nicht nur im F&E-Umfeld – ist eine freundliche und konsistente Benutzungsoberfläche. Bisher gibt es leider keine Software-Umgebungen für die Produktentwicklung, die mehrere *erhältliche* Werkzeuge zu einem konsistenten System vereinigen können.[28]

Um die Erstellung konsistenter Benutzungsoberflächen zu erleichtern, könnte man die Programmierschnittstellen der Fenster-Systeme (z.B. OSF / Motif) um höherwertige Bausteine erweitern. Ein Beispiel dafür ist UIL, die User Interface Language von OSF / Motif (vgl. 4.4): Sie ist sehr praktisch zum Beschreiben des *Initial*zustandes einer Oberfläche. Zusätzlich zu ihrer C-ähnlichen Sprache wäre allerdings auch ein interaktiver Generator für fensterorientierte Oberflächen wünschenswert, also ein *Screen Painter*, der es dem Entwickler erlaubt, die gewünschten Elemente eines Fensters 'per Maus' zusammenzustellen. Für MS Windows, den OS/2 Presentation Manager und für Motif existieren bereits einige solche Toolkits.

Für die zur Laufzeit veränderlichen Strukturen der Oberfläche bietet OSF / Motif Programmierschnittstellen. Bedauerlicherweise sind aber selbst die sogenannten 'high-level'-Routinen nicht einfach in der Verwendung. Es sollte also Methoden zur dynamischen Veränderung der Benutzungsoberfläche geben, z.B. zum Einfügen oder Löschen von Menü-Punkten in einem `pulldown menu widget`, zum An- oder Abschalten von Widgets, zum Umschalten zwischen verschiedenen Ressourcen wie z.B. Sprachen oder zwischen verschiedenen Darstellungsformen eines Fensters (DIN A4 vs. Vollbildschirm, große vs. kleine Schrift).

Ein erster Schritt zur besseren Integration eines Objektsystem mit (womöglich mehreren!) Fenstersystemen ist die Einbau von Klassen, die exakt den Klassen des Fenstersystems entsprechen. Dazu könnten dann Methoden zur Laufzeit-Manipulation bereitgestellt werden (vgl. Abb. 5.14).

Graphische Manipulation und Navigation in semantischen Netzen

Ein Graphen-Editor

Das UIMS könnte auch recht umfangreiche und eigenständige Module enthalten, die nur noch wenig Zusatzarbeit brauchen, um einer konkreten Anwendung zu dienen. Beispielsweise wäre ein graphisch-interaktiver Editor für Bäume und Netze in vieler Hinsicht nützlich: Er könnte zur Bearbeitung semantischer Netze benutzt werden, wobei jeder Knoten einer Instanz einer Klasse und jede Kante einer Beziehung wie `ist-ein`, `besteht-aus` usw. entspricht.

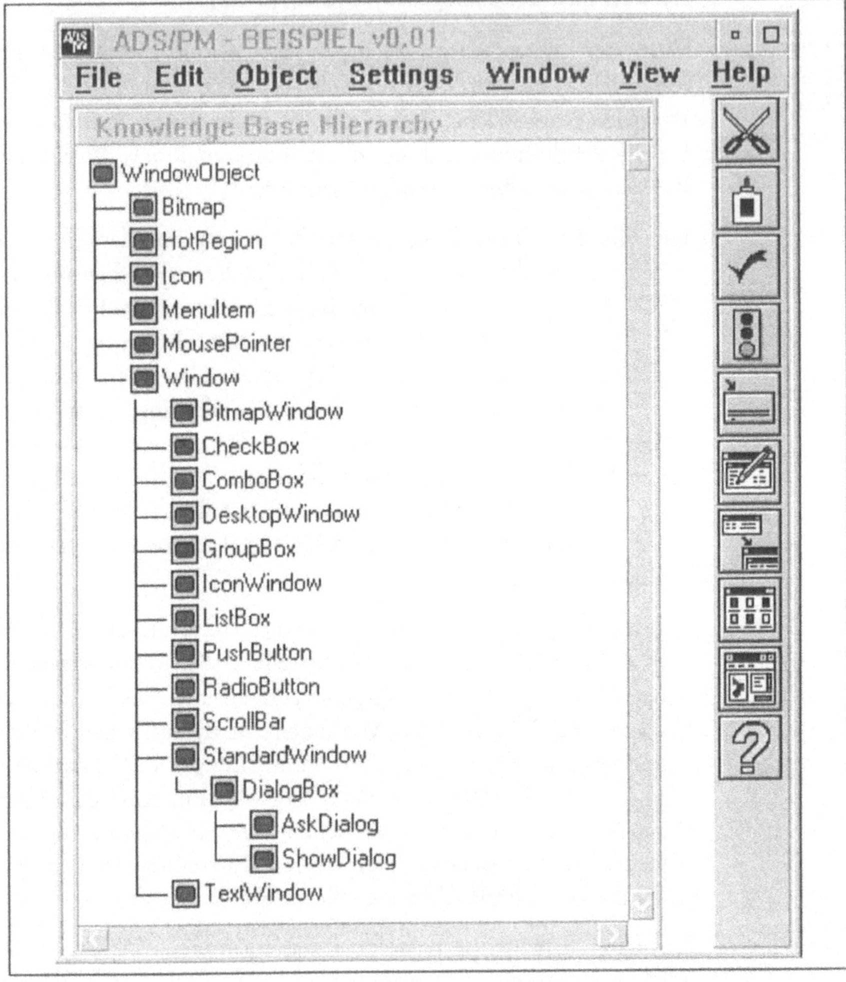

Abb. 5.14 Beispiel für die Window-Klassen einer wissensbasierten und objektorientierten Entwicklungsumgebung (hier das Aion Development System von Trinzic).

Die graphische Oberfläche ist hier nur Mittel zur benutzerfreundlichen, intuitiven Handhabung. Die so erzeugten Strukturen könnten über die Know-How-Bank-Schnittstelle gespeichert werden.

Jede Know-How-basierte Anwendung kann diesen Editor aufrufen, um den Benutzer einen Baum oder Graphen erstellen oder pflegen zu lassen. Die Methode `edit-object-structure` sieht ähnlich aus wie die auf Seite

160: Der Aufrufer muß einen Zeiger auf eine 'Einstiegs-Instanz' übergeben, z.B. das Wurzel-Element eines Baums. Zusätzlich gibt es optionale Argumente zur Einschränkung oder Ergänzungen der Menge von Klassen und Beziehungen, aus denen der Benutzer wählen darf. Um beispielsweise einen Thesaurus zu bearbeiten, müssen neben dem jeweiligen Stichwort selbst nur die Slots für Vater / Sohn und Vorgänger / Nachfolger ausgefüllt werden.

Ähnlichkeiten-Finder

Gleichheiten und Unterschiede herausfiltern

Diese Komponente ist vom Thesaurus-Manager abhängig: Aufbauend auf den dort gespeicherten Taxonomien kann der Ähnlichkeiten-Finder semantische Netze vergleichen und auf Wunsch die Übereinstimmungen oder Unterschiede herausfiltern.

Denken Sie z.B. an den Nutzen für einen FMEA-Editor: Wenn eine FMEA für ein neues Produkt begonnen wird, sollte zumindest ein rudimentäres Modell des Produkts bereits im KHMS liegen. Jetzt kann der FMEA-Moderator den Ähnlichkeiten-Finder darauf ansetzen, ihm ähnliche Produkte in der Know-How-Bank zu finden. Falls hinreichende Ähnlichkeiten zu finden sind, kann er nun Teile dieser ähnlichen FMEAs kopieren. So spart man viel Arbeit und vermeidet Redundanzen im KHMS (vgl. CBR in 5.4.3).

5.3.3 Das Data Level Interface (DLI)

DLI: Der Anschluß ans KHMS 'von unten'

Das Data Level Interface (DLI) ist eine spezielle Sammlung von Programmen, die u.a. mit Hilfe der Funktionen des Objektsystems geschrieben sind. Es hat große Bedeutung für die Integration eines KHMS in eine existierende DV-Umgebung, aber auch für die Integration konventioneller Anwendungen untereinander.

Das KHMS muß aus zwei Richtungen gut zugänglich sein: Die Hauptrichtung ist 'von oben', über die oben erwähnten Elemente des OLI. Die andere ist 'von unten', über das DLI. Das DLI liefert in erster Linie die Werkzeuge zur Integration (mit) der datenorientierten Welt der konventionellen Anwendungen, wie z.B. Schnittstellen für Metadateien, vorzugsweise in normierten Datenaustauschformaten. Falls eine konventionelle Anwendung überhaupt keine der Standardschnittstellen bedienen kann, müssen notfalls spezielle Methoden dafür geschrieben werden.

Das DLI besteht hauptsächlich aus den Import- und den Export-Methoden. Beide Gruppen werden nun etwas genauer beschrieben.

Import-Methoden

Import-Methoden

Die Methoden zum Einlesen von Daten konventioneller Anwendungen ins KHMS werden *Import-Methoden* genannt. Diese Gruppe von Schnittstellen-Modulen kann Daten aus Standard-Metadateiformaten (EDIF, VHDL, IGES, STEP usw.) konvertieren und sie als Fakten (also Objekte mit Attributen und Beziehungen, nicht jedoch Regeln) in der Know-How-Bank ablegen.

Die Module sind objektorientiert und regelbasiert, denn sie müssen, um die semantischen Informationen aus den Daten herauszuziehen, teilweise mit Schlußfolgerungen arbeiten. Dieser Vorgang wird auch als *Feature Extraction* bezeichnet.

Eine Import-Methode arbeitet grundsätzlich folgendermaßen:

1) Sie veranlaßt die konventionelle Anwendung, eine Ausgabedatei zu erzeugen.
2) Sie liest diese Datei ein und erzeugt dabei aus den eingelesenen Daten Instanzen und Beziehungen im Objektsystem. Wo nötig, werden Regeln angewendet, um Informationen zu erschließen, die in der Metadatei nicht explizit drinstehen. Z.B. werden so *Features* aus einer CAD-Metadatei herausgezogen.
3) Die so erstellte objektorientierte Repräsentation wird im KHMS gespeichert. Falls der Gegenstand bereits vorher einmal importiert wurde, sollte man so weit wie möglich die Informationen komplett durch das neu eingelesene Material ersetzen. Eine differentielle Auffrischung der Informationen in der Know-How-Bank wird nämlich recht komplex.

Grenzen der Feature Extraction

Natürlich hat dieses 'Erschließen' von Wissen aus Daten seine Grenzen: Wenn z.B. ein Ingenieur für eine Leiterplatte nicht bereits in seinem CAD-System explizit Funktionsgruppen definiert hat (vorausgesetzt, das CAD-System bietet überhaupt die Möglichkeit dazu), wird es für die Import-Methode unmöglich sein, herauszufinden, welche Komponenten zu welcher Funktionsgruppe gehören. Dieser Mangel an Informationen verhindert auch die spätere Anwendung bestimmter Regeln über die Plazierung von Funktionsgruppen, wie z.B. „Der Abstand zwischen Hochfrequenzmodulen und Transformatormodulen muß mindestens X mm betragen".

Export-Methoden

Export-Methoden

Die Gegenstücke zu den Import-Methoden sind die *Export-Methoden.* Sie nehmen Fakten aus der Know-How-Bank und erzeugen daraus Daten in einem Format, das die konventionelle Anwendung einlesen kann. Ihre Aufgabe ist vergleichsweise einfach, denn die von ihnen zu erzeugende Repräsentation enthält in aller Regel weniger semantische Informationen als die in der Know-How-Bank. Sie können etwa mit Report-Generatoren in klassischen DBMS verglichen werden.

Der Import-/ Export-Toolkit

Import-Export-Toolkit

Für jede Import-Methode müssen eigene Sätze von *Feature-Extraction-*Regeln erstellt und gepflegt werden. Daher sollten für diesen Zweck komfortable Werkzeuge zur Verfügung stehen (vgl. den Regel-Editor in 5.4.4).

Programmierer von Know-How-basierten Anwendungen sollten außerdem mit einer Grundausstattung an generischen Schnittstellen-Methoden versorgt werden, aus denen sie weitere Import- und Export-Methoden entwickeln können.

Fazit:

Die vorangegangenen Abschnitte haben gezeigt, daß zur Implementation eines KHMS eine bestimmte Menge von Werkzeugen nötig ist, die alle sauber integriert und schnell sein müssen:

- Ein vollwertiges Objektsystem.
- Ein vollwertiges Produktionsregel-System, dessen Regeln auch über Objekte Schlußfolgerungen ziehen können.
- Möglichkeiten zum Speichern von Hypertext bzw. allgemein großen Stücken von Dokumentationen.
- Leicht programmierbare Schnittstellen zu externen Routinen in z.B. FORTRAN oder C für z.B. Simulation und Statistik.
- Leicht zugängliche Schnittstellen zu CAE / CAD-Standard-Metadateien.
- Ein umfassender Satz von Benutzungsoberflächen-Gestaltungswerkzeugen.
- Eine implizite und transparente DBMS-Kopplung zur dauerhaften Speicherung von Objektwelten.

Auch wenn eine solche Sammlung von Erweiterungen heute noch nicht am Markt in einer objektorientierten bzw. wissensbasierten Software-Entwicklungsumgebung vereinigt zu finden ist, wird sie immer besser machbar, denn eine wachsende Zahl von Werkzeugen bietet Grundbausteine für solche Funktionalitäten an (vgl. Kap. 4 und 5.1).

5.4 Know-How-Definitions- und -Manipulations-Werkzeuge

Die Nachfahren von DDL & DML

Um die praktischen Vorteile der Know-How-basierten DV-Architektur zu verstehen, sollten Sie zuerst die Werkzeuge kennenlernen, die hauptsächlich mit Informationen arbeiten, die *nur* in der Know-How-Bank stehen. Sie heißen *Know-How-Definitions- und -Manipulations-Werkzeuge.* Der Name ist eine Anlehnung an die Begriffe *Datendefinitionssprache* (Data

Definition Language, DDL) und *Datenmanipulationssprache* (Data Manipulation Language, DML) im Bereich der Datenbank-Management-Systeme (DBMS). Jedes dieser Werkzeuge ist eine eigenständige Anwendung mit eigener, aufgabenspezifischer Funktionalität, Datenrepräsentation und graphischer Benutzungsoberfläche. Sie verwenden gemeinsam das KHMS als Informations-Pool, und sie sind weitestgehend mit OLI-Methoden implementiert. Insofern sind sie nahe Verwandte der Know-How-basierten Anwendungen.

Werkzeuge, die bisher kaum möglich waren

Zu diesen Werkzeugen gibt es in konventionellen DV-Umgebungen keine Gegenstücke. Man kann sagen, daß sie dem Benutzer neue *Perspektiven* der Produkte bieten können. Sie erbringen Leistungen, die ohne ein KHMS noch nicht oder nur sehr schwer möglich waren: Die Werkzeuge hätten allein und ohne Verbindungen in der DV-Landschaft herumgestanden und wären an mangelnder Akzeptanz durch die Ingenieure 'eingegangen', denn die Daten, die diese Systeme brauchen, hätten nirgendwo sonst eingesetzt werden können. Jetzt sind sie ein integrierter Bestandteil der Know-How-basierten Architektur für IPE, und die Informationen, die von ihnen verwaltet werden, sind das Fundament für alle Know-How-basierten Anwendungen.

Es gibt folgende Know-How-Definitions- und -Manipulations-Werkzeuge:

- Der Thesaurus-Editor.
- Der Produktmodell-Editor.
- Der Entwicklungs-Leitstand.
- Der Regel-Editor.
- Der Erfahrungsbank- und Hypermedia-Editor.

Jedes Werkzeug wird nun in einem eigenen Abschnitt vorgestellt.

5.4.1 Der Thesaurus-Editor

... zur Pflege von Taxonomien

Der Thesaurus-Editor ermöglicht es den Know-How-Bank-Administratoren, Begriffe-Hierarchien (Taxonomien) zu erstellen und zu pflegen, die das gesamte Spektrum der Produkte und ihrer Komponenten, der Organisation und der Aktivitäten im Entwicklungsbereich abdecken. Dadurch dient er als zentrale Steuerungsinstanz, die eine konsistente Nomenklatur über alle Know-How-basierten Anwendungen hinweg sicherstellt.[29] Diese ist Voraussetzung für z.B.:

- Die automatisierte *Erkennung von Ähnlichkeiten* zwischen Produkten.
- Die *Modularisierung* von Konstruktionen und ihren zugehörigen Analysen.

- Die durch die Modularisierung erst mögliche *Wiederverwendung* von Teil-Konstruktionslösungen, Analysen und Know-How konservierenden Dokumenten wie FMEAs und FTAs in späteren Konstruktionen.
- Schließlich auch die Pflege der Zugriffs-Taxonomien, die in den Erfahrungsbanken benutzt werden (vgl. beispielsweise Abb. 5.12 auf S. 156).

Nachdem angedeutet ist, wie der Thesaurus-Editor mehr Konsistenz und Überblick in der Know-How-Bank bringt, beschreibt der nächste Abschnitt, wie der gesamte Entwicklungsprozeß modelliert und gesteuert werden kann.

5.4.2 Der Entwicklungs-Leitstand

Ein Leitstand für den Entwicklungsprozeß

Dieser Abschnitt präsentiert das Konzept eines *Entwicklungs-Leitstandes*. Er dient der Planung, Überwachung und Steuerung des Entwicklungsprozesses. Diese Bezeichnung spiegelt die Annahme wider, daß es möglich sein sollte, einen Produktentwicklungsprozeß in ähnlicher Weise wie andere komplizierte Prozesse zu überwachen und zu steuern, z.B. Fertigungen oder Kraftwerke.

Natürlich sind Entwicklungsprozesse insofern schwieriger zu überwachen, als ihre Parameter nicht so leicht quantifizierbar sind wie z.B. Temperaturen oder Drücke. Doch gibt es auch deutliche Ähnlichkeiten: Z.B. ist hier, wie bei den meisten Prozeßsteuerungssystemen, der Parameter auf der Hauptachse die Zeit.

Was der Leitstand verwaltet

Der Entwicklungs-Leitstand ist ein besonderes Know-How-Definitions- und -Manipulations-Werkzeug, das Wissen über die Aufbau- und Ablauforganisation von Entwicklungsprozessen besitzt. Er hat höhere Privilegien als die Know-How-basierten Ingenieurwerkzeuge. Der Leitstand geht über normale Projektmanagement-Systeme hinaus, indem er folgende Informationen verwaltet:

- Zugriffsrechte auf Objekte im KHMS, einschließlich Sperren für die Dauer von Konstruktions-Transaktionen.
- Versions-Graphen der Produkte, auch für abgeschlossene Projekte zur Know-How-Konservierung.
- Journale aller Transaktionen (einschließlich check-out / check-in), die zusammen mit den Versionen eine Entwicklungsgeschichte für jedes Projekt ergeben.
- Und vor allem eine Know-How-Bank über die statischen und dynamischen Aspekte der Organisation. Sie enthält semantische Netze zur Beschreibung der Aufbauorganisation des Unternehmens, der Ablauforganisation der Entwicklungsprojekte, und Regeln, die den Benutzer durch die Ablauforganisation führen können. Sie kann Fragen beant-

worten wie „Wer muß dies nun abzeichnen, und welche Voraussetzungen muß ich erfüllen, damit es auch abgezeichnet werden kann?“

So werden alle Perspektiven darstellbar

Entsprechend dem MOPA-Ansatz (vgl. 5.2.2) erzeugen der Entwicklungs-Leitstand und der Produktmodell-Editor (der im folgenden Abschnitt vorgestellt wird) gemeinsam eine integrierte Sichtweise (vgl. Abb. 5.15).

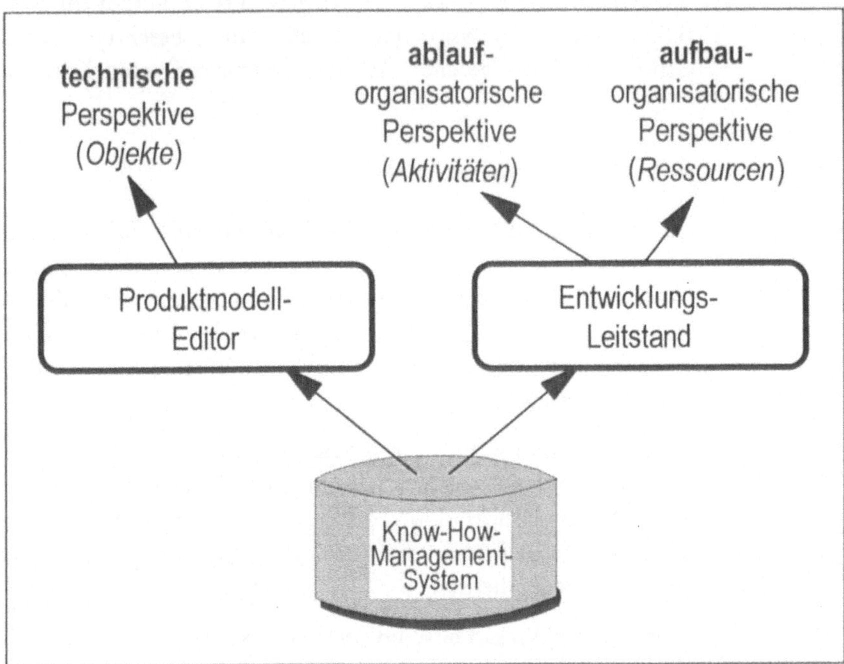

Abb. 5.15 *Entwicklungs-Leitstand und Produktmodell-Editor bieten zusammen eine umfassende Sichtweise der technischen und organisatorischen Perspektiven der Produktentwicklung.*

Sie erreichen dies durch objektorientierte Repräsentationen für
- die Produkte (die technische *Perspektive*),
- die betroffenen Organisationseinheiten (entsprechend der Aufbauorganisations-*Perspektive*), und
- die Aktivitäten, die diese auf den Produkten im Laufe ihrer Entwicklung ausführen (die Ablauforganisations-*Perspektive*).

Projekt-Vorlagen

Der Benutzer kann interaktiv am Bildschirm modifizierte Vorgangskettendiagramme (vgl. 2.1.2) und das darunterliegende Know-How bearbeiten. Er kann auch modifizierte Vorgangskettendiagramme von Standard-Entwicklungsprozessen als *Projekt-Vorlagen* speichern und später die passendste Vorlage auswählen, wenn er einen neuen Prozeß beginnt. Dies ist wieder eine Anwendung, die auf dem Graphen-Editor (vgl. 5.3.2) aufbaut.

Der Leitstand ähnelt einem Projektmanagement-System, mit dem wichtigen Unterschied, daß er wissensbasiert ist. Das führt vor allem in Hinsicht auf die 'Breite seines Horizonts' zu fundamentalen Fortschritten: Die semantische Ebene, bis zu der Informationen in das System eingegeben und im System gepflegt werden können, ist erheblich höher. Kurz: Der Leitstand *weiß* mehr. Und daher ist auch das Ausmaß, in dem das System eine aktive Rolle im Unternehmen spielen kann, größer. Beispielsweise kann er Routine-Aktivitäten wie Kontrollmitteilungen o.ä. selbst erledigen oder zumindest als Ratgeber dienen.

Der folgende Abschnitt zeigt, wie die Produkte selbst im Produktmodell-Editor repräsentiert und gepflegt werden.

5.4.3 Der Produktmodell-Editor

Produktmodell-Editor

Während der Konstruktion arbeiten Ingenieure immer wieder mit Modellen eines Produkts. Zuerst ist es ein sehr abstraktes Modell; im Laufe der Zeit kommen sie zu einem ausgefeilten Modell, das die Funktionen und deren physische Implementation sehr detailliert darstellt (vgl. Kapitel 2). Der Produktmodell-Editor (PME) dient der Verwaltung solcher Modelle von Produkten. Diese beinhalten

... verwaltet folgende Informationen

- Beschreibungen der physischen und funktionalen Strukturen und *Features* der Produkte, einschließlich Mechanik, Hydraulik und Elektronik.
- Das Verhalten der Produkte und Kausalzusammenhänge. Erwünschtes Verhalten wird 'Funktionen' genannt, und Fehler sind auch Funktionen, bloß eben unerwünschte.
- Kosteninformationen.
- Fertigungsinformationen (z.B. Arbeitspläne, Stücklisten).
- Wartungs- und Pflegeinformationen (Wissensbasen für Diagnose-Expertensysteme, Feldstatistiken, Handbücher mit Texten und Bildern).

Mehr Unterstützung für die Konzeptphase

Neuere Untersuchungen haben einen Mangel an Computerunterstützung für die frühen, konzeptionellen Phasen der Konstruktion konstatiert.[30] Mit Hilfe des PME können Ingenieure aus den groben, zumeist nur in Textform existierenden Spezifikationen aus dem Marketing interaktiv ein Konzept für ein neues Produkt erstellen. Dadurch kann das Produktmodell weitaus früher nützlich werden, als mit konventionellen CAD- / CAE-Werkzeugen. Das anfängliche Grobmodell bildet dann die Basis für alle Aktivitäten, die im weiteren an dem Produkt ausgeführt werden. In der Praxis kann das bedeuten, daß ein Ingenieur zusammen mit einem Verkaufs-Spezialisten die erste Version eines Produktmodells eingibt, zunächst nur mit ein paar Basisdaten, z.B. Teile-Nummer, Grundkomponenten und -funktionen.

Produkte-Taxonomie

Die Grundhierarchie der Produktklassen entspricht der Produkte-Taxonomie des Unternehmens (vgl. Abb. 5.15). In einer Aufbauorganisation, die nach Produktsparten gegliedert ist, kann diese Taxonomie der Produkte bereits große Ähnlichkeit mit einem Organisationsdiagramm haben.

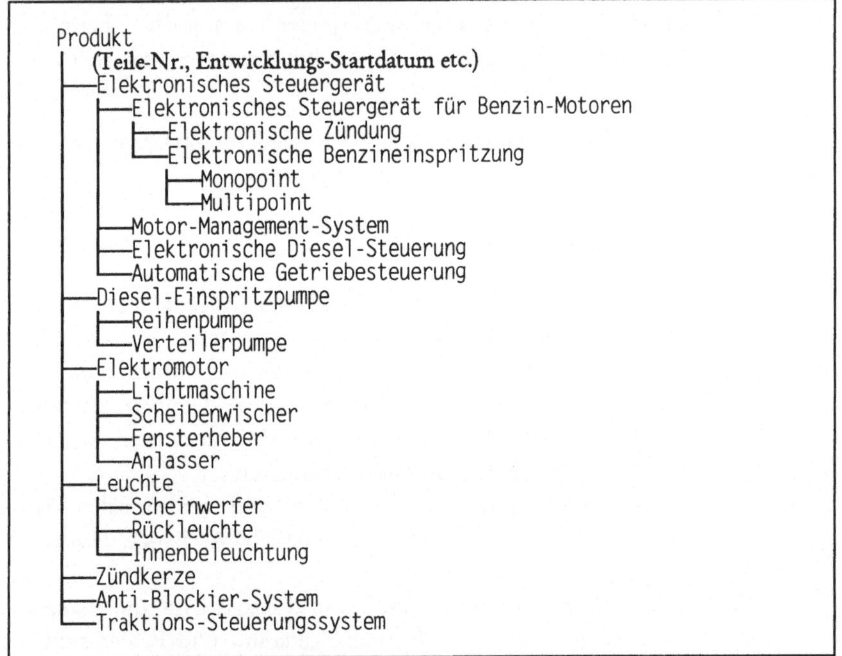

Abb. 5.16 Auszug aus einer Generalisierungshierarchie von Produkten für den Produktmodell-Editor.

strukturelle und funktionale Aspekte des Produkts

Diese Klassen müssen strukturelle und funktionale Aspekte enthalten. Zunächst repräsentiert das Produktmodell die Hierarchie der Komponenten mit ihren Attributen (oder *Features*), wie z.B.:

- Einfache Slot-Werte wie „Höhe: 5 mm", „Material: Aluminium".
- Anmerkungen wie „gefährlich", „kritisch", „nicht kritisch".
- Informationen für den Einkauf, z.B. „sollte zwei Monate im voraus bestellt werden."
- Jegliche Anmerkungen, die ein Ingenieur für wichtig für andere Leute hält, die mit diesem Modell später arbeiten müssen, z.B.: „Bitte bei die-

sem Teil die Qualität beachten – wir haben damit früher schon Schwierigkeiten gehabt."

Benutzungsoberfläche

Die graphisch-interaktive Benutzungsoberfläche des PME ist eine weitere Ausprägung des Graphen-Editors (vgl. 5.3.2), denn hier wird ja die objektorientierte Repräsentation des Produkts mit Komponenten- und Funktionsbäumen bearbeitet. Auf diese Weise ermöglicht der Editor spezifikationsgetriebene Konstruktion, ohne dem Ingenieur eine strikte Top-Down-Vorgehensweise aufzuzwingen. Er läßt dem Ingenieur völlige Freiheit in der Wahl seines Weges vom Pflichtenheft zur Konzeption und weiter zur endgültigen Konstruktion. Im Falle von Variantenkonstruktionen kann der Editor den Thesaurus-Manager aufrufen, um Ähnlichkeiten zu bisherigen Konstruktionen zu finden. Daraus kann er eine Anfangs-Version für eine neue Konzeption vorschlagen. So benötigt der Ingenieur wesentlich weniger Zeit zur Informationsbeschaffung und kann seine Konstruktion von einem erheblich höheren Niveau aus verfeinern. Indirekt erhöht sich damit auch der Anteil der Variantenkonstruktionen gegenüber den Neukonstruktionen.

Ändern? Jederzeit, aber mit Konsistenzprüfungen!

Produktbeschreibungen sind immer im Fluß. Details, die heute hochinteressant sind, können morgen bereits egal sein – nur um Jahre später vielleicht aufgrund unerwarteter Entwicklungen wieder brandaktuell zu werden (vgl. das Beispiel „Alkohol im Dieselkraftstoff" auf S. 29). Daher kann die anfängliche physische und funktionale Produktstruktur jederzeit durch erneute Aufrufe des Editors wieder verfeinert und verändert werden. Dazu müssen aber Konsistenzprüfungen eingebaut sein, die sicherstellen, daß Änderungen nicht anderer Leute Arbeit löschen, ohne daß diese dazu ihre Zustimmung geben. Das ist eine typische Aufgabe für den Entwicklungs-Leitstand.

Die Repräsentation der Produkte im PME ist zuvörderst darauf ausgelegt, daß die Mitarbeiter jede Information über ein Produkt eingeben können, die vielleicht jemand 'stromabwärts' wissen möchte. Viele dieser Informationen beziehen sich aber nur auf einen einzigen Konstruktionsfall. Sie sind so einzigartig, daß man nicht die Standard-Produktrepräsentation verändern sollte, um sie aufzunehmen. Trotzdem müssen diese Informationen irgendwo so abgelegt werden, daß man sie wiederfinden kann, falls einmal ein ähnlicher Fall zur Debatte steht. Daher legt das KHMS diese Informationen in seiner Text- und Hypermedia-Bank ab, die wiederum vom Thesaurus-Manager beaufsichtigt wird.

Constraints → Expertensysteme

Das Produktmodell kann auch als Grundlage für Konfigurations-Expertensysteme herangezogen werden, sobald es *Constraint*-Beziehungen unter Komponenten sowie externe *Constraints* (z.B. Einbauraum, Einsatz-Temperaturen) einbezieht. Diese sollten in das Modell eingebracht werden, sobald sie bekannt sind. Z.B. kann der Einbauraum für ein Steuergerät im Motorraum eines neuen Autos erst festgelegt werden, wenn der Motor selbst bereits einen bestimmten Reifegrad erreicht hat.

Ein Produktmodell macht viel Arbeit ...

... aber es lohnt sich!

Ein solches Produktmodell zu entwickeln, wird viel Zeit brauchen, hauptsächlich wegen der Massen von Informationen über Produkte, die sich im Laufe der Zeit angesammelt haben, und die z.B. in Taxonomien organisiert werden müssen. Aber der Aufwand dürfte sich lohnen, weil Ingenieure, die mit dem PME arbeiten, aus der objektorientierten Repräsentation des Produkts direkte Vorteile beziehen können: Wenn z.B. eine Komponente gelöscht wird, weil der verantwortliche Konstrukteur es als überflüssig ansieht, kann der PME die Konsistenz des Produktmodells wiederherstellen, indem er auch jedes Auftreten dieser Komponente in anderen *Perspektiven* (z.B. der FMEA und dem Fertigungsplan) löscht, inklusive eventueller Unterteile, und sie z.B. aus Mengendefinitionen tilgt.[31] So wird die *referentielle Integrität* in der Know-How-Bank gewährleistet. Dafür sind spezielle Methoden zum Einfügen bzw. Löschen von Produkten oder Komponenten notwendig. Sie kümmern sich um die Einrichtung aller semantischen Verbindungen zum Zeitpunkt der Erzeugung von Instanzen, und um die Säuberung all dieser Beziehungen bei deren Löschung.

5.4.4 Der Regel-Editor

Der Regel-Editor

Mit dem Regel-Editor können Ingenieure und Software-Experten gemeinsam die Regelbasen im KHMS erstellen und pflegen. Unternehmensspezifische Regelbasen eignen sich besonders für die Darstellung von

- Konstruktionregeln,
- Regeln über komplexe Constraints,
- Regeln über den Entwicklungsprozeß (für den Leitstand).

Pflege von Regelbasen (fast) durch die Anwender ...

Regeln sind häufig leichter zu verstehen und zu pflegen als Programmcode. Das kann zu einer neuen Rollenverteilung zwischen Software-Entwicklern und Benutzern führen: Mit den Regeln können Fachexperten (eine besondere Art von Benutzern) das Verhalten 'ihrer' Anwendung verändern. Um das zu ermöglichen, brauchen sie einen Satz von Werkzeugen mit hohem Abstraktionsniveau und leichter Bedienbarkeit, mit denen folgende Aktivitäten möglich sind:

- Das Stöbern in Regelmengen (*Browsing*).
- Detaillierte Analyse des Verhaltens anhand von Testfällen (*Tracing*).
- Veränderungen in einem Regelsatz (Einfügen, Ändern oder Löschen von Regeln). Sogenannte *(Automatic) Truth Maintenance Systems* (TMS,

ATMS)[32] könnten dabei helfen, die Konsistenz der Regelbasis zu erhalten.

... aber besser mit DV-Fachwissen!

Natürlich hat gerade die regelbasierte Programmierung für Unerfahrene einige böse Fallen zu bieten. Man denke nur an die Abwägung zwischen Vorwärts- und Rückwärtsverkettung, an die Priorisierung von Regeln und andere Einstellmöglichkeiten, mit denen man bei einem regelbasierten System – bei gleichen Fakten – sehr verschiedene und zum Teil völlig überraschende Verhaltensweisen auslösen kann. Deshalb sollte auch bei der Wartung solcher Regelbasen der Software-Entwickler weiterhin beratend dabeisein.

5.4.5 Der Erfahrungsbank- und Hypermedia-Editor

Werkzeug zur Pflege der Text- und Hypermedia-Bank

Der Erfahrungsbank- und Hypermedia-Editor ist das Werkzeug zur Pflege der Informationen in der Text- und Hypermedia-Bank. Er benutzt Hypermedia-Techniken, um dem Benutzer beim Navigieren durch diese Informationen zu helfen. In einiger Hinsicht sind die Dokumente auch eine Art Geschichten- und Anekdoten-Bank.

... spart Zeit und Kosten

Insbesondere in den frühen Entwicklungsstadien können erhebliche Aufwendungen an Kosten und Zeit eingespart werden, wenn es möglich ist, Dokumentationen über Zweige alter Entwicklungsgeschichten wiederzufinden, die an irgendeinem Punkt abgebrochen worden waren, weil sie damals in eine Sackgasse führten – aber bitte mitsamt den Gründen, warum sie abgebrochen wurden (vgl. S. 29)!

Thesaurus-gesteuertes Hypermedia

Hypermedia ist eine weniger strukturierte Art der Informationsspeicherung als z.B. Datenbanken. Wenn die Mengen an gespeicherten Informationen und an Verbindungen zwischen ihnen zu groß werden, kann das ziemliche Verwirrung stiften (*lost in hyperspace* trifft das Gefühl ganz gut, das den Benutzer dann überkommt). Doch dank des Thesaurus, der im Anschluß an eine Wissensakquisitionsphase mit der Unterstützung von Wissensingenieuren gebaut wird, können die Hypertext-Strukturen gut organisiert und wartbar gemacht werden. Da die Informationseinheiten auch mit anderen Objekten der Know-How-Bank verbunden werden können, haben z.B. der Produktmodell-Editor und der Entwicklungs-Leitstand viele Freiheiten, sie anzuzeigen, wann immer sie sie brauchen.

Hypermedia-Systeme haben sich bereits als sehr effektiv erwiesen beim Ersetzen großer papierbasierter Informationssammlungen (z.B. geben immer mehr DV-Hersteller ihre Handbücher auf CD-ROM heraus). Diese Techniken können ergänzt werden um Tonaufnahmen und Videos, natürlich unter der Voraussetzung, daß die Hardware- und Software-Plattform auch in der Lage ist, diese Informationen wiederzugeben.

Fazit:

Zusammenfassend können wir festhalten: Know-How-Definitions- und -Manipulations-Werkzeuge können schrittweise entwickelt werden, wodurch sich eine organisch wachsende Unterstützung und Automatisierung der Entwicklungsprozesse ergibt:

- Als Schritt 1 bietet sich ein System für den benutzerfreundlichen Zugriff zu Produktentwicklungs-Know-How an. Fürs erste reicht eine Erfahrungsbank in Textform (vgl. 5.5.2.1). Das ist eine vergleichsweise unkomplizierte Art, Informationen schnell und in nützlicher Form an den Ingenieur zu bringen. Die Texte sollten aber bereits strukturiert sein, um den zweiten Schritt zu erleichtern:
- Schritt 2 könnte dann eine Regelbasis für Konstruktionsregeln sein, aufbauend auf einem objektorientierten Produktmodell und auf den Konstruktionsrichtlinien aus Schritt 1.

Hier befinden wir uns bereits in der Übergangszone von Know-How-Definitions- und -Manipulations-Werkzeugen zu den Know-How-basierten Ingenieurwerkzeugen, wie sie im nächsten Abschnitt beschrieben werden.

- Schritt 3 könnte dann von einem Beratungssystem zur halbautomatischen, interaktiven, spezifikations- und *Constraint*-gesteuerten Konstruktion von Varianten aus einer Grundkonstruktion führen. Das geht natürlich über den Entscheidungstabellen- bzw. Konfigurationsansatz hinaus: Diese Werkzeuge suchen nicht nur nach *existierenden* Teilen und deren erlaubten Kombinationen, um ein neues Produkt zusammenzustellen, sondern sie 'wissen' auch, wie *neue* Teile zu entwerfen sind, entsprechend den konstruktiven *Constraints*, die in Form der Konstruktionsregeln gegeben sind.

Was in dieser Richtung heute schon möglich ist, zeigt der nun folgende Abschnitt.

5.5 Know-How-basierte Ingenieurwerkzeuge

Know-How-basierte Ingenieurwerkzeuge

Die Know-How-basierten Ingenieurwerkzeuge besitzen zumeist Gegenstücke unter den konventionellen Anwendungen und nutzen deren Daten. Darüber hinaus nutzen sie aber auch das Know-How, das mit Hilfe der Know-How-Definitions- und -Manipulationswerkzeuge in die Know-How-Bank eingegeben und dort gepflegt wird. Auf lange Sicht sollen sie die konventionellen Anwendungen ganz ablösen.

Eine Auswahl von Beispielen

Dieses Teilkapitel präsentiert eine Auswahl interessanter Anwendungen, die in der Praxis untersucht worden sind, um daran exemplarisch die typischen Vorteile des Know-How-basierten Ansatzes zu zeigen.

- Rationalisierung der Konstruktion (– Beispiel: Leiterplatten-Layout).
- Rationalisierung der Konstruktionsplanung und -analyse (– Beispiel: FMEA und FTA).
- Konservierung von Know-How: Was tun, wenn Experten in den Ruhestand gehen? (– Beispiel: Eine Erfahrungsbank für Diesel-Einspritzpumpen).

Die Darstellung konzentriert sich auf Aktivitäten,

- für die eine Know-How-basierte Unterstützung besonders hilfreich ist,
- die heute zumeist noch keine DV-Unterstützung haben,
- und / oder die speziell von den Software-Techniken profitieren, die in der IPE-Architektur zum Einsatz kommen.

Sie finden jeweils auch Hinweise auf andere bahnbrechende wissensbasierte oder objektorientierte Anwendungen auf diesen Gebieten.

Potentielle Anwendungen

Auch die Know-How-basierten Ingenieurwerkzeuge sind weitestgehend unter Verwendung des Object Level Interface (OLI) und des Data Level Interface (DLI) programmiert. Sie liefern die aufgabenspezifische Funktionalität und freundliche (d.h. meistens graphische) Benutzungsoberflächen für Gebiete wie:

- Mechanische Konstruktion einschließlich Finite-Elemente-Analysen.
- Elektronische Konstruktion mit Schaltplanentwicklung und Layout-Konstruktion (für VLSI und Leiterplatten); Auswahl elektronischer Komponenten aus Bauelemente-Katalogen.
- Konstruktionsberatung für fertigungs- und montagegerechte Konstruktion, für Qualität, Kosten usw., in der mechanischen und elektrischen Konstruktion.
- Produkt-Konfiguration.
- FMEA und FTA.
- Fehlerdiagnose im Feld.

Aktive und passive Werkzeuge

Ingenieurwerkzeuge kann man übrigens nach ihrer Rolle im Entwicklungsprozeß in *aktive* und *passive* einteilen:

- *Aktive* Werkzeuge haben die Fähigkeit, von sich aus ins Konstruktionsgeschehen einzugreifen, sobald sie einen Bedarf dazu 'sehen', d.h. sobald eine gegebene Situation einer Bedingung entspricht, für die im Programm eine Aktion vorgesehen ist. Beispielsweise Konstruktionsregelprüfer können zu dieser Kategorie gehören.
- *Passive* Werkzeuge werden vom Ingenieur nur dann aufgerufen, wenn *er* einen Informationsbedarf erkannt hat. Beispiele für diese Art von Systemen sind Erfahrungsbanken, die sich wie dynamische Bücher verhalten, und Fehleranalyse-Systeme.

In den folgenden Abschnitten wandern wir durch die Phasen des Konstruktionsprozesses entsprechend der in 2.4 vorgestellten Einteilung.

5.5.1 Werkzeuge fürs Konzipieren

Konzipieren: Noch weit bis zur Praxis

In 5.2.2.5 sind bereits die Grenzen der Modellierung insbesondere beim Konzipieren und bei innovativer Konstruktion aufgezeigt worden. Der sehr individuelle Prozeß der Konstruktion eines Produkts ist nun einmal kein geeigneter Gegenstand für Normierung – aber man kann ihn möglichst umfassend fördern: „Ziel ist der Aufbau einer Arbeitsumgebung, die individuelle Konstruktionsstile und -erfahrungen unterstützt.“[33] Daher befassen sich einige Forschungsprojekte aus der KI und aus den Ingenieurwissenschaften mit Methoden, mit denen auch dieser Teil des Konstruierens durch DV-Werkzeuge unterstützt werden kann.[34] Diese Projekte haben allerdings noch einen weiten Weg bis zum praktischen Einsatz.

Auch der Konstruktions-Leitstand und der Produktmodell-Editor, die in 5.4 bereits vorgestellt wurden, sind auf die Unterstützung früher Phasen der Konstruktion ausgelegt: Ihre Funktions- und Strukturmodelle könnten bereits auf sehr abstrakten Ebenen genutzt werden, bevor die Details der Konstruktion hinreichend bekannt sind.

5.5.2 Werkzeuge fürs Entwerfen

Dieser Abschnitt soll zeigen, wie neue Know-How-basierte Werkzeuge zur Unterstützung des Entwerfens die Know-How-Rückkopplung und Know-How-Integration fördern können.

5.5.2.1 Sicherung von Know-How: Eine Konstruktions-Erfahrungsbank

Das 'Experten-Pensionierungs-Syndrom'

Stellen Sie sich vor, einer Ihrer wichtigsten Ingenieure steht vor der Pensionierung. Er ist der 'alte Hase', den alle fragen, wenn bei einer Konstruktion ein kniffliges Problem auftaucht. Wen werden Sie fragen, wenn dieser Ingenieur sich zur Ruhe gesetzt hat? Besteht die Gefahr, daß sich dann vermehrt Konstruktionsfehler einschleichen? Oder daß Räder zum x-ten Male erfunden werden, weil niemand mehr da ist, der sich daran erinnert, daß dieselbe Idee schon vor 15 Jahren nichts gebracht hat? Wenn ja, dann haben Sie die klassischen Symptome des 'Experten-Pensionierungs-Syndroms'. Dieser Abschnitt beschreibt, wie einem in solchen Fällen eine Know-How-basierte Anwendung zu Hilfe kommen kann.

Beispiel: Erfahrungsbank

Die Erfahrungsbank für Diesel-Einspritzpumpen ist ein Thesaurus-basiertes und DB-basiertes Information-Retrieval-System mit einer sehr leicht zu bedienenden Oberfläche. Sie exisitiert gegenwärtig als Prototyp, der die wesentlichen Implementationskonzepte zeigt. Erfahrungsbanken sind auch in der Literatur besprochen worden.[35]

Das Projekt wurde ins Leben gerufen, weil einige der führenden Ingenieure in diesem Bereich kurz vor der Pensionierung standen. Einen großen Teil ihres Know-How hatten sie über 20 bis 30 Jahre hinweg aufgebaut, und es war entweder sehr schwierig oder sogar unmöglich, es in Dokumenten wiederzufinden. Man brauchte dringend ein Werkzeug, mit dem man dieses Know-How konservieren und autorisierten Personen zugänglich machen könnte. Einmal aufgebaut, sollte die Erfahrungsbank auch weiterhin gepflegt werden, um zu einem zentralen Informations-Pool für alle an Diesel-Einspritzpumpen arbeitenden Ingenieure zu werden.

Die grundsätzliche Struktur des darunterliegenden Thesaurus wurde bereits in Abb. 5.12 auf Seite 156 gezeigt. In diesem Anwendungsfall war auch die durch den gemeinsamen Thesaurus ermöglichte Standardisierung der Nomenklatur ein sehr willkommener Nebeneffekt.

Dieser Thesaurus muß dynamisch sein: Durch die Hinzufügung neuer Know-How-Partikel werden auch hin und wieder neue Deskriptoren nötig. Gleichzeitig mit ihrer Eingliederung in den Thesaurus sollen die Deskriptoren aber auch schon automatisch in der Endbenutzer-Menüstruktur erscheinen. Daher wurde eine Einrichtung zur interaktiven Pflege des Thesaurus entwickelt.

Dynamische Menüs

Obwohl die Benutzungsoberfläche auf zeichenorientierten Terminals läuft, ist sie extrem leicht zu bedienen: Die vier Cursortasten und 'Enter' reichen fast völlig. Das wichtigste Interaktionsmittel sind die *Dynamischen Menüs*. Die Menüpunkte werden *zur Laufzeit* aus der Datenbank selektiert, abhängig vom momentanen Dialogzustand.

Eine der Hauptanforderungen hatte zur Entwicklung dieser Technik geführt: Es sollte nie einen Fall geben, in dem der Benutzer einen Menüpunkt auswählt und dann die lapidare Meldung bekommt: „0 Sätze gefunden". Das bedeutet, daß ein Menü niemals Punkte 'vorgaukeln' darf, zu denen es gar keine Elemente in der Erfahrungsbank gibt. Man bediente sich dazu einer Vorausschau-Technik, die zunächst diejenigen Deskriptoren auswählt, hinter denen wirklich Informationen stecken, und zwar nur in der Untermenge von Know-How-Partikeln, die der Benutzer bereits ausgewählt hat. Abb. 5.17 zeigt einen Beispiel-Bildschirm des Systems. das obere 'Fenster' enthält ein Protokoll der Menüpunkte, die der Benutzer bisher gewählt hat (d.h. den Pfad, den er durch die Taxonomie gegangen ist), während das untere 'Fenster' das nun zur Auswahl anstehende Menü anzeigt. Nach jeder Auswahl wird der Benutzer sofort am unteren Bildrand über die Anzahl derjenigen Know-How-Partikel informiert, die sämtliche bis jetzt gewählten Kriterien erfüllen. Mit jeder weiteren Menü-Auswahl nimmt diese Anzahl ab. Sobald ihm die Anzahl ausgewählter Partikel überschaubar genug ist, kann der Benutzer zum genauen Ansehen der einzelnen gefundenen Partikel übergehen.

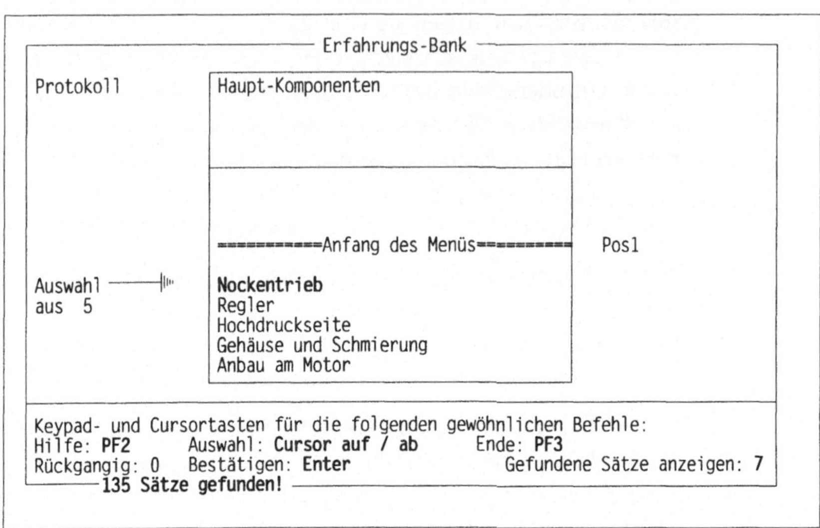

Abb. 5.17 *Thesaurus-gesteuerte Navigation durch die Erfahrungsbank für Diesel-Einspritzpumpen – zur Auswahl von Know-How-Partikeln.*

Die Schnelligkeit dieser Benutzungsoberfläche war nicht einfach zu erzielen: Am Anfang waren die dynamischen Menüs mittels dynamischer SQL-Abfragen zusammengestellt worden, doch diese Methode erwies sich als unzumutbar langsam. Die Schnelligkeit der dynamischen Menüs konnte durch die Verwendung einer binären Index-Matrix dramatisch verbessert werden.

Natürlich kann man diese Technik auch für andere Retrieval-Systeme verwenden. Zur Zeit sind die Know-How-Partikel nur einfache Texte, doch im Objektsystem macht es prinzipiell keinen Unterschied, ob die gefundenen Informationen einfache Texte, Hypertexte, Bilder oder Filme sind. So können beliebige Know-How-Partikel aus der relationalen Datenbank oder aus der Text- und Hypermedia-Bank mit dieser Architektur dem Benutzer zur Auswahl angeboten und dann dargestellt werden.

5.5.2.2 Präventive Qualitätssicherung: FMEA und FTA

Weiterentwicklung des FMEA-IS

Nachdem die FMEA-Methode bereits in 3.4.3 vorgestellt worden ist und in 5.1 die Ergebnisse einer ersten Implementation vorgestellt worden sind, geht dieser Abschnitt der Frage nach, wohin man das FMEA-System weiterentwickeln sollte, damit es zu einem Know-How-basierten Ingenieurwerkzeug wird. Die bestehende objektorientierte Implementation eröffnet viele Möglichkeiten für die Erweiterung zu einem 'Klasse 4'-System (vgl. S. 109).

Ein Know-How-basiertes 'Klasse 4'-System

Ein Know-How-basiertes 'Klasse 4'-System könnte sich auf zwei wesentliche Merkmale stützen:

- Das KHMS für die dauerhafte Speicherung aller Informationen, die für die FMEA relevant sind, d.h. semantische Netze zur Beschreibung der Komponenten-Hierarchie des Produkts, der Funktionen jeder Komponente, Fehlermöglichkeiten und -auswirkungen, geplante und durchgeführte Maßnahmen gegen potentielle Fehler usw.
- Eine graphisch-interaktive Benutzungsoberfläche, die mit Hilfe der Methoden des OLI und anwendungsspezifischer Erweiterungen implementiert ist.

FMEA hat eine implizite Baumstruktur ...

Eine FMEA hat eine implizite Baumstruktur, eine Kaskade von 1:n-Beziehungen (siehe Abb. 5.18), die im FMEA-Formular kaum zu erkennen ist. Diese Struktur stellt ein semantisches Netz dar, das nicht direkt auf eine relationale Datenbank abgebildet werden kann. Daher wird diese Abbildung im OLI gekapselt, so daß der FMEA-Editor sich nur um 'seine' Baum-Struktur zur Laufzeit kümmern muß. Anstatt also bewußt zwei separate und sehr unterschiedliche Repräsentationen entwickeln zu müssen – erst in der relationalen DB, dann in Objekten im virtuellen Speicher –, kann der FMEA-Editor die Funktionalität des KHMS nutzen, um nur mit 'seiner' Objektwelt umzugehen, in der für ihn und seine Benutzer günstigsten Darstellung.

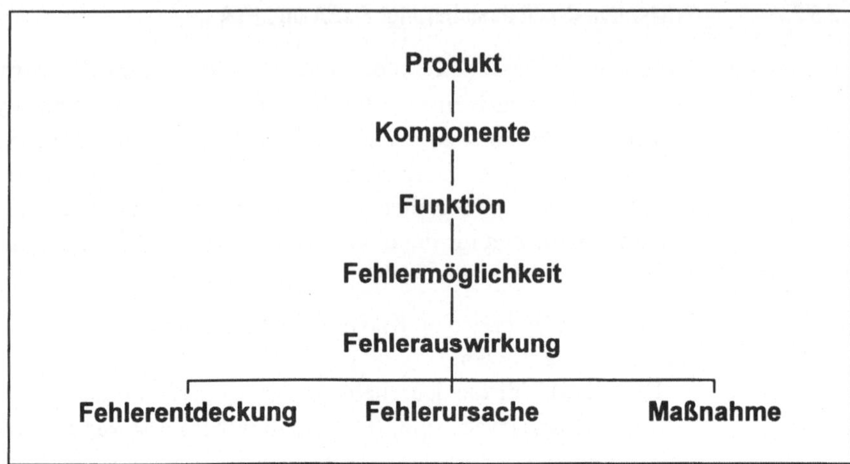

Abb. 5.18 *Eine Baum-Repräsentation für FMEAs (jede senkrechte Linie stellt eine 1:n-Beziehung dar).*

... warum also nicht so darstellen?

Das FMEA-Formular ist die traditionelle Art, eine FMEA zu bearbeiten und darzustellen. Menschen, die in der FMEA-Methode trainiert sind, haben sich an diese Form gewöhnt. Trotzdem erscheint sie nicht als der natürlichste Weg, eine Struktur darzustellen, die wie ein *Baum* aussieht. Also könnte man sich als eine zukünftige Erweiterung eine Einbindung des Graphen-Editors (vgl. S. 161) vorstellen. Dann könnte der Benutzer die FMEA graphisch editieren. Die Texte, die bisher in den Dynaform-Textblöcken sitzen, würden dann in einem Widget editiert, das bei dem entsprechenden Knoten im Ursache-Wirkungs-Graphen steht. Da die darunterliegende Repräsentation immer noch dieselbe wäre, könnte man Ausdrucke auch weiterhin als 'traditionelle' FMEA-Formulare erzeugen.

Vorteile durch weitere Integration

Durch weitere Integration mit der Know-How-basierten Architektur könnte der FMEA-Editor noch weitere Dienste anbieten:

- Die Vollständigkeit und Geschwindigkeit der Analyse würden verbessert durch die Benutzung des Produktmodells, das ja von anderer Stelle bereits in der Know-How-Bank gespeichert ist. Die Komponenten mit ihren Wechselwirkungen sollten bereits dort stehen; nur die Funktionen und möglichen Fehler könnten z.B. mit dem Produktmodell-Editor hinzugefügt werden. Die Kopplung ist natürlich bidirektional: Falls ein Team es bevorzugt, Funktionen und Fehler im FMEA-System zu sammeln, werden sie implizit ebenfalls ins Produktmodell eingebaut, denn das FMEA-System arbeitet auf denselben Objekten wie der Produktmodell-Editor – sie bieten nur zwei verschiedene *Perspektiven* derselben in der Know-How-Bank gespeicherten Informationen.

- Der Thesaurus-Manager könnte die Normierung der Wortwahl sicherstellen und damit mehr Vergleichbarkeit zwischen FMEAs ermöglichen. Dadurch könnte die Speicherung generischer FMEAs für typische Komponenten erleichtert werden. Dank der so verbesserten Inter-Prozeß-Kommunikation von FMEA-Ergebnissen zwischen den Teams wären beträchtliche Rationalisierungseffekte möglich, weil FMEAs schneller erzeugt werden könnten.
- Außerdem könnte man die Know-How-Konservierungs-Eigenschaften konsequenter nutzen: Wenn der Thesaurus-Manager erst einmal die semantischen Strukturen von FMEAs kennt, kann der Erfahrungsbank- und Hypermedia-Editor (vgl. 5.4.5) für leichtes Wiederfinden dieses Know-Hows sorgen.
- Die verschiedenen Fehleranalysemethoden könnten dasselbe Produktmodell nutzen. Sie unterscheiden sich erheblich mehr in ihren *Perspektiven* als in den Dingen, die sie analysieren.

Hin zur 'Case-based FMEA'

Wenn diese Möglichkeiten vorhanden sind, kann man den Editor zu einem 'Klasse 4'-System ausbauen: Das System könnte selbständig Ähnlichkeiten in anderen FMEAs finden und die gefundenen Informationen an das momentan zu analysierende Produkt anpassen. Eine solche Vorgehensweise könnte man als „Fallbasierte FMEA" bezeichnen, in Anlehnung an die KI-Technik „Case-based Reasoning" (fallbasiertes Schußfolgern).[36] Schließlich könnte das System sogar aus den gegebenen Komponenten und ihren Funktionen eine erste Liste von Fehlermöglichkeiten automatisch generieren, indem es Analogieschlüsse aus den Fehlern in ähnlichen generischen Komponenten zieht, die bereits in der Know-How-Bank vorrätig sind.

FTA ohne kombinatorische Explosion

Sobald das Produktmodell in der Know-How-Bank vollständig genug ist, könnte der FMEA-Editor auch Unterstützung für die FTA anbieten (vgl. 3.4). Aber man muß sich über die Grenzen der Automatisierbarkeit im Klaren sein: Die Fehlerbäume wachsen so schnell, daß die Anzahl zu berechnender Fehlermöglichkeiten unberechenbar groß wird (*kombinatorische Explosion*). Nun bietet die KI genau für solche Probleme viele Techniken an: Beispielsweise dürften Methoden zum heuristisch gesteuerten Beschneiden von Suchbäumen hier sehr erfolgversprechend sein.[37]

Automatisierte Fehleranalyse-Systeme bieten den Ingenieuren viele Vorteile. Man muß aber auch der Gefahr entgegentreten, daß die Ingenieure dann *nur noch* das Expertensystem benutzen, ohne die menschlichen Experten zu fragen. Ein weiteres Problem: Wer ist verantwortlich für die Pflege der Software und der Wissensbasis in einem so sicherheitskritischen System?

Abschließend kann man feststellen, daß auch bei der Fehleranalyse der Grad der Automatisierung direkt vom Grad der Know-How-Integration in der DV-Infrastruktur abhängt: Die Fehleranalyse profitiert von direktem Zugang zu den Daten aus CAD, Stücklisten und Arbeitsplänen. Ferner sollte es möglich sein, als Hilfsmittel zur Ermittlung der Risiko-Koeffizienten Simulationsmodule aufzurufen (z.B. zur Finite-Elemente-Analyse und zur Schaltungssimulation).

5.5.2.3 Fertigungsgerechte Konstruktion: Ein Leiterplatten-Layout-Berater

Ein regelbasierter Konstruktions-Berater

Dieser Abschnitt präsentiert die Ergebnisse einer Studie aus dem Gebiet der qualitäts- und fertigungsgerechten Konstruktion. Es geht um ein objektorientiertes und regelbasiertes Beratungssystem für das physische Layout von Leiterplatten für elektronische Steuergeräte. Die ursprüngliche Situation, die zu dieser Machbarkeitsstudie führte, ist in 2.1 beschrieben. Diese Anwendung ist ein typischer Fall eines DV-Systems, das bessere Know-How-Rückkopplung ermöglicht, indem es Informationen aus heterogenen Systemen integriert. Es zeigt auch, wie ein Know-How-basiertes Ingenieurwerkzeug den Regel-Manager und das DLI nutzen kann.

Analyse in 3 Schritten

Das System ist darauf ausgelegt, Fertigungs- und Qualitätsprobleme in einem Leiterplatten-Layout zu entdecken – aber (noch) nicht zu beheben. Das System analysiert ein Leiterplatten-Layout in drei Hauptschritten:

1) **Finden und Priorisieren der Bestückungsalternativen**: Mit Hilfe von Regeln über Standard-Fertigungsabläufe und über die verschiedenen Möglichkeiten, eine Klasse von elektronischen Bauelementen zu 'bestücken' (d.h. auf der Leiterplatte zu montieren), werden für jedes Bauelement die aktuell möglichen und sinnvollen Bestückungsmethoden ermittelt. Ergebnis dieses ersten Schritts ist eine Liste der Komponenten in der Reihenfolge, in der sie bestückt werden sollen, zusammen mit einer priorisierten Liste der Bestückungsmethoden je Bauelement.
   Dieser Schritt braucht noch keinerlei Informationen über das eigentliche Layout, d.h. über die Positionen der Bauelemente auf der Leiterplatte.
2) **Überprüfung der allgemeinen Anordnungsregeln**: Auf der Ebene der Bauelemente wird die Qualität der Konstruktion analysiert. Für diesen Schritt benutzt das System Wissen über den Fertigungsprozeß, Qualitätsregeln aus dem Regelbuch, Daten über die Leiterplatte und die Bauelemente (Typ, elektronische Daten, geometrische Daten, Position auf der Leiterplatte), und Wissen über Nachbarschaftsbeziehungen zwischen Bauelementen. Ergebnis ist eine *optimierte* Liste im Slot `Bestückungs_Präferenzen` jedes Bauelements.

3) **Überprüfung allgemeiner Bauelement-Anordnungsregeln und Abstandsregeln:** Dieser Schritt baut auf dem Wissen auf, das in den ersten zwei Schritten gesammelt wurde. In der im Fertigungsplan vorgegebenen Reihenfolge untersucht das System die Bauelemente unter Anwendung von Regeln über die fertigungsgerechte Konstruktion von Leiterplatten und detaillierteren Regeln über den Fertigungsprozeß. Auf diese Weise ermittelt es die Machbarkeit der Bestückungsreihenfolge aus Schritt 2. In gewisser Weise ist dieser Schritt eine Simulation des Fertigungsprozesses. Falls die Inferenzmaschine an irgendeinem Punkt zu dem Schluß kommt, daß ein Bauelement nicht mit seiner eigentlich bevorzugten Bestückungsmethode zu plazieren ist, versucht es zuerst, das Bauelement um 90° zu drehen (natürlich nur, falls die Bestückungsmaschine das auch kann!). Dadurch müssen aber auch alle Nachbarschaftsbeziehungen entsprechend geändert werden. Falls das auch keine Lösung bringt, wird die zweitbeste Bestückungsalternative aus der Liste versucht, usw. Wenn alle Alternativen erfolglos probiert wurden, wird schließlich eine Fehlermeldung in den Untersuchungsbericht geschrieben.

... und abschließend ein Protokoll

Am Ende gibt das System einen Untersuchungsbericht aus, in dem alle Verstöße gegen Konstruktionsregeln aufgelistet werden, zusammen mit Erklärungen, warum bestimmte Merkmale als Regelverletzungen erkannt wurden, und möglicherweise mit Empfehlungen, wie das Problem zu beheben ist.

Das System hat seine Grenzen, aber einige davon sind absichtlich gesetzt: Das System kann nicht selbsttätig Änderungen an einem Layout vornehmen. Das soll nach wie vor dem Konstrukteur überlassen bleiben.

Vorsicht: kombinatorische Explosion!

Das Prototyp-System enthält keine expliziten Vorkehrungen zur Eindämmung 'kombinatorischer Explosionen'. Solche Anomalien können passieren, wenn die Plazierung eines Bauelements geändert wird, und dadurch weitere Bauelement-Plazierungen nicht mehr den Regeln entsprechen (eine Art Domino-Effekt). In diesem Falle greift das Wissensprinzip[38]: Je mehr Wissen das System darüber hat, wann und wie Plazierungen verändert werden müssen bzw. können, desto geringer ist die Chance einer kombinatorischen Explosion.

Integration mit vorhandenem CAD-System

Die wichtigsten Probleme, die während der Machbarkeitsstudie zutage traten, bezogen sich auf die Integration des Expertensystems mit dem vorhandenen CAD-System:

Neuere Arbeiten auf dem Gebiet der Konstruktionsberatungssysteme[39] haben gezeigt, daß ein wissensbasiertes System, das mit einem bestehenden

CAE-/ CAD-Werkzeug zusammenarbeiten soll, sich zumindest so verhalten muß, als sei es ein integrierter Bestandteil dieses Werkzeugs. Nur dann wird es von den Benutzern akzeptiert.

Dieser hohe Grad der Integration ist aber nur schwer zu erreichen, denn die Erweiterungsmöglichkeiten von CAE-/ CAD-Systems sind sehr begrenzt. Zumeist wissen nur die Hersteller des Systems, wie man ein anderes Programm in das ihre integriert. Leider sind CAD-Systeme aber oft nicht sehr gut dazu geeignet, durch Dritte ergänzt zu werden, weil sie keine Standard- oder wenigstens offengelegte Programmierschnittstellen zu Standard-DBMS haben.

Die Konsistenz der graphischen Benutzungsoberfläche verlangt nach einer *nahtlosen* Integration der Datenbank des CAD-Systems mit der objektorientierten Repräsentation, die im wissensbasierten System verwendet wird. Das gestaltet sich aber schwierig wegen der unterschiedlichen Ziele der zwei Repräsentationen: Die CAE-/ CAD-Systeme stellen besonders hohe Anforderungen an die Geschwindigkeit, während das KHMS in erster Linie auf Flexibilität, Wartbarkeit und Erweiterbarkeit ausgelegt ist.

5.5.3 Werkzeuge fürs Ausarbeiten

CAD-Systeme mit mehr Wissen

Wie könnte die zukünftige Unterstützung für Ingenieure in der Ausarbeitungs-Phase aussehen? Know-How-basierte Anwendungen fürs Ausarbeiten werden mächtiger sein als die heutigen konventionellen Anwendungen: Fortgeschrittene CAD-Systeme werden nicht mehr nur passive, sondern auch aktive Systeme sein (vgl. S. 175): Sie können die Erfüllung von Konstruktionsregeln überwachen, Zwischenstände von Konstruktionen beurteilen, Tips geben, Simulationsmodule anstoßen usw.. Der Ingenieur wird auch eine Art 'Autopiloten' angeboten bekommen, der in Standardfällen die Ausarbeitung weitgehend selbst vornehmen kann (wobei er auf Wunsch jeden seiner Schritte erklärt), der aber auch bei jeder Entscheidung wieder vom Benutzer unterbrochen werden kann. Diese Systeme werden wesentlich mehr *Perspektiven* der Konstruktion berücksichtigen, z.B. Richtlinien zur fertigungs-, qualitäts-, umwelt- und kostengerechten Konstruktion.[40]

Denkbare Anwendungsgebiete

Die folgende Liste zeigt denkbare Anwendungsgebiete und einige Systeme, die schon heute viele dieser Eigenschaften besitzen:

- *Feature*-basiertes mechanisches CAD, z.B. ICAD, I-DEAS, Concept Modeller und Pro/ENGINEER.
- Konfigurationssysteme für Großserien ähnlicher Produkte (z.B. Computer oder Lastwagen).[41]

- Werkzeuge für das schnelle Erstellen von Produkt-Prototypen (in Anlehnung an die moderne Software-Technik wird hier das Wort „Rapid Product Prototyping" verwendet): Z.B. die vollautomatische Erzeugung von 3D-Musterteilen direkt aus CAD-Daten.[42]
- Finite-Element-Analyse und andere Simulationen.[43]
- *Feature*-basiertes elektronisches CAD.[44]

Integriertes Feature-based CAD? Zukunftsmusik

Die Entwicklung von CAD-Systemen wird vorwärtsgetrieben durch die wachsende Bedeutung der X-gerechten Konstruktion (vgl. 3.3). Das führt mittelfristig zu wissensbasierten CAD-Systemen. Doch es ist noch viel Forschungsarbeit nötig, bis echte *Feature*-basierte CAD-Systeme reif für den integrierten Praxiseinsatz sind. Ein weiterer bisher unerfüllter Wunsch der Konstrukteure sind CAD-Systeme, die es ihnen ermöglichen, auf mehreren Abstraktionsebenen und aus mehreren *Perspektiven* gleichzeitig ein Produkt zu entwerfen, zu ändern und zu analysieren.[45]

Ein KHMS könnte da helfen

Die Existenz eines KHMS, wie es oben beschrieben wurde, ist eine wichtige Voraussetzung für die Lösung dieser Probleme, denn das KHMS liefert sowohl den gemeinsamen Informations-Pool, als auch die mächtigen Repräsentationswerkzeuge, um mit der Komplexität dieses Gebiets fertig zu werden. Falls im Unternehmen heterogene Werkzeuge mit redundanten Bauteilekatalogen bestehen (vgl. 2.5.3), könnte das KHMS als 'Master' zur Synchronisation der anderen Bauteilekataloge dienen. Der Master-Katalog dürfte dann nur noch durch Know-How-basierte Werkzeuge gepflegt werden. Export-Methoden des Data Level Interface würden Kopien dieses Master-Katalogs in Metadateien schreiben, die von den konventionellen Anwendungen eingelesen werden.

5.5.4 Ex-post-Qualitätssicherung: Diagnose

Diagnose als Recycling von FMEA-Wissen

Aufbauend auf einem gemeinsamen Produktmodell sind auch neue, integrative Ansätze für die Diagnose vorstellbar: Wenn ein Software-System erst einmal Zugang zu so viel Know-How über ein Produkt hat, kann es z.B. das schon im Laufe einer FMEA angelegte Funktionsmodell dieses Produkts verwenden, um halbautomatisch ein Diagnosesystem zu erzeugen. Die Ursache-Wirkungs-Zusammenhänge sind ja bereits vorhanden – sie müssen nur andersherum interpretiert werden!

5.6 Nutzen und Grenzen

Zum Abschluß der Überlegungen bezüglich der DV faßt dieser Abschnitt die Vorteile und auch die Grenzen der Know-How-basierten Informationsverarbeitung für IPE zusammen. Das Ziel ist es, Ihnen entscheidungsunterstützende Informationen für eine eigene Implementierung dieser Konzepte zu verschaffen – das Kapitel 6 gibt dann weitere Hinweise, wie Sie IPE in die Tat umsetzen können. Die Vor- und Nachteile werden beleuchtet im Hinblick auf die drei entscheidenden Faktoren:

- **Zeit** (Time to Market).
- **Kosten** (und Nutzen).
- **Qualität** (hauptsächlich definiert als Kundenzufriedenheit).

Abschließend werden die Wechselwirkungen und Synergieeffekte zwischen Know-How-basierter Informationsverarbeitung und der Organisation für IPE hervorgehoben.

5.6.1 Grundsätzliche Auswirkungen von IPE

Know-How-basierte Informationsverarbeitung verkürzt Konstruktionsänderungs-Schleifen

Auswirkungen: kürzere Konstruktionsänderungs-Schleifen

Beispielsweise kann man mit einem Know-How-basierten FMEA-System (vgl. 5.1) die FMEA *parallel* zur Entwicklung des Produkts durchführen, anstatt *danach*. Ingenieure werden weniger Zeit brauchen, um ihre Produkte zu konstruieren und ihre FMEAs zu schreiben, denn sie können Anlässe für Konstruktionsverbesserungen schon während der Entwicklung erkennen, und die FMEA wird automatisch mit dem Produktmodell synchronisiert.

Dadurch werden die Rückkopplungs-Schleifen betreffend Schwachpunkte der Konstruktion und die daraus resultierenden Änderungszyklen 'miniaturisiert'. Frühere Erkennung von Schwachpunkten spart Zeit und Geld und steigert unter Umständen auch die Qualität. Die Ingenieure können die Zeit, die sie so gewinnen, z.B. für bessere Marktanalysen oder besser an Kundenwünschen orientierte Konstruktionen nutzen.

Know-How-basierte Informationsverarbeitung kann ganze Änderungszyklen vermeiden

Ganze Zyklen vermeiden

Wie der Fall des Leiterplatten-Layout-Beraters gezeigt hat, können Beratungssysteme für fertigungs- und qualitätsgerechte Konstruktion (etc.) viele spätere Konstruktionsänderungen sogar von vornherein vermeiden.

Know-How-Integration führt zu niedrigeren Lebenszykluskosten und höherer Produktqualität

Niedrigere Lebenszykluskosten und höherer Produktqualität

Wenn Ingenieure bewußt alle Anforderungen in Erwägung ziehen können, die der Lebenszyklus an ein Produkt stellt, wird ihre Konstruktion auch besser diese Anforderungen erfüllen. Diese Know-How-Integration kann durch Konstruktions-Beratungssysteme unterstützt werden. Beispielsweise können Berater für fertigungsgerechte Konstruktion eine bessere Einhaltung der Konstruktionsregeln durchsetzen und damit zu Konstruktionen führen, die auf die preiswertesten Fertigungstechnologien und geringste Ausschußraten hin optimiert sind.[46]

Der Nutzen ist schwierig zu quantifizieren

Nutzen schwer zu quantifizieren

Obwohl die Nutzeneffekte von IPE plausibel klingen, sind die meisten von ihnen eher qualitativer Natur, sogar im konkreten Anwendungsfall. Das ist übrigens eine Parallele zu CIM (vgl. S. 65).

Bei der Beantwortung dieser Frage sollten wir uns nicht der Illusion hingeben, konkrete Zahlen definieren zu können, denn das ist hier nicht nur unmöglich, sondern auch nutzlos: Erstens funktioniert jeder Entwicklungsprozeß anders. Zweitens möchten wir hier einen gewissen Grad von Unabhängigkeit von einzelnen Anwendungsgebieten bewahren.

5.6.2 Synergieeffekte innerhalb der Informationsverarbeitung

Synergieeffekte innerhalb der Informationsverarbeitung

Grundsätzlich steht wohl außer Zweifel, daß der steigende Bedarf an rechnergestützten Werkzeugen auf hoher Abstraktionsebene für Know-How-Integration und präventive Qualitätssicherung ein weites Anwendungsgebiet für moderne Software-Techniken eröffnet. Wie trägt nun die hier vorgestellte Architektur zu diesen Zielen bei?

Logisch zentrale Know-How-Bank

Logisch zentrale Know-How-Bank

Der logische zentralisierte Speicher für Produkte, Organisationen und Aktivitäten bietet mehrere Gruppen von Synergieeffekten:

- Die Anwendungen profitieren von der einheitlichen, redundanzarmen Speicherung, die verschiedene *Perspektiven* ermöglicht (die alle in *einem* Modell angelegt sind). So können z.B. eine präventive Fehler*analyse* und eine Fehler*diagnose* im wesentlichen dieselben Informationen verwenden.

- Für die Aktivitäten ist es insbesondere nützlich, daß ein Produktmodell schon von Anfang an verfügbar ist. Denn so können die Konstruktionsregeln z.B. eines Beratungssystems für fertigungsgerechte Konstruktion schon in frühen Entwicklungsstadien das Produktmodell analysieren und Konstruktionsprobleme erkennen.

Integration heterogener DV-Umgebungen

Integration heterogener DV-Landschaften

Dank der gemeinsamen Speicherung von Daten und Know-How ist es erheblich einfacher, die verschiedenen Ingenieurwerkzeuge zu synchronisieren, als z.B. durch die Verbindung heterogener Werkzeuge über Trigger-Mechanismen und Übersetzer. Dadurch ermöglichen Know-How-basierte Anwendungen beträchtliche Vereinfachungen konventioneller Abläufe und Anwendungen. Beispielsweise kann eine FMEA automatisch an Veränderungen des Produktmodells angepaßt werden, die durch (wie man das bisher nennt) 'völlig andere' Entwicklungs-Aktivitäten vorgenommen wurden (z.B. CAD). Ähnlich können die Stückliste und der Fertigungs-Arbeitsplan über assoziative Objekt-zu-Objekt-Verbindungen in der Know-How-Bank auf den neuesten Stand gebracht werden.

Durch seinen objektorientierten und modellbasierten Aufbau kann das KHMS auch als Mittler zwischen bislang getrennten Systemen oder zwischen Systemen, die bisher nur über Papier kommunizieren konnten, auftreten. Z.B. kann eine Konstruktions-Stückliste mit einer Hintergrund-Wissensbasis analysiert werden, um eine komplette Fertigungs-Stückliste mitsamt Arbeitsplan zu generieren. Dadurch spart man sich den Aufwand, zunächst Schnittstellen zwischen den beteiligten konventionellen Anwendungen zu schreiben, und dann noch einmal zwischen diesen und dem KHMS. Z.B. kann die Know-How-Bank den Master-Bauteilekatalog für die Elektronik-Entwicklung enthalten, um damit die Kataloge aller CAD-Systeme zu synchronisieren.

Die Integration mit den konventionellen Anwendungen kann problematisch werden.

Integration mit den konventionellen Anwendungen

Im Falle des Leiterplatten-Layout-Beraters stellte sich die Kopplung mit dem konventionellen CAD-System als Stolperstein heraus. Der Layout-Berater muß *Features* aus den CAD-Daten erschließen, um auch seine abstrakteren Konstruktionsregeln anwenden zu können. Das wird normalerweise von einem Batch-Prozeß erledigt, der eine Metadatei einliest und sie in die Know-How-Bank übersetzt.

Obwohl das logisch eigentlich völlig genügen würde, um die Analysen durchzuführen, ist die Geschwindigkeit der Benutzungsoberfläche von entscheidender Bedeutung. Ingenieure, die sich an ein CAD-System gewöhnt haben, das ihnen Warnsignale sofort nach einer Aktion gibt (z.B. wenn zwei Bauelemente zu dicht beieinander plaziert wurden), erwarten von einem Konstruktionsregelprüfer, daß er ihnen genauso schnelles Feedback gibt, anstatt einen 30-Minuten-Batch-Lauf zu brauchen.

Manchmal provoziert eine Know-How-basierte Anwendung die nächste

Positive Domino-Effekte

Während der Diskussionen über die Architektur des Leiterplatten-Layout-Beraters stellte sich heraus, daß das System nicht nur ein reiner Konstruktionsregel-Prüfer sein könnte. In einiger Hinsicht würde es auch sehr nahe an einen Fertigungsplan-Generator herankommen. Doch dieser 'Nebeneffekt' wurde als unausweichlich angesehen, denn es gibt in dieser Anwendung einfach zu viele Zusammenhänge zwischen Konstruktion und Fertigung: Je besser man den Fertigungsprozeß voraussehen kann, desto besser kann man fertigungsgerecht konstruieren. Dies ist in der Tat ein Fall von 'simultaner Planung des Produkts und seines Fertigungsprozesses' – so wird Simultaneous Engineering ja häufig definiert.

Regeln sind einfacher zu pflegen als compilierter Code

Regeln sind einfacher zu pflegen als compilierter Code

Modellbasierte Expertensysteme sind leichter an die Bedürfnisse des konkreten Anwendungsfalls anzupassen als traditionelle Programme. Interessierte Ingenieure können – mit der zeitweisen Unterstützung eines Systementwicklers – ihre Konstruktionsregeln selbst pflegen. Das ist eine wesentliche Verbesserung gegenüber existierenden CAD-Systemen, die oft nur sehr begrenzte Einstellmöglichkeiten bieten. In Know-How-basierten Ingenieurwerkzeugen können die Benutzer (oder zumindest deren lokale DV-Experten) sogar einige der grundsätzlichen Verhaltensweisen des Systems passend zu ihrer spezifischen Situation verändern. Die Hersteller solcher Werkzeuge würden weniger monolithische Systeme, sondern kleinere und flexiblere Module liefern, die die Know-How-Bank als gemeinsamen Informations-Pool nutzen.

Der 'WEIL-Teil' in Regeln ist nützlich

Der 'WEIL-Teil' in Regeln ist nützlich

Der erklärende 'WEIL'-Teil der Regeln erwies sich als sehr hilfreiche Ergänzung der klassischen Regel-Schreibweise. Er kann die Erklärungskomponente eines Beraters für fertigungsgerechte Konstruktion oder die Informationen in einer Erfahrungsbank sehr viel überzeugender machen. Bücher mit Konstruktions-Richtlinien enthalten – wo es sie überhaupt gibt – selten solche Informationen.

Dauerhafte Speicherung und Redundanzen

Dauerhafte Speicherung und Redundanzen

Für den Prototypen des Layout-Beraters war eine dauerhafte Speicherung der objektorientierten Repräsentation nicht für nötig befunden worden. Auf lange Sicht würde diese aber helfen, die Analyse zu beschleunigen, denn dann könnte man dem Berater eine Differenzmenge zwischen dem neuen Stand der Konstruktion und dem zuletzt übergebenen Stand geben. Dann würde der Übersetzungs-Batch-Lauf erheblich kürzer, denn das System hätte eine erheblich kleinere Anzahl von Objekten neu zu erzeugen, um eine vollständige Repräsentation des aktuellen Standes der Konstruktion zu bekommen.

'Rapid Prototyping' heißt nicht 'quick and dirty'!

Rapid Prototyping ≠ quick & dirty!

Prototyping ist möglich, wenn man die objektorientierten Fähigkeiten des Object Level Interface ausnutzt. Als Systementwickler kommt man sich manchmal angesichts völlig diffuser Vorstellungen der Benutzer so vor, als solle man einen Pudding an die Wand nageln. In solchen Situationen kann man durch Rapid Prototyping, das schnelle Erstellen von Software-Prototypen, für eine stetige Konvergenz von Benutzerwünschen und Programm-Spezifikation sorgen.

Depth-first Programming

Rapid Prototyping ist auch dann besonders nützlich, wenn das zu entwikkelnde System scheinbar unüberwindliche Probleme enthält. In solchen Fällen ist es hilfreich, eine Art 'Programmierung in die Tiefe' zu unternehmen, d.h. zu beweisen, daß es *überhaupt* einen Weg gibt, das System zu implementieren (wobei alle Restriktionen bezüglich Speicherbedarf, Laufzeit-Effizienz usw. bewußt noch nicht beachtet werden!). Wenn es gelingt, einen solchen Prototypen zu bauen, und die Effizienz des Zielsystems ist als kritischer Faktor bekannt, dann muß als nächstes bewiesen werden, daß derselbe Algorithmus auch mit hinreichend hoher *Performance* dargestellt werden kann. Erst dann ist der Erfolg des eigentlichen Implementationsprojekts relativ sicher.

Allerdings sind Skelett-Systeme, wie sie durch Rapid Prototyping entstehen, nicht sehr gut geeignet als Ausgangbasis für eine Voll-Implementation. Wer Rapid Prototyping mit 'quick and dirty'-Programmierung (auch 'Hacking' genannt) gleichsetzt, muß sich darüber im klaren sein, daß der Prototyp-Quellcode viele implizite und undokumentierte Annahmen enthalten wird, die später die Weiterentwicklung behindern.

Die Erfahrungen aus dem FMEA-Projekt führen zu den folgenden Empfehlungen fürs Prototyping:

- Prototyping sollte man nur einsetzen, wenn und wo es nötig ist. Strukturierte Programmierung und Spezifikationen mögen für manche altmodisch klingen, sind aber auch in modernen Programmierumgebungen sehr nützlich.

- Soweit es die Zeit überhaupt zuläßt, sollte man 'trickreiche' Konstrukte vermeiden und mit In-Line-Dokumentation im Quellcode großzügig sein.

Mächtigere Werkzeuge

Mächtigere Werkzeuge

Dank MOPA's umfassendem Modellierungsansatz kann die Know-How-Bank-Architektur den Ingenieuren Werkzeuge für bisher nicht unterstützte Aktivitäten an die Hand geben (z.B. FMEA, Produkt- und Prozeßmodellierung). Durch die Erhöhung des Anteils rechnerunterstützter Tätigkeiten – selbst in den frühen Phasen des Konstruierens – können die Know-How-basierten Ingenieurwerkzeuge mehr Einzelaufgaben der Produktentwicklung automatisieren, als konventionelle Anwendungen.

Grundsätzliche Grenzen müssen beachtet werden

Grundsätzliche Grenzen beachten!

Neben den positiven Auswirkungen müssen auch die Fragen berücksichtigt werden, die der Know-How-basierte Ansatz offenläßt:

- Was kann ein Computerprogramm überhaupt über eine unvollständige Konstruktion sagen, wie z.B. eine Leiterplatte, auf der erst die Hälfte der Bauelemente plaziert ist? Das ist noch Gegenstand der Forschung. Das *Design Fusion*-Projekt an der Carnegie-Mellon-Universität geht in diese Richtung.
- Das Problem könnte zu groß werden: Beispielsweise umfaßt ein Antiblockiersystem mechanische, hydraulische und elektronische Komponenten, was zumindest für den Anfang einer Implementation zu viel wäre.
- Die Kreativität des Ingenieur muß von den Systemen *gefördert*, nicht eingeschränkt werden. In einem FMEA-System z.B. muß man darauf achten, daß eine FMEA nicht einfach durch Ausschneiden und Kopieren erzeugt werden kann, was dem eigentlichen Sinn der FMEA völlig zuwiderliefe.
- Die üblichen Grenzen der Wissensakquisition treffen auch hier zu: Selbst die beste Know-How-Bank kann nicht das *gesamte* Wissen erfahrener Experten repräsentieren. Die besten Wissensakquisitions-Methoden können nicht garantieren, daß der Experte wirklich *alle* relevanten Informationen gegeben hat.

5.6.3 Auswirkungen auf die Organisation

Auswirkungen auf die Organisation

Technische Verbesserungen alleine können die Produktentwicklung eines Unternehmens nicht zur Integration führen. Ein individueller Satz von organisatorischen Maßnahmen muß damit einhergehen. Dieser Abschnitt diskutiert die Wechselwirkungen und Synergien zwischen der DV-Architektur und der Organisation für IPE.

Der Wert der Kommunikation von Angesicht zu Angesicht

Face-to-face Communication

Man sollte trotz der faszinierenden Aspekte der *logischen* Know-How-Integration nicht vergessen, daß die beste DV-Umgebung nicht die direkte persönliche Kommunikation ersetzen kann. Ein rein 'virtuelles Team' wird nicht funktionieren, wenn die Temmitglieder sich nicht regelmäßig von Angesicht zu Angesicht treffen.

IPE-Werkzeuge ermöglichen dynamische Organisationsformen

dynamische Organisationsformen

Mit dem MOPA-Formalismus können die wechselseitigen Abhängigkeiten zwischen technischen und organisatorischen Fragen in leicht verständlicher und ziemlich intuitiver (und damit benutzerfreundlicher) Weise repräsentiert werden (vgl. 5.4). DV-Systeme, die auf diesem Paradigma aufbauen, können dazu beitragen, Organisationen leichter und effizienter zu steuern. Insbesondere Werkzeuge wie der Entwicklungs-Leitstand eröffnen neue Freiheitsgrade in der Auslegung hochgradig dynamischer Organisationen. Produktentwicklung ist nur ein herausragendes Beispiel dafür, wo solche Oganisationen von Nutzen wären.

Neue Funktion: Know-How-Bank-Administratoren

Know-How-Bank-Administratoren

Es müssen in Zukunft mehr Ressourcen für die Integration und Konservierung von Know-How eingesetzt werden. Spezielle Know-How-Bank-Administratoren sollten benannt werden, deren Aufgabe es ist, die Thesauri, die Produktmodelle und die Konstruktionsregelbasen zu erstellen und zu pflegen. Sie arbeiten zusammen mit Ingenieuren und allen anderen Leuten, die Know-How beitragen können. Jedes Entwicklungsteam sollte einen haben (vgl. Kapitel 6). Jeder Projektleiter sollte zusammen mit seinem Know-How-Bank-Administrator die Produktmodelle in der Know-How-Bank planen und pflegen.

Neue Funktion: Entwicklungsprozeß-Administratoren

Entwicklungsprozeß-Administratoren

Für die Modellierung der Aufbauorganisation und der Aktivitäten erhalten die Projektleiter in der Produktentwicklung Unterstützung von einer neuen Art von Spezialisten: Entwicklungsprozeß-Administratoren sind Experten im Umgang mit dem Entwicklungs-Leitstand. Sie setzen neue Projekte auf und pflegen die in der Know-How-Bank gespeicherten Informationen über laufende Projekte. Sie sind unabhängig von einzelnen

Projekten, um Interessenkonflikte z.B. bei der Ressourcenverteilung zu vermeiden.

Die 'Denke' muß mitgehen – Verpflichtung des Managements und Motivation

Die 'Denke' muß mitgehen

Teamwork ist heutzutage sowieso schon ein Bestandteil der Arbeitskultur von Ingenieuren. Doch andere Sitten und Gebräuche bedürfen der Veränderung, und diese Veränderungen müssen vom Top-Management aktiv gefördert werden: Z.B. sollte das Bewußtsein deutlicher werden, daß Know-How-Konservierung und präventive Qualitätssicherungsmethoden, obgleich sie kurzfristig mehr Arbeit bedeuten, eine Menge Zeit und Geld sparen können. Daher müssen genügend Zeit und Ressourcen diesen Aktivitäten zugeordnet werden. Und nur eine 'lebende', aktiv gepflegte Erfahrungsbank wird die Leute motivieren, Dokumentationen beizusteuern: Nur dann wissen die Autoren, daß ihr Text sofort allen interessierten Lesern zugänglich gemacht wird. Auch hier ist der Einsatz von seiten der Führungskräfte ein kritischer Erfolgsfaktor.

Prüfungen häufiger möglich

Prüfungen häufiger möglich

Wenn Analysen nicht mehr so viel Zeit erfordern, kann man sie häufiger durchführen. Das gilt beispielsweise im Falle des Leiterplatten-Layout-Beraters. Ein rechnergestützter Konstruktionsregelprüfer kann wesentlich häufiger gestartet werden als die Untersuchungen durch menschliche Experten, denn der Ingenieur kann das System aufrufen, wann immer er will – er muß keine Termine ausmachen.

'Neulinge' brauchen weniger Training

Weniger Trainingsaufwand

Mit der Unterstützung eines Konstruktionsregelprüfers, der seine Schlußfolgerungen erklären kann, brauchen neu eingestellte Ingenieure den 'alten Hasen' nicht so lange 'am Rockzipfel zu hängen'. Den größten Teil der lokalen Trickkiste lernen sie durch die Erklärungskomponente des Expertensystems kennen. So können sie deutlich schneller von der Theorie zur Praxis an der CAD-Workstation übergehen. Nur noch für extrem schwierige Fälle müssen sie die Experten zu Rate ziehen, deren Zeit somit von Routinearbeiten befreit wird. Diese Verbesserungen im Ausbildungsbereich implizieren weitere Zeit- und Kosteneinsparungen durch höhere Produktivität der Ingenieure – sowohl der Neulinge, als auch der Experten.

Schon die *Offenlegung* von Konstruktionsproblemen ist ein großer Gewinn

Probleme auf-zeigen *ist schon Fortschritt!*

Unabhängig von den obigen Überlegungen zur Benutzungsoberfläche würde schon die bloße *Existenz* eines Werkzeugs, das die Einhaltung von

Konstruktionsregeln prüft, positive Veränderungen bewirken: Der Hauptnutzen eines solchen Systems liegt nicht nur in der allgemeinen Senkung der Anzahl von Regelverstößen, sondern in der Tatsache, daß die *unvermeidlichen* Regelverletzungen in einem so frühen Stadium der Entwicklung offengelegt werden. Der Untersuchungsbericht des Layout-Beraters könnte zu einem routinemäßigen Teil der offiziellen Konstruktionsunterlagen werden, die für die endgültige Fertigungsfreigabe verlangt werden. Die im Bericht aufgeführten Regelverletzungen sollten vom Chefingenieur abgezeichnet werden, um explizit seine Zustimmung zu dokumentieren.

5.7 Schlußfolgerungen

Dieses Kapitel hat die Know-How-basierte Informationsverarbeitungs-Architektur für IPE vorgestellt. Eine Fallstudie eines FMEA-Informationssystems, das eine graphische Benutzungsoberfläche, objektorientierte Programmierung und ein relationales DBMS vereinigt, hat gezeigt, daß eine solche Architektur machbar ist. Eine Analyse von Arten und Eigenschaften von Know-How hat zu einem ersten Modellierungsrahmen namens MOPA geführt, der auf objektorientierte und wissensbasierte Implementierungstechniken ausgerichtet ist. Den Kern der DV-Architektur bildet das Know-How-Management-System (KHMS). Es besteht aus einer Know-How-Bank, einem Object Level Interface (OLI) und einem Data Level Interface (DLI). Die Benutzer können auf die Know-How-Bank zugreifen mit Hilfe von Know-How-Definitions- und -Manipulations-Werkzeugen und Know-How-basierten Ingenieurwerkzeugen. Eine Übersicht der Vorteile und Grenzen dieser Architektur hat gezeigt, daß sie dazu beiträgt, Produkte in kürzerer **Zeit**, mit höherer **Qualität** und zu geringeren **Kosten** zu entwickeln.

Nun könnten wir schlußfolgern, daß wir sofort mit der Implementation einer solchen Architektur beginnen sollten. Es gehört allerdings mehr dazu, die Art zu verändern, in der ein Unternehmen seine Produkte entwickelt, als nur neue Software. Daher präsentiert das nächste Kapitel Ideen zur Organisation des Übergangs von der Sequentiellen zur Integrierten Produktentwicklung.

Anmerkungen zu Kapitel 5

1 [HAHNER 90].
2 z.B. bietet die Firma VW-GEDAS (Berlin) ein solches System an.
3 vgl. [MERCURY 91].
4 vgl. [DECWINDOWS 91].
5 vgl. [VAX LISP 90].
6 Man kann niemandem, dessen Kinder zuhause einen Atari haben, erzählen, eine solche Oberfläche sei nicht machbar auf einem Rechner, der das Zwanzigfache kostet.
7 vgl. [ICAD 90], [BREITLING 88], [PARAMETRIC 89], [SDRC 91], [WISDOM 88, 90], [IRGENS 89], [SAFIER 90].
8 Siehe auch [VDI-GI-AK 92].
9 vgl. [FREITAG 89]
10 vgl. [ERNST 89].
11 vgl. [SCHEER CIM d 90].
12 vgl. [BOSE 90], [FAMILI 90], [LEVI 88], [MAJOR 89], [MERTENS/N 88].
13 DEC's XCON, vgl. [BACHANT 84].
14 Navistar, in [FEIGENBAUM 88].
15 [SCHEER WINFd 90] - .
16 vgl. [SCHEIFLER 86], [DECWINDOWS 91].
17 PHIGS = Programmer's Hierarchical Interactive Graphics System; PEX = PHIGS Extension to X.
18 Bezüglich DBMS und SQL vgl. 4.3.
19 vgl. 4.1.
20 Standardized General Markup Language (ISO 8879-1986); vgl. z.B. [HERWIJNEN 90].
21 Electronic Design Interchange Format; vgl. [EDIF 88], [GLAS 88].
22 Product Data Exchange Specification / Standard for the Exchange of Product Model Data (ISO draft standard); vgl. [BERNARDI 90a], [FINGER 89c]; [MACDOW 89].
23 Electronic Data Interchange for Administration in Commerce and Transport; vgl. z.B. [BECKER 89].
24 [MACDOW 89].
25 z.B. CLOS-MOP (Meta-Object Protocol). Das KIF (Knowledge Interchange Format) liegt auf einer höheren semantischen Ebene [GRUBER 90c, 90d].
26 vgl. [FINGER 90a].
27 vgl. z.B. [FORGY 82].
28 vgl. [FINGER 89c].
29 Es wird aber nicht nur *eine gemeinsame* Nomenklatur geben können, denn je nach *Perspektive* werden die gleichen Dinge auch weiterhin verschiedene Bezeichnungen brauchen.
30 vgl. [NAVINCHANDR.90a], [FORKEL 90].
31 vgl. auch [DESSLOCH 89].
32 Erfunden von [DOYLE.J 79]. [BREWKA 89a, 89b] gibt einen Überblick. Vgl. auch [MCALLESTER 90], [PETRIE 89], [STEELE.R 88], [STRUSS 89b].
33 [SPUR 88a].
34 vgl. [FORKEL 90] (vorgestellt in 4.5.3), [CUTKOSKY 89], [GERO 91], [GOEL 89], [JOSKOWICZ 88], [SRIRAM 89], [TENENBAUM 89], [ULLMAN 87].

35 vgl. [PLATTFAUT 88]; vgl. auch [PATINO 89].
36 Grundlegende Arbeiten zu diesem Thema: [WINSTON 81]. Siehe auch [GOEL 88], [KOLODNER 91], [SLADE 91], [SIMOUDIS 90].
37 vgl. [WINSTON 87], [NILSSON 82].
38 vgl. [LENAT 87].
39 z.B. [HIRSCHTICK 86], [KIM.S 88a], [KORDE 89], [MARTIN 89], [MATSUMOTO 89a], [NICHOLSON 89], [PETRIE 89], [VIRDHA 87], [HUANG 89].
40 vgl. auch [DESSLOCH 89].
41 vgl. die Liste in 4.2.
42 vgl. [CHOI 90], [WEISS 90].
43 [GRAF 89], [GREENBERG 88], [KOCH 90], [SPUR 87], [STAAB 88]).
44 [SCHEFFEL 90b].
45 vgl. [FINGER 89c].
46 z.B. quantifiziert [NICHOLSON 89] die Vorteile durch ein Analysesystem zur automatischen Bestückbarkeit elektronischer Bauelemente für Leiterplatten wie folgt: Der durchschnittliche Anteil automatisch bestückter Bauelemente wuchs von 75% auf 90%. Die durchschnittlichen Kosten pro Bestückung wurden von 13 cents auf 8 cents reduziert. Die Fehlerquote sank von 1800 auf 1000 ppm.

6 Der Übergang von der Sequentiellen zur Integrierten Produktentwicklung

Die technischen und organisatorischen Strukturen und Nutzenfaktoren von IPE sind in den vorangegangenen Kapiteln besprochen worden. Dieses Kapitel konzentriert sich auf einige grundlegende organisatorische Aspekte. Es bietet auch erste Gedanken zu strategischen und taktischen Schritten, die notwendig sind für einen glatten Übergang von einer Sequentiellen Produktentwicklung (SPE) zur Integrierten Produktentwicklung (IPE). In einem laufenden Unternehmen ist ein solcher Übergang sicher ein größeres Unterfangen. Eine derart fundamentale Veränderung der Organisation und der DV-Infrastruktur eines Unternehmens ist heute gleichbedeutend mit der Veränderung der gesamten Art, wie das Unternehmen überhaupt Geschäfte macht. Wenn dieser Übergang die laufenden Projekte durcheinanderbringt, könnte das die gesamte Unternehmung in Gefahr bringen, denn die Entwicklung neuer Produkte wäre ernsthaft behindert.

Schritte zur Einführung von IPE

Der Aufbau dieses Kapitels folgt der Reihenfolge von Schritten, die man in einem Projekt zur Einführung von IPE vornehmen sollte. Ein solches Projekt kann man z.B. mit Hilfe der „Systematischen Vorgehensweise" von Ralph Coverdale[1] angehen. Entsprechend wird der Übergang zu IPE in die folgenden Phasen eingeteilt:

Phase 0: *Vorbereitungen*: Auftrag festlegen; Klärung von Chancen und Risiken; Aufstellen einer Task Force.

Phase 1: *Ziele*: Definition der Ziele der Task Force und des gesamten Projekts, also der Verbesserungen, die man sich durch die Implementation von IPE erwartet.

Phase 2: *Information*: Analyse des Ist-Zustandes der Produktentwicklung.

Phase 3: *Was muß getan werden / Plan*: Festlegung der organisatorischen und technischen Verbesserungsmaßnahmen mit dem Ziel, ein Übergangsprogramm für das Unternehmen zusammenzustellen – eine 'Strategische Entwicklungs-Initiative' (SEI). Beschreibung des Zielzustandes (d.h. was IPE für *dieses* spezielle Unternehmen bedeuten wird).

Phase 4: *Durchführung*: Implementation von IPE.

Phase 5: *Rückblende*: Soll-Ist-Vergleich; Analyse von Erfolgen und Schwierigkeiten im Vorgehen; Folgerungen.

Die Phasen 0 bis 3 werden jeweils in eigenen Unterkapiteln beschrieben. Da die praktische Einführung von IPE ein für jedes Unternehmen individueller Prozeß ist, werden die zwei letzten Schritte des Projekts – Durchführung und Rückblende – nicht ausführlich behandelt. Der letzte Abschnitt zeigt zwei Aspekte der Phase 4: Wie man ein Testgebiet für IPE auswählt, und einige Praxiserfahrungen mit der Akquisition von Know-How.

6.1 Phase 0: Vorbereitungen

Der 'kleinste gemeinsame Vorgesetzte'

Sobald der Bedarf zur Verbesserung des Produktentwicklungszyklus erkannt ist, sollte die Initiative für IPE von den höchsten Ebenen der Organisation ausgehen. Die niedrigste Ebene, von der der Anstoß kommen sollte, ist der 'kleinste gemeinsame Vorgesetzte' für alle Organisationseinheiten, die an der Entwicklung einer Produktsparte beteiligt sind. Falls der Entwicklungsprozeß sogar über verschiedene Geschäftsbereiche hinweggeht, muß das Top-Management (z.B. das für F&E zuständige Vorstandsmitglied) der Ausgangspunkt sein.

Schrittweise wachsende Involvierung

Die Aufgabe der Verbesserung der Produktentwicklung sollte schrittweise angegangen werden, so daß der Grad der Involvierung des Managements und weiterer Ressourcen abhängig von der Sicherheit des Nutzens von IPE wachsen kann. Der Abschluß der Ist-Analyse (Phase 2) bietet sich als Meilenstein an, bei dem man eine 'go / no-go decision' treffen kann, also eine Entscheidung, ob man überhaupt weitergeht.

Als erster Schritt sollten die Chancen und Risiken skizziert werden. Dazu gehört die Identifikation der 'Key Players' oder 'Hauptdarsteller' in der Produktentwicklung des Unternehmens, und die Sicherstellung von deren Unterstützung für das Projekt. Diese können auch beim Aussuchen von Mitgliedern der Task Force behilflich sein.

Task Force zusammenstellen

Nun wird die Task Force zusammengestellt. Sie soll die Phasen 1 bis 3 des IPE-Projekts durchführen und folgende Mitglieder enthalten:

- Ein Assistent des zuständigen Vorstandsmitgliedes (z.B. für F&E). Das

Vorstandsmitglied selbst sollte ebenfalls regelmäßig an Sitzungen teilnehmen und das Projekt, wenn irgend möglich, zur Chefsache erklären.

- Ein externer Berater mit Referenzen auf diesem Gebiet.
- Ein Konstrukteur mit einigen Jahren Erfahrung in der Projektleitung.
- Ein Fertigungsingenieur, ebenfalls mit einigen Jahren Erfahrung.
- Ein DV-Experte. Falls der 'Graben' zwischen kommerzieller und technischer DV (wie leider so oft) sehr breit ist, muß aus jedem der beiden Bereiche einer kommen.
- Ein Organisations-Experte.
- Ein Experte für Marketing / Verkauf.

F&E-Vorstand als 'Pate'

Die offizielle Rückendeckung seitens der Unternehmensführung sollte institutionalisiert werden, indem z.B. das Vorstandsmitglied für F&E als mächtiger 'Pate' deklariert wird, und indem seine 'rechte Hand' ins Team gesetzt wird. Bei der Gründung der Task Force sollten Meilensteine festgelegt werden (z.B. die Abschlüsse der hier benutzten Phasen), zu denen das Team an den 'Paten' berichtet.

Die unbedingte Unterstützung des Top-Managements ist aus folgenden Gründen nötig:

- Das Team muß viele 'Insider'-Informationen von Leuten sammeln, die es nicht gewohnt sind, darüber ausgefragt zu werden, wie sie ihre Arbeit tun.
- Kritik an den bestehenden Umständen läßt sich leichter äußern, wenn man weiß, daß das Projekt das *gesamte* Unternehmen im Blickfeld hat.
- Das Team könnte 'gegen Wände laufen', weil einige Leute meinen könnten, ihre Insellösungen gegen 'Einmischungen von außen' verteidigen zu müssen. Solchen Sperren kann man vorbeugen, oder sie können zumindest umgangen werden, indem man von vornherein betont, daß man nicht auf der Suche nach einzelnen 'Sündenböcken' für irgendwelche Unvollkommenheiten ist, und daß diese Nachforschungen die Möglichkeit bieten, (endlich) die Bedürfnisse der Ingenieure dem Top-Management bekanntzumachen.

Die Task Force ist auch ein Produkt-entwicklungs-Team!

Interessanterweise sind viele der Anforderungen an Produktentwicklungs-Teams auch hier anwendbar: Schließlich muß auch die Task Force etwas entwickeln – in diesem Falle kein Produkt, sondern eine neue Art, Produkte zu entwickeln. Beispielsweise ist auch dieses Team interdisziplinär besetzt, denn auch hier geht es um physische Know-How-Integration über die Fachbereiche hinweg.

Multi-Experten besonders gefragt

Die Teammitglieder müssen mit Bedacht ausgewählt werden: Sie sollten einige Jahre Erfahrung im Unternehmen haben und (trotzdem!) kreativ denken können. Mitarbeiter mit Erfahrung in mehreren Bereichen (z.B.

Leute, die Ingenieurwesen studiert haben und jetzt in der DV arbeiten) sollten bevorzugt werden, und zwar aus zwei Gründen:

- Wenn das Fachwissen mehrerer Gebiete bereits in einzelnen Teammitgliedern vereinigt ist, braucht man nicht so viele davon, und das Team bleibt 'handlich'.
- Ein weiterer Vorteil dieser Art von Personen ist, daß sie daran gewöhnt sind, interdisziplinär zu denken. Diese Fähigkeit ist hier gefordert.

Richtig *motivieren!*

Das Team und seine Mitglieder sollten hinreichend unabhängig von jeglichen Linien-Verantwortungen positioniert werden: Die Belohnungs-Aussichten für jedes Teammitglied müssen ausschließlich vom Erfolg dieses Projekts abhängig gemacht werden. Wenn jemand in ein Projektteam gesetzt wird und man ihm vorher erklärt, er solle jetzt doch bitte völlig frei denken, bis er wieder in seine Abteilung zurückkommt, weiß er genau, was er zu tun hat: Sicherstellen, daß seiner Abteilung nicht wehgetan wird, oder riskieren, daß er am Ende des Projekts im Niemandsland sitzt.

Unternehmens-Know-How ist ein sehr empfindliches Gebiet. Daher muß die Know-How-Akquisition (siehe 6.3 und 6.5.2) von eigenen Mitarbeitern vorgenommen werden. Man braucht nur wenige externe Berater, die wirklich fast nur 'Rat geben', und die Kreativität fördern, indem sie ihre Erfahrungen von außen einbringen (wie haben's denn andere gemacht?), und indem sie ungewöhnliche – und hoffentlich sogar provozierende – Sichten in die Diskussion einbringen.

6.2 Phase 1: Ziele festlegen

Die Task Force sollte zuallererst ihren Auftrag verfeinern zu einem detaillierten Satz von Zielen, einerseits für das Team selbst und andererseits für IPE. Die beabsichtigten Endergebnisse sollten klar definiert werden, jeweils zusammen mit Kriterien, an denen der Erfolg am Ende des Projekts möglichst objektiv gemessen werden kann.

6.2.1 Ziele der Task Force

'Deliverables' der Task Force

Die Task Force sollte zur Beschreibung der Ergebnisse ihrer Arbeit folgende Dokumente abliefern:

- Eine Beschreibung des Ist-Zustandes der Produktentwicklung, dokumentiert u.a. mit modifizierten Vorgangskettendiagrammen. Dazu eine Analyse der Probleme und wie diese sich auf die Faktoren Zeit, Kosten und Qualität auswirken.
- Ein Szenario des Zielzustandes: „Wie IPE aussehen wird". Ebenfalls erläutert durch modifizierte Vorgangskettendiagramme.
- Einen Projektplan für die Strategische Entwicklungs-Initiative.

6.2.2 Ziele für IPE

Einflußgrößen für IPE

Die Ziele der Integrierten Produktentwicklung, die Art, wie sie definiert werden können, und die Dringlichkeit von Veränderungen in einem bestimmten Unternehmen werden hauptsächlich von den folgenden Faktoren beeinflußt:

- Eigenschaften des Marktes[2]: Kundenstruktur (anonymer Massenmarkt oder wenige Großkunden – verschiedene Wege, auf denen die 'Stimme des Kunden' zum Unternehmen gelangt); Wettbewerbsstruktur; Marktposition im Sinne von eigenem Know-How, Produktpreisen und -qualität.
- Eigenschaften der Produkte: Länge des Produktlebenszyklus; Verhältnis zwischen der Dauer des Lebenszyklus und der des Entwicklungszyklus; Know-How-Intensität des Produkts; Luxus- vs. einfache Produkte.
- Eigenschaften der Organisation der Produktentwicklung: Wie weit ist bereits das CIM-Ziel der Vorgangsintegration erreicht? Wie weit läuft die Produktentwicklung schon in Teams ab? Wie unabhängig sind die Teams?
- Eigenschaften der DV-Infrastruktur: Inwieweit ist das CIM-Ziel der Datenintegration erreicht? Grad der Heterogenität in Hard- und Software; Beziehungen zu Hardware- und Software-Lieferanten, insbesondere auf dem Gebiet der Ingenieurwerkzeuge.

Zeit-, Kosten- und Qualitätsziele setzen!

Die Ziele sollten bevorzugt in den Dimensionen Zeit, Kosten und Qualität definiert werden. Qualitäts- und Kostenziele sind normalerweise leichter zu setzen und zu messen (z.B. „Verringerung der Ausfallrate im Feld um 60%"; „Verringerung der Bauteile- und Fertigungsstückkosten um 30%") dank der bereits bestehenden Controlling-Systeme in diesen Bereichen. Das Problem der Quantifizierbarkeit von Kosten-Nutzen-Kalkulationen wurde oben bereits angesprochen (siehe S. 65). Beispielsweise klingt die Formulierung „Verkürzung der Entwicklungszeit um 60%" klar, ist aber schwer zu verifizieren.

Die technischen Ziele von IPE

Die *technischen* Ziele von IPE sind in den Kapiteln 4 und 5 dargelegt worden. Sie sollten abhängig von den individuellen Bedürfnissen des Unternehmens verfeinert werden.

Die organisator. Ziele von IPE

Die *organisatorischen* Ziele von IPE basieren auf den Überlegungen in Kapitel 3, die zu dem Schluß führten, daß eine Organisation für IPE sich auf funktionsübergreifende organisatorische Konzepte stützen sollte. Daraus leiten sich die folgenden grundsätzlichen Charakteristika ab (vgl. Abb. 6.1):

***Top-Down-Verpflichtung zur Qualität*:**
Fehlervermeidung statt Fehlerentdeckung.

Eine **matrix-artige *Aufbauorganisation***
mit funktionsspezifischen und produktspezifischen **Teams**
verstärkt die ***physische Know-How-Integration***.

Ablauforganisation: Ein ***von Kundenwünschen gesteuerter* Produktentwicklungsprozeß** mit integrierten QS-Methoden.

Moderne DV-Techniken (wissensbasiert, objektorientiert, DB-basiert etc.) ermöglichen ***logische Know-How-Integration***.

Abb. 6.1 Die grundsätzlichen Ziele von IPE.

Top-Down-Verpflichtung zur Qualität

- *Top-Down-Verpflichtung zur Qualität*. Qualität muß im wesentlichen als Kundenzufriedenheit definiert werden. Ressourcen werden der Fehler*vermeidung* zugeordnet, anstatt der Fehlerentdeckung.

Matrix-artige Aufbau-organisation

- Eine matrix-artige *Aufbauorganisation*, basierend auf einer Kombination von funktionsspezifischen und funktionsübergreifenden, produktspezifischen (oder zumindest spartenspezifischen) Teams (vgl. Abb. 6.2).

Ablauf-organisation

- Die *Ablauforganisation* ist als ein QFD-Prozeß ausgelegt, um sicherzustellen, daß die Produktentwicklung an den Kundenwünschen ausgerichtet wird, so daß wirklich nur das Nötige entwickelt wird (der Rest ist nicht Entwicklung, sondern Forschung!) und die Qualitätsrisiken minimiert werden. Der gesamte Entwicklungsprozeß wird begleitet von einer synergetischen Kombination präventiver Qualitätssicherungsmethoden, wie z.B. FMEA, FTA und Taguchi Quality Engineering (siehe Kapitel 3, sowie Abb. 6.4 bzw. A.2).

Moderne DV-Techniken

- Moderne *Techniken der Informationsverarbeitung* werden eingesetzt, um dem Ingenieur die Handhabung großer Mengen komplexer Informationen zu erleichtern. Die DV-Infrastruktur sollte durch logische Know-How-Integration die Voraussetzungen für eine weitgehende Parallelisierung von Aktivitäten und die Kombination von Methoden bereitstellen. Projektleiter sollten den Projektablauf 'im Großen' besser überwachen und steuern können. Die Konstrukteure sollten mit einer verbesserten CAD-Umgebung ausgestattet werden, die auch Zugriff auf Beratungssysteme für X-gerechte Konstruktion hat.

Die individuelle Situation des Unternehmens bestimmt die Gewichtung der Charakteristiken im technischen und organisatorischen Rahmen für IPE. Vor dem Hintergrund dieser Ziele kann man beginnen, die gegenwärtige Lage der Produktentwicklung zu analysieren. Der nächste Abschnitt beschreibt einige Mittel dazu.

6.3 Phase 2: Analyse des Ist-Zustandes

Probleme identifizieren

Nachdem die Ziele gesetzt sind, sollte die Task Force die Problemzonen im gegenwärtigen Produktentwicklungs-Zyklus identifizieren. Dies geschieht mittels einer Vorgangsketten-Analyse und einer Know-How-Fluß-Analyse.

6.3.1 Vorgangsketten-Analyse

Vorgangs-ketten-Analyse

Eine Vorgangsketten-Analyse ist aus zwei Gründen nötig: Erstens braucht man ein klares Verständnis der Art, wie bisher Produkte entwickelt werden. Zweitens liefern diese Erkenntnisse später die Basis für die Phase 5, also für die Rückblende und die Messung des Nutzens von IPE. Dadurch ist es möglich, Fragen zu beantworten wie „Haben wir wirklich eine geringere Anzahl von Konstruktionsänderungen erreicht?“ oder „Wieviel Zeit sparen wir über den gesamten Entwicklungsprozeß ein, dank des erhöhten Zeitaufwands für präventive Qualitätssicherung am Beginn?“

Zunächst nur eine Produktsparte

Die Task Force sollte versuchen, sich zunächst auf eine Produktsparte zu konzentrieren und diese durch ihren gesamten Entwicklungsablauf zu verfolgen. Die ergiebigste Quelle dafür sind Gespräche mit Experten:

Typische zu klärende Fragen

- Marketing- und Verkaufs-Mitarbeiter. Eine typische Frage an sie wäre: „Wieviel wäre es nach Ihrer Meinung für das Unternehmen wert, wenn die Produktentwicklungszeiten halbiert würden?“
- Experten aus der Qualitätssicherung. Wo sehen sie die drückendsten Qualitätsprobleme, und was sind ihrer Meinung nach die Wurzeln des Übels?
- Kosten-Experten (z.B. aus Controlling und Kalkulation). Wird ihr Know-How früh genug in die Produktentwicklung einbezogen?
- Konstrukteure. Haben sie das Gefühl, zu wissen, was die anderen Funktionen von ihren Konstruktionen erwarten? Wie gut funktioniert die Know-How-Rückkopplung?
- Fertigungsingenieure. Sind sie zufrieden mit den Konstruktionen, die ihnen geliefert werden? Gibt man ihnen genug Vorlauf vor dem Beginn der Musterfertigung? Können Muster auf denselben Fertigungslinien produziert werden wie das endgültige Produkt?

Weitere mögliche Fragen:

- Wieviel der Entwicklungszeit wird tatsächlich mit Arbeit am Produkt verbracht? „Nicht selten machen Liege- und Transportzeiten 75-80% der Gesamtdurchlaufzeit aus.“[3]
- Wieviele Konstruktionsänderungen sind je Produkt im Durchschnitt nötig? Was sind die Ursachen für die Änderungen (kann man Prozentzahlen angeben?), und wieviel Zeit- und Geldaufwand verursachen sie – d.h. wie häufig und wie groß sind die Schleifen?
- Wieviel Prozent der Produktentwicklungs-Projekte führen tatsächlich zur Markteinführung des Produkts?
- Wieviele Teile des Produkts stellen wirklich proprietäres Know-How dar, und wieviele Teile beruhen auf Allgemeinwissen? Weniger empfindliche Bereiche der Entwicklung könnten genausogut extern vergeben werden ('Outsourcing'), so daß man sich auf diejenigen Aspekte des Produkts konzentrieren könnte, die wirklich einen Vorsprung gegenüber dem Wettbewerb ausmachen.
- An welchen Stellen könnten Sie mit besserer DV-Unterstützung erheblich effizienter arbeiten?

Voice of the (internal) customer!

Diese Gespräche sollten einen Eindruck von der 'Stimme des (internen) Käufers' (vgl. die QFD-Methode in 3.4.1) geben, denn dies sind die Leute, die jegliche neuen Strukturen 'kaufen' müssen. Die Erfahrung hat gezeigt, daß man dabei vorsichtig unterscheiden sollte zwischen

- Beschreibungen des wirklichen Ist-Zustandes.
- Was man hofft (oder glaubt), 'beim nächsten Mal' besser zu machen.
- Schilderungen vom Hörensagen über Verbesserungen, die irgendein anderer im Produktentwicklungsprozeß 'demnächst' einführen wird.
- Was Führungskräfte – entweder zwecks besserer Selbstdarstellung oder mangels Kontakt zur betrieblichen Realität – unberechtigterweise bereits als Ist-Zustand darstellen.

Aufpassen, was echt IST ist!

Nur die erste Kategorie ist wirklich der *Ist*-Zustand. Die anderen Kategorien liegen noch in der Zukunft und können daher auch noch zugunsten von IPE beeinflußt werden. Sie sollten in die Überlegungen der Phase 3 einfließen.

Zusätzlich zu den Gesprächen sollten die Experten Pläne und Berichte aus vergangenen oder laufenden Projekten bereitstellen. Sie können für die Vorgangskettenanalyse sehr nützlich werden.

VK-Diagramme ...

Aus den Interviews und den Projektdaten kann man ein modifiziertes Vorgangskettendiagramm des Produktentwicklungszyklus zusammenstellen (vgl. Abb. 2.3 und A.1 als Beispiele). Es sollte in etwa die 'typische' Art und Weise darstellen, wie Produkte zur Zeit entwickelt werden. Natürlich gibt es keinen 'einzig wahren' Ablaufplan, aber schon eine ungefähre Darstellung des Ist-Zustandes wäre bereits ein großer Fortschritt.

... mit Markierungen ...

In dem modifizierten Vorgangskettendiagramm sollten folgende Aspekte gesondert markiert sein:

- Potentielle Zyklen.
- Verzögerungseffekte (z.B. Warteschlangen am Eingang zu bestimmten Aktivitäten).
- Organisatorische Schnittstellenprobleme: Übergänge zwischen Verantwortungsbereichen, z.B. zwischen verschiedenen Geschäftsbereichen oder auch zwischen Konstruktion und Fertigung.
- Übergänge zwischen unterschiedlichen DV-Infrastrukturen (Hardware-/ Software-Barrieren oder DV-Schnittstellenprobleme).
- Meilensteine, z.B. „A-Muster fertig", mit Schätzungen, wieviel Zeit seit dem Beginn des Projekts verstrichen ist.

... provozieren weiteres Feedback

Dieses Diagramm ist ein hervorragendes Mittel, um in den Interviews Diskussionen zu provozieren. Es ist eine graphische Darstellung des jeweiligen Erkenntnisstandes über den Ablauf der Produktentwicklung. Es sollte laufend durch die Informationen aus Gesprächen ergänzt und dann in der neuesten Form zum nächsten Gespräch mitgenommen werden. Unvermeidlicherweise werden die ersten Versionen dieses Diagramms 'parteiische' Sichtweise derer enthalten, die zuerst interviewt worden sind. Durch weitere Gespräche geht es durch einen Prozeß der schrittweisen Verfeinerung.

Wenn der zu analysierende Prozeß kompliziert ist, wird das Diagramm es auch sein. Ein Erfahrungsbericht bestätigt das: „... bereits die Entwicklung einer elektronischen Flachbaugruppe – vom Schaltungsentwurf bis zur Auslieferung der 0-Serie – umfaßt bereits bis zu 200 Aktivitäten, deren logisch-inhaltliche Verknüpfung und deren Dauer im einzelnen möglichst präzise erfaßt werden muß."[4] Die schiere Länge des Diagramms – man sollte bedenken, daß es oft einen Zeitraum von mehreren Jahren abdeckt – wirkt beeindruckend, und diese 'Vogelperspektive' konfrontiert viele Leute *erstmals* mit der Erkenntnis, daß sie Teilnehmer eines langen und komplizierten Prozesses sind.

6.3.2 Analyse der Know-How-Flüsse

Wo und wie fließt Know-How?

Konstruktions-Handbücher, Entwicklungsberichte und andere Dokumentationen von Know-How sollten gesammelt werden. Zusammen mit den in Gesprächen erhobenen Informationen ermöglichen sie eine Analyse der

Flüsse von Know-How entlang des Produktentwicklungs-Zyklus (d.h. Know-How-Rück- und Vorwärtskopplung). Auf diese Weise kann man folgendes herausarbeiten:

- Die Anforderungen, die eine Konstruktion zu erfüllen hat. Sie können eingeteilt werden in Anforderungen der Kostenrechnung, der Fertigung und Montage, der Umwelt, der Funktionsprüfung, der Wartung etc. (vgl. 3.3).
- Barrieren, die den Fluß von Informationen und Know-How behindern, beispielsweise Abteilungsgrenzen, Hardware- bzw. Software-Inkompatibilitäten.
- Wo ist Know-How-Integration nützlich, aber schwer physisch herzustellen (z.B. wegen großer Entfernungen zwischen Standorten)?

Jetzt dürfte relative Klarheit herrschen über den bestehenden Zustand der Produktentwicklung. Die Ist-Situation ist analysiert und verständlich dargestellt. Damit ist die Zeit gekommen, um die Konsequenzen vorzubereiten.

6.4 Phase 3: Eine Strategische Entwicklungs-Initiative

Maßnahmen für eine Strategische Entwicklungs-Initiative

In der Phase 3 wird die Task Force Maßnahmen sammeln, diskutieren, priorisieren und auswählen, die den Übergang von SPE zu IPE schaffen sollen. daraus wird ein Schritt-für-Schritt-Plan für den Übergang entwickelt. Er kann als *Strategische Entwicklungs-Initiative* bezeichnet werden, wegen seiner langfristigen und grundlegenden Bedeutung für die Produktentwicklung des Unternehmens, und wegen der beträchtlichen Dauer der Übergangsphase.

Vorsichtige Einführung

Um eine möglichst problemlose Einführung von IPE zu gewährleisten, muß der Übergang vorsichtig geplant werden. Erfahrungen aus dem Bereich des Simultaneous Engineering haben gezeigt, daß die Mitarbeiter durch die gleichzeitige Belastung mit Tagesgeschäft und strategischen Überlegungen in dieser Zeit stark beansprucht werden. Daher sollte IPE in überschaubaren Portionen eingeführt werden, mit nur *einem* Entwicklungsprojekt als erstem Testgebiet (vgl. 6.5).

Beispiel Cadillac

In einiger Hinsicht ist der Übergang, den Cadillac durchgemacht hat, typisch: „Um im Wettbewerb stark zu bleiben, mußten wir eine Doppelstrategie entwickeln. Auf kurze Sicht mußten wir sowohl unsere Produkte, als auch unsere Prozesse verbessern, und die Brände austreten ... Langfristig mußten wir die Verbesserungen bei Produkten und Prozessen beschleunigen ...“[5]

Auch dieser Abschnitt benutzt wieder die Unterscheidung zwischen dem organisatorischen und dem technischen (DV-) Gebiet.[6]

6.4.1 Organisatorische Maßnahmen

Organisatorische Maßnahmen

Die Organisation sollte entsprechend den in 2.6 erarbeiteten Zielen umstrukturiert werden. Das Ausmaß der Veränderungen hängt vom Ist-Zustand der Organisation, der Produkte und der Märkte des jeweiligen Unternehmens ab.

Organisation inkrementell entwickeln

Die Entwicklung der Aufbauorganisation, der Ablauforganisation und der DV-Infrastruktur für IPE sollte inkrementell vonstatten gehen, unter intensiver Kommunikation mit den Nutzern (also den Ingenieuren!). Der Übergang von SPE zu IPE sollte eine von diesen Kunden getriebene Folge schrittweiser Verfeinerungen sein: Jeder neue Schritt wird zuerst genau spezifiziert, dann als Prototyp implementiert, dann den Vertretern der Fachbereiche präsentiert, und erst wenn diese den Stand abnehmen, geht es weiter zum nächsten Schritt.

6.4.1.1 Aufbauorganisation

Aufbauorganisation

Eine funktional gegliederte Aufbauorganisation kann nicht blitzartig zu einer Matrixorganisation umgebaut werden. Aswad und Knight beschreiben „sieben Arten von lateralen (funktionsübergreifenden) Strukturen, aufgelistet nach steigender Komplexität und Verwaltungsaufwand“[7]. Die letzten vier davon sind in diesem Zusammenhang interessant:

Komponenten: Teams ...

- *Teams*: Man kann beginnen mit einer Struktur dauerhafter Spezialisten-Teams, die Lösungen für häufig wiederkehrende Probleme bieten.

Integrations-Pate ...

- *Integrations-Pate*: Er sitzt auf einer Stabsstelle und erleichtert den Informationsfluß zwischen den funktionsgebundenen Managern sowohl vertikal, als auch horizontal. Er berichtet typischerweise direkt an den Geschäftsbereichsleiter bzw. den F&E-Vorstand.

Funktionsübergreifender Pate

- *Funktionsübergreifender Pate*: Dieser hat dieselben Aufgaben wie der obige 'Pate', aber mit der zusätzlichen formellen Macht, Entscheidungen zu treffen und zu genehmigen.

Funktionsübergreifende Matrix

- *Funktionsübergreifende Matrix*: Dieser Modus ist sinnvoll, wenn eine bessere Integration spezialisierter Fähigkeiten angestrebt wird, und zwar in größerem Maßstab als nur für ein bestimmtes Programm oder Produkt. Eine solche Integration erfordert eine Gruppe von Managern mit funktionsübergreifender Erfahrung und Macht zu Entscheidungen.

Stufen zum Ziel

Im Verlauf der Implementation von IPE könnte die Aufbauorganisation also die folgenden Stufen durchlaufen:

- Für das Pilotprojekt sollte ein erstes Produkt-Team zusammengestellt werden. Besonders solange die IPE-Organisation noch nicht voll in Kraft ist, sind Reibungen zwischen der klassischen funktionalen Struktur und IPE's funktionsübergreifenden Strukturen unvermeidlich. Daher ist die Rolle des *Integrations-Paten* in dieser Phase sehr wichtig. Diese Funktion sollte im Normalfall direkt bei dem für F&E zuständigen Vorstandsmitglied angesiedelt werden.
- Nach dem Pilotprojekt, wenn die IPE-Organisation auf z.B. eine ganze Produktsparte ausgedehnt wird, und bereits mehrere Produktentwicklungs-Abteilungen (s.u.) bestehen, sollte ein *Funktionsübergreifender Pate* eingesetzt werden, an den die Leiter der Produktentwicklungs-Abteilungen berichten.
- In ihrer endgültigen Form sollte die IPE-Organisation eine *Funktionsübergreifende Matrix*-Organisation sein. Diese Struktur kann wirkungsvoll in die Tat umgesetzt werden, wenn Know-How-Integration sowohl durch Integrationsstellen, als auch durch Know-How-basierte Informationsverarbeitung gefördert wird.

Die Aufbauorganisation für IPE ähnelt gewissen Simultaneous Engineering-Organisationen, mit Erweiterungen, die der Know-How-basierten DV-Infrastruktur Rechnung tragen. Sie ist eine Matrix aus funktionalen- und Produkt-Bereichen (vgl. Abb. 6.2):

Funktional: Experten-Teams

- Das funktionale Gliederungsprinzip ist vertreten durch **Experten-Teams** (manchmal werden diese Leute auch schlicht 'Gurus' genannt). Sie sind die einzigen auf bestimmte Funktionen spezialisierten Organisationseinheiten, die es in der IPE-Organisation noch gibt. Es sind relativ kleine Gruppen der erfahrensten Experten für bestimmte Abschnitte der Produktentwicklung (z.B. Qualitätssicherung, bestimmte Produktkomponenten, Applikation neuer Systeme, Dauertests, Fertigungsplanung, Musterfertigung, Serienfertigung). **Ihre Hauptaufgabe sind Aufbau, Pflege und Kommunikation aktuellen Know-Hows zwischen den Funktionen.** Zu jedem Experten-Team gehört mindestens ein Know-How-Bank-Administrator, der ihre Anforderungen in der Know-How-Bank in Form von Regeln und *Constraints* sammelt und wartet.

  Auf diese Weise gibt es zwei Wege, über die die Entwicklungsingenieure an das Know-How der Experten gelangen können: Erstens durch Benutzung der Know-How-Bank über eines der Know-How-basierten Ingenieurwerkzeuge (das ist die *logische Know-How-Integration*), und zweitens durch direkte Befragung der Experten bei hartnäkkigeren Problemen, wie z.B. Zielkonflikten (das ist die *physische Know-How-Integration*).

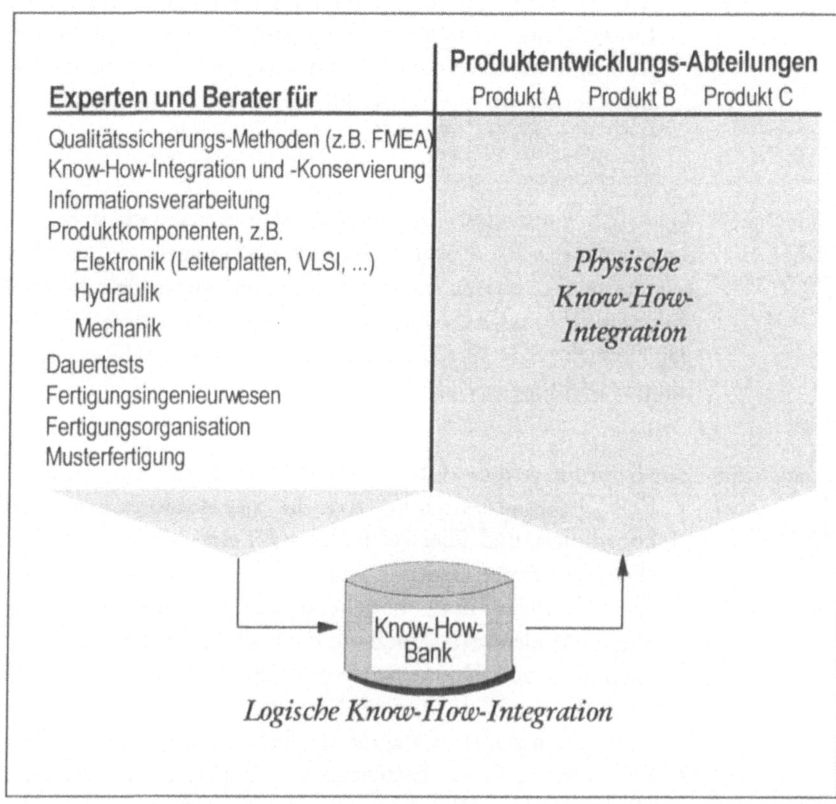

Abb. 6.2 *Die funktionsübergreifende Matrix Organisation der Integrierten Produktentwicklung.*

Eines der Experten-Teams kümmert sich um die Mittel zur logischen Know-How-Integration. Diese Gruppe ist weitgehend identisch mit den heutigen kaufmännischen bzw. technischen DV-Abteilungen.

Produkt-orientiert: Entwicklungs-Teams

- Der produktorientierte Aspekt wird durch die **Produktentwicklungs-Teams** realisiert. Das sind funktionsübergreifend zusammengestellte Gruppen von Experten, die **für die Entwicklung eines Produkts oder einer Sparte verantwortlich** sind – und zwar **'von der Wiege bis zur Bahre'**, für den gesamten Produktlebenszyklus. Der Leiter eines Produktentwicklungs-Teams ist auch der Projektleiter für dieses Produkt. Falls die Komplexität des Produkts weitere Modularisierung erfordert und die Organisation groß genug ist, können mehrere Produktentwicklungs-Teams zu Produktentwicklungs-Abteilungen zusammengefaßt werden. Die Teams werden dann aus dem Experten-Pool der Produktentwicklungs-Abteilung gebildet, passend zum Bedarf der jeweils in Entwicklung befindlichen Produkte. Die für die Projektplanung und Koordination zuständigen Mitarbeiter bedienen sich des Entwicklungs-Leitstandes, um den Entwicklungsprozeß zu überwachen und zu steuern, und um die Know-How-Bank über die neuesten Ergebnisse auf dem laufenden zu halten.

Diese Organisation kann sehr dynamisch sein

Natürlich kann diese Organisation sehr dynamisch sein: Innerhalb und sogar zwischen Produktentwicklungs-Abteilungen können Mitarbeiter und technische Ressourcen bedarfsgesteuert neu zugeordnet werden. Eine Produktentwicklungs-Abteilung ist selbst verantwortlich für die Verteilung der Gewichte der verschiedenen Arten von Know-How unter ihren Produktentwicklungs-Teams.

Koordinatoren:

Zur Koordination des Übergangs sind folgende Teams nötig:

Organisations-Team

- Ein *Organisations-Team*, das die organisatorischen Veränderungen koordiniert und überwacht. Dieses Team könnte mit der ursprünglichen Task Force identisch sein.

Thesaurus-Team

- Ein *Thesaurus-Team*, bestehend aus Ingenieuren (z.B. wären hier FMEA-Moderatoren nützlich, denn sie haben Erfahrung in der Dokumentation von Know-How) und Software-Entwicklern. Die Aufgabe dieses Teams ist die Entwicklung eines Thesaurus für die Produkte des Unternehmens, als Rückgrat für die zukünftige Know-How-Bank.

Software-Team

- Ein *Software-Team*, bestehend aus Experten für Wissensakquisition, objektorientierte Programmierung, wissensbasierte Systeme und Datenbanken, sollte zunächst ein Unternehmensweites Datenmodell[8] entwickeln und es dann für die Know-How-basierten Anwendungen erweitern. Danach implementieren sie den ersten Prototypen.

Benutzer-Team

- Ein *Team von Benutzer-Vertretern* trifft sich regelmäßig mit dem *Software-Team* und dem *Organisations-Team*, um die Entwürfe und Prototypen in Augenschein zu nehmen und Feedback aus der Sicht der Benutzer zu geben.

6.4.1.2 Ablauforganisation

Ablauforganisation: Zeit ist der wichtigste Faktor!

Die Optimierung der Ablauforganisation zielt vornehmlich auf die Verkürzung der *Zeit*, die ein Produktentwicklungsprozeß braucht. Natürlich darf dies keine negativen Auswirkungen auf die Produkt*qualität* haben. Aber die Minimierung der Kosten ist – in der Produktentwicklung – gar kein so vordringliches Ziel, wie Abb. 6.3 zeigt: Die Werte in diesem Diagramm basieren auf einem Produktlebenszyklus von fünf Jahren. „Bei noch kürzeren Lebenszyklen der Produkte ist die Ergebniswirkung noch drastischer.“[9]

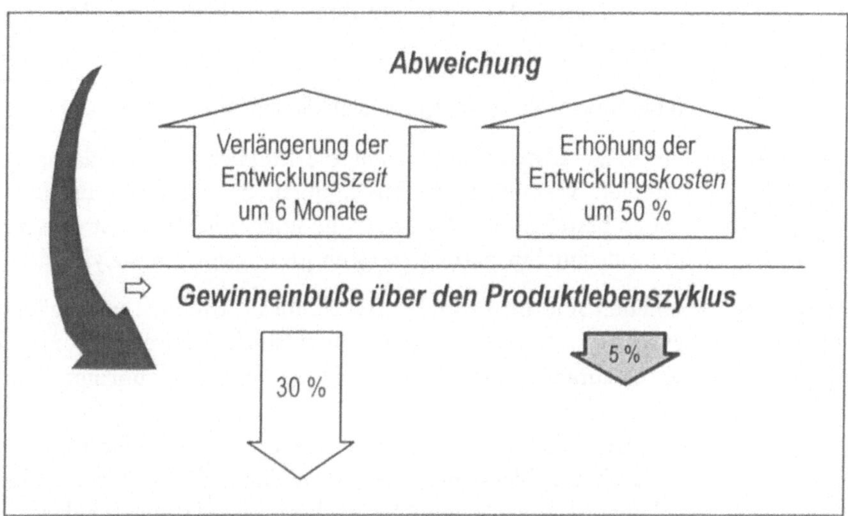

Abb. 6.3 *Die Auswirkungen erhöhter Entwicklungskosten gegenüber längerer Entwicklungsdauer auf die Gewinne (nach [REICHWALD 90]).*

Wege zur Beschleunigung

Nippa und Schnopp[10] zählen sechs verschiedene Wege zur Beschleunigung von Entwicklungsprozessen auf:

- Auslassen einer Aktivität. Dies ist natürlich die eleganteste Art, Zeit zu sparen, aber nur selten möglich. Solche Maßnahmen haben auch Auswirkungen auf die Aufbauorganisation.
- Externalisieren (Outsourcing) von Aktivitäten, z.B. von solchen, die kein kritisches Know-How enthalten.
- Integration von Aktivitäten, die bisher hintereinander stattfanden.
- Parallelisierung von Aktivitäten. Diese Zerteilung von Aktivitäten erhöht wieder den Grad der Spezialisierung und sollte daher nur wo nötig angewendet werden.
- Verlagerung von Aktivitäten auf einen früheren Zeitpunkt im Prozeß.
- Beschleunigung von Aktivitäten in sich.

Veränderungen im modifizierten Vorgangskettendiagramm sichtbar

Die meisten dieser Verbesserungen werden nur zu kleinen Unterschieden im modifizierten Vorgangskettendiagramm führen (vgl. die Abbildungen 6.4 bzw. 2.3 auf Seite 16, und die ausführlichen Versionen im Anhang A): Die Anzahl von 'Verzögerungs'-Symbolen wird zurückgehen, und die Wahrscheinlichkeit großer Rücksprünge und Schleifen wird reduziert (diese Wahrscheinlichkeit wird wohl nie auf 0 heruntergehen). Ein offensichtlicherer Unterschied wird z.B. durch den Wegfall einer ganzen Muster-Phase erzielt. Solche Verbesserungen sind zum großen Teil auf die Know-

How-basierte DV zurückzuführen. Die folgenden Absätze erklären die Vorteile.

Know-How-basierte Anwendungen können Schleifen vermeiden helfen

Verbesserungen durch die Know-How-basierte DV:

Die obige Liste schließt nicht die Möglichkeit aus, daß ganze Schleifen komplett vermieden werden können, die ihrerseits aus mehreren Aktivitäten bestehen. Die Optimierung solcher Schleifen ist eine sehr wirksame Methode zur Einsparung von Zeit im Entwicklungs-Zyklus.

Verkürzung oder Vermeidung von Schleifen

Schleifen sind im Produktentwicklungs-Prozeß oft unumgänglich für eine schrittweise Verfeinerung einer ursprünglich unreifen Konstruktion, doch die Gesamtzeit, die ein Produkt in Schleifen zubringt, kann auf zwei Weisen reduziert werden:

- Durch Verkürzung der *Zeit*, die ein Schleifendurchlauf braucht, d.h. durch Beschleunigung der Aktivitäten, die in der Schleife sind. Z.B. kann die Zeit für eine Musterphase reduziert werden durch bessere DV-Integration zwischen Entwicklung, Konstruktion und Musterbau.
- Durch Verringerung der *Anzahl* von Schleifendurchläufen, z.B. dadurch, daß das erste Muster näher 'an der Wahrheit' liegt. Dies kann evtl. durch bessere rechnergestützte Simulationen erreicht werden, aber auch durch das gemeinsame Produktmodell für alle Aktivitäten (wodurch z.B. FMEA und CAD besser integriert werden), und durch die Einführung von Know-How-Rückkopplung als einer Form der präventiven Qualitätssicherung. Dieses Prinzip „Mach's gleich richtig" verringert den Bedarf an späteren Verbesserungen. Beispielsweise im Falle von Leiterplatten kann das bedeuten, daß weniger Muster gefertigt und getestet werden müssen, und daß die A-Musterphase völlig überflüssig werden kann, weil schon das erste Muster so gut funktioniert, wie früher das B-Muster.

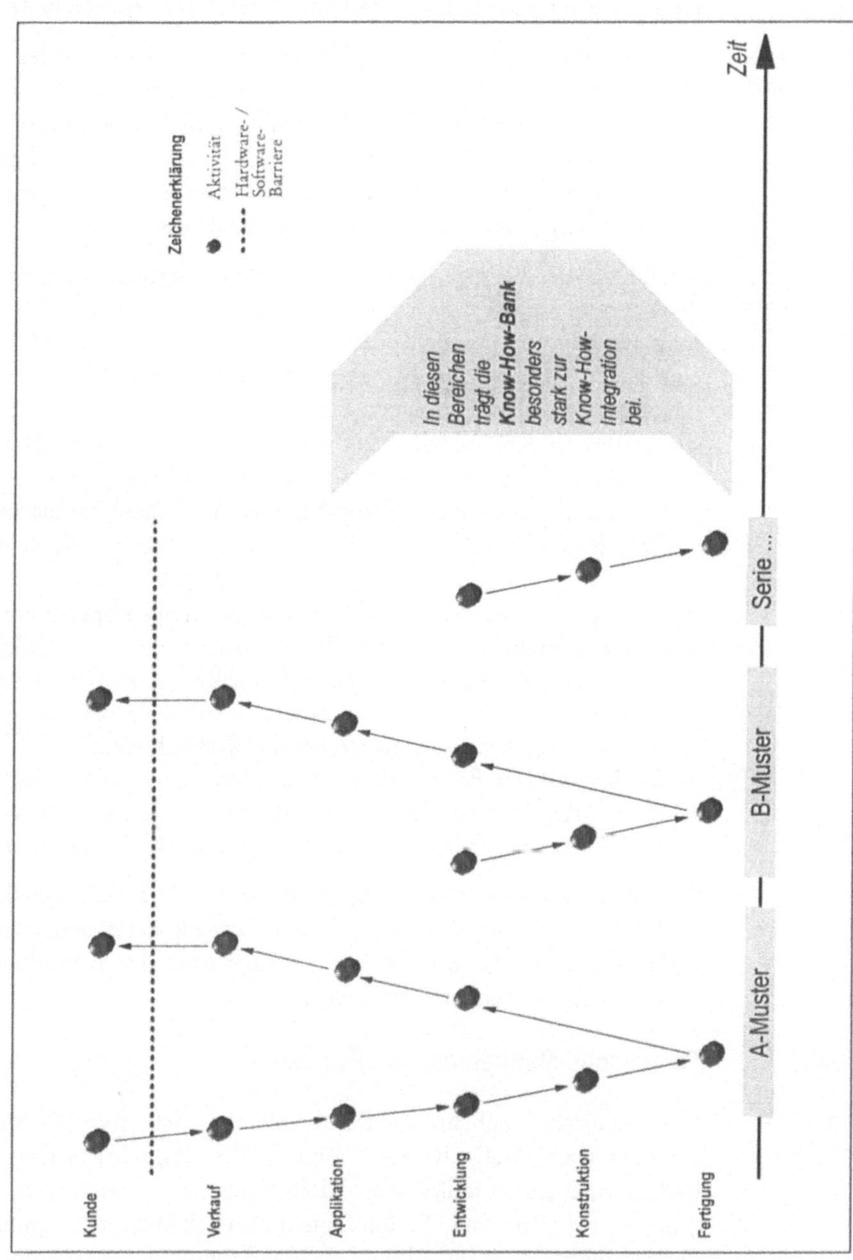

Abb. 6.4 *Ablauforganisation eines Produktentwicklungs-Prozesses in der Integrierten Produktentwicklung (IPE) – komprimierter Überblick über das modifizierte Vorgangskettendiagramm. Ausführliche Darstellung siehe Anhang A.*

Know-How-Integration kann zu besserer Funktionsintegration führen

Know-How-Integration → bessere Funktions-integration

Know-How-Integration kann bestimmte Aktivitäten (oder zumindest deren getrennte Durchführung) überflüssig machen. Dank der besseren Unterstützung für Know-How-Vorwärts- und -Rückkopplung wird CIM in diese Richtung erweitert, so „... daß Teilfunktionen innerhalb der Vorgangskette wieder stärker reintegriert werden können, d.h. die überzogene Arbeitsteilung kann wieder rückgängig gemacht werden.“[11]

Beispiel: Leiterplatten-Layout-Berater

Sobald z.B. der Leiterplatten-Layout-Berater eingesetzt wird, ist das Prüfen des Layouts kein separater Vorgang mehr, sondern ein *Teil* der Entwicklung des Layouts mit dem CAD-System. Daher ist es nicht mehr nötig, eine ganze Gruppe von Mitarbeitern mit der 'manuellen' Prüfung von Layouts zu beschäftigen. Diese Leute, die ja Layout-Experten sind, sollten stattdessen zu Know-How-Bank-Administratoren werden. Statt Routine-Prüfungen an jedem Layout vorzunehmen, würden sie dann

- an Produktentwicklungs-Teams teilnehmen. Diese Teams werden häufig die Quelle neuer Konstruktions-Regeln für die Know-How-Bank sein;
- die Layout-Konstrukteure in *wirklich* schwierigen Fragen beraten:
- engen Kontakt zu allen Abteilungen halten, die am Entwicklungsprozeß teilhaben, um ständig neue Layout-Regeln zu finden und vorhandene zu verbessern. In diesem Bereich müssen sie auch häufig Kompromisse zwischen sich widersprechenden Zielen finden:
- die Know-How-Bank auf dem neuesten Stand halten, indem sie die Layout-Regeln und *Constraints* pflegen, um jeweils das Wissen über neue Fertigungsprozesse, neue Bauelemente usw. einzubringen.

Die Auswirkungen solcher organisatorischer Veränderungen können Sie erkennen, wenn Sie die modifizierten Vorgangskettendiagramme in den Abbildungen 2.3 (S. 16)) bzw. A.1 ('vorher') mit den Abbildungen 6.4 (S. 213) bzw. A.2 ('nachher') vergleichen.

6.4.2 Technische Maßnahmen am Produkt

Technische Maßnahmen am Produkt

Die technischen Schritte zu IPE beinhalten nicht nur DV-Maßnahmen, sondern auch Maßnahmen bezüglich des Produkts selbst: „Mit der Reduzierung der Produktkomplexität (Funktionen, Leistungen, Teile, Baugruppen, Schnittstellen, Technologien) sind neben Kostenvermeidung auch Einsparungen an Entwicklungs-, Beschaffungs-, Fertigungs- und Lieferzeiten verbunden.“[12] Insbesondere die in Kapitel 3 beschriebenen Methoden der präventiven Qualitätssicherung sollten zu einer Vereinfachung der Produkte führen.

6.4.3 DV-Maßnahmen

Maßnahmen im DV-Bereich

Das Hauptaugenmerk dieses Abschnitts liegt jedoch auf den DV-Aspekten des Übergangs zu IPE. Hier handelt es sich im wesentlichen um ein größeres Software-Entwicklungsprojekt. Wir konzentrieren uns hier auf diejenigen Aspekte, die anders als in durchschnittlichen Software-Projekten sind. Es gibt zwei hervorstechende Merkmale:

Ein großes Projekt ...

- Das Projekt ist relativ groß und betrifft viele lebenswichtige DV-Funktionen.

... mit neuen Techniken

- Das Projekt benutzt neue Software-Techniken, für die evtl. bisher im Unternehmen noch wenig Erfahrung existiert.

'Hau-Ruck-Ansatz' bringt nichts ...

Die Erwägungen in den vorangegangenen Kapiteln haben gezeigt, daß ein 'Hau-Ruck-Ansatz' (revolutionär, system-transzendent), d.h. ein schlichtes *Ersetzen* einer SPE-Organisation mitsamt ihrer heterogenen DV-Umgebung nicht in Frage kommt. Es gibt ja so gut wie nirgends die 'grüne Wiese', auf der man von vorne anfangen könnte. Vielmehr sollte das neue DV-System (d.h. die Summe aus organisatorischen und technischen Maßnahmen) schrittweise aus der bestehenden Situation heraus entstehen, wobei langsam mehr und mehr Teile der alten Systeme ersetzt werden. Die neuen Systeme sollten technisch so ausgelegt sein, daß sie fundamentale organisatorische Veränderungen nicht *erfordern*, aber sie *anregen*. Eine wichtige Voraussetzung für den Ersatz alter Systeme ist die *Überzeugung* der Benutzer, daß sie persönlich Vorteile von den neuen Systemen erwarten können.

Aktivitäten des SW-Teams:

Das *Software-Team*, das aus Experten aus der kaufmännischen und der technischen DV besteht, sollte die folgenden Schritte durchführen:

Normen und Standards

1) Festlegung der zu beachtenden Normen und Standards. Sie sind eine Voraussetzung für die Integration heterogener DV-Umgebungen, und für die Rationalisierung der DV-Produktion (vgl. 5.2.1).

Architekturentwurf

2) Entwurf der neuen DV-Architektur für IPE unter Verwendung dieser Standards.

Auswahl der Werkzeuge

3) Auswahl der Software- (CASE-) Werkzeuge, die am besten zu der Normen-Strategie passen.

Anwendungen: Make or buy?

4) Entscheidungen über das Schicksal derjenigen Ingenieur-Anwendungen treffen, die die Integration behindern: Sollen sie langsam ausgemustert werden, und falls ja, durch welche Werkzeuge sollen sie ersetzt werden (Know-How-basiert oder konventionell, selbstentwickelt oder gekauft)? Oder sollen sie entsprechend den neuen Zielen verbessert werden?

Weiterbildung planen

5) Planung und Koordination der Weiterbildungsmaßnahmen für die DV-Experten (Programmierer, Systementwickler etc.) in den Grundlagen der neuen Programmiertechniken (z.B. objektorientierte Analyse und

Programmierung, wissensbasierte Systeme), und im Gebrauch der neuen Software-Werkzeuge. Sie müssen diese Techniken in ihren 'geistigen Werkzeugkasten' aufnehmen (vgl. 6.4.3).

Machbarkeitsstudien

6a) Für die zwei oder drei attraktivsten Fälle für Prototyp-Implementationen werden Machbarkeitsstudien durchgeführt (siehe 6.5 betreffend die Auswahl eines Testgebietes).

Prototyp-Implementation

6b) Für eine dieser Alternativen wird ein Projekt zur Implementation eines Prototypen eines Know-How-basierten Ingenieurwerkzeuges gestartet. Dieses System kann noch eine Mischung aus den Konzepten von KHMS, Know-How-Definitions- und -Manipulations-Werkzeug und Know-How-basierter Anwendung sein, aber es sollte zumindest den Aufbau einer kleinen Know-How-Bank für eine Produktsparte enthalten. Dieses Projekt sollte recht früh beginnen (in Phase 3 der IPE-Einführung), so daß die Software-Entwickler so früh wie möglich Erfahrungen mit den neuen Software-Techniken sammeln können. Diese Phase erzeugt auch Erfahrungen mit potentiellen KHMS – sollte man eins bauen oder kaufen? Welche Untermenge der in Kapitel 5 genannten Funktionen eines KHMS reicht für den Anfang aus?

Integration konventioneller Systeme

7) Erst wenn im Hause genug Know-How über die neuen Software-Techniken vorhanden ist, sollte man anfangen, mit den Lieferanten der Ingenieur-Werkzeuge zu verhandeln, ob sie bereit sind, ihre Systeme so zu erweitern, daß sie vollwertige Mitglieder der Know-How-basierten Architektur werden können, oder ob sie zumindest ihre Programmierschnittstellen offenlegen oder die benötigten Metadatei-Formate liefern können.

KHMS implementieren ...

8) Sobald der erste Prototyp fertiggestellt ist, sollten die dabei gemachten Erfahrungen kritisch gewürdigt und dokumentiert werden. Dann wird ein unternehmensweites KHMS konstruiert und implementiert. Zu dieser Zeit werden auch die Anfänge der Datenbank-Struktur und der Klassenhierarchien entwickelt, die die Grundlagen für die DV-Umgebung für IPE bilden.

... mit ersten Know-How-Definitions- und -Manipulations-Werkzeugen

9) Parallel zum KHMS sollte auch das erste Know-How-Definitions- und -Manipulations-Werkzeug entwickelt werden, bevorzugt ein Entwicklungs-Leitstand. Der ist sinnvoll, weil er in aller Regel keine existierende Anwendung ersetzt, weil er nicht produktspezifisch ist, und weil er den potentiellen Benutzern leicht zu 'verkaufen' sein dürfte, weil diese sehr wahrscheinlich jedes Werkzeug begrüßen werden, das ihnen mehr Überblick über den Entwicklungsprozeß verschafft.

Entwicklungs-Leitstand auch für Software-Projekte?

Interessanterweise könnte der Entwicklungs-Leitstand ja auch erst einmal von den Software-Entwicklern für ihre eigenen Bedürfnisse gebaut werden! Sie könnten ihn einsetzen, um ihre eigenen Entwicklungsprozesse zu steuern, die ja schließlich auch Produkt-Entwicklungsprozesse sind. Auf diese

Weise kann der Leitstand als CASE-Tool dienen. In manchen Anwendungsgebieten kann dieses System fast ohne Veränderungen in die Produktentwicklung übertragen werden (z.B. enthalten moderne Elektronik-Produkte heute schon immer mehr Software, wie z.B. EPROM-Programme in Steuergeräten).

6.4.4 Information und Schulung

Aus- und Weiterbildung wichtig!

IPE erfordert beträchtliche Aufwendungen für Aus- und Weiterbildung, denn viele Mitarbeiter sind von den Veränderungen betroffen. Vielen potentiellen Problemen bei der Einführung von IPE kann man durch rechtzeitige Information vorbeugen:

Vorbeugung gegen road blocks*!*

- Ein 'Kulturschock' innerhalb der Ingenieur-Gemeinde oder auch auf der Abteilungsleiter- oder Führungsebene wäre kontraproduktiv und könnte dazu führen, daß man das Kind mit dem Bade ausschüttet, will sagen: Die gesamte Produktentwicklung könnte lahmgelegt werden und das gesamte Unternehmen in eine ernste Lage bringen.
- Leitende F&E-Mitarbeiter können die Analyse von Problemen in ihrem Einflußbereich als persönliche Bedrohung empfinden. Sie müssen überzeugt werden, daß die beschriebenen Probleme a) sehr üblich und b) unter der gegebenen Organisation und ihrer Geschichte ganz natürlich sind, und daß sie c) nur gelöst werden können, wenn sie als unternehmensweite Herausforderung angesehen werden, die von 'ganz oben' bis 'unten' angenommen werden muß.

Ausbildungsmaßnahmen:

Die folgende Liste von Ausbildungsmaßnahmen ist nach den Gruppen von Menschen aufgeteilt, die an der Einführung von IPE beteiligt sind:

Für alle ...

Das ganze Unternehmen: IPE erfordert Veränderungen in der Unternehmenskultur, in der 'Denke' aller Mitarbeiter auf allen Ebenen. Das kann man erreichen durch teamorientierte Seminare, die den Teamgeist und die Service-Mentalität fördern und damit die 'Insel-Denke' abbauen.

für die Führungskräfte ...

Die Führungskräfte in der Produktentwicklung: Auch für die Leiter der Produktentwicklungs-Abteilungen gibt es viel zu lernen: Die neuen produktorientierten Teams brauchen Geduld und ein Management 'an der langen Leine'.[13] Diese Philosophie scheint in sequentiell aufgebauten Produktentwicklungen nahezu unbekannt.

für die Produktentwicklungs-Teams ...

Die Produktentwicklungs-Teams: Alle Mitarbeiter brauchen Ausbildung in Teamarbeit, ergänzt durch regelmäßige (z.B. jährliche) zwei- bis dreitägige Seminare außerhalb des Arbeitsortes, damit auch die menschliche Harmonie gewährleistet ist. Neben Team-Training müssen die Teammitglieder aber auch informiert werden über

- die Auswirkungen der Know-How-basierten Informationsverarbeitung: Die erweiterten Möglichkeiten der DV-Umgebung könnten Veränderungen in der Ingenieur-Kultur zur Folge haben. Die Arbeit mehrerer Menschen (insbesondere der Experten) wird sich sicher verändern, und ihre Einstellung muß sich mit verändern. Die Ingenieure müssen darüber aufgeklärt werden, daß neue DV-Werkzeuge, selbst Expertensysteme, nicht dazu da sind, menschliche Experten zu *ersetzen*, sondern sie sogar von lästiger Routinearbeit befreien. Außerdem sollten die DV-Werkzeuge wirklich nur als *Werkzeuge für Ingenieure* verstanden werden, nicht jedoch als Überwachungsinstrumente – selbst wenn sie Expertenrat geben können.
- die Anwendung der präventiven Qualitätssicherungs-Methoden, die in der IPE-Organisation enthalten sind, wie z.B. QFD und FMEA.
- die Benutzung der neuen Know-How-basierten Ingenieur-Werkzeuge.

Das Software-Team: Deren Ausbildung wurde bereits in 6.4.2 beschrieben.

6.4.5 Ein Szenario: Der 'Look and Feel' von IPE

Ein IPE-Szenario ...

Dieser Abschnitt soll an einem Beispiel zeigen, wie der Ziel-Zustand von IPE in Form eines Szenarios beschrieben werden könnte. Die Diskussion über den 'Look and Feel' von IPE, also darüber, wie IPE *in diesem Unternehmen* 'aussehen und sich anfühlen' wird, kommt fast von selbst während der Interviews auf, und in den Diskussionen der Task Force, wenn die Experten der verschiedenen Bereiche ihre oft voneinander abweichenden Ansichten auf den Tisch bringen.

... bringt Vieles besser 'rüber

In dieser Phase kann ein Szenario sehr hilfreich sein. Die Ziele und Wirkungen von IPE werden leichter verständlich, und Diskussionen werden gefördert, die wiederum zur schrittweisen Verfeinerung des Szenarios führen. Das wiederum erzeugt nach und nach eine Art Projekt-Spezifikation für die Strategische Entwicklungs-Initiative. Das Szenario kann auch ein Gefühl dafür vermitteln, wie IPE die Arbeit der Ingenieure verändern wird.

„Die ungeahnten Auswirkungen einer kleinen Konstruktionsänderung"

Das Szenario sollte Teil einer Präsentation für die Führungsebene am Ende der Phase 3 sein (vgl. 6.4.5). Es sollte Situationen beschreiben, die jedem im Entwicklungszyklus vertraut sind. Für ein Beispiel wurde wieder die Konstruktion von Leiterplatten gewählt. Man könnte dieses Szenario überschreiben mit „Die ungeahnten Auswirkungen einer kleinen Konstruktionsänderung":

> Nehmen wir einmal an, ein Ingenieur bearbeitet gerade die mechanische Konstruktion eines Gehäuses für ein elektronisches Steuergerät.

Ausgelöst durch neue Informationen vom Verkauf – der Kunde möchte ein kleineres Gehäuse – verringert er die für die Leiterplatte verfügbare Breite. Leider hatte der Layout-Ingenieur aber eigentlich schon seine Arbeit beendet. Offensichtlich hat diese Veränderung beträchtliche Auswirkungen auf das physische Layout der Leiterplatte.

Ohne ein KHMS würde der Gehäuse-Konstrukteur (hoffentlich) den Layout-Ingenieur benachrichtigen (der auf einer anderen Know-How-Insel sitzt), falls er überhaupt weiß, daß der Layouter bereits fertig war – und selbst wenn ja, ist es 'nur' eine Frage der Zeit ... Der Layout-Ingenieur hätte dann die neuen Dimensionen seiner Leiterplatte in sein CAD-System einzugeben, die Bauelemente zu löschen, die in den betroffenen Gebieten plaziert waren, und Teile seines Layouts neu zu erstellen.

Mit dem KHMS könnte es Regeln im Entwicklungs-Leitstand geben, die die Tatsache repräsentieren, daß Änderungen an einem Gehäuse die zugehörige Leiterplatte beeinflussen könnten, und daß die Veränderung der Außenmaße einer Leiterplatte deren Layout-*Perspektive* verändern könnten.

Ein so komplizierter *Constraint* muß als Methode repräsentiert sein, die an einem Slot hängt, dessen Änderung ihr signalisiert, daß sie eingreifen muß (so etwas wird auch als 'Dämon' bezeichnet). In unserem Beispielfall wird die `setf`-Methode des Slots `Breite` aufgerufen, sobald der Gehäuse-Konstrukteur versucht, den Wert dieses Slots in dieser Instanz der Klasse `Leiterplatte` zu verändern.

Diese Methode prüft zunächst, ob irgendwelche Aktivitäten, die von der Gehäuse-Konstruktion abhängig sind (d.h. deren Liste von Vorgänger-Aktivitäten 'Festlegung der physischen Dimensionen' enthält) bereits im Gange oder gar abgeschlossen sind. Wenn sie solche findet, gibt sie erst eine Warnung an den Benutzer aus (in diesem Falle also den Gehäuse-Konstrukteur), die ihn darüber aufklärt, welche Aktivitäten von seiner Änderung betroffen würden. Wenn der Benutzer dennoch die Änderung bestätigt, sendet sie eine Nachricht an den Entwicklungs-Leitstand.

Der Leitstand benachrichtigt daraufhin den Layout-Konstrukteur (und evtl. andere betroffene Benutzer) und setzt – nachdem er dessen Einverständnis erhalten hat – den Slot `plaziert` aller betroffenen Bauelemente auf `nein`.

Es muß auch eine Option geben, mit der die Prüfung der *Constraints* bis zum Ende der Transaktion aufgeschoben werden kann. Erst dann würde ein *Constraint*-Prüfer alle Veränderungen herausfinden, sie basierend auf seinen Regeln nach Schwere der zu erwartenden Auswirkungen priorisieren, und daraus eine Strategie entwickeln, wie die neuen Werte durch das Modell des Entwicklungsprozesses weiterverbreitet werden sollen. Beispielsweise könnte eine Regel prüfen, ob jemand die Breite der Leiterplatte verringert *und* die Länge vergrößert hat. In diesem Falle muß die *Fläche* der Leiterplatte neu berechnet werden, um herauszufinden, ob sie insgesamt kleiner oder größer geworden ist. Eine kleiner gewordene Leiterplatte beschäftigt einen Layout-Konstrukteur naturgemäß viel länger als eine gewachsene, d.h. die Schwere der Auswirkung ist unterschiedlich.

Nachdem der Intra-Prozeß-Kommunikation so weit Rechnung getragen worden ist, müssen evtl. ähnliche Meldungen an die Fertigung usw. abgesetzt werden, um die Know-How-Vorwärtskopplung zu den weiter 'stromabwärts' liegenden Aktivitäten sicherzustellen.

Szenario regt zu Diskussionen an

So weit das Beispiel. Natürlich wird ein solches Szenario in Wirklichkeit länger und detaillierter ausfallen. Aus der Psychologie wissen wir, daß solche 'Erzählungen' bei vielen Menschen erst richtig die Vorstellungskraft anregen und sie dazu bringen, in die Diskussion einzusteigen. Wenn das dadurch gelingt, hat man viel kreatives Potential für die Planung von IPE dazugewonnen.

6.4.6 Präsentation für die Unternehmensführung

Präsentation für die Unternehmensführung

Zum Abschluß der Phase 3 sollte die Task Force die Ergebnisse ihrer Studie der Unternehmensführung vorstellen. Diese Präsentation sollte die Informationen liefern, die für eine Entscheidung, ob die Strategische Entwicklungs-Initiative gestartet werden soll, nötig sind.

Modifizierte Vorgangskettendiagramme zeigen Ist-Zustand und Ziel

Die modifizierten Vorgangskettendiagramme der gegenwärtigen Situation (vgl. Abb. A.1) und des angepeilten Ziel-Zustandes (vgl. Abb. A.2) sollten gezeigt und erläutert werden, begleitet von einem Szenario wie dem obigen. Die folgenden Wirkungen von IPE sollten unterstrichen werden:

- Die Time-to-Market, also insbesondere die Zeit für Entwicklung und Fertigungsvorbereitung, wird signifikant verkürzt durch die (fast völlige) Vermeidung von Schleifen im Entwicklungsprozeß.
- Die Produktivität der Entwicklungsingenieure wird durch bessere Informations-Management-Werkzeuge erhöht.
- Dank der Fähigkeit, mehr Konstruktions-Restriktionen als bisher gleichzeitig zu berücksichtigen, können mehr Anforderungen einbezogen werden (z.B. auch Umwelt-Gesichtspunkte).

- Diese umfassendere Konstruktions-Philosophie (quasi-simultane Einbeziehung von mehr Aspekten einer Konstruktion) führt zu besserer Produktqualität.
- Die Anzahl kostenträchtiger und zeitfressender Konstruktionsänderungen wird verringert. Die höhere Qualität der Produkte verursacht geringere Ausfallraten im Feld und dadurch weiter verringerte Lebenszykluskosten.
- Attraktivere Produkte mit besserer Qualität zu niedrigeren Preisen erhöhen die Zufriedenheit der Kunden, was wiederum zu einer besseren Wettbewerbsposition führt.

Auch die Risiken sollten klar dargestellt werden. Sie liegen hauptsächlich in nicht ausreichender Erfüllung der Voraussetzungen für eine erfolgreichen Übergang zu IPE (vgl. 6.2.2, 6.4.3 und 6.5.1).

6.5 Phase 4: Aspekte der Implementation

Tips zur Praxis-Umsetzung

Die eigentliche Umsetzung von IPE ist sehr fallspezifisch. Dieser Abschnitt beschränkt sich daher darauf, Hinweise zu zwei Aspekten der Implementation von IPE zu geben: Wie man ein Testgebiet für den IPE-Prototypen auswählt, und wie man Know-How effizient akquirieren kann.

6.5.1 Auswahl eines Testgebietes für IPE

Ein Testgebiet für IPE auswählen

Wie eine neue Produkt-Konstruktion, so sollte auch IPE gründlich als Prototyp getestet werden, bevor es im vollen Umfang eingesetzt wird. Die Implementation von IPE sollte mit einer überschaubaren Prototyp-Installation beginnen. Das Gebiet, in dem das IPE-Pilotprojekt durchgeführt wird, sollte mit Bedacht ausgewählt werden, um eine solide Basis für Rückschlüsse auf die Machbarkeit für das gesamte Unternehmen zu bekommen. Dazu präsentiert dieser Abschnitt einige Hinweise.

Kriterien zum Suchen ...

Die folgenden Kriterien helfen beim Finden von Anwendungsgebieten, die für eine Prototyp-Implementation von IPE geeignet sind:

- Nach der Analyse (Phase 2) sollte klar sein, welche Produkte die dringendsten Zeit-, Kosten- oder Qualitätsprobleme haben. Das sind sicherlich diejenigen, bei denen Verbesserungen der Produktivität im Engineering die größte Kosten-/ Nutzen-Hebelwirkung versprechen.
- Das Anwendungsgebiet sollte in vieler Hinsicht typisch für die Produktpalette des Unternehmens sein (z.B. bezüglich Markt- und Fertigungs-Situation). Ein solches Gebiet hat das Potential, auch später, in der Phase der Vollimplementation, die Führung zu übernehmen, denn die dort gewonnenen Erfahrungen können leichter transferiert werden.

- Produktentwicklungsprozesse, die noch nicht begonnen haben (z.B. eine neuer Autotyp), sind gute Einsatzgebiete. Ein laufender Prozeß sollte nicht durcheinandergebracht werden, indem man ihn plötzlich zum Testgebiet macht.
- Das Anwendungsgebiet sollte so überschaubar sein, daß man nicht zuviel Arbeit riskiert.

... und zum Priorisieren potentieller Anwendungsgebiete

Die potentiellen Anwendungsgebiete für eine erste Know-How-basierte Anwendung sollten anhand der folgenden zusätzlichen Kriterien priorisiert werden:

- Aktivitäten, die bis jetzt manuell ausgeführt werden, für die aber bereits der Bedarf nach DV-Unterstützung bekannt ist, sind besonders dankbar. Z.B. könnten Benutzer bereits sehnsüchtig auf eine Anwendung warten, die sie von umständlichen Arbeiten befreit, wie z.B. dem Schreiben von FMEAs. Solche Umstände erleichtern natürlich auch die Finanzierung des Projekts.
- Die Rückendeckung seitens des Managements muß feststehen. Nur dann werden die benötigten Ressourcen allokiert, sowohl im Sinne von Geldmitteln, als auch in Form von Fachexperten, die aus ihrer Routinetätigkeit herausgenommen werden müssen, um zum Projekt beizutragen.
- Es sollte eine gute Anwendung für wissensbasierte und objektorientierte Techniken sein, die auch eine graphische Oberfläche und eine Datenbank gut gebrauchen kann. So können die neuen Software-Techniken gleich in Kombination getestet werden.
- Das Know-How sollte möglichst bereits weitgehend dokumentiert sein (z.B. in Form von Konstruktions-Richtlinien). Man sollte die Möglichkeit der Übertragung der existierenden Dokumentation in eine Wissensrepräsentation für wissensbasierte System prüfen.
- Die Anwendung sollte zu Beginn schon als alleinstehende Anwendung nützlich sein, also bereits vor der Integration mit bestehenden Systemen, und bevor die Know-How-Bank im Hintergrund steht.

Auf diese Weise sollte es gelingen, das IPE-Pilotprojekt so zu positionieren, daß sein Erfolg höchst wahrscheinlich ist.

6.5.2 Know-How-Akquisition

Tips zur Know-How-Akquisition

Häufig besteht im Anwendungsgebiet des Prototypen zwar starker Bedarf nach Know-How-Integration, der auch durch ein Know-How-basiertes System erfüllt werden könnte, aber es gibt noch keine wohlstrukturierte Menge von Regeln. In solchen Fällen ist es ratsam, das Know-How zunächst in einer Form zu sammeln, die für eine textbasierte Erfahrungsbank ausreicht, aber auch schon strukturiert genug ist, um später in einem wissensbasierten System verwendet werden zu können.

Die folgende Methode zur Akquisition von unstrukturiertem Know-How in halb-formalisierter Form ist im Projekt „Erfahrungsbank Diesel-Einspritzpumpen" erfolgreich angewendet worden (vgl. 5.3 und 5.5.2.1):

Teilnehmer der Sitzungen

- An den Know-How-Akquisitions-Sitzungen sollten jeweils maximal zwei Fachexperten teilnehmen (z.B. für fertigungsgerechte Konstruktion wären das insbesondere Konstrukteure und Fertigungsingenieure), zusammen mit immer *zwei* Wissensingenieuren. Die Bezeichnung 'Wissensingenieur' mag zwar aus der Mode sein, aber beileibe nicht jeder Software-Entwickler eignet sich als Wissens-Sammler und -Modellierer.

Welche Experten sind optimal?

- Vor kurzem erst pensionierte Experten, die sich 'von der Pike auf' in hohe Positionen gearbeitet hatten, sind sehr nützlich, denn sie haben sowohl viel eigenes Know-How, als auch gute Beziehungen zu den anderen Experten ('wissen, wer's weiß', vgl. 2.4.1), und ihr immer noch hoher Bekanntheitsgrad sichert ihnen weiterhin guten Zugang zu den anderen Experten.

Rollen der Interviewer

- Einer der beiden DV-Leute moderiert das Gespräch, der andere schreibt mit. Der erstere sollte ein guter Interviewer sein (möglicherweise mit eigener Erfahrung im Anwendungsgebiet), der andere eher ein (netter) Pedant, der ruhig nachhaken sollte, wenn der Experte zu ungenau wird oder dabei ist, vorher angekündigte Punkte zu übergehen.

Taxonomie als Gliederung

- In der ersten Sitzung sollte eine grobe Taxonomie der zu besprechenden Produkte, der Komponenten und Teile aufgestellt werden, die im weiteren Verlauf als Richtschnur zur Planung der Themen für die Gespräche dient. So kann sich insbesondere der Experte besser auf die Termine vorbereiten.

Formular, Deskriptoren

- Die Konstruktionsregeln sollten in einer halb-formalisierten, aber immer noch lesbaren Form gesammelt werden (siehe Abb. 6.5). Während der Sitzungen sollten Deskriptoren frei verwendet werden. Man kann auch ruhig neue erfinden - sie können später alle wieder in die Taxonomie eingegliedert werden.

Konsolidierung der Deskriptoren

- Nach dem Abschluß der Know-How-Akquisitionsphase werden alle Deskriptoren gesammelt, und die Taxonomie wird um diese erweitert. Die Beschreibung der Text-Regeln wird konsolidiert, indem synonyme Deskriptoren vereinheitlicht werden. In einer abschließenden Sitzung mit den Experten wird die endgültige Taxonomie verabschiedet.

und Erfassung im Thesaurus-Editor

- Nun wird die Taxonomie in den Thesaurus-Editor eingegeben (vgl. 5.4.1). Die Regeln werden so, wie sie sind, in die Erfahrungsbank eingestellt, also als Klartext. Trotzdem ist bereits ein strukturierter Zugriff auf das Know-How möglich, denn der Thesaurus-Manager kann jetzt die Schlüsselwörter verwenden, um die Zugriffspfade und einen Menü-Baum für die benutzerfreundliche Darstellung zu erzeugen (vgl. Abb. 5.16).

Weiteres Vorgehen

Bereits jetzt steht ein effektives Mittel zur Know-How-Integration bereit, noch bevor ein eigentliches Know-How-basiertes System implementiert ist. Die weiteren Fortschritte könnten dann so aussehen:

- Im Laufe der Anwendung tauchen wahrscheinlich Schwachstellen im gespeicherten Know-How auf. Die Zugriffe sollten protokolliert werden, um die Interessenschwerpunkte der Benutzer herauszufinden. Es sollte auch die Möglichkeit angeboten werden, in einem eigens dafür reservierten Gebiet der Know-How-Bank Kommentare zu hinterlassen. Diese liefern dann Hinweise auf fehlendes oder unvollständiges Know-How.
- Aufbauend auf der überarbeiteten Taxonomie kann ein objektorientiertes Produktmodell unter Verwendung des Object Level Interface aufgebaut werden.
- Schließlich kann der Inhalt der Erfahrungsbank zu Regeln umgewandelt werden, die auf dem objektorientierten Produktmodell arbeiten.

Tips zur Know-How-Akquise

Abschließend noch einige technische Hinweise zur Akquisition von Know-How:

Formular mit Notebook-PC

Das einfache Formular in Abb. 6.5 hat sich in den Sitzungen als nützlich erwiesen. Es kann in Verbindung mit einem Notebook-PC, einer normalen Textverarbeitung und – optional – einem LCD-Tageslicht-Projektor benutzt werden. Die Regeln werden direkt eingetippt, während sie entwikkelt werden, und falls nötig, können alle Teammitglieder den Fortschritt über den Projektor verfolgen. Dieses Formular hat zusammen mit der technischen Ausrüstung einige Vorteile.

Vorteile:

- Das Formular ist für die Experten einfach zu lesen und nachzuvollziehen.
- Durch die sofortige Eingabe während der Sitzungen fühlen sich die Teammitglieder stärker verpflichtet, Einigkeit und eine genaue Formulierung zu erzielen: „Bevor wir ihn das jetzt eintippen lassen, formulieren wir's lieber ganz richtig."
- Es sind fast keine nachträglichen Korrekturen nötig. Das bedeutet eine wesentliche Rationalisierung des Know-How-Akquisitions-Prozesses: Pro Sitzung werden etwa fünf Stunden für die Eingabe handschriftlicher Protokolle eingespart, zuzüglich einer weiteren Stunde für Korrekturen der in der jeweils vorigen Sitzung aufgenommenen Regeln.

Regel-Nr. :

Produkt : **< *ein möglicher Wert ist*** ALLE
für produktunabhängige Regeln >

Schlüsselwörter : ***< Deskriptoren aus der Taxonomie, die im Thesaurus Manager gespeichert ist >***

Bedingung "WENN" : ***< oft nicht ausgefüllt, d.h. gilt generell >***

Aktion "DANN" : ***< die eigentliche Regel:***
z.B. Material A sollte vermieden werden, B wird empfohlen, Vorsicht bei ..., ***usw. >***

Begründung "WEIL" : ***< Hintergrund-Infos, z.B. für eine Erklärungs-Komponente >***

Info "SIEHE" : ***< Verweise auf interne Entwicklungsberichte, und wo sie zu finden sind! >***

Abb. 6.5 *Ein Formular zur Akquisition von Regeln in halb-formalisierter Form für eine Erfahrungsbank.*

6.6 Schlußfolgerungen

Dieses Kapitel hat die wichtigsten Merkmale einer Organisation für IPE dargestellt. Es hat gezeigt, daß die Veränderung der Produktentwicklungs-Organisation – und oft auch der ganzen Kultur – eines Unternehmens von 'sequentiell' zu 'integriert' schwierig, aber machbar und lohnend ist. Voraussetzung ist, daß die Umstände zugunsten des Übergangs arrangiert sind, und daß die obigen Empfehlungen beachtet werden. Ein schrittweiser Plan für den Übergang ist vorgestellt worden.

Anmerkungen zu Kapitel 6

1 vgl. [BABINGTON 90].
2 vgl. [TIETZ 85].
3 [REICHWALD 90].
4 [REICHWALD 90].
5 [WALKLET 89].
6 Reichwald et al. [REICHWALD 90] berichten detailliert über organisatorische Methoden zum Verkürzen von Produktentwicklungs-Zyklen. Viele ihrer Erkenntnisse sind auch hier eingeflossen. Sie befassen sich allerdings nicht eingehend mit Veränderungen in der DV-Infrastruktur und den Auswirkungen, die diese wiederum auf die Organisation haben können.
7 [ASWAD 89].
8 vgl. [SCHEER WINFd 90].
9 [REICHWALD 90].
10 in [REICHWALD 90].
11 [SCHEER CIM d 90].
12 [REICHWALD 90].
13 vgl. [CHELSOM 89a].

7 Schlußfolgerungen und Ausblick

Fazit und Blick nach vorn

In diesem abschließenden Kapitel fassen wir die Erkenntnisse zusammen, indem wir die Möglichkeiten und die Grenzen von IPE Revue passieren lassen. Danach werfen wir noch einen Blick nach vorn: Wo liegen die zukünftigen Herausforderungen für IPE-Konzepte? Insbesondere im Bereich der Software-Methoden bewegt sich zur Zeit sehr viel.

Dieses Buch hat gezeigt, daß IPE bei der Steigerung der Produktivität und Effizienz der Produktentwicklung eines Unternehmens und damit auch bei der Verbesserung seiner gesamten Wettbewerbsfähigkeit eine wichtige Rolle spielen kann. Der Wirkungsbereich von IPE ist erheblich größer als der bisheriger Techniken und Methoden (vgl. Abb. 7.1).

IPE erreicht diese Ziele durch eine abgestimmte Kombination aus DV-technischen und organisatorischen Konzepten.

Integrierte DV-Infrastruktur ...

Eine integrierte DV-Infrastruktur auf Basis einer logisch zentralen Know-How-Bank schafft neue Möglichkeiten:

- Die Know-How-Bank hilft bei der Konservierung und beim Wiederfinden von *Know-How*, einem der wertvollsten Vermögensbestandteile eines Unternehmens.
- Sie enthält *funktionale und strukturelle Modelle* der Organisation, der Produkte und der Aktivitäten. Damit kann man intelligente *und* integrierte DV-Unterstützungsysteme für Ingenieure entwickeln.
- Die Know-How-Bank dient als gemeinsame Plattform für *logische Know-How-Integration*, indem sie Know-How zugänglich macht, wann und wo immer es gebraucht wird. Dabei sind zwei Effekte besonders wichtig:

- *Know-How-Rückkopplung* sorgt dafür, daß die Konstrukteure von Beginn an alle Anforderungen berücksichtigen, die an das Produkt im Laufe seines Lebens gestellt werden.
- *Know-How-Vorwärtskopplung* stellt sicher, daß die ursprünglichen Absichten des Produktkonzepts unverfälscht durch die gesamte Entwicklung weitertransportiert werden.
- Die Beispiele aus der Praxis haben gezeigt, daß man Know-How-Management-Systeme mit den heutigen Werkzeugen und Methoden entwickeln kann. Dieses Buch hat die grundlegenden Konzepte für die Implementation eines KHMS vorgestellt.

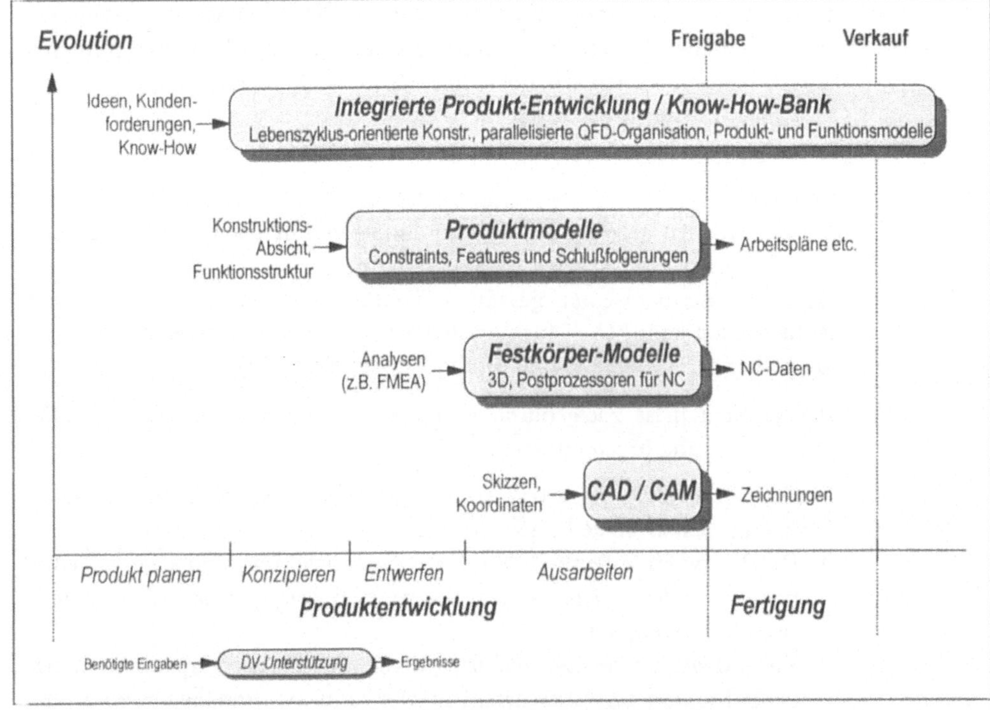

Abb. 7.1 *Die Evolution der DV-Unterstützung für die Produktentwicklung (nach [BREESE 89]).*

... und Anti-Insel-Organisation ...

Eine funktionsübergreifende, teamorientierte Aufbauorganisation ermöglicht Fortschritte bei hin zu einem dynamischeren Unternehmen:

- Sie ist die Grundlage für *physische Know-How-Integration* und für eine an den Kundenwünschen orientierte Produktentwicklung.

- Sie betont mit dem Motto *'Fehlervermeidung statt Fehlerentdeckung'* den vorbeugenden, präventiven Aspekt der Qualitätssicherung.
- Die Integration von QFD vermeidet teure und zeitraubende Konstruktionsänderungs-Schleifen, denn Kundenwünsche werden zielstrebig in Konstruktionen übersetzt, die auf eine bestmögliche Erfüllung aller Lebenszyklus-Anforderungen ausgelegt sind.
- Diese Aufbauorganisation kann schrittweise aus herkömmlichen Organisationsformen entwickelt werden.

... ergeben Vorteile für

Diese Fähigkeiten können in strategische Vorteile für das Unternehmen übersetzt werden:

Zeit

- **Zeit** wird eingespart durch schnellere Problemlösungen, denn die benötigten Informationen werden schneller und in höherer Qualität (Know-How, nicht nur Daten) bereitgestellt.

Kosten

- **Kosten** werden eingespart durch höhere Effizienz in der Produktentwicklung, durch die Minimierung der Anzahl von Konstruktionsänderungen, Garantiefällen usw.

Qualität

- **Qualität** wird erhöht durch den verstärkten Einsatz von präventiven (Off-line-) Qualitätssicherungs-Methoden, die in die Ablauforganisation der Produktentwicklung integriert sind.

... und Kreativität!

- **Kreativität** wird gefördert: Wenn die Konstruktions-Experten erst einmal von den Routineaufgaben befreit sind, können sie mehr Zeit für den Einsatz derjenigen Fähigkeiten aufwenden, die nicht durch Computer nachgeahmt werden können: Sie können *kreativ* sein! Auf diese Weise fördert die Know-How-basierte DV die Innovation.

Langfristiges Potential von IPE

Langfristig könnte die IPE-Philosophie folgende Auswirkungen haben:

- Know-How-Management-Systeme können zu Normierungsüberlegungen im Bereich der Modellierung und Unterstützung von Entwicklungsprozessen beitragen. Damit können sie auch Wege ebnen für modulare CIM-Software, die dann so offen und flexibel wäre, daß sie tatsächlich den Begriff 'CIM-Shells' oder 'CIM-Toolkits' verdient.
- Die Möglichkeiten, die der Know-How-basierte Modellierungsrahmen MOPA eröffnet, gehen über die Unterstützung reiner Produktentwicklungs-Aktivitäten hinaus. Beispielsweise sollte es möglich sein, in vielen Anwendungsgebieten fortschrittliche Projektmanagement-Werkzeuge für Planung und Kontrolle zu entwickeln.
- Das Know-How-Management-System kann auch als Plattform für den Bau zukünftiger CIM-Komponenten dienen – z.B. für Systeme zur konstruktionsbegleitenden Kalkulation.

Noch genug offene Fragen

Natürlich bleiben auch noch viele Fragen offen. Bis das erste Unternehmen von sich behaupten kann, es 'habe' IPE, gibt es noch viel zu tun:

IPE gibt's nicht im Paket

- Analog zu CIM wird auch IPE niemals als 'schlüsselfertige Lösung' zu haben sein. Jedes Unternehmen wird IPE passend zu *seiner* Situation und *seinen* Bedürfnissen definieren. Aber die Chancen stehen gut, daß modulare, konfigurierbare DV-Werkzeuge für IPE entwickelt und vermarktet werden können.

WBMS

- Eine Menge Forschungsarbeit wird noch nötig sein, bis Wissensbank-Management-Systeme existieren, auf die man ein Know-How-Management-System direkt aufsetzen kann. Solange ein Mangel an Normen im Bereich wissensbasierter Systeme herrscht, kann man sich mit einer Kombination aus relationalem DBMS und Objektsystem behelfen.

Objektwelt-Vorlagen?

- Es sollten normierte Klassen- und Methoden-Sätze mit Modellen typischer Anwendungsgebiete entwickelt werden. Sie müßten über mehrere Objektsysteme hinweg portabel sein, um Objektwelten vergleichbar und austauschbar zu machen. Durch diese Unabhängigkeit von einzelnen Objektsystemen könnten die Modelle später auch auf objektorientierte DBMS übertragen werden, sobald solche zur Verfügung stehen.

Kulturschock vermeiden

- Die Integration mit konventionellen, heterogenen DV-Umgebungen wird – leider – weiter ein wichtiges Problem bleiben. Es gibt nun mal nur selten die sprichwörtliche 'grüne Wiese'. Dies gilt übrigens auch für die Integration in konventionelle Softwareentwicklungs-Kulturen: Die Einführung der objektorientierten 'Denke' in klassischen DV-Abteilungen kann zu ideologischen Auseinandersetzungen und allen Symptomen eines Kulturschocks führen.[1]

Datensicherheit → Know-How-Sicherheit?

- Das Sicherheits-Problem: Schon heute werden Datenbanken zu recht als hoch sicherheitsempfindliche Gegenstände angesehen, die besondere Schutzmaßnahmen verdienen. Wieviel wichtiger wird dieser Schutz erst für eine unternehmensweite Know-How-Bank sein? Wie kann man sie gegen unberechtigte Zugriffe schützen?

DV ⇔ Organisation

- Wechselwirkungen zwischen DV und Organisation: Die vorangegangenen Kapitel haben einige Gedanken über organisatorische Fragen dargelegt, die anhand praktischer Einsatzfälle genauer untersucht werden können.

Modelle für weitere Bereiche

- Die hier vorgestellten Gedanken haben sich auf Produkt- und Prozeßmodelle für die Entwicklung konzentriert. Die Existenz solcher Modelle ist ein Schritt, wenn nicht sogar eine Voraussetzung, zur Erstellung weiterer Modelle. Sobald die Basismodelle stehen, kann man sie z.B. um Modelle der Fertigung und anderer Prozesse erweitern. Das Produktmodell kann durch zusätzliche *Perspektiven* erweitert werden.

Advocatus diaboli ex machina?

- Eine der grundsätzlichen Fragen, die das FMEA-System aufgebracht hat, lautet: Kann ein rechnergestütztes System überhaupt 'des Teufels

Advokaten' spielen? Braucht man nicht die menschliche Kreativität und Vorstellungskraft, um sich auszudenken, was an einer Konstruktion alles schiefgehen kann? Mit anderen Worten: Ist ein automatisches Fehleranalyse-System überhaupt machbar? Können Computer kreativ sein?[2] Wäre das überhaupt wünschenswert?

Organisationsentwicklung

- Die Wirkungen verbesserter Unterstützungssysteme auf die Arbeitsgestaltung und die Mitarbeiter sollten untersucht werden: Das Ziel einer solchen Entwicklung kann es nicht sein, nur noch dumme Ingenieure zu haben, die vor intelligenten Computern sitzen. Doch diese Sorge halte ich für übertrieben, denn das wahre Potential wissensbasierter Systeme liegt nicht im *Ersetzen* intelligenter Benutzer durch intelligente Systeme, sondern darin, daß man intelligenten Benutzern *Werkzeuge* an die Hand geben kann, die ihnen helfen, mit komplexen Problemstellungen fertig zu werden.[3]

Entlastung der Umwelt

- Wird das Leben durch IPE nur noch hektischer? Ist es wirklich ein Segen, die Entwicklungsgeschwindigkeit weiter zu erhöhen? Meiner Ansicht nach lohnt sich die Entwicklung neuer Produkte, wenn sie zur Schonung unserer natürlichen Ressourcen beiträgt. Wenn wir die Produktivität der Konstrukteure erhöhen können, werden für die Entwicklung weniger Ressourcen verbraucht. Noch wichtiger ist aber, daß auch der umweltgerechten Konstruktion mehr Aufmerksamkeit geschenkt werden kann.

Software-Trends: KI + OOP + CASE

Was dürfen wir bei den Software-Techniken in den nächsten Jahren erwarten. Nach meiner Einschätzung wird im Bereich der praktischen Anwendungen die 'KI-Szene' mit der 'OOP-Szene' und der 'CASE-Szene' weitgehend verschmelzen. In der Grundlagenforschung wird allerdings die Künstliche Intelligenz auch nach über 30 Jahren weiterhin noch Gegenstand wilder Spekulationen und Diskussionen über zukünftige Chancen und Risiken sein.

KI: Fortschritte

Einerseits verweisen die Befürworter der KI auf ermutigende Fortschritte in vielen Jahren der Grundlagen- und anwendungsorientierten Forschung:

Very Large Knowledge Bases

- Es werden Techniken für den Bau von 'Very Large Knowledge Bases' entwickelt.[4] Solche Systeme könnten die Grundlage bilden für z.B. 'Kreativitäts-Unterstützungs-Systeme' – stellen Sie sich z.B. einen 'Brainstorming-Assistenten' für neue Produktideen vor.[5]

Commonsense Knowledge Bases

- Große Projekte über Allgemeinwissensbanken (Commonsense Knowledge Bases) sind im Gange und liefern die ersten Ergebnisse.[6] Solche Wissensbanken können die Basis für eine neue Klasse von Expertensystemen bilden, die viel mehr 'Hintergrundwissen' besitzen und daher nicht mehr so 'kippelig' in ihrem Wissen sind wie bisherige Systeme.[7]

Case-based Reasoning

- Fallbasiertes Schlußfolgern (Case-based Reasoning, CBR) ist ein Konzept, mit dem man versucht, Wissen ähnlich zu verarbeiten, wie es Menschen tun.[8] Diese Technik ist sehr vielversprechend für Anpassungs- und Variantenkonstruktionen, wo frühere Konstruktionen als Beispiel-'Fälle' dienen können.

'Realos' gewinnen die Oberhand

- Die wissensbasierten Entwicklungsumgebungen bewegen sich auf Standard-Hardware-Plattformen zu. Die Implementation in 5.1 zeigt ein Beispiel dafür. Ganz allgemein scheint die Kluft zwischen 'KI-Fundis' und 'KI-Realos' immer geringer zu werden. Dadurch wird die Integration mit bestehenden DV-Umgebungen immer einfacher.

Andererseits behaupten die prominentesten Kritiker der KI, daß sie ihre Versprechen nicht gehalten hat, und daß maschinelle Intelligenz niemals die menschliche Intelligenz ersetzen kann, einfach weil wir keine 'denkenden Maschinen' sind.[9] Die Vertreter der KI halten dem entgegen, daß man sich von dieser überzogenen Zielsetzung sowieso schon lange verabschiedet habe. Immerhin denken einige KI-Forscher über neue Ziele und Mittel nach.[10]

Unabhängig von der Diskussion über ihre langfristigen Ziele und Nutzenpotentiale hat die KI-Forschung – ob absichtlich oder als Nebenwirkung – einige Programmiermethoden hervorgebracht, die immer häufiger als sehr nützlich erkannt werden – auch in ganz 'normalen', praktischen Anwendungen.

KHMS als 'Kommunikator'

Eines Tages kann eine Know-How-basierte DV-Infrastruktur die Rolle eines Kommunikators zwischen allen Beteiligten spielen, der auch technische und organisatorische Ratschläge geben kann und ein kollektives Gedächtnis für das gesamte Unternehmen darstellt. Das gespeicherte Know-How kann entweder darauf warten, bis jemand es abruft (passiv), oder sogar von selbst auftauchen, wenn es gebraucht wird (aktiv).

Auf zu komplexeren Entscheidungsproblemen

Wenn die gegenwärtigen Einschränkungen der wissensbasierten Systeme überwunden werden können, könnte man sich Anwendungen der hier präsentierten Techniken auch auf wesentlich komplexeren Gebieten vorstellen, wie z.B. Management[11], Politik[12] und Umweltschutz[13]. Neue Arten von Entscheidungsunterstützungssystemen werden in der Lage sein, Menschen bei hochkomplexen, strategischen Entscheidungen zu helfen. Sie werden sich dabei auf ihre eigenen Funktions- und Strukturmodelle des Anwendungsgebiets, auf ihr Wissen über Ursache-Wirkungs-Zusammenhänge und potentielle Fehler stützen können.

Ich persönlich hoffe, daß solche Systeme die menschliche Kreativität beflügeln können, wenn es um das Finden großartiger Ideen zur Verbesserung des Zustandes unserer Welt geht - unser Planet kann sie weiß Gott gut gebrauchen. So könnte man große Schritte hin zu einem 'produktiven Umweltbewußtsein' unternehmen und neue technische Lösungen finden, die Fortschritt bringen, ohne die Umwelt zu belasten. Das ist eine Herausforderung für das kommende Jahrhundert.[14] Ich hoffe, daß IPE einen Beitrag in diese Richtung leisten kann.

Anmerkungen zu Kapitel 7

1 [FEIGENBAUM 88] liefert einige sehr lebensnahe Schilderungen solcher Auseinandersetzungen.

2 Eines der bislang interessantesten Systeme in dieser Richtung war AARON, ein System, das malen kann [COHEN.H 87].

3 vgl. [SCHIFF 88], [WEITZ 90].

4 vgl. [GRUBER 90c, 90d], [LENAT 90] / [GUHA 90], [WIEDERHOLD 87].

5 inspiriert durch [FEIGENBAUM 88].

6 Z.B. das CYC-Projekt [LENAT 90] / [GUHA 90] [FEIGENBAUM 88] erwähnt auch die 'Concept Dictionary', die zur Zeit am Japan Electronic Dictionary Research Institute entwickelt wird.

7 vgl. [DALLUEGE 88].

8 vgl. [WINSTON 81], [KOLODNER 91], [GOEL 88], [SIMOUDIS 90], [SYCARA 89]. [SLADE 91] gibt einen Überblick über CBR-Anwendungen der letzten Zeit.

9 [DREYFUS 86]. Vgl. auch [WEIZENBAUM 77].

10 vgl. [COHEN.P 89b, 91].

11 vgl. [PLATTFAUT 88].

12 vgl. [DÖRNER 83], [VESTER 83].

13 vgl. UFIS, das Umwelt-Führungs-Informations-System der Landesregierung von Baden-Württemberg, zeigt den Nutzen eines Tools für wissensbasierte Systeme als Repräsentations-Bindeglied zwischen heterogenen, verteilten Datenbanken und Informationssystemen.

14 [NAVINCHANDR.91b].

Anhänge

A Modifizierte Vorgangskettendiagramme

Dieser Anhang präsentiert zwei modifizierte Vorgangsketten-Diagramme eines Produktentwicklungs-Prozesses: Zuerst den Ablauf bei Sequentieller Produktentwicklung (SPE) und danach den Ablauf bei Integrierter Produktentwicklung (IPE).

Abb. A.1 *Ablauforganisation eines Produktentwicklungsprozesses bei Sequentieller Produktentwicklung (SPE) – modifiziertes Vorgangskettendiagramm in voller Länge mit potentiellen Schleifen und Verzögerungen. Siehe auch Abb. 2.3 auf S.16.*

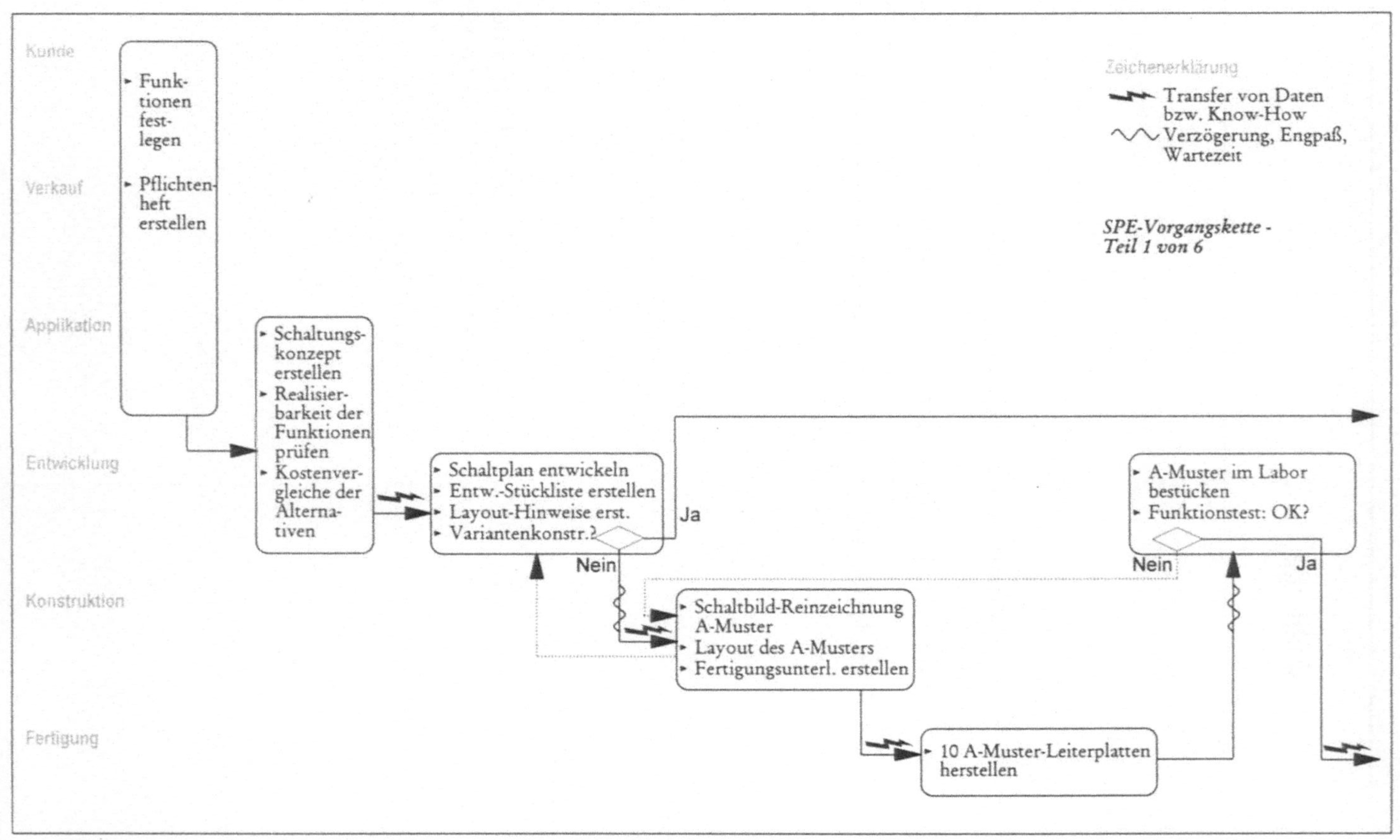

Kunde
Verkauf
Applikation
Entwicklung
Konstruktion
Fertigung
Funktionen festlegen
Pflichtenheft erstellen
Schaltungskonzept erstellen
Realisierbarkeit der Funktionen prüfen
Kostenvergleiche der Alternativen
Schaltplan entwickeln
Entw.-Stückliste erstellen
Layout-Hinweise erst.
Variantenkonstr.?
Ja
Nein
Schaltbild-Reinzeichnung A-Muster
Layout des A-Musters
Fertigungsunterl. erstellen
10 A-Muster-Leiterplatten herstellen
A-Muster im Labor bestücken
Funktionstest: OK?
Nein
Ja
Zeichenerklärung
Transfer von Daten bzw. Know-How
Verzögerung, Engpaß, Wartezeit
SPE-Vorgangskette - Teil 1 von 6

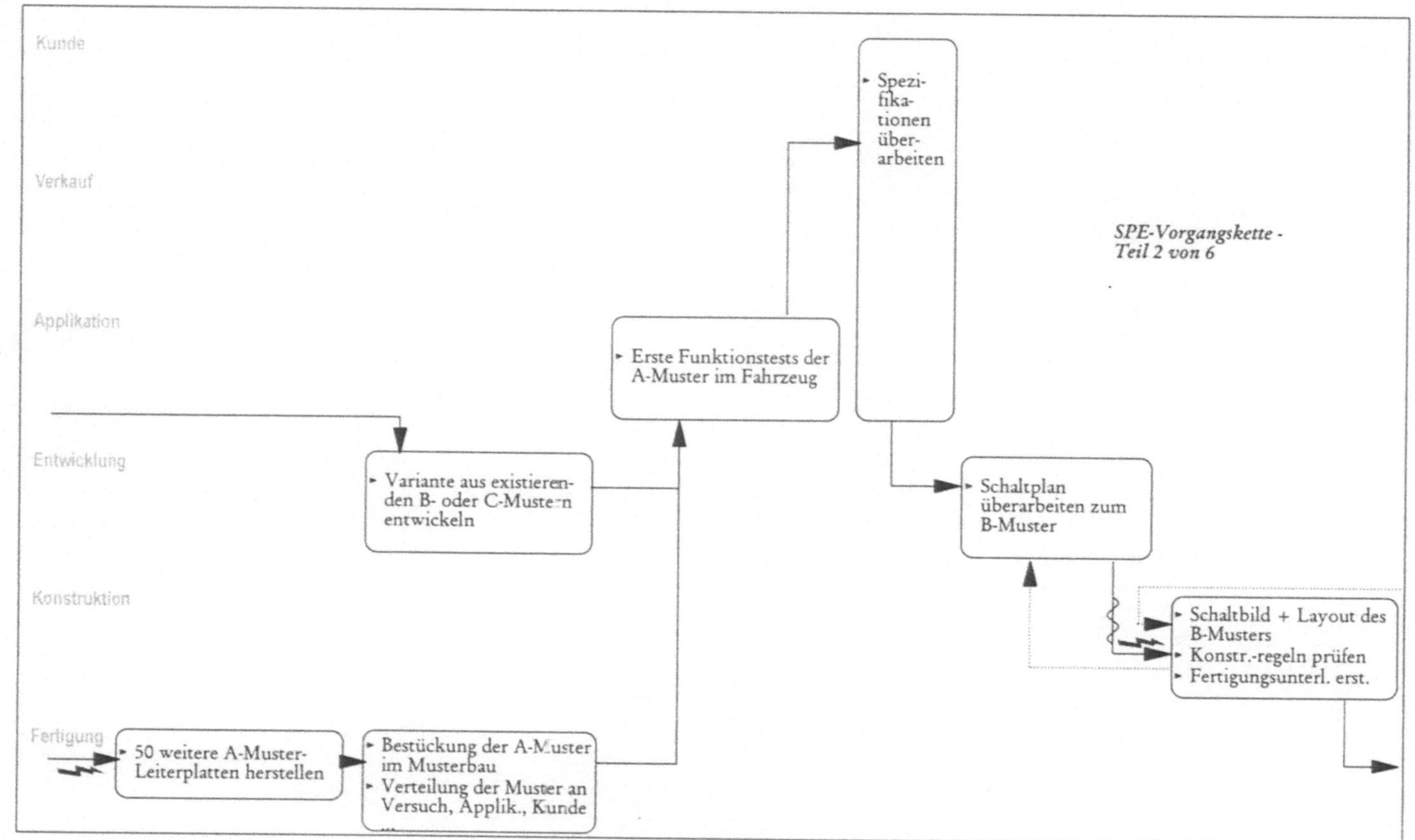
SPE-Vorgangskette -
Teil 2 von 6
Kunde
Verkauf
Applikation
Entwicklung
Konstruktion
Fertigung
Spezi-
fika-
tionen
über-
arbeiten
Erste Funktionstests der
A-Muster im Fahrzeug
Variante aus existieren-
den B- oder C-Mustern
entwickeln
Schaltplan
überarbeiten zum
B-Muster
Schaltbild + Layout des
B-Musters
Konstr.-regeln prüfen
Fertigungsunterl. erst.
50 weitere A-Muster-
Leiterplatten herstellen
Bestückung der A-Muster
im Musterbau
Verteilung der Muster an
Versuch, Applik., Kunde

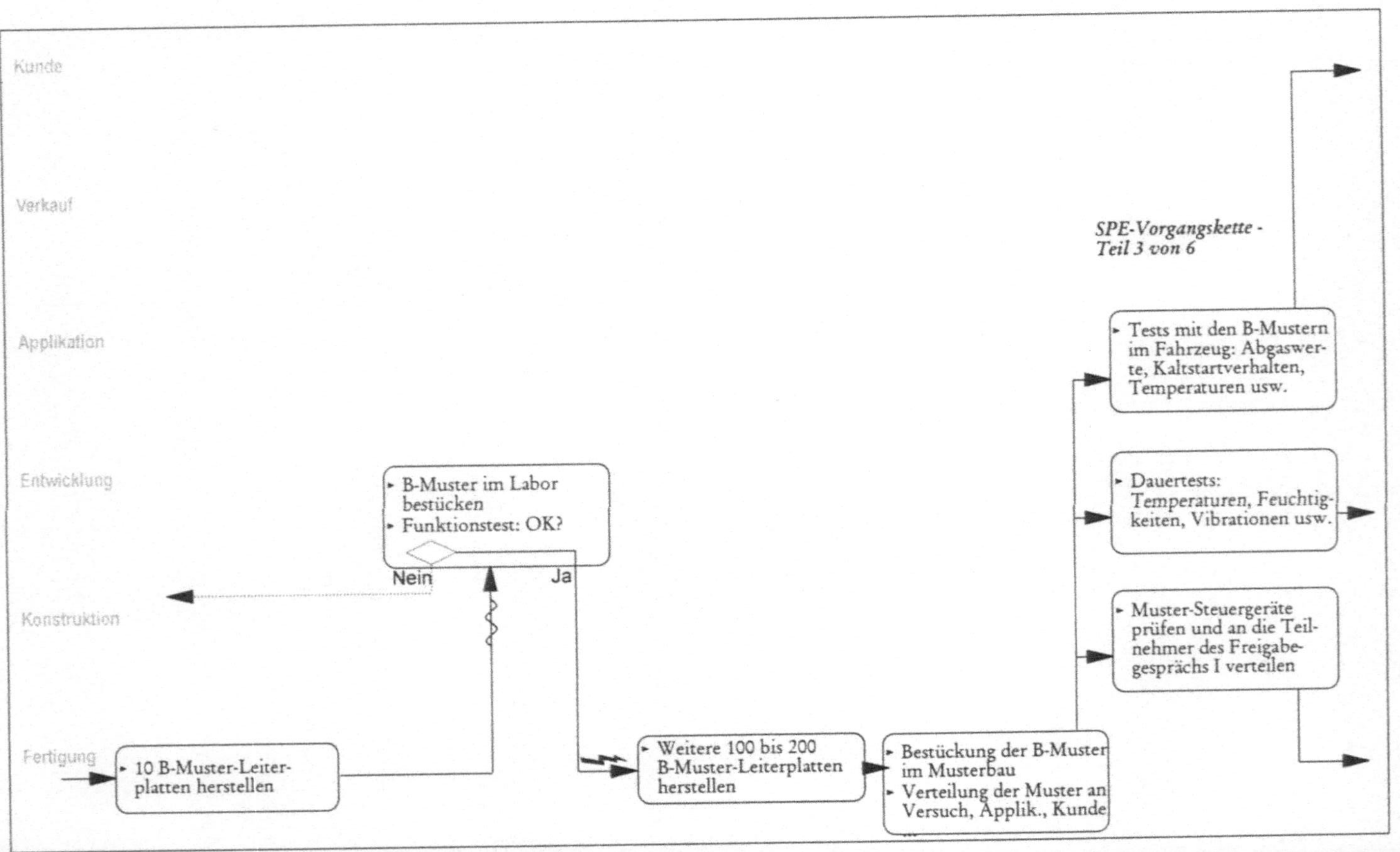
SPE-Vorgangskette -
Teil 3 von 6
Kunde
Verkauf
Applikation
Entwicklung
Konstruktion
Fertigung
10 B-Muster-Leiter-
platten herstellen
B-Muster im Labor
bestücken
Funktionstest: OK?
Nein
Ja
Weitere 100 bis 200
B-Muster-Leiterplatten
herstellen
Bestückung der B-Muster
im Musterbau
Verteilung der Muster an
Versuch, Applik., Kunde
Tests mit den B-Mustern
im Fahrzeug: Abgaswer-
te, Kaltstartverhalten,
Temperaturen usw.
Dauertests:
Temperaturen, Feuchtig-
keiten, Vibrationen usw.
Muster-Steuergeräte
prüfen und an die Teil-
nehmer des Freigabe-
gesprächs I verteilen

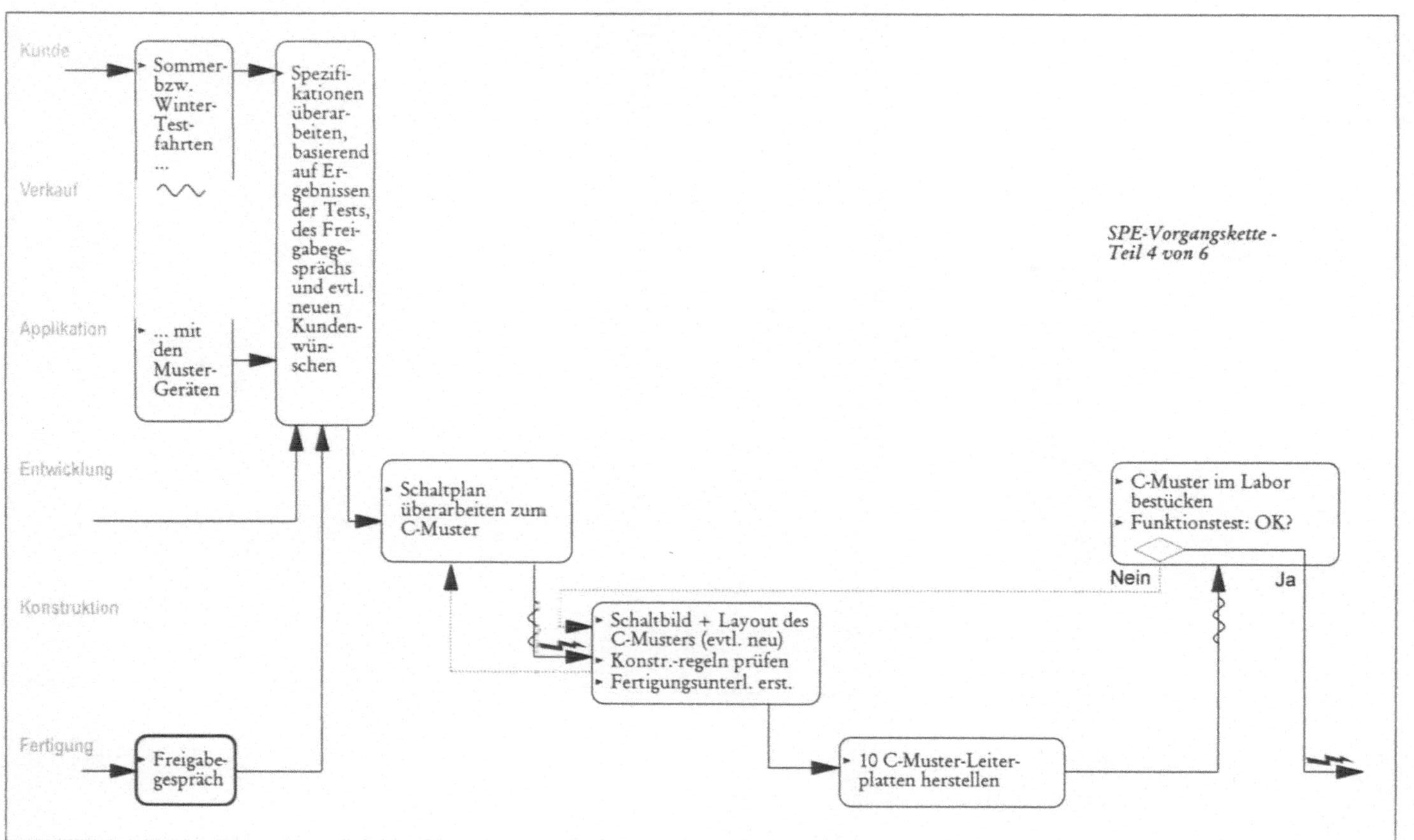
SPE-Vorgangskette -
Teil 4 von 6
Kunde
Verkauf
Applikation
Entwicklung
Konstruktion
Fertigung
Sommer- bzw. Winter-Test-fahrten ...
... mit den Muster-Geräten
Spezifi-kationen überar-beiten, basierend auf Er-gebnissen der Tests, des Frei-gabege-sprächs und evtl. neuen Kunden-wün-schen
Freigabe-gespräch
Schaltplan überarbeiten zum C-Muster
Schaltbild + Layout des C-Musters (evtl. neu)
Konstr.-regeln prüfen
Fertigungsunterl. erst.
10 C-Muster-Leiter-platten herstellen
C-Muster im Labor bestücken
Funktionstest: OK?
Nein
Ja

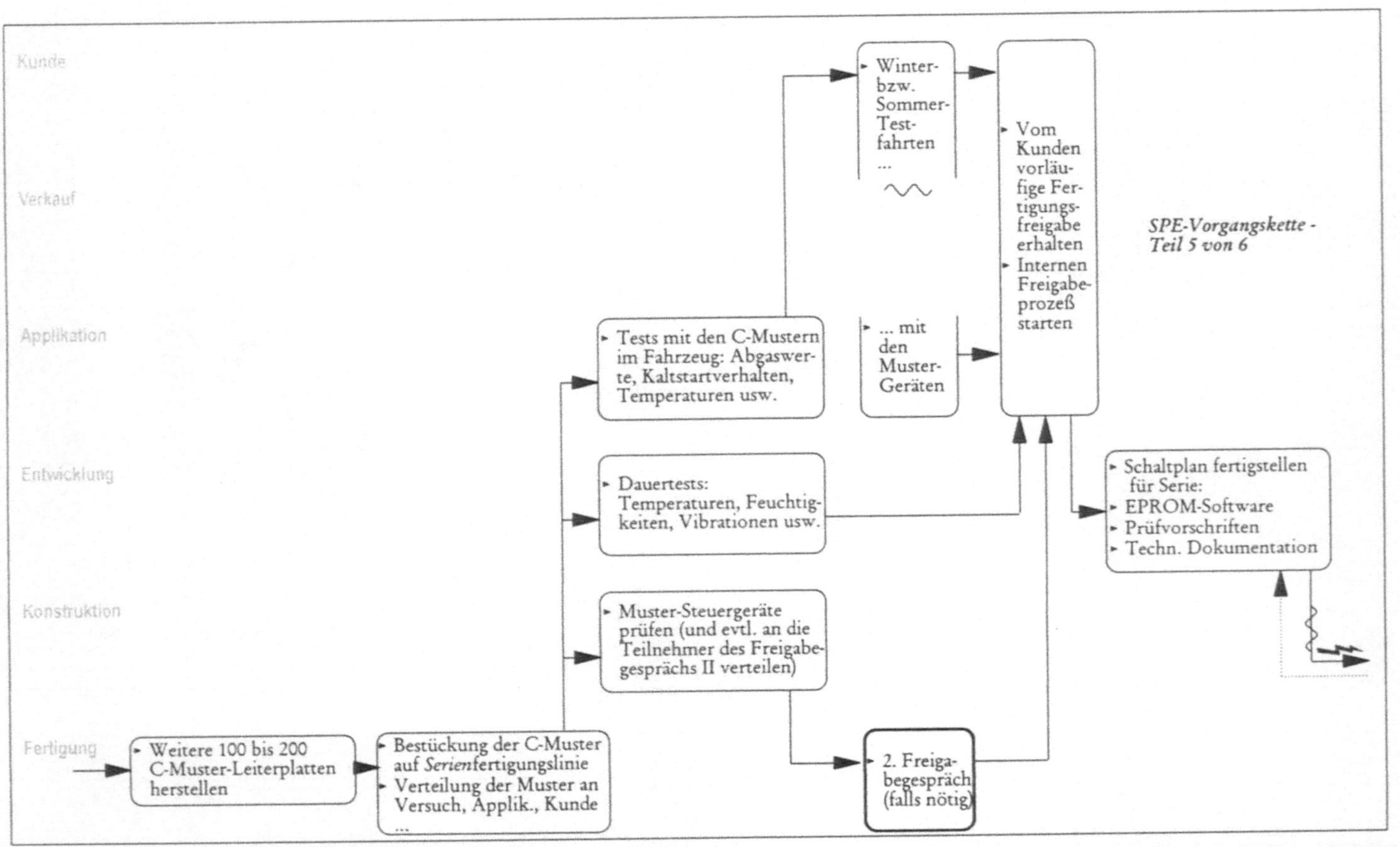
SPE-Vorgangskette -
Teil 5 von 6
Kunde
Verkauf
Applikation
Entwicklung
Konstruktion
Fertigung
Weitere 100 bis 200 C-Muster-Leiterplatten herstellen
Bestückung der C-Muster auf Serienfertigungslinie
Verteilung der Muster an Versuch, Applik., Kunde
...
Tests mit den C-Mustern im Fahrzeug: Abgaswerte, Kaltstartverhalten, Temperaturen usw.
Dauertests: Temperaturen, Feuchtigkeiten, Vibrationen usw.
Muster-Steuergeräte prüfen (und evtl. an die Teilnehmer des Freigabegesprächs II verteilen)
2. Freigabegespräch (falls nötig)
Winter- bzw. Sommer-Testfahrten ...
... mit den Muster-Geräten
Vom Kunden vorläufige Fertigungsfreigabe erhalten
Internen Freigabeprozeß starten
Schaltplan fertigstellen für Serie:
EPROM-Software
Prüfvorschriften
Techn. Dokumentation

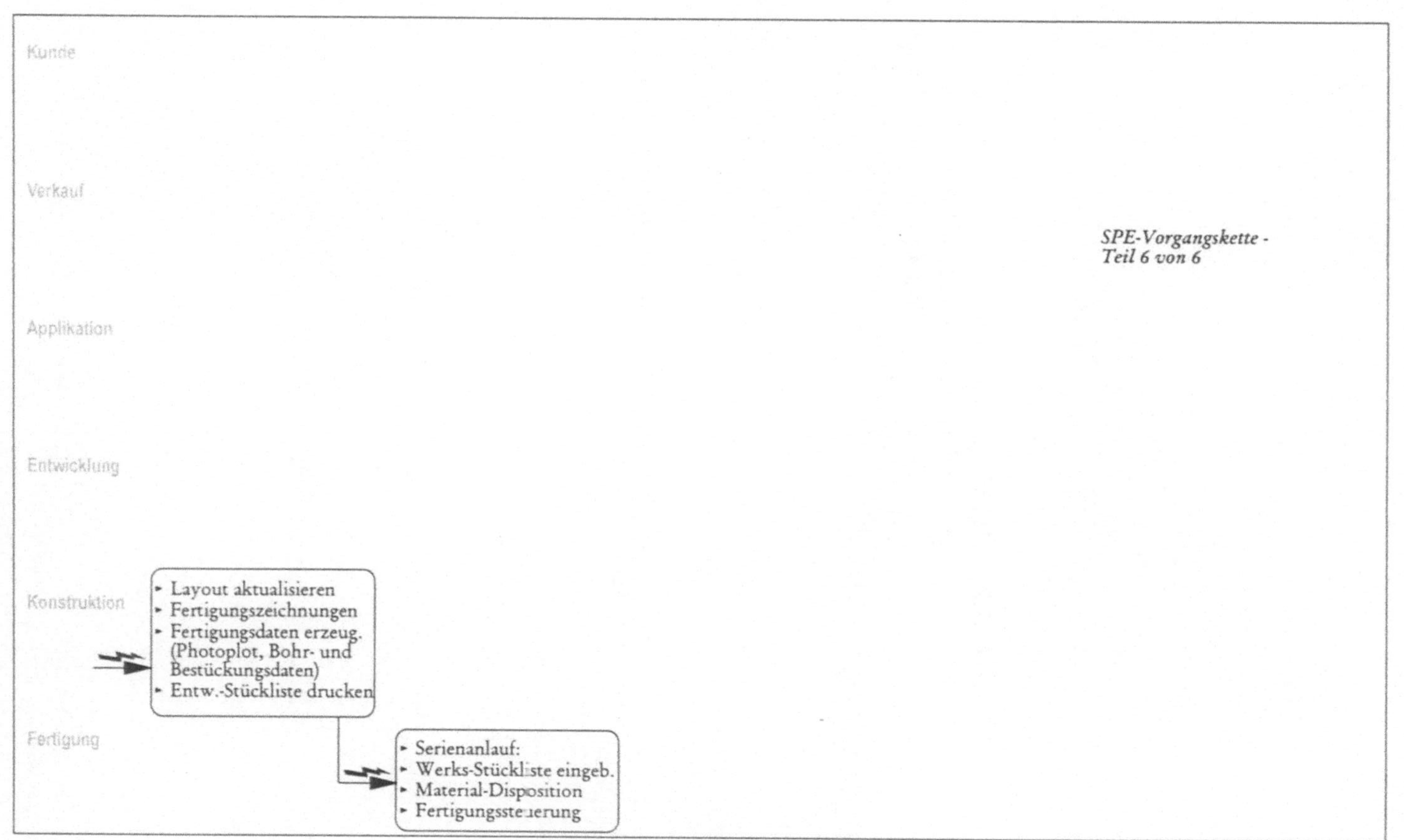
Kunde
Verkauf
Applikation
Entwicklung
Konstruktion
Fertigung
SPE-Vorgangskette -
Teil 6 von 6
Layout aktualisieren
Fertigungszeichnungen
Fertigungsdaten erzeug.
(Photoplot, Bohr- und
Bestückungsdaten)
Entw.-Stückliste drucken
Serienanlauf:
Werks-Stückliste eingeb.
Material-Disposition
Fertigungssteuerung

Abb. A.2 *Ablauforganisation eines Produktentwicklungsprozesses bei Integrierter Produktentwicklung (IPE) – modifiziertes Vorgangskettendiagramm in voller Länge mit Anmerkungen. Siehe auch Abb. 6.4 auf S.213.*

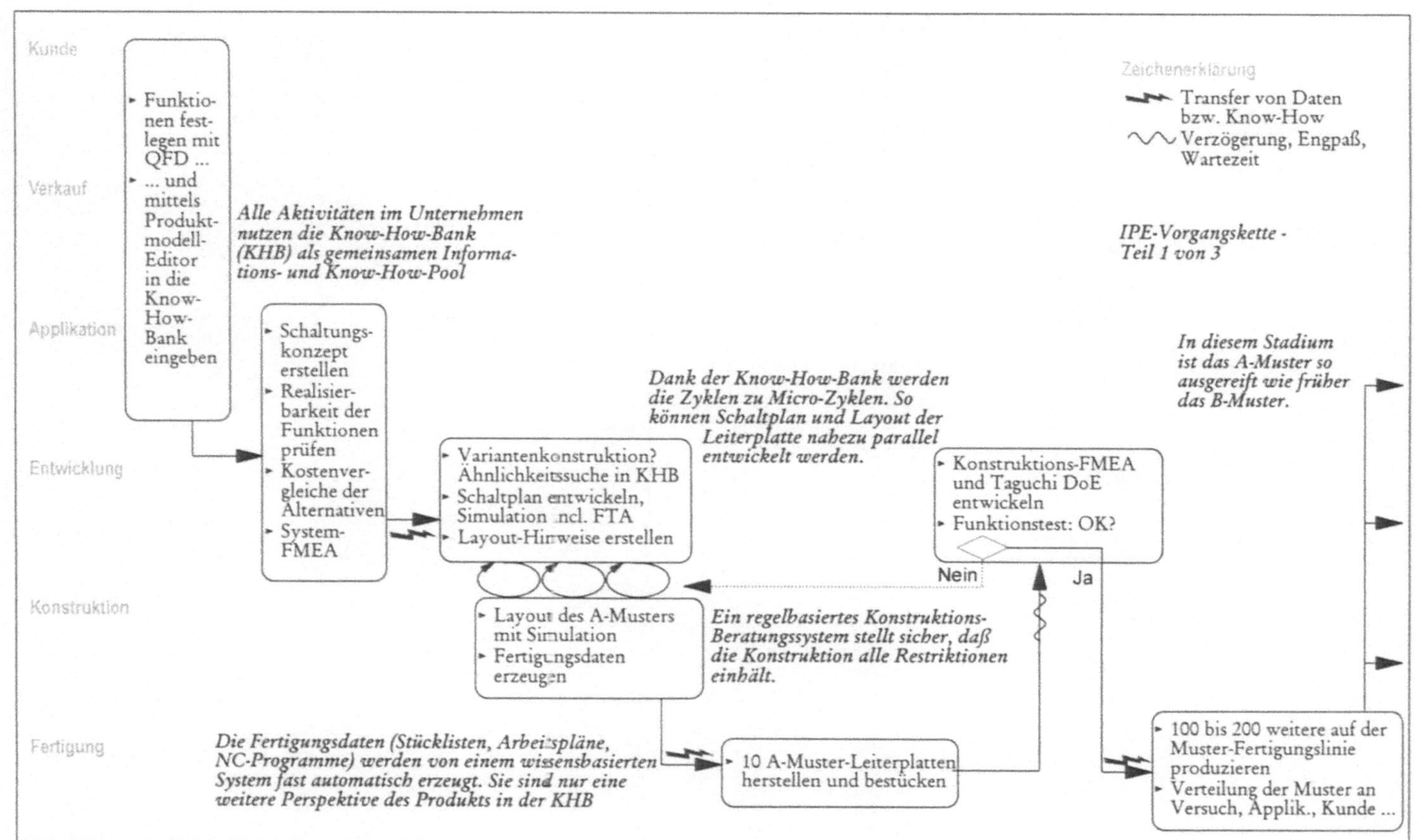
Kunde
Verkauf
Applikation
Entwicklung
Konstruktion
Fertigung
Zeichenerklärung
Transfer von Daten bzw. Know-How
Verzögerung, Engpaß, Wartezeit
IPE-Vorgangskette - Teil 1 von 3
Funktionen festlegen mit QFD ...
... und mittels Produktmodell-Editor in die Know-How-Bank eingeben
Alle Aktivitäten im Unternehmen nutzen die Know-How-Bank (KHB) als gemeinsamen Informations- und Know-How-Pool
Schaltungskonzept erstellen
Realisierbarkeit der Funktionen prüfen
Kostenvergleiche der Alternativen
System-FMEA
Variantenkonstruktion? Ähnlichkeitssuche in KHB
Schaltplan entwickeln, Simulation incl. FTA
Layout-Hinweise erstellen
Dank der Know-How-Bank werden die Zyklen zu Micro-Zyklen. So können Schaltplan und Layout der Leiterplatte nahezu parallel entwickelt werden.
Konstruktions-FMEA und Taguchi DoE entwickeln
Funktionstest: OK?
Nein
Ja
In diesem Stadium ist das A-Muster so ausgereift wie früher das B-Muster.
Layout des A-Musters mit Simulation
Fertigungsdaten erzeugen
Ein regelbasiertes Konstruktions-Beratungssystem stellt sicher, daß die Konstruktion alle Restriktionen einhält.
Die Fertigungsdaten (Stücklisten, Arbeitspläne, NC-Programme) werden von einem wissensbasierten System fast automatisch erzeugt. Sie sind nur eine weitere Perspektive des Produkts in der KHB
10 A-Muster-Leiterplatten herstellen und bestücken
100 bis 200 weitere auf der Muster-Fertigungslinie produzieren
Verteilung der Muster an Versuch, Applik., Kunde ...

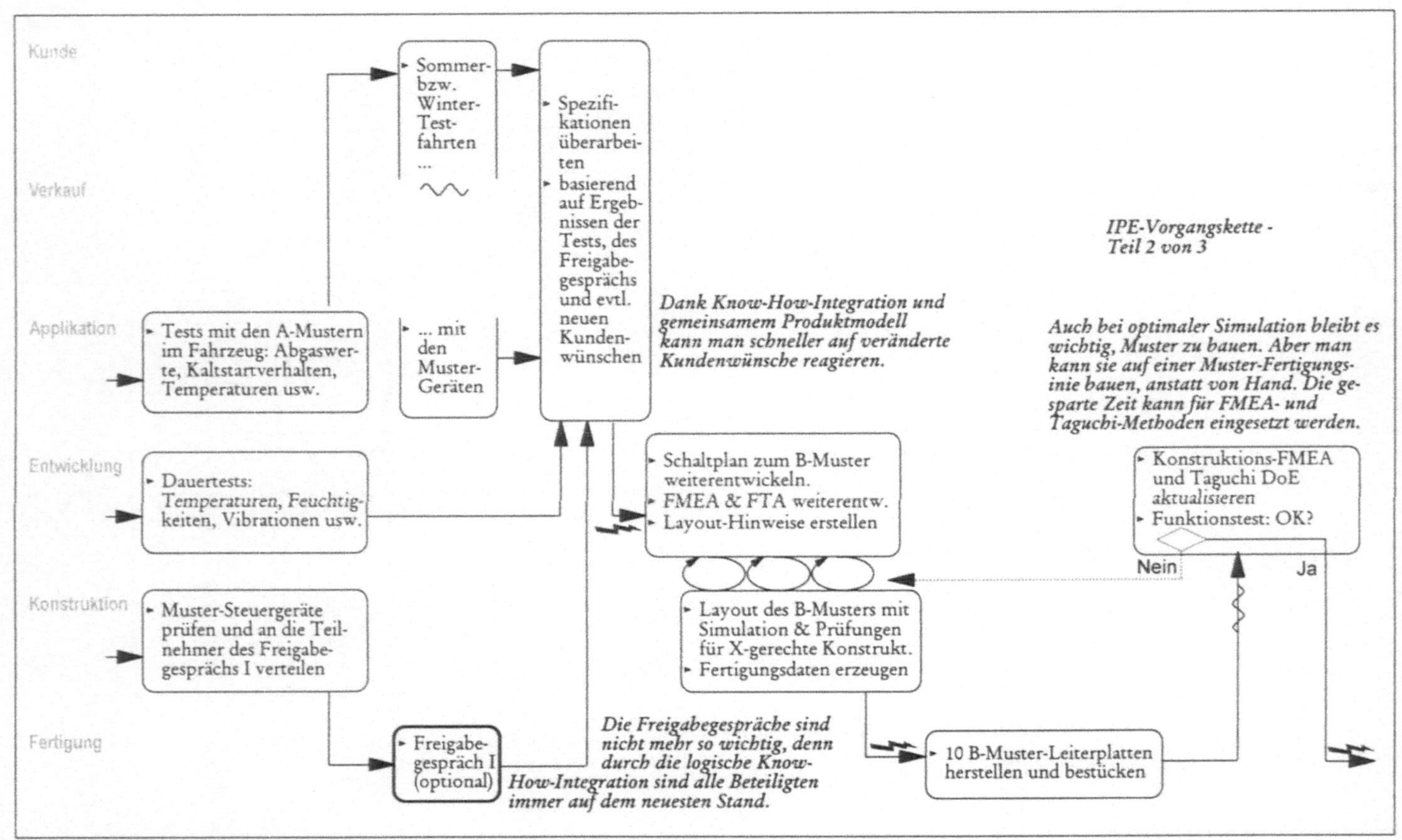
IPE-Vorgangskette -
Teil 2 von 3
Kunde
Verkauf
Applikation
Entwicklung
Konstruktion
Fertigung
Tests mit den A-Mustern im Fahrzeug: Abgaswerte, Kaltstartverhalten, Temperaturen usw.
Sommer- bzw. Winter-Testfahrten ...
... mit den Muster-Geräten
Spezifikationen überarbeiten
basierend auf Ergebnissen der Tests, des Freigabegesprächs und evtl. neuen Kundenwünschen
Dank Know-How-Integration und gemeinsamem Produktmodell kann man schneller auf veränderte Kundenwünsche reagieren.
Dauertests: Temperaturen, Feuchtigkeiten, Vibrationen usw.
Muster-Steuergeräte prüfen und an die Teilnehmer des Freigabegesprächs I verteilen
Freigabegespräch I (optional)
Die Freigabegespräche sind nicht mehr so wichtig, denn durch die logische Know-How-Integration sind alle Beteiligten immer auf dem neuesten Stand.
Schaltplan zum B-Muster weiterentwickeln.
FMEA & FTA weiterentw.
Layout-Hinweise erstellen
Layout des B-Musters mit Simulation & Prüfungen für X-gerechte Konstrukt.
Fertigungsdaten erzeugen
10 B-Muster-Leiterplatten herstellen und bestücken
Auch bei optimaler Simulation bleibt es wichtig, Muster zu bauen. Aber man kann sie auf einer Muster-Fertigungsinie bauen, anstatt von Hand. Die gesparte Zeit kann für FMEA- und Taguchi-Methoden eingesetzt werden.
Konstruktions-FMEA und Taguchi DoE aktualisieren
Funktionstest: OK?
Nein
Ja

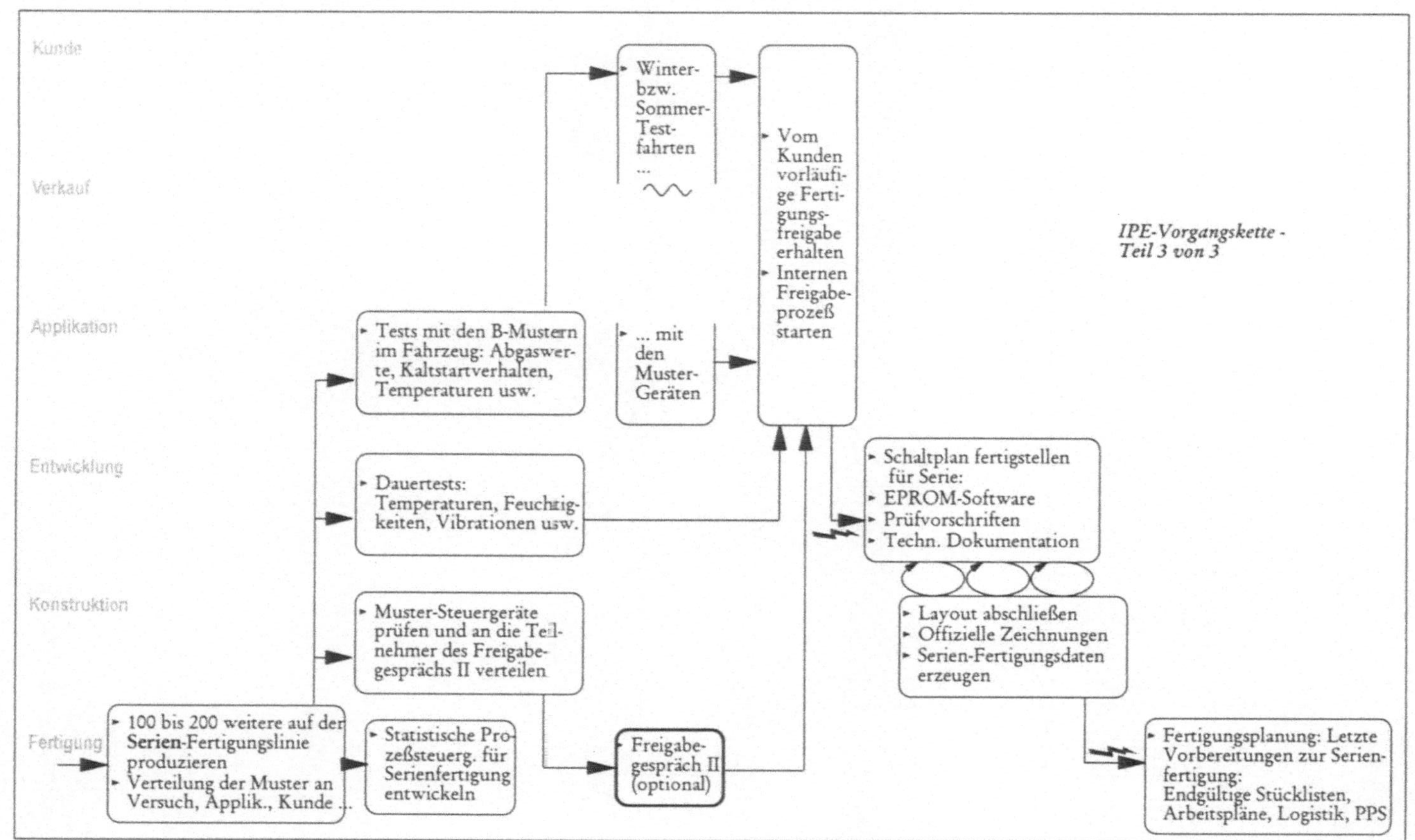
IPE-Vorgangskette - Teil 3 von 3
Kunde
Verkauf
Applikation
Entwicklung
Konstruktion
Fertigung
100 bis 200 weitere auf der Serien-Fertigungslinie produzieren
Verteilung der Muster an Versuch, Applik., Kunde ...
Tests mit den B-Mustern im Fahrzeug: Abgaswerte, Kaltstartverhalten, Temperaturen usw.
Dauertests: Temperaturen, Feuchtigkeiten, Vibrationen usw.
Muster-Steuergeräte prüfen und an die Teilnehmer des Freigabegesprächs II verteilen
Statistische Prozeßsteuerg. für Serienfertigung entwickeln
Winter- bzw. Sommer-Testfahrten ...
... mit den Muster-Geräten
Freigabe-gespräch II (optional)
Vom Kunden vorläufige Fertigungsfreigabe erhalten
Internen Freigabeprozeß starten
Schaltplan fertigstellen für Serie:
EPROM-Software
Prüfvorschriften
Techn. Dokumentation
Layout abschließen
Offizielle Zeichnungen
Serien-Fertigungsdaten erzeugen
Fertigungsplanung: Letzte Vorbereitungen zur Serienfertigung:
Endgültige Stücklisten, Arbeitspläne, Logistik, PPS

B Bibliographie

B.1 Aufsätze und Monographien

[AAAI 88] Seventh National Conference on Artificial Intelligence (Proceedings, Vol. 1+2) St. Paul, August 21 - 26, Hrsg.: AAAI, San Mateo (Morgan Kaufmann) 1988, ISBN 0-929280-00-8.

[AAAI 90] Eighth National Conference on Artificial Intelligence (Proceedings, Vol. 1+2) Boston, July 29 - August 3, Hrsg.: AAAI, Cambridge, London (MIT Press) 1990, ISBN 0-262-51057-X.

[AAAI 91] Ninth National Conference on Artificial Intelligence (Proceedings, Vol. 1+2) Anaheim, July 14 - 19, Hrsg.: AAAI, Cambridge, London (MIT Press) 1991.

[ADELI 88] Adeli, H. und K. V. Balasubramanyam, A Novel Approach to Expert Systems for Design of Large Structures. In [AI Magazine] 9 (1988) 4 (Winter), S. 54 - 63.

[AHRENS 87] Ahrens, W., Einsatz von Expertensystemen in der Prozeßleittechnik. In [atp] 29 (1987) 10, S. 475 - 485.

[AI-MFCTG 89] Artificial Intelligence and Expert Systems in Manufacturing, Berlin, 9. - 11. Oktober 1989.

[ASWAD 89] Aswad, A. A., und J. W. Knight, Comparative Aspects of QFD and Simultaneous Engineering. In [ISATA 89], S. 141 - 155.

[ATKINSON 89] Atkinson, Malcolm, Bancilhon, De Witt, Dittrich, Maier, Zdonik, The Object-Oriented Database System Manifesto (Rapport Technique Altaïr 30-89). (1989), S. 40 - 57.

[AUTENRIETH 88] Autenrieth, Klaus, und Günter Thomann, Expertensystem zur Konfiguration von ISDN-Nebenstellenanlagen. In [PIK] 11 (1988) 2, S. 91 - 97.

[AYEL 88] Ayel, Jaqueline, A Conceptual Supervision Model in Computer Integrated Manufacturing. In [ECAI 88], S. 427 - 432.

[BABINGTON 90] Babington Smith, Bernard, und Alan Sharp, Manager and Team Development – Ideas and principles underlying Coverdale training. Oxford, London, Melbourne, et al. (Heinemann Professional) 1990, ISBN 0-434-91878-4.

[BACHANT 84] Bachant, J., und John McDermott, R1 Revisited: Four Years in the Trenches. In [AI Magazine] 5 (1984) 3 (Herbst), S. 21 - 32.

[BACKES 88] Backes, Siegward, Qualitätsexpertensystem: FMEA und Fehlerbaumanalyse als Wissensquelle. In [QLF 88], S. 501 - 520.

[BARANOWSKI 89] Baranowski, Ronald, TES – Ein Expertensystem zur Konfigurierung von Telefonnebenstellenanlagen. In [KI] 3 (1989) 4 (Dez), S. 59 - 63.

[BARKER 89] Barker, David W., Concurrent Engineering: An Object Oriented Database Approach. In [CEng 89], o.S..

[BARR 82] Barr, Avron, Paul R. Cohen, und Edward A. Feigenbaum, The Handbook of Artificial Intelligence, Vol. I - III, Reading (Addison-Wesley) 1981/82.

[BARTH 88] Barth, Gerhard, und Christoph Welsch, Objektorientierte Programmierung. In [it] 30 (1988) 6, S. 404 - 421.

[BARTL 89] Bartl, R., Wissenserwerb für Expertensysteme: Entwicklung praxisrelevanter Methoden und rechnerunterstützter Entwurfswerkzeuge. In [atp] 31 (1989) 7, S. 315 - 322.

[BAYER 89] Bayer, Rudolf, Datenbanken und Expertensysteme verknüpfen. In [CW] 16 (1989) 3.02., S. 35.

[BECHTOLSHEIM 88] Bechtolsheim, Matthias von, Die informationstechnische Integration von Expertensystemen: Stand der Technik, Probleme und Lösungsansätze. In [GMD-JB 88], S. 71 - 83.

[BECKER 89] Becker, Jörg, Sieben Tendenzen der heutigen CIM-Entwicklung – Von der Euphorie über die Ernüchterung zur realistischen Sachlichkeit. In [CW] 16 (1989) 42, S. 110 - 115.

[BERNARDI 90a] Bernardi, Ansgar, Christoph Klauck und Ralf Legleitner, STEP – Überblick über eine zukünftige Schnittstelle zum Produktdatenaustausch (DFKI Document D-90-04). (1990) September, 69 Seiten.

[BERNARDI 90b] Bernardi, Ansgar, Christoph Klauck und Ralf Legleitner, Formalismus zur Repräsentation von Geometrie- und Technologieinformationen als Teil eines Wissensbasierten Produktmodells (DFKI Document D-90-05). (1990) Dezember, 66 Seiten.

[BERNARDI 91] Bernardi, Ansgar, Harold Boley, Christoph Klauck, et al., ARC-TEC: Acquisition, Representation and Compilation of Technical Knowledge (DFKI Research Report). (1991), 10 Seiten.

[BLANK 90] Blank, Rolf, Quality Function Deployment. In [QLF 90], S. 133-160.

[BOBROW 75] Studies in Cognitive Science, Hrsg.: Bobrow, Daniel G., und A. M. Collins, New York (Academic Press) 1975.

[BOCK 90] Bock, Martina, Richard Bock und A.-W. Scheer, Konzeption eines Rahmensystems für einen universellen Konstruktionsberater. In [IM] 5 (1990) 1, S. 70 - 78.

[BONISSONE 83] Bonissone, P. P., und H. E. Johnson, Expert System for Diesel Electric Locomotive Repair. In [Journal Forth] 1 (1983) 1, S. 7 - 16.

[BOOCH 91] Booch, Grady, Object-Oriented Design with Applications, Redwood City, California (Benjamin Cummings) 1991, ISBN 0-8053-0091-0.

[BOSE 90] Bose, Prasanta, und Ashwini Sinha, Learning Control Heuristics from Abstraction-Based Search for Effective Scheduling. In [IMArch 90], S. 18 - 24.

[BRACHMAN 79] Brachman, Ronald J., On the Epistemological Status of Semantic Networks. In [FINDLER 79], S. 3 - 50.

[BRACHMAN 83] Brachman, Ronald J., What IS-A Is and Isn't: An Analysis of Taxonomic Links in Semantic Networks. In [IEEE Computer] 16 (1983) 10 (Okt), S. 30 - 36.

[BRACHMAN 90] Brachman, Ronald J., The Future of Knowledge Representation (Invited Talk). In [AAAI 90], S. 1082 - 1092.

[BRAY 87] Bray, Olin H., Data Management for Engineers: Current Capabilities, Future Directions. In [CIME] 5 (1987) 5 (März), S. 20 - 24.

[BRAY 88] Bray, Olin H., CIM – The Data Management Strategy, CIM Series, Burlington, Massachusetts (Digital Press) 1988, ISBN 1-55558-010-6.

[BREESE 89] Breese, Jack, Decision Analysis and Knowledge-Based Systems for Life-Cycle Costing of Rocket Engines (Abstract & Slides). In [CEng 89], o.S..

[BREITLING 88] Breitling, Frieder, Wissensbasiertes Konstruktionssystem. In [ZwF-CIM] 83 (1988) 11, S. 563 - 565.

[BREWKA 89a] Brewka, Gerhard, Nichtmonotone Logiken – Ein kurzer Überblick. In [KI] 3 (1989) 2 (Jun), S. 5 - 11.

[BREWKA 89b] Brewka, Gerhard, Nonmonotonic Logics – A Brief Overview. In [AICOM] 2 (1989) 2 (Jun), S. 88 - 97.

[BRODIE 86] On Knowledge Base Management Systems – Integrating AI and Database Technologies (Proc. of the Islamorada Workshop), Topics in Information Systems, Hrsg.: Brodie, Michael L., und John Mylopoulos, Berlin, Heidelberg, New York (Springer) 1986, ISBN 3-540-96382-0.

[BRODIE 88] Brodie, Michael L., Future Intelligent Information Systems: AI and Database Technologies Working Together (Abstract for an Invited Talk). In [AAAI 88], S. 844 - 845.

[BROOKS 75] Brooks, Frederick, The Mythical Man-Month, Reading. Massachusetts (Addison-Wesley) 1975.

[BULLINGER 89a] Bullinger, Hans-Jörg, und Ralph Richter, Montagegerechter Erzeugnisentwurf auf der Basis objektorientierter Produktmodellierung. In [VDI-Z] 131 (1989) 11, S. 67 - 70.

[BULLINGER 89b] Bullinger, Hans-Jörg, Die Qualität des F&E-Managements entscheidet die Wettbewerbsfähigkeit. In [GFMT-Forum] (1989).

[BÜROKOMM 89] Jahrbuch der Bürokommunikation, Hrsg.: Scharfenberg, Heinz, Baden-Baden (FBO-Fachverlag) 1989.

[BUSCHE 89] Busche, Rosemarie, und Reinhard Krickhahn, Modellgestützte Entwicklung eines wissensbasierten Systems für die Fehlerdiagnose in komplexen Industrieanlagen. In [KI] 3 (1989) 3 (Sep), S. 4 - 13.

[CAIA 87] Third IEEE Conference on Artificial Intelligence Applications, Februar, Hrsg.: IEEE Computer Society 1987.

[CAIA 91] Seventh IEEE Conference on Artificial Intelligence Applications, Februar, Hrsg.: IEEE Computer Society 1991.

[CAMARINHA 89] Camarinha-Matos, L. M., Moura-Pires,Rabelo,Negretto,Meijer, Information Integration for Assembly Cell Programming and Monitoring in CIM. In [ISATA 89], S. 1933 - 1953.

[CARNEGIE G. 88] Carnegie Group, Inc., The Service Bay Diagnostic System – An Analysis and Report. In [AI review] 1 (1988), S. 61 - 62.

[CARPENTIERI 88] Carpentieri, Antonio, B. Soler, M.P. Branca, P.G. Kubansky, Escut: An Expert System for Configuring Digital Telephone Switching Equipments. In [ECAI 88], S. 182 - 187.

[CEng 89] Workshop on Concurrent Engineering Design – Working Notes. IJCAI, Detroit, August 21, Hrsg.: AAAI Special Interest Group on Manufacturing (SIGMAN) 1989.

[CHALFAN 87] Chalfan, Kathryn M., An Integration Tool for Life-Cycle Engineering. In [IJCAI 87], S. 592 - 595.

[CHELSOM 89a] Chelsom, J. V., Simultaneous Engineering in Fallbeispielen. In [SIM-ENG 89], S. 169 - 179.

[CHOI 90] Choi, Young, Lee Weiss, E. Levent Gursoz, und F. B. Prinz, Rapid Prototyping from 3D Scanned Data through Automatic Surface and Solid Generation. CMU EDRC Tech Report 24-17-90. (1990) Juni 19, 11 Seiten.

[CHRISTALLER 87] Christaller, T., Güsgen, Hertzberg, Linster, A.Voß, H.Voß, Was ist Expertise und wie bekommt man sie auf den Rechner?. In [GMD-JB 87], S. 94 - 106.

[CHRYSSOLOUR. 89] Chryssolouris, George, und Ingfried Grünig, On a database design for intelligent manufacturing systems. In [Int. J. CIM] 1 (1989) 3, S. 171 - 184.

[CLARK 89] Clark, Steven J., Concurrent Engineering and Design for Diagnosability (Abstract). In [CEng 89], o.S..

[CLOCKSIN 87] Clocksin, William F., und Christopher S. Mellish, Programming in Prolog, 3.Aufl., Berlin, Heidelberg, New York (Springer) 1987, ISBN 3-540-17539-3.

[CMU-EDRC 90] Report and Proposal: 1990-1991, Hrsg.: CMU Engineering Design Research Center, Pittsburgh (Carnegie Mellon Univ.) 1990.

[CODD 70] Codd, E. F., A Relational Model of Data for Large Shared Data Banks. In [ACM Comm.] 13 (1970) 6 (Jun), S. 377 - 387.

[COHEN.H 87] Cohen, Harold, How to Draw Three People in a Botanical Garden (Invited Talk). In [AAAI 88], S. 846 - 855.

[COHEN.P 89b] Cohen, Paul R., Why Knowledge Systems Research Is In Trouble and What We Can Do About It. UMass COINS Tech Report 89-81. (1989), 15 Seiten.

[COHEN.P 91] Cohen, Paul R., A Survey of the Eighth National Conference on Artificial Intelligence: Pulling Together or Pulling Apart?. In [AI Magazine] 12 (1991) 1 (Frühjahr), S. 16 - 41.

[COLLINS 90] Collins, Harry M., Artificial Experts: Social Knowledge and Intelligent Machines, Inside Technology, Cambridge, Massachusetts (MIT Press) 1990, ISBN 0-262-03168-X.

[CUTKOSKY 89] Cutkosky, Mark, R., Don R. Brown, und Jay M. Tenenbaum, Concurrent Product and Process Design for Early Stages of Design (Abstract). In [CEng 89], o.S..

[DAC 87] 24th ACM / IEEE Design Automation Conference, Miami 1987.

[DAL CIN 88] Dal Cin, Mario, und Thomas Philipp, Expertensysteme für die Fehlerdiagnose. In [it] 30 (1988) 4, S. 237 - 246.

[DALLUEGE 88] Dalluege, C.-A., R. Kappl, und B. Karbe, Entscheidungen entwickeln. Expertensysteme (6). In [Industrie-Anz.] 46 (1988) 7, S. 10 - 15.

[DATE 82] Date, C. J., Introduction to Database Systems, Vol. 1, Systems Programming Series, 3. Aufl., Reading, Massachusetts (Addison-Wesley) 1982, ISBN 0-201-14471-9.

[DAUBE 89] Daube, Francois, und Barbara Hayes-Roth, A Case-based Mechanical Redesign System. In [IJCAI 89], S. 1402 - 1407.

[DAVIS 77] Davis, Randall, Bruce G. Buchanan, und E. H. Shortliffe, Production Rules as a Representation for a Knowledge-Based Consultation System. In [AI] 8 (1977) 1, S. 15 - 45.

[DAVIS 82a] Davis, Randall, Expert Systems: Where Are We? And Where Do We Go From Here? MIT AI Memo 667. (1982) (Jan), 40 Seiten.

[DAVIS 89a] Davis, Randall (Ed.), Expert Systems: How Far Can They Go? Part 1 (Edited transcripts of a panel session at IJCAI '85: the presentations of Terry Winograd and Stuart Dreyfus). In [AI Magazine] 10 (1989) 1 (Frühjahr), S. 61 - 67.

[DAVIS 89b] Davis, Randall (Ed.), Expert Systems: How Far Can They Go? Part 2 (Edited transcripts of a panel session at IJCAI '85: the presentations of Brian C. Smith and Randall Davis). In [AI Magazine] 10 (1989) 2 (Sommer), S. 65 - 77.

[DB-WEEK 83] Database Week – Engineering Design Applications – Proceedings, Hrsg.: IEEE Computer Society 1983.

[DE GREEF 88] de Greef, Paul, Joost Breuker, G. Schreiber, J. Wielemaker, StatCons: Knowledge Acquisition in a Complex Domain. In [ECAI 88], S. 100 - 105.

[DECWINDOWS 91] DECwindows Programming Manuals for VMS V5.4, Hrsg.: DEC 1991.

[DESSLOCH 89] Deßloch, Stefan, Theo Härder, N.M.Mattos, und B.Mitschang, KRISYS: KBMS Support for Better CAD Systems. ZRI Report, also in: Proc. Conf. on Data & Knowl.Sys for Mfctg. & Eng., Okt.89. (1989) August, 27 Seiten.

[DODHIAWALA 89] Dodhiawala, Rajendra, V. Jagannathan, L. Baum, T. Skillman, The First Workshop on Blackboard Systems. In [AI Magazine] 10 (1989) 1 (Frühjahr), S. 77 - 80.

[DÖRNER 83] Lohhausen – Vom Umgang mit Unbestimmtheit und Komplexität, Hrsg.: Dörner, Dietrich, H.W.Kreuzig, F.Reither, Thea Stäudel, Bern, Stuttgart, Wien (Hans Huber) 1983, ISBN 3-456-81216-7.

[DOYLE.J 79] Doyle, Jon A., A Truth Maintenance System. In [AI] 12 (1979) 3, S. 231 - 272.

[DOYLE.R 84] Doyle, Richard J., Hypothesizing and Refining Causal Models. MIT AI Memo No. 811. (1984) (Dez), 108 Seiten.

[DREYFUS 86] Dreyfus, Hubert und Stuart E., Why Computers May Never Think Like People. In [MIT Tech Review] (1986) (Jan), S. 43 - 61.

[DÜSPOHL 90] Düspohl, Rainer, KI-Lexikon: Konstruktgitter-Verfahren (Repertory Grid Method). In [KI] 4 (1990) 2 (März), S. 12.

[DWIVEDI 89] Dwivedi, Suren M., Design for Manufacturability and Assembly (DFM/A) – A Critical Step in the Implementation of Concurrent Engineering (Abstract). In [CEng 89], o.S..

[DYM 85] Applications of Knowledge-Based Systems to Engineering Analysis and Design, Hrsg.: ASME, Dym, Clive L., New York 1985.

[ECAI 88] ECAI 88 – Proceedings of the 8th European Conference on Artificial Intelligence, Munich, August 1-5, Hrsg.: ECCAI, Yves Kodratoff, London (Pitman Publishing) 1988, ISBN 0-273-08798-3.

[EDIF 88] Introduction to EDIF, EDIF Monograph Series, Vol. 1, Hrsg.: EIA, EDIF Steering Committee, Washington (EIA) 1988.

[ELLIOTT 89] Elliott, Margaret S., Knowledge-based Systems for Reliability Analysis in Concurrent Design. In [CEng 89], o.S..

[ELSDON 88] Elsdon, David, und Nigel Ward, Experiences in Developing an Expert System to Aid Optical Designers. In [InfoTechApplEur] (1988), S. 172 - 175.

[ERNST 89] Ernst, Gerald, Expertensysteme in der Produktion – Pilotprojekt IXMO – Die Initialzündung für neue Aufgabenstellungen. In [GI-Kongreß 89], S. 43 - 52.

[ESHELMAN 87] Eshelman, Larry, D. Ehret, J. McDermott, und M. Tan, MOLE: A Tenacious Knowledge Acquisition Tool. In [Int.J.ManMStud] 1 (1987) 26, S. 41 - 54.

[EVERSHEIM 90] Simultaneous Engineering – Übersicht der Aktivitäten, Hrsg.: Eversheim, W., Aachen 1990 Jan.

[FAMILI 87] Famili, A. Fazel, und F. B. Vernadat, Integrity Constraints of Manufacturing Data Bases. In [Eng with Comp] 2 (1987) 1, S. 41 - 52.

[FAMILI 90] Famili, A. Fazel, und Peter Turney, Learning from Unsuccessful Plans in Industrial Process Planning. In [IMArch 90], S. 25 - 29.

[FEIGENBAUM 88] Feigenbaum, Edward, Pamela McCurdock, und H. Penny Nii, The Rise of the Expert Company – How Visionary Companies are Using AI to Achieve Higher Productivity and Profits, New York (Times Books) 1988, ISBN 0-8129-1731-6.

[FIKES 85] Fikes, Richard, und T. Kehler, The Role of Frame-based Representation in Reasoning. In [ACM Comm.] 28 (1985) 9 (Sep), S. 904 - 920.

[FINGER 88] Finger, Susan, M.S.Fox,D.Navinchandra,J.Rinderle,F.B.Prinz, Design Fusion: A Product Life-Cycle View for Engineering Designs. CMU EDRC Tech Report 24-28-90. In [IFIP I-CAD 88] (1988), S. 165 - 172.

[FINGER 89b] Finger, Susan, und John R. Dixon, A Review of Research in Mechanical Engineering Design – Part I: Descriptive, Prescriptive, and Computer-Based Models of Design Processes. In [Res in Eng Des] 1 (1989), S. 51 - 67.

[FINGER 89c] Finger, Susan, und John R. Dixon, A Review of Research in Mechanical Engineering Design – Part II: Representations, Analysis, and Design for the Life Cycle. In [Res in Eng Des] 1 (1989), S. 121 - 137.

[FINGER 90a] Finger, Susan, Mark Fox, Fritz B. Prinz, und J.R.Rinderle, Concurrent Design. CMU EDRC Tech Report 24-26-90. (1990), 20 Seiten.

[FORGY 82] Forgy, Charles L., Rete: A Fast Algorithm for the Many-Pattern / Many-Object Pattern Match Problem. In [AI] 19 (1982) 1 (Jan), S. 17 - 37.

[FORKEL 90] Forkel, Malte, Th. Göbler, D. Specht und Günter Spur, Wissensbasierte Unterstützung der Konzeptphase des Konstruierens (Knowledge-based Support of Conceptual Design). In [VDI 90] (1990), S. 163 - 178.

[FOX.R 89] Fox, Robert W., Problems and Issues in Concurrent Engineering. In [CEng 89], o.S..

[FREITAG 89] Freitag, B., B. Huber, und W. Womann, An Integrated Knowledge-based Assembly Control System for Automobile Manufacturing. In [IJCAI 89], S. 1369 - 1374.

[FREKSA 89] Freksa, Christian, Wissensdarstellung und Kognitionsforschung. In [it] 31 (1989) 2, S. 134 - 140.

[FRIEDMAN 87] Friedman, Daniel P., und Matthias Felleisen, The Little LISPer, Trade. Aufl., Cambridge, London (MIT Press) 1987, ISBN 0-262-56038-0.

[FRIESEN 89] Friesen, Oris D., und Forouzan Golshani, Databases in Large AI Systems. In [AI Magazine] 10 (1989) 4 (Winter), S. 17 - 19.

[GALLAIRE 84] Gallaire, Minker, und Nicholas, Logic and Databases: A Deductive Approach. In [ACM Comp Survey] 16 (1984) 2 (Juni).

[GANGHOFF 90] Ganghoff, Peter, und Ralf Steuernagel, Kommunikation statt Isolation – Konzepte zur Anbindung von Expertensystemen an betriebliche Datenbanken. In [Techn. Rundsch.] (1990) 16, S. 52 - 59.

[GERO 89] AI in Design, Hrsg.: Gero, J. S., Southampton, U.K. (Computational Mechanics) 1989.

[GERO 91] Gero, John S., Design Prototypes: A Knowledge Representation Schema for Design. In [AI Magazine] 11 (1990) 4 (Winter), S. 26 - 36.

[GI-JT 84] GI – 14. Jahrestagung – Proceedings – Leitthema: Informatik und Ingenieurwissenschaften, Braunschweig, 2.-4. Oktober, Informatik-Fachberichte 88, Hrsg.: GI, Ehrich, H.-D., Berlin Heidelberg New York (Springer) 1984, ISBN 3-540-13861-7.

[GI-JT 88] GI – 18. Jahrestagung (Proceedings, Band 1+2) Vernetzte und komplexe Informatik-Systeme, Hamburg, 17. - 19. Oktober, Informatik-Fachberichte 187/188, Hrsg.: GI, Valk, Rüdiger, Berlin Heidelberg New York (Springer) 1988, ISBN 3-540-50354-4.

[GI-JT 90] GI – 20. Jahrestagung (Proceedings, Band 1+2) Informatik auf dem Weg zum Anwender, Stuttgart, 8. - 12. Oktober, Informatik-Fachberichte 257/258, Hrsg.: GI, Reuter, Andreas, Berlin Heidelberg New York (Springer) 1990, ISBN 3-540-53212-9.

[GI-Kongreß 89] Wissensbasierte Systeme – Von der Forschung zur Praxis – 3. Internat. GI-Kongreß, München, 16. - 17. Oktober, Informatik-Fachberichte 227, Hrsg.: GI, Brauer, W., und Christoph Freksa, Berlin Heidelberg New York (Springer) 1989, ISBN 3-540-51838-X.

[GLAS 88] Glas, D., und W. Felger, EDIF: Eine Methode zum Transfer von Stromlaufsymbolen. In [GI-JT 88], S. 338 - 346 (Band 2).

[GLAS 89] Glas, Brigitte, LISP – Ein Situationsbericht zur Standardisierung. In [KI] 3 (1989) 2 (März), S. 29 - 32.

[GLUTSCH 89] Glutsch, Bruno, Fehler im Keim ersticken – Kostenreduzierung durch Einhaltung von 'Design for Testability'-Regeln. In [Markt & Technik] (1989) 15, S.138-140.

[GMD-JB 87] Jahresbericht der GMD, Hrsg.: GMD, Bonn 1987.

[GMD-JB 88] Jahresbericht der GMD, Hrsg.: GMD, Bonn 1988.

[GOEL 88] Goel, A., und B. Chandrasekaran, Integrating Model-Based Reasoning and Case-Based Reasoning for Design Problem Solving. Tech Res. Report, Lab for AI Research, Ohio State Univ. (1988).

[GOEL 89] Goel, Vinod, und Peter Pirolli, Motivating the Notion of Generic Design with Information-Processing Theory: The Design Problem Space. In [AI Magazine] 10 (1989) 1 (Frühjahr), S. 18 - 36.

[GOLDBERG 83] Goldberg, Adele, und David Robson, SMALLTALK-80: The Language and Its Implementation, Reading (Addison-Wesley) 1983.

[GOODMAN 88] Goodman, Rodney F. M., und Padhraic Smyth, Information-Theoretic Rule Induction. In [ECAI 88], S. 357 - 362.

[GOTTHARDT 87] Gotthardt, H., und D. Ruland, Datenbank-Einsatz für die Realisierung einer Standardschnittstelle im Bereich CAD / CAM - Elektronik. In [SCHEK 87a], S. 288 - 293.

[GRAF 89] Graf, Thomas, P. van Hentenryck, C. Pradelles, und L. Zimmer, Simulation of Hybrid Circuits in Constraint Logic Programming. In [IJCAI 89], S. 72 - 77.

[GRAPHAEL 89] Graphael, Inc., An Object-Oriented Database System. In [AI review] 2 (1989), S. 85 - 87.

[GREENBERG 88] Greenberg, Steven, Joel J. Grodstein, und Karem Sakallah, Mixed Analog-Digital Simulation. Professional Program Session Record 43 (IEEE). In [Electro] 43 (1988) 2, S. 1 - 7.

[GRÖNER 86] Gröner, Lothar, und Lothar Roth, Konzeption eines 'CIM-Managers'. In [Prod.-Logistik] (1986) 10, S. II - VI.

[GRÖNER 87] Gröner, Lothar, und Lothar Roth, CIM-Handler für die Verbindung von Software-Systemen. In [CIM Management] 3 (1987) 4, S. 14 - 19.

[GROSS 88] Gross, Daniel, Induction and ID/3: more powerful than we think. In [expert systems] 5 (1988) 4 (Nov), S. 348 - 350.

[GROSSMANN 87] Grossmann, W., und Th. Wolf, Neuartige Anforderungen an die Datenverwaltung am Beispiel der Kreditsachbearbeitung in einem Kreditinstitut. In [SCHEK 87a], S. 306 - 310.

[GROST 89] Grost, Michael, und Kevin Sudy, AI Forging Planner (Abstract). In [CEng 89], o.S..

[GRUBER 90a] Gruber, Thomas R., Model-based Explanation of Design Rationale. Stanford KSL Tech Report 90-33. (1990) Mai, 10 Seiten.

[GRUBER 90b] Gruber, Thomas R., und Yumi Iwasaki, How Things Work: Knowledge-based Modeling of Physical Devices. Stanford KSL Tech Report 90-51. (1990) August, 11 Seiten.

[GRUBER 90c] Gruber, Thomas R., The Role of Standard Knowledge Representation for Sharing Knowledge-Based Technology. Stanford KSL Tech Report 90-53. (1990) August, 12 Seiten.

[GRUBER 90d] Gruber, Thomas R., The Development of Large, Shared Knowledge Bases: Collaborative Activities at Stanford. Stanford KSL Tech Report 90-62. (1990) August, 41 Seiten.

[GUHA 90] Guha, R. V., und Douglas B. Lenat, CYC: A Midterm Report. In [AI Magazine] 11 (1990) 3 (Herbst), S. 32 - 59.

[GÜNTER 90] Günter, Andreas, KI-Lexikon: Expertensysteme für Konstruktionsaufgaben. In [KI] 4 (1990) 3 (Sep), S. 19.

[GWAI 87] German Workshop on Artificial Intelligence, Informatik-Fachberichte 152, Berlin Heidelberg New York (Springer) 1987.

[HAHNER 90] Hahner, Wolfgang, und Alexander Neumann, Erfahrungen mit der Fehlermöglichkeiten- und -einfluß-Analyse. In [Werkst&Betrieb] 123 (1990) 10, S. 749 - 757.

[HALASZ 87] Halasz, Frank G., NoteCards: An Experimental Environment for Authoring and Idea Processing. In [SCHEK 87a], S. 56 - 67.

[HARADA 89] Harada, R., Developing a CIM, Using New Technologies, for an Automated Engine Manufacturing Line. In [ISATA 89], S. 1885 - 1905.

[HÄRDER 87] Härder, Theo, Nelson Mattos, und Frank Puppe, Zur Kopplung von Datenbank- und Expertensysteme. In [State o.the Art] 1 (1987) 3, S. 23 - 34.

[HÄRDER 89] Härder, Theo, Klassische Datenmodelle und Wissensrepräsentation. In [it] 31 (1989) 2, S. 141 - 154.

[HAYES-ROTH 85] Hayes-Roth, Barbara, A Blackboard Architecture for Control. In [AI] 26 (1985) 3, S. 251 - 321.

[HENSTOCK 90] Henstock, M. E., Design for Recyclability, Hrsg.: Institute of Metals on behalf of the Materials Forum 1990, ISBN 0-901462-46-2.

[HERNANDEZ 91a] Hernandez, Joseph A., S. C. Luby, P. M. Hutchins, H. Leung et al., An Integrated System for Concurrent Design Engineering. In [CAIA 91], S. 205 - 211.

[HERNANDEZ 91b] Hernandez, Joseph A., T. Peters, D. E. Whitney, S. C. Luby et al., Intelligent Decision Support for Assembly System Design. In [IAAI 91].

[HERWIJNEN 90] Herwijnen, Eric van, Practical SGML, Dordrecht, Boston, London (Kluwer) 1990, ISBN 0-7923-0635-X.

[HEYER 88] Heyer, Gerhard, Geist, Verstehen und Verantwortung – Philosophische Grundlagen der Künstlichen Intelligenz, Teil I / II. In [KI] 2 (1988) 1 / 2, S. 36 - 40 / 24 - 27.

[HIRSCHTICK 86] Hirschtick, J. K., und David C. Gossard, Geometric Reasoning for Design Advisory Systems. In [ASME CompInEng] (1986) 20. - 24.07., S. 263 - 270.

[HOIDN 91] Hoidn, Hans-Peter, Practical Experiences in Coupling Knowledge Base and Database in a Productive Environment. In [KARAGIANNIS 91], S. 274 - 282.

[HUANG 89] Huang, Shirley S., An Expert System Approach for Improving the Design of a Circuit Pack: Detection of Manufacturing Conflicts (Abstract & Slides). In [CEng 89], o.S..

[HÜBEL 93] Hübel, Christoph, und Bernd Sutter, DB-Integration von Ingenieuranwendungen – Modelle, Werkzeuge, Kontrolle, Reihe Datenbanksysteme, Hrsg.: Härder, Theo, und Andreas Reuter, Wiesbaden (Vieweg Verlag) 1993, ISBN 3-528-05348-8

[HÜBNER 87] Hübner, Wolfgang, Gregor Lux-Mülders, und Matthias Muth, THESEUS – Die Benutzungsoberfläche der UNIBASE-Softwareentwicklungsumgebung, ZGDV – Beiträge zur Graphischen Datenverarbeitung, Hrsg.: ZGDV, Berlin et al. (Springer) 1987, ISBN 3-540-17538-5.

[HÜBNER 89] Hübner, Wolfgang, Gregor Lux-Mülders, und Matthias Muth, THESEUS – Ein System zur Programmierung graphischer Benutzerschnittstellen. In [Informatik F&E] (1989) 4, S. 205 - 222.

[IAAI 91] Third Annual Conference on Innovative Applications of Artificial Intelligence (Proceedings) Anaheim, July 15-17, Hrsg.: AAAI, Cambridge, London (MIT Press) 1991.

[ICAD 90] The ICAD System – Knowledge-aided engineering automation (information brochures), Hrsg.: ICAD, Inc., Cambridge, Massachusetts 1990.

[ICDE 86] International Conference on Data Engineering Los Angeles 1986.

[IFIP I-CAD 88] Second IFIP WG 5.2 Workshop on Intelligent CAD, Hrsg.: Yoshikawa, H. (IFIP) 1988.

[IJCAI 87] Tenth International Joint Conference on Artificial Intelligence (Proceedings, Vol. 1+2) Milano, August 23 - 28, Hrsg.: IJCAII, John McDermott, Los Altos (Morgan Kaufmann) 1987, ISBN 0-934613-43-5.

[IJCAI 89] Eleventh International Joint Conference on Artificial Intelligence (Proceedings, Vol. 1+2) Detroit, August 20 - 25, Hrsg.: IJCAII, N. S. Sridharan, San Mateo (Morgan Kaufmann) 1989, ISBN 1-55860-094-9.

[IMArch 90] Workshop on Intelligent Manufacturing Architectures – Proceedings. AAAI, Boston, August 1, Hrsg.: AAAI Special Interest Group on Manufaturing (SIGMAN) 1990.

[IRGENS 89] Irgens, C., I. With, und H. Goedman, Quality Support Through Knowledge Engineering. In [ISATA 89], S. 2299 - 2320.

[ISATA 89] 21st International Symposium on Automotive Technology & Automation (Proceedings, Vol. I-III) Wiesbaden, November 6 - 10, Hrsg.: Automotive Automation Limited, Croydon 1989, ISBN 0-947719-30-X.

[JOHNSON 87] Johnson, M. Vaughn, und Barbara Hayes-Roth, Integrating Diverse Reasoning Methods in the BB1 Blackboard Control Architecture. In [AAAI 87], S. 30 - 35.

[JOSKOWICZ 88] Joskowicz, Leo, und Sanjaya Addanki, From Kinematics to Shape: An Approach to Innovative Design. In [AAAI 88], S. 347 - 352.

[KAHN 87] Kahn, Gary S., From Application Shell to Knowledge Acquisition System. In [IJCAI 87], S. 355 - 358.

[KARAGIANNIS 91] Information Systems and Artificial Intelligence: Integration Aspects, First Workshop, Ulm, March 19 - 21, Lecture Notes in Computer Science 474, Hrsg.: GI FG 1.1.4 und FG 2.5.2, Dimitris Karagiannis, Berlin Heidelberg New York (Springer) 1991, ISBN 3-540-53557-8.

[KARBACH 89] Karbach, Werner, KI-Lexikon: Modellbasierte Wissensakquisition. In [KI] 3 (1989) 4 (Dez), S. 13.

[KERNIGHAN 83] Kernighan, Brian W., und Dennis M. Ritchie, Programmieren in C, München, Wien (Carl Hanser) 1983, ISBN 3-446-13878-1.

[KERSCHBERG 85] Expert Database Systems – Proceedings of the First International Workshop, Kiawah Island, Oct. 24 - 27, 1984, Hrsg.: Kerschberg, Larry, Charleston (ACM Press) 1985.

[KERSCHBERG 86] Expert Database Systems – Proceedings of the First International Conference, Charleston, Hrsg.: Kerschberg, Larry, Charleston (Univ. of South Carolina) 1986.

[KERSCHBERG 88] Expert Database Systems – Proceedings of the Second International Conference, Hrsg.: Kerschberg, Larry, Amsterdam (Addison-Wesley) 1988, ISBN 0-8053-0311-1.

[KERSTEN 86] Kersten, Günter, FMEA – Qualitätssicherung mit Raumfahrtmethode. In [Bosch-Zünder] (1986) 5, S. 7.

[KERSTEN 88] Kersten, Günter, Bedeutung und Einführung einer FMEA. In [QLF 88], S. 825 - 840.

[KIM.S 88a] Kim, Steven H., Stephen Hom, und Sanjay Parthasarathy, Design and Manufacturing Advisor for Turbine Disks. MIT LMP Report. (1990), 27 Seiten.

[KIM.W 89] Object-oriented Concepts, Databases and Applications, Hrsg.: Kim, W., und F. H. Lochowsky, New York (ACM Press) 1989.

[KIRSTE 90] Kirste, Thomas, und Wolfgang Hübner, HyperPicture – a system for the archival and manipulation of multimedia information based on optical storage devices. ZGDV Technical Report. (1990), o.S..

[KOCH 90] Koch, Marianne, Fritz Loseries, und Thuy Tran, Integration von Animations- und Simulationswerkzeugen in den Design-Prozeß. In [GI-JT 90], S. 549 - 558 (Band 2).

[KOCHAN 87] Kochan, Stephen G., und Patrick H. Wood, Topics in C Programming, UNIX System Library, Indianapolis (Hayden) 1987, ISBN 0-672-46290-7.

[KOLODNER 91] Kolodner, Janet L., Improving Human Decision Making through Case-Based Decision Aiding. In [AI Magazine] 12 (1991) 2 (Sommer), S. 52 - 68.

[KORDE 89] Korde, U., B. Bora, K. A. Stelson, und D. R. Riley, A Knowledge-based System for Manufacturability Evaluation of Turned Parts Defined as Features (Abstract). In [CEng 89], o.S..

[KRAMER 87] Kramer, M., Development and Classification of Expert Systems for Chemical Process Fault Diagnosis. In [MSTF 87], S. 77 - 80.

[KRAUSE 90a] Krause, Frank-Lothar, Wissensverarbeitung für die rechnerunterstützte Produktgestaltung. In [ZwF-CIM] 85 (1990) 3, S. 146 - 150.

[KRICKHAHN 88] Krickhahn, Reinhard, R. Nobis, und M.-J. Schachter-Radig, Applying the KADS Methodology to Develop a Knowledge Based System – NetHandler. In [ECAI 88], S. 11 - 17.

[LAMBERT 88] Lambert, Hervé, Larry Eshelman, und Yumi Iwasaki, Acquiring and Complementing the Model for Diagnostic Tasks. In [ECAI 88], S. 73 - 78.

[LASKE 89] Laske, Otto E., Ungelöste Probleme bei der Wissensakquisition für wissensbasierte Systeme. In [KI] 3 (1989) 4 (Dez), S. 4 - 12.

[LAU 88] Lau, Bernhard, Die Taguchi-Methode. In [QLF 88], S. 363 - 381.

[LAVE 89] Lave, Lester B., S. Talukdar, T. Morton, und S. Fenves, Managing Engineering Design Systems (Project Grant Proposal to the NSF). (1989) 12-Dez, 14 Seiten.

[LEE 89] Lee, Newton S., Madhav S. Phadke, und Rajiv Keny, An expert system for experimental design in off-line quality control. In [expert systems] 6 (1989) 4 (Nov), S. 238 - 249.

[LENAT 87] Lenat, Douglas B., und Edward A. Feigenbaum, On the Thresholds of Knowledge (Invited Talk). In [IJCAI 87], S. 1173 - 1182.

[LENAT 90] Lenat, D. B., R. V. Guha, K. Pittman, D. Pratt, und M. Shepherd, CYC: Toward Programs with Common Sense. In [ACM Comm.] 33 (1990) 8 (Aug), S. 30 - 49.

[LEVI 88] Levi, Paul, TOPAS: A Task-Oriented Planner for Optimized Assembly Sequences. In [ECAI 88], S. 638 - 643.

[LEVY 63] Levy, F. K., G. L. Thompson, und J. D. Wiest, The ABC of the Critical Path Method. In [Harvard BusRev] (1963) Oktober.

[LIESEGANG 89] Liesegang, G., Life-Span Oriented Simultaneous Engineering. In [ISATA 89], S. 121 - 126.

[LINDNER 88] Lindner, Uli, CIM nur mit KI-System wirtschaftlich tragbar. In [CW] 15 (1988) 22. April, S. 22 - 23.

[LINSTER 88] Linster, Marc, KRITON: Ein System zur Wissensakquisition für Expertensysteme. In [GMD-Spiegel] (1988) 1, S. 16 - 19.

[LU 91] Lu, Stephen C.-Y., Beyond Rule-based Expert Systems – Current Research Activities of Artificial Intelligence in Engineering in the United States. In [VDI 91], S. 33 - 60.

[LUFT 89a] Luft, Hartwig K., und Philippe Chartier, Expertensysteme zur Überwachung und Instandhaltungsplanung – Anlagendiagnose im Automobilbau. In [Automobil-Ind.] (1989) 1, S. 49 - 53.

[MACDOW 89] Macdow, R. W., The Technology of Simultaneous Engineering. In [ISATA 89], S. 97 - 120.

[MAJOR 89] Major, F., und M. Kempf, Wissensbasierte Arbeitsplanungssysteme: Integrierte Elemente der Produktmodellierung. In [PRITSCHOW 89].

[MALCOLM 59] Malcolm, D. G., J. H. Rosenbloom, und C. E. Clark, Application of a Technique for Research and Development Program Evaluation. In [OR] (1959) Sep/Okt.

[MANAGO 89] Manago, Michel, Induction from Objects. In [GI-Kongreß 89], S. 98 - 108.

[MANTHEY 89] Manthey, Rainer, Hervé Gallaire, und Jean-Marie Nicolas, Can we reach a uniform paradigm for deductive query evaluation?. In [GI-Kongreß 89], S. 17 - 32.

[MARCUS 87] Marcus, Sandra, Jeffrey Stout, und John McDermott, VT: An Expert Elevator Designer that Uses Knowledge-Based Backtracking. In [AI Magazine] 8 (1987) 4 (Winter), S. 41 - 58.

[MARCUS 88]	Marcus, Sandra, Automating Knowledge Acquisition for Expert Systems, Kluwer Int'l Series in Engineering and Computer Science, Hrsg.: Mitchell, Tom, Norwell (Kluwer Academic Publ.) 1988.
[MARGOLIS 87]	Margolis, Nancy Gardner, Development of an Expert System for Diagnosing Problems on a Paper Machine. In [IJCAI 87], S. 362 - 364.
[MARTIN 89]	Martin, Cynthia C., und Katherine K. Hutchison, Computer-Aided Concurrent Design for Printed Wiring Boards. In [CEng 89], o.S..
[MATHONET 87]	Mathonet, Robert, Herwig van Cotthem, und L. Vanryckeghem, DANTES – An Expert System for Real-Time Network Troubleshooting. In [IJCAI 87], S. 527 - 530.
[MATSUMOTO 89a]	Matsumoto, A. S., V. Jagannathan, C. Buenzli, und V. Saks, Concurrent Design for Testability (Extended Abstract). In [CEng 89], o.S..
[MATTOS 88]	Mattos, Nelson Mendonca, KRISYS – A Multi-layered Prototype KBMS Supporting Knowledge Independence. ZRI Report, also in: Proc. Int. Comp. Sci. Conf., Hong Kong, Dez.88 (1988) Februar, 21 Seiten.
[MATTOS 90]	Mattos, Nelson Mendonca, An Approach to DBS-based Knowledge Management. In [KARAGIANNIS 91], S. 127 - 154.
[MCALLESTER 90]	McAllester, David Allen, Truth Maintenance (Invited Talk). In [AAAI 90], S. 1109 - 1116.
[MCCARTHY 68]	McCarthy, John, Programs with Common Sense. In [MINSKY 68], S. 403 - 418.
[MCDERMOTT 82]	McDermott, John, R1: A Rule-based Configurer of Computer Systems. In [AI] 19 (1982) 1 (Sep), S. 39 - 88.
[MCDERMOTT 88]	McDermott, John, Exploiting Task Structure to Automate Knowledge Acquisition (Slides from his Invited Talk). In [AAAI 88].
[MCKAY 90]	McKay, Donald P., Timothy W. Finin, und Anthony O'Hare, The Intelligent Database Interface: Integrating AI and Database Systems. In [AAAI 90], S. 677 - 684.
[MEADOWS 72]	Meadows, Dennis L., Donella Meadows, Erich Zahn, Peter Milling, Die Grenzen des Wachstums – Bericht des Club of Rome zur Lage der Menschheit, Reinbek bei Hamburg (Rowohlt) 1973.
[MERCURY 91]	Mercury KBE V1.2 Reference Manual, Hrsg.: Artificial Intelligence Technologies, Inc., Hawthorne, New York 1991.
[MERTENS 87]	Lexikon der Wirtschaftsinformatik, Hrsg.: Mertens, Peter, u.a., Berlin, Heidelberg, New York (Springer) 1987, ISBN 3-540-17144-4.
[MERTENS/N 88]	Mertens, Peter, Wissensbasierte Systeme in der Produktionsplanung und -steuerung – eine Bestandaufnahme. In [IM] 3 (1988) 4 (Nov), S. 14 - 22.
[MEYER.W 88]	Meyer, W., R. Isenberg und M. Hübner, Knowledge-based Factory Supervision – The CIM Shell. In [Int. J. CIM] 1 (1988) 1, S. 31 ff.
[MICHIE 89]	Michie, Donald, New Commercial Opportunities Using Information Technology. In [GI-Kongreß 89], S. 64 - 71.
[MILLER 56]	Miller, George A., The Magical Number Seven, Plus or Minus Two: Some Limits on our Capacity for Processing Information. In [Psych. Review] 63 (1956), S. 81 - 97.
[MINSKY 68]	Semantic Information Processing, Hrsg.: Marvin Minsky, Cambridge (MIT Press) 1968.
[MINSKY 81]	Minsky, Marvin, A Framework for Representing Knowledge. In [HAUGELAND 81], S. 95 - 128.
[MITTAL 85]	Mittal, Sanjay, Clive Dym, und M. Morjaria, PRIDE: An Expert System for the Design of Paper Handling Systems. In [DYM 85], S. 99 - 116.

[MSTF 87] The International Conference on the Manufacturing Science and Technology of the Future, Cambridge, USA, June 3 - 5, Hrsg.: MIT Industrial Liaison Office and MIT LMP 1987.

[MÜLLER 89a] Müller, Hans W., Quality Engineering - ein Überblick über neuere Verfahren. In [ZINK 89], S. 263 - 285.

[MÜLLER-MERB 76] Müller-Merbach, Heiner, Einführung in die Betriebswirtschaftslehre für Erstsemester, WiSo Kurzlehrbücher Betriebswirtschaft, 2. Aufl., München (Vahlen) 1976, ISBN 3-8006-0538-4.

[MUSEN 90] Musen, Mark A., Die Suche nach der Wissensebene. In [KI] 4 (1990) 2 (März), S. 25 - 26.

[MUTH 91] Muth, Matthias, Asynchrone Eingabeprozesse in graphisch-interaktiven Systemen - Dissertation, TH Darmstadt, FB Informatik 1991.

[MYLOPOULOS 90] Mylopoulos, John, und Michael Brodie, Knowledge Bases and Databases: Current Trends and Future Directions. In [KARAGIANNIS 91], S. 155 - 180.

[NAVINCHANDR.90a] Navinchandra, Dundee, Innovative Design Systems: Where are we, and where do we go from here? CMU Robotics Institute Tech Report 90-01. (1990) Januar, 47 Seiten.

[NAVINCHANDR.90b] Navinchandra, Dundee, Steps Toward Environmentally Conscious Engineering Design - A Case for Green Engineering CMU Robotics Institute Tech Report 90-34. (1990) Dez. 23, 6 Seiten.

[NAVINCHANDR.91a] Navinchandra, Dundee, Exploration and Innovation in Design, Symbolic Computation, Hrsg.: Encarnação, J., und P. Hayes, Berlin, Heidelberg, New York (Springer) 1991, ISBN 3-540-97481-4.

[NAVINCHANDR.91b] Navinchandra, Dundee, Design for Environmentability, to appear in: ASME Conf. on Design, Miami, FL. (1991), 10 Seiten.

[NEWELL 76] Newell, A., und Herbert A. Simon, Computer Science as Empirical Inquiry: Symbols and Search. 1975 ACM Turing Award Lecture. In [ACM Comm.] 19 (1976) 3, S. 113 - 126.

[NICHOLSON 89] Nicholson, Clark, A Knowledge-Based, Auto-Insertability Analysis System for PC Board Assemblies. In [AI review] 2 (1989), S. 89 - 90.

[NILSSON 82] Nilsson, Nils J., Principles of Artificial Intelligence, Symbolic Computation, Hrsg.: Encarnação, J., und P. Hayes, Berlin, Heidelberg, New York (Springer) 1982, ISBN 3-540-11340-1.

[PAHL 77] Pahl, Gerhard, und Wolfgang Beitz, Konstruktionslehre - Handbuch für Studium und Praxis, Berlin, Heidelberg, New York (Springer) 1977, ISBN 3-540-07879-7.

[PAHL 88] Pahl, Gerhard, und Wolfgang Beitz, Engineering Design - A Systematic Approach (edited by Arnold Pomerans and Ken Wallace), 2. Aufl., Berlin, Heidelberg, New York (Springer) 1988, ISBN 3-540-50442-7.

[PAN 90] Pan, J.Y.C., J.Glicksman, B.L.Hitson, und J.M.Tenenbaum, Enterprise Integration via a Model-Based Proactive Framework. In [IMArch 90], S. 5 - 8.

[PANG 89] Pang, Grantham, Knowledge engineering in the computer-aided design of control systems. In [expert systems] 6 (1989) 4 (Nov), S. 250 - 262.

[PARAMETRIC 89] Pro/ENGINEER (information brochures), Hrsg.: Parametric Technology Corporation, Waltham, Massachusetts 1989.

[PATINO 89] Patino-Siliceo, Omar, Maintenance and Management of a Design Library through Compilation of Experiential Knowledge (Abstract). In [CEng 89], o.S..

[PEPPER 87] Pepper, Jeff, und Gary S. Kahn, Repair Strategies in a Diagnostic Expert System. In [IJCAI 87], S. 531 - 534.

[PETRIE 89] Petrie, Charles J., Reason Maintenance in Expert Systems. In [KI] 3 (1989) 2 (Jun), S. 54 - 60.

[PFEIFER 88] Pfeifer, T., und D. Köppe, Gewachsene Anforderungen bewältigen. In [Industrie-Anz.] 81 (1988), S. 24 - 29.

[PLATTFAUT 88] Plattfaut, Eberhard, DV-Unterstützung strategischer Unternehmensplanung – Beispiele und Expertensystemansatz, Betriebs- und Wirtschaftsinformatik, Hrsg.: Hansen, Krallmann, Mertens, Scheer, Stahlknecht et al., Berlin, Heidelberg, New York (Springer) 1988, ISBN 3-540-18631-X.

[PRITSCHOW 89] Künstliche Intelligenz in der Fertigungstechnik, Fortschritte der Fertigung auf Werkzeugmaschinen, Hrsg.: Pritschow, G., G. Spur und M. Weck, München, Wien (Carl Hanser) 1989.

[PUPPE 87] Puppe, Frank, Diagnostik-Expertensysteme. In [Inf.Spektrum] (1987) 10, S. 293 - 308.

[PUPPE 88] Puppe, Frank, Einführung in Expertensysteme, Studienreihe Informatik, Berlin, Heidelberg, New York (Springer) 1988, ISBN 3-540-19481-9.

[PUPPE 89a] Puppe, Frank, Von MED1 zu D3: die Evolution eines Expertensystem-Shells. In [GI-Kongreß 89], S. 33 - 42.

[QLF 88] QLF 88 – Integriertes Produktions- und Qualitätsmanagement.. Vortragsdokumentation zum 6. Qualitätsleiterforum, Berlin, Hrsg.: Bläsing, J. P., München (gfmt) 1988, ISBN 3-924483-73-6.

[QUILLIAN 67] Quillian, M. R., Word Concepts: A Theory and Simulation of some Basic Semantic Capabilities. In [Behavioral Sci] 12 (1967), S. 410 - 430.

[QUINLAN 86] Quinlan, J. Ross, Simplifying Decision Trees. MIT AI Memo No. 930, Dez 1986. In [Int.J.ManMStud] (1987), S. 221 - 234.

[QUINLAN 87] Quinlan, J. Ross, Generating Production Rules from Decision Trees. In [IJCAI 87], S. 304 - 307.

[RAGHAVAN 87] Raghavan, Vijay V., und Lawrence V. Saxton, Conceptual Design for an Integrated Information Retrieval / Data Base Management System. In [SCHEK 87a], S. 443 - 447.

[RAL 85] Methodology of Window Management – Proceedings of an Alvey Workshop at Cosener's House, Abingdon, UK, 29 April - 1 May, Hrsg.: Rutherford Appleton Laboratory, Informatics Division 1985.

[RAPHAEL 76] Raphael, Bertram, The Thinking Computer – Mind Inside Matter, A Series of Books in Psychology, Hrsg.: Atkinson, Richard C., J. Freedman, G. Lindzey, R. Thompson, San Francisco (W.H. Freeman & Co.) 1976, ISBN 0-7167-0733-3.

[REDDY 88] Reddy, Raj, Foundations and Grand Challenges of Artificial Intelligence. 1988 AAAI Presidential Address. In [AI Magazine] 9 (1988) 4 (Winter), S. 9 - 21.

[REICHWALD 90] Reichwald, Ralf, und Herrmann J. Schmelzer, Durchlaufzeiten in der Entwicklung – Praxis des industriellen F&E-Managements, München (R. Oldenbourg) 1990, ISBN 3-486-21387-3.

[REUTER 87a] Reuter, Andreas, Kopplung von Datenbank- und Expertensystemen. In [it] 29 (1987) 3, S. 164 - 175.

[REUTER 90] Reuter, Andreas, Kopplung von Datenbank- und Expertensystemen. Unterlagen zum DECollege-Seminar S0210, 7.-8. Mai, München 1990.

[RICHTER.M 89] Richter, Michael M., On a Symbiosis Between CIM and AI. In [ISATA 89], S. 2321 - 2328.

[ROBOAM 90] Roboam, Michel, Katia Sycara, und Mark S. Fox, The Intelligent Networking Architecture: A Tool for Manufacturing Enterprise Integration. In [IMArch 90], S. 1 - 4.

[RUMBAUGH 91] Rumbaugh, James, M.Blaha, W.Premerlani, F.Eddy, W.Lorensen, Object-Oriented Modeling and Design, Englewood Cliffs, New Jersey (Prentice-Hall) 1991, ISBN 0-13-630054-5.

[SAFIER 90] Safier, Scott A., und Susan Finger, Parsing Features in Solid Geometric Models. In [ECAI 90] (1990), 7 Seiten.

[SALZMAN 88] Salzman, Roy, CIM Applications Provide Competitiveness. In [InfoTechApplEur] (1988), S. 142.

[SAVORY 87] Expertensysteme: Nutzen für Ihr Unternehmen - Ein Leitfaden für Entscheidungsträger, Hrsg.: Savory, Stuart E., München-Wien (R. Oldenbourg) 1987, ISBN 3-486-20350-9.

[SCHACHTER-R. 88] Schachter-Radig, Mina-Jaqueline, und Diederich Wermser, A Sales Assistant for Chemical Measurement Equipment - SEARCHEM. In [ECAI 88], S. 191 - 193.

[SCHACHTER-R. 89] Mina-Jaqueline Schachter-Radig und Reinhard Krickhahn, KBSM - Strukturen und Modelle - Basis für einen wiederverwendbaren Entwurf Wissensbasierter Systeme. In [GI-Kongreß 89], S. 426 - 435.

[SCHANK 87] Schank, Roger C., What Is AI, Anyway?. In [AI Magazine] 8 (1987) 4 (Winter), S. 59 - 65.

[SCHEER 88a] Scheer, August-Wilhelm, und Martina Bock, Expertensysteme zur konstruktionsbegleitenden Kalkulation. In [CAD-CAM Report] 7 (1988) 12 (Dez), S. 47 - 55.

[SCHEER 88b] Scheer, August-Wilhelm, CIM in den USA - Stand der Forschung, Entwicklung und Anwendung, Veröff. des Inst. für Wirtschaftsinformatik (IWi) 58, Univ. des Saarlandes, Saarbrücken 11.1988.

[SCHEER 88c] Scheer, August-Wilhelm, Von CIM zum Unternehmensdatenmodell. In [Techn. Rundsch.] (1988) 20, S. 64 - 71.

[SCHEER 89a] Scheer, August-Wilhelm, Information Management bei der Produktentwicklung. In [IM] 4 (1989) 3 (Aug), S. 6 - 11.

[SCHEER 89c] Scheer, August-Wilhelm, und Dieter Steinmann, PPS- und Wissensbasierte Systeme - Teil I / II. In [CAD-CAM Report] (1989) 4 / 5, S. 108 - 115 / 53 - 61.

[SCHEER 90] Scheer, August-Wilhelm, EDV-orientierte Betriebswirtschaftslehre - Grundlagen für ein effizientes Informationsmanagement, 4. Aufl., Berlin, Heidelberg, New York (Springer) 1990, ISBN 3-540-52398-7.

[SCHEER 91] Scheer, August-Wilhelm, Martina Bock und Richard Bock, Konzeption einer Expertensystem-Shell zur konstruktionsbegleitenden Kalkulation. In [IM] 6 (1991) 2, S. 50 - 63.

[SCHEER 92] Scheer, August-Wilhelm, Architektur Integrierter Informationssysteme - Grundlagen der Unternehmensmodellierung, 2. Aufl., Berlin, Heidelberg, New York (Springer) 1992, ISBN 3-540-55401-7.

[SCHEER CIM d 90] Scheer, August-Wilhelm, CIM - Der computergesteuerte Industriebetrieb, 4 (erw.). Aufl., Berlin, Heidelberg, New York (Springer) 1990, ISBN 3-540-52158-5.

[SCHEER WINFd 90] Scheer, August-Wilhelm, Wirtschaftsinformatik - Informationssysteme im Industriebetrieb, 3 (erw.). Aufl., Berlin, Heidelberg, New York (Springer) 1990, ISBN 3-540-53381-8.

[SCHEFFEL 90b] Scheffel, Reinhold, EDA - Electronic Design Automation - 2. Teil. In [Elektronik] (1990) 11 (25.5.), S. 122 - 126.

[SCHEIFLER 86] Scheifler, R. W. und Gettys, J., The X Window System. MIT Computer Science Tech Report TR-368. (1986) (Okt), 34 Seiten.

[SCHEK 87a] Datenbanksysteme in Büro, Technik und Wissenschaft - GI-Fachtagung, Darmstadt, April, Proceedings, Informatik-Fachberichte 136, Hrsg.: Schek, H.-J. und G. Schlageter, Berlin, Heidelberg, New York (Springer) 1987, ISBN 3-540-17736-1.

[SCHIFF 88] Schiff, Jack, Arbeitsgestaltung mit wissensbasierten Computersystemen - Verarmung oder Bereicherung?. In [Office Mgmt] (1988) 7/8, S. 57 - 61.

[SCHIRMER 88] Schirmer, Kai, Techniken der Wissensakquisition. In [KI] 2 (1988) 4 (Dez), S. 68 - 71.

[SCHIRMER 89] Schirmer, Kai, Wissensakquisition II: Die Wahl der Techniken. In [KI] 3 (1989) 1 (März), S. 53 - 55.

[SCHNUPP 86] Expertensysteme, State of the Art 1, Hrsg.: Schnupp, Peter, München (Oldenbourg) 1986, ISBN 3-486-20597-8.

[SCHNUPP 87a] Schnupp, Peter, und C.T. Nguyen Huu, Expertensystem-Praktikum, Berlin, Heidelberg, New York (Springer) 1987, ISBN 3-540-17528-8.

[SCHÖLER 90] Schöler, Horst R., Quality Function Deployment - Eine Methode zur qualitätsgerechten Produktgestaltung. In [VDI-Z] 132 (1990) 11 (Nov), S. 49 - 51.

[SCOTT MORTON 91] The Corporation of the 1990s: Information Technology and Organizational Transformation, Hrsg.: Scott Morton, Michael S., New York, Oxford (Oxford University Press) 1991, ISBN 0-19-506358-9.

[SDRC 91] I-DEAS - Mechanical Design Automation (information brochure), Hrsg.: SDRC, Inc., Milford, Ohio 1991.

[SEIFERT 89] Seifert, Hans, Der Objektprozessor, ein neuartiger CIM-Baustein. In [VDI-Z] 131 (1989) 6 (Jun), S. 26 - 30.

[SEIFERT 90] Seifert, Hans, und Leonidas Drisis, Eine Benutzeroberfläche für den Objektprozessor. In [VDI-Z] 132 (1990) 12 (Dez), S. 56 - 65.

[SHAPIRO 87] Shapiro, E., Encyclopaedia of Artificial Intelligence, Vol. 1+2, Chichester (John Wiley & Sons) 1987, ISBN 0-4718-0748-6.

[SIM-ENG 89] Simultaneous Engineering - Neue Wege des Projektmanagements. Tagung Frankfurt, 18. und 19. April, VDI-Berichte 758, Hrsg.: VDI-Gesellschaft Produktionstechnik (ADB), Düsseldorf (VDI-Verlag) 1989, ISBN 3-18-090758-4.

[SIMON 81] Simon, Herbert Alexander, The Sciences of the Artificial, 2. Aufl., Cambridge (Massachusetts), London (MIT Press) 1981, ISBN 0-262-69073-X.

[SIMOUDIS 88] Simoudis, Evangelos, A Knowledge Based System for the Evaluation and Redesign of Digital Circuit Networks (to be published in). In [IEEE Trans.CAD] (1988), 36 Seiten.

[SIMOUDIS 90] Simoudis, Evangelos, und James Miller, Validated Retrieval in Case-Based Reasoning. In [AAAI 90], S. 310 - 315.

[SLADE 91] Slade, Stephen, Case-Based Reasoning: A Research Paradigm. In [AI Magazine] 12 (1991) 1 (Frühjahr), S. 42 - 55.

[SPECHT 88] Specht, Dieter, INSPEKTOR - Ein wissensbasiertes Diagnosesystem für die Instandhaltung. In [WIMPEL 88], S. 392 - 400.

[SPECHT 89] Specht, Dieter, Wissensbasierte Systeme in der Produktion. In [ZwF-CIM] 84 (1989) 11, S. 617 - 622.

[SPUR 87] Spur, G., F.-L. Krause, H.-J. Germer, und R. Rieger, NC Programming and Dynamic Simulation of Machining Models in a CIM Strategy. In [MSTF 87], S. 90 - 93.

[SPUR 88a] Spur, G., Dieter Specht und T. Göbler, Konzept einer wissensbasierten Arbeitsumgebung für die Konstruktion. In [ZwF-CIM] 83 (1988) 10, S. 502 - 506.

[SPUR 88b] Spur, G., C. M. Lehmann, und M. Bienert, Integration von Wissensverarbeitung und geometrischen Modellierfunktionen als Basis neuer CAD-Systemarchitekturen, VDI-Berichte 700.1, Hrsg.: VDI, Düsseldorf (VDI-Verlag) 1988.

[SPUR 89] Spur, G., Dieter Specht, und S. Weiß, Model-based Diagnosis of Machine Tools. In [AI-MFCTG 89].

[SRIRAM 89] Sriram, D., G.Stephanopoulos, R.Logcher, D.Gossard, et al., Knowledge-Based System Applications in Engineering Design: Research at MIT. In [AI Magazine] 10 (1989) 3 (Herbst), S. 79 - 96.

[ST.CHARLES 89] St. Charles, D. P., Part Interchangeability, Tolerancing and Manufacturing Costs. In [ISATA 89], S. 165 - 177.

[STAAB 88] Staab, Richard, Ein Bericht von dem 4th International Symposium on Modeling and Simulation Methodology, Tucson, USA. In [KI] 2 (1988) 1 (März), S. 16 - 19.

[STEELE 83] Steele, Guy L., Woods, Finkel, Crispin, Stallman, Goodfellow, The Hacker's Dictionary – A Guide to the World of Computer Wizards, New York et al. (Harper & Row) 1983, ISBN 0-06-091082-8.

[STEELE 90] Steele, Guy L. Jr., Common LISP – The Language, 2. Aufl., Englewood Cliffs (Prentice Hall) 1990, ISBN 0-13-152414-3.

[STEELE.R 87] Steele, R., An Expert System Application in Semicustom VLSI Design. In [DAC 87].

[STEELE.R 88] Steele, R., AI for ASICs Pinpoints Potential Problems. In [ESD] (1988) (Jun), S. 45 - 50.

[STEIGER 89] Steiger-Garcao, A., und L. M. Camarinha-Matos, Information and Knowledge Integration for CIM – Concept Summary. In [ISATA 89], S. 1921-1931.

[STOCK 89] Stock, Michael, AI Theory and Applications in Process Control and Management, New York, St. Louis et al. (McGraw-Hill) 1989, ISBN 0-07-061590-X.

[STOYAN 89] Stoyan, Herbert, Wissensrepräsentation oder Programmierung?. In [it] 31 (1989) 2, S. 120 - 133.

[STRECKER 88] Strecker, Helmut, und Kai Pfitzner, XRAY – Ein prototypisches Konfigurierungs-Expertensystem für die automatische Röntgenprüfung. In [KI] 2 (1988) 2 (Jun), S. 4 - 8.

[STRECKER 89] Strecker, Helmut, Configuration Using PLAKON – An Applications Perspective. In [GI-Kongreß 89], S. 352 - 362.

[STRECKER 90] Strecker, Helmut, TEX-K: Expertensystemkern für Planungs- und Konfigurierungsaufgaben. In [KI] 4 (1990) 1 (März), S. 10 - 12.

[STROUSTRUP 86] Stroustrup, Bjarne, The C++ Programming Language, 2. Aufl., Reading, Massachusetts (Addison-Wesley) 1987, ISBN 0-201-12078-X.

[STRUSS 89b] Struss, Peter, und Oskar Dressler, 'Physical Negotiation' – Integrating Fault Models into the General Diagnostic Engine. In [IJCAI 89], S. 1318 - 1323.

[STRUSS 89c] Struss, Peter, Model-Based Diagnosis – Progress and Problems. In [GI-Kongreß 89], S. 320-331.

[SUH 88] Suh, Nam P., The Principles of Design, Oxford (Oxford Univ. Press) 1988.

[SUSSMAN 80] Sussman, G. J., und Guy L. Steele, Constraints – A Language for Expressing Almost Hierarchical Descriptions. In [AI] 14 (1980), S. 1 - 39.

[SYCARA 89] Sycara, Katia, und Dundee Navinchandra, Integrating Case-Based Reasoning and Qualitative Reasoning in Design. In [GERO 89], S. 231 - 250.

[TATAR 87] Tatar, Deborah G., A Programmer's Guide to Common LISP, Bedford, Mass. (Digital Press) 1987, ISBN 0-932376-87-8.

[TENENBAUM 89] Tenenbaum, Jay M., J.Y.C. Pan, J. Glicksman, und B. Hitson, Next-Cut: A Computational Framework for Concurrent Engineering (Abstract). In [CEng 89], o.S..

[THUY 89] Thuy, N. H. C., und Martin Schnuch, Der Postexperte – Ein wissensbasiertes Beratungssystem konfiguriert Telefonanlagen. In [KI] 3 (1989) 1 (März), S. 48 - 52.

[TIETZ 85] Tietz, Bruno, Der Handelsbetrieb – Grundlagen der Unternehmenspolitik, Vahlens Handbücher der Wirtschafts- und Sozialwissenschaften, München (Vahlen) 1985, ISBN 3-8006-1047-7.

[TONG 89] Tong, Chris, und Phil Franklin, Tuning a Knowledge Base of Refinement Rules to Create Good Circuit Designs. In [IJCAI 89], S. 1439 - 1445.

[ULLMAN 87] Ullman, David G., und Thomas A. Dietterich, Mechanical Design Methodology: Implications on Future Developments of Computer-Aided Design and Knowledge-Based Systems. In [Eng with Comp] 2 (1987) 1, S. 21 - 29.

[USA 80] Global 2000 – Der Bericht an den Präsidenten, Hrsg.: The Council on Environmental Quality, München (Zweitausendeins) 1980.

[VAX LISP 90] VAX Lisp V3.1 Reference Manual, Hrsg.: DEC 1990.

[VDI 77/82] VDI-Richtlinie 2222 – Konstruktionsmethodik. Blatt 1: Konzipieren technischer Produkte, Blatt 2: Erstellung und Anwendung von Konstruktionskatalogen, Hrsg.: VDI, Düsseldorf (VDI-Verlag) 1977/82.

[VDI 87a] VDI-Richtlinie 2221 – Methodik zur Entwicklung und Konstruktion technischer Systeme und Produkte, Hrsg.: VDI, Düsseldorf (VDI-Verlag) Nov. 1986.

[VDI 91] Erfolgreiche Anwendung wissensbasierter Systeme in Entwicklung und Konstruktion, VDI-Berichte 903, Hrsg.: VDI, Düsseldorf (VDI-Verlag) 1991.

[VDI-GI-AK 92] Wissensbasierte Systeme für Konstruktion und Arbeitsplanung – Gemeinsamer Arbeitskreis von GI und VDI, Hrsg.: VDI-EKV, Düsseldorf (VDI-Verlag) 1992, ISBN 3-18-401316-2.

[VESTER 83] Vester, Frederic, Unsere Welt – ein vernetztes System, 4. Aufl., München (Dt. Taschenbuch Verlag) 1987, ISBN 3-423-10118-0.

[VIRDHA 87] Virdhagriswaran, S., et al., PLEX: A Knowledge-Based Placement Program for Printed Wire Boards. In [CAIA 87].

[WALKLET 89] Walklet, R. H., Simultaneous Engineering – A Cadillac Perspective. In [ISATA 89], S. 69 - 80.

[WALTER 90] Walter, Bernd, Datenbankunterstützung für wissensbasierte Systeme – z.B. LILOG-DB (Abstract – not in the Proceedings). In [KARAGIANNIS 91], o.S..

[WALTERS 88] Walters, John, und Norman R. Nielsen, Crafting Knowledge-Based Systems: Expert Systems Made Easy / Realistic, New York et al. (John Wiley & Sons) 1988, ISBN 0-471-62479-9.

[WATERMAN 86] Waterman, Donald A., A Guide to Expert Systems, Teknowledge Series in Knowledge Engineering, Hrsg.: Frederick Hayes-Roth, Reading (Addison-Wesley) 1986, ISBN 0-201-08313-2.

[WEDEKIND 89] Wedekind, Hartmut, Konstruktionserklären und Konstruktionsverstehen – Elemente des Aufbaus eines Konstruktionsführungssystems. In [ZwF-CIM] 84 (1989) 11, S. 623 - 629.

[WEISE 89] Weise, Daniel, Constraint Posting for Verifying VLSI Circuits. In [IJCAI 89], S. 881 - 886.

[WEISS 89] Weiss, Sholom M, und Ioannis Kapouleas, An Empirical Comparison of Pattern Recognition, Neural Nets, and Machine Learning Classification Methods. In [IJCAI 89], S. 781 - 787.

[WEISS 90] Weiss, Lee E., Gursoz, Prinz, Fussell, Mahalingam, Patrick, A Rapid Tool Manufacturing System Based on Stereolithography and Thermal Spraying. In [ASME Mfctg. Rev] 3 (1990) 1 (März), S. 40 - 48.

[WEITZ 90] Weitz, Rob R., Technology, Work, and the Organization: The Impact of Expert Systems. In [AI Magazine] 11 (1990) 2 (Sommer), S. 50 - 60.

[WEIZENBAUM 77] Weizenbaum, Joseph, Die Macht des Computers und die Ohnmacht der Vernunft, Frankfurt (Suhrkamp) 1977.

[WIEDERHOLD 87] Wiederhold, G., et al., Architectural Concepts for Large Knowledge Bases. In [GWAI 87], S. 366 - 385.

[WIMPEL 88] WIMPEL '88 – 1. Konferenz über wissensbasierte Methoden für Produktion, Engineering und Logistik,, Berlin, 9.-11. Oktober 1988.

[WINKELMANN 89] Winkelmann, Klaus, Conference on Innovative Applications of Artificial Intelligence. In [KI] 3 (1989) 3 (Sep), S. 20 - 23.

[WINSTON 81] Winston, Patrick Henry, Learning new Principles from Precedents and Exercises: The Details. MIT AI Memo No. 632. In [AI Journal] (1981) (Mai/Nov), 60 Seiten.

[WINSTON 84c] Winston, Patrick Henry und Berthold Klaus Paul Horn, LISP, 2. Aufl., Reading et al. (Addison-Wesley) 1984, ISBN 0-201-08372-8.

[WINSTON 87] Winston, Patrick Henry (Übersetzung: P. Hamm), Künstliche Intelligenz, 2 (erw.). Aufl., Bonn, Reading, Menlo Park (Addison-Wesley) 1987.

[WIRFS-BROCK 90] Wirfs-Brock, Rebecca, Brian Wilkerson, und Lauren Wiener, Designing Object-Oriented Software (Prentice-Hall) 1990.

[WISDOM 88] Concept Modeller – Automating the Design Process Through A.I. Techniques (information brochure), Hrsg.: Wisdom Systems, Chagrin Falls, Ohio 1988.

[WISDOM 90] Concept Modeller – Product Description (Simultaneous Engineering Automation), Hrsg.: Wisdom Systems, Pepper Pike, Ohio 1990.

[WODE 89] Wode, Ulrich, Integration von Datenbankzugriffen in die Expertensystem-Shell TWAICE. In [KI] 3 (1989) 4 (Dez), S. 47 - 52.

[WOOD 89] Wood, Ralph T., Problems and Issues in Concurrent Engineering (Slides for a Panel Discussion). In [CEng 89], o.S..

[WOODS 75] Woods, W. A., What's in a Link: Foundations for Semantic Networks. In [BOBROW 75], S. 35 - 82.

[WORRESCHK 89] Worreschk, W., Simultaneous Engineering of a New Multilink Rear Suspension. In [ISATA 89], S. 81 - 96.

[WU 88] Wu, Peng, Design for Testability. In [AAAI 88], S. 358 - 363.

[ZINK 89] Qualität als Managementaufgabe – Total Quality Management, Hrsg.: Zink, Klaus J., Landsberg (moderne industrie) 1989, ISBN 3-478-31090-3.

B.2 Periodika

[ACM Comm.] Communications of the ACM, Hrsg.: ACM.

[AI] Artificial Intelligence.

[AI Magazine] AI Magazine, Hrsg.: AAAI, Menlo Park.

[AI review] AI review of products, services, and research, Hrsg.: AAAI, Menlo Park.

[AICOM] AI Communications – The European Journal on Artificial Intelligence, Hrsg.: Wielinga, Bob J., and Luc Steels, Amsterdam (IOS).

[ASME Mfctg. Rev] ASME Manufacturing Review, Hrsg.: ASME.

[Automobil-Ind.] Automobil-Industrie.

[CIM Management] CIM Management – Produkte, Strategien, Entscheidungshilfen, Hrsg.: Krallmann, Herrmann, München (R. Oldenbourg).

[CIME] Computers in Mechanical Engineering, Hrsg.: ASME, New York (Springer-Verlag).

[CW] Computerwoche.

[Eng with Comp] Engineering with Computers, Hrsg.: Belytschko, Ted, and Steven J. Fenves, New York (Springer-Verlag).

[ESD] The Electronic System Design Magazine.

[expert systems] Expert Systems – The International Journal of Knowledge Engineering, Hrsg.: Sharrock, Stuart, Oxford, England (Learned Information).

[Harvard BusRev] Harvard Business Review.

[IEEE Computer] IEEE Computer, Hrsg.: IEEE.

[IEEE Expert] IEEE Expert – Intelligent Systems and their Applications, Hrsg.: IEEE.

[IM] Information Management – Praxis, Ausbildung und Forschung der Wirtschaftsinformatik, Hrsg.: Scheer, A.-W., et al., München (IDG Communications).

[Industrie-Anz.] Industrie-Anzeiger.

[Inf.Spektrum] Informatik Spektrum Organ der Gesellschaft für Informatik e.V., Berlin et al. (Springer).

[InfoTechApplEur] Information Technology Applications Europe.

[Int.J.ManMStud] International Journal on Man-Machine Studies.

[it] Informationstechnik, München (R. Oldenbourg).

[Journal Forth] Journal on Forth Application and Research.

[KI] Künstliche Intelligenz – Forschung, Entwicklung, Erfahrungen – Organ des Fachbereichs 1 'Künstliche Intelligenz' der GI, Hrsg.: Christaller, Harbusch, Marburger, Neumann, Radig, Reinfrank, Baden-Baden (FBO – Fachverlag).

[OR] Operations Research (USA).

[PC AI] PC AI – The Artificial Intelligence Magazine for Personal Computing.

[PIK] PIK – Persönliche Information und Kommunikation.

[Res in Eng Des] Research in Engineering Design (Springer).

[SIGART Newsl.] ACM Special Interest Group on AI – Newsletter, Hrsg.: ACM SIGART.

[Sloan Mgmt.Rev] Sloan Management Review, Hrsg.: MIT Sloan School of Management.

[SW Pract&Exper.] Software Practice & Experience, Bognor Regis, West Sussex, England (John Wiley & Sons).

[Techn. Rundsch.]	Technische Rundschau.
[VDI-Z]	VDI-Zeitung.
[ZfB]	Zeitschrift für Betriebswirtschaft.
[zfbf]	Zeitschrift für betriebswirtschaftliche Forschung.
[ZfO]	Zeitschrift für Organisation.
[ZwF-CIM]	Zeitschrift für wirtschaftliche Fertigung - CIM, München (Carl Hanser Verlag).

C Abbildungen

Abb. 1.1: Fortschritte in der Beherrschung von Zeit, Kosten und Qualität. **S. 3**

Abb. 1.2 Die Positionierung der Integrierten Produkt-Entwicklung (IPE) zwischen verwandten Konzepten. S. 5

Abb. 2.1 Eine herkömmliche Aufbauorganisation für die Produktentwicklung. S. 11

Abb. 2.2 Modellierung von Ablauforganisationen – Beispiel für ein Vorgangskettendiagramm nach Scheer [SCHEER CIM d 88]. S. 13

Abb. 2.3 Ablauforganisation eines Produktentwicklungs-Prozesses in der Sequentiellen Produktentwicklung – komprimierter Überblick über das modifizierte Vorgangskettendiagramm. S. 16

Abb. 2.4: Die wichtigsten Problembereiche der Sequentiellen Produktentwicklung. S. 20

Abb. 2.5 'Methodik zur Entwicklung und Konstruktion' – ein Flußdiagramm des Konstruktionsprozesses (nach [VDI 87a]). **S. 26**

Abb. 2.6 Anteil schöpferischer gegenüber schematischen Tätigkeiten im Laufe des Entwicklungsprozesses (nach [PAHL 77]). **S. 28**

Abb. 2.7 Die beiden Ausprägungen der Intra-Prozeß-Kommunikation – Know-How-Vorwärts- und Rückkopplung, dargestellt in Scheers CIM-Y-Diagramm [SCHEER CIM d 88]). **S. 34**

Abb. 2.8 Know-How-Verlust an der Schnittstelle zwischen zwei heterogenen Systemen. **S. 36**

Abb. 3.1 Kostenfestlegung gegenüber Kostenabrechnung im Verlauf der Produktentwicklung (nach [BULLINGER 89b]). S. 50

Abb. 3.3 Ein Vergleich der Anzahl von Konstruktionsänderungen im Entwicklungsprozeß (nach [MÜLLER 89a]). **S. 53**

Abb. 3.4 Die 'Rule of Ten' – Die Kosten zur Beseitigung von Fehlern verzehnfachen sich mit jedem weiteren Stadium des Produktlebenszyklus (nach [KERSTEN 88]). S. 54

Abb. 3.5 Ein 'House of Quality'-Formular für QFD-Teams, hier am Beispiel eines Filzschreibers S. 65

Abb. 3.6 Eine Kaskade von 'House of Quality'-Formularen übersetzt die Wünsche des Kunden bis hin zu Anforderungen an die Fertigung. S. 57

Abb. 3.7 Grundbestandteile des Taguchi Quality Engineering [MÜLLER 89a]. **S. 59**

Abb. 3.8: Ein konventionelles FMEA-Formular. S. 61

Abb. 4.1 Arten von Beziehungen zwischen Klassen bzw. zwischen Instanzen in der objektorientierten Programmierung – Basiselemente semantischer Netze. S. 72

Abb. 4.2 Ein semantisches Netz, das die Beziehungen zwischen Klassen bzw. Instanzen zeigt – am Beispiel eines Tisches (nach [WINSTON 77]). S. 73

Abb. 4.3 Eine kleine Unterscheidungs- und Entscheidungshilfe für die Anwendung von Vorwärts- und Rückwärtsverkettung in den Inferenzmaschinen regelbasierter Expertensysteme. S. 78

Abb. 4.4 Beispiel eines Constraint Network – Die Restriktionsbeziehungen zwischen diversen Features eines Gleichstrom-Elektromotors [RINDERLE 90]. S. 82

Abb. 4.5 Bildschirmabzug aus dem Design Editor von HyperDesign: Die Funktionshierarchie einer Kupplung wird bearbeitet. [FORKEL 90] **S. 83**

Abb. 4.6 Ein Überblick über die Architektur des Design Fusion – Systems [FINGER 90a]. **S. 84**

Abb. 4.7 Ein qualitativer Vergleich der Eigenschaftsprofile von Datenbank-Management-Systemen (DBMS) und wissensbasierten Systemen (WBS). **S. 93**

Abb. 4.8 Zeichenorientierte Benutzungsoberflächen – Ausschnitt aus einer Abfrage-Sitzung mit einer Online-Datenbank. **S. 97**

Abb. 4.9 Bildschirmabzug aus dem Hypermedia-System HyperPicture. Aus den 'Icons' sind inzwischen veritable 'Bilder zum Anklicken' geworden (ZGDV 1991). S. 99

Abb. 5.1 Die Hauptbestandteile der Know-How-basierten DV-Architektur für Integrierte Produktentwicklung (IPE). **S. 107**

Abb. 5.2 System-Architektur des 'Mercury Knowledge Base Environment' (KBE) von AIT. **S. 114**

Abb. 5.3 Schichten-Architektur des FMEA-Informations-Systems – die Transformations-Pipeline vom relationalen Datenbank-Management-System bis zum Benutzer und zurück. **S. 115**

Abb. 5.4 Die Dynaform des FMEA-Informations-Systems – in normaler Größe. Der Hauptunterschied zum Original-FMEA-Formular (vgl. S. 269) sind die Scroll-Pfeile, die je Spalte das Blättern zum nächsten oder vorherigen Element (= Textblock) ermöglichen. S. 122

Abb. 5.5 Die Dynaform des FMEA-Informations-Systems – vergrößertes Formular mit den zusätzlichen Horizontal-Scroll-Pfeilen. S. 126

Abb. 5.6 Einige für IPE interessante Normen und Standards. S. 135

Abb. 5.7 Die Basis-Objekttypen des Modellierungsrahmens für Organisationen, Produkte und Aktivitäten (MOPA). S. 141

Abb. 5.8 In der Know-How-Bank des Know-How-Management-Systems werden möglichst keine Daten aus konventionellen Anwendungen gespeichert. **S. 143**

Abb. 5.9 Überblick über die Know-How-basierte DV-Architektur für die Integrierte Produktentwicklung. **S. 145**

Abb. 5.10 Positionierung des Know-How-Management-Systems zwischen den Konzepten 'Wissensbasiertes System (WBS)', 'Datenbank-Management-System' (DBMS) und 'Wissensbank-Management-System' (WBMS). **S. 146**

Abb. 5.11 Alternativen der Verteilung Know-How-basierter Anwendungen über ein Netzwerk von Clients und Servern. **S. 149**

Abb. 5.12 Ausschnitt aus einem Thesaurus für Diesel-Einspritzpumpen, der in einem Erfahrungsbank-Projekt entwickelt wurde. **S. 156**

Abb. 5.13 Funktionsschema des Regel-Managers. **S. 157**

Abb. 5.14 Beispiel für die Window-Klassen einer wissensbasierten und objektorientierten Entwicklungsumgebung (hier das Aion Development System von Trinzic). S. 162

Abb. 5.15 Entwicklungs-Leitstand und Produktmodell-Editor bieten zusammen eine umfassende Sichtweise der technischen und organisatorischen Perspektiven der Produktentwicklung. S. 168

Abb. 5.16 Auszug aus einer Generalisierungshierarchie von Produkten für den Produktmodell-Editor. S. 170

Abb. 5.17 Thesaurus-gesteuerte Navigation durch die Erfahrungsbank für Diesel-Einspritzpumpen - zur Auswahl von Know-How-Partikeln. **S. 178**

Abb. 5.18 Eine Baum-Repräsentation für FMEAs (jede senkrechte Linie stellt eine 1:n-Beziehung dar). **S. 180**

Abb. 6.1 Die grundsätzlichen Ziele von IPE.**S. 202**

Abb. 6.2 Die funktionsübergreifende Matrix-Organisation der Integrierten Produktentwicklung. S. 209

Abb. 6.3 Die Auswirkungen erhöhter Entwicklungskosten gegenüber längerer Entwicklungsdauer auf die Gewinne (nach [REICHWALD 90]). **S. 211**

Abb. 6.4 Ablauforganisation eines Produktentwicklungs-Prozesses in der Integrierten Produktentwicklung (IPE) - komprimierter Überblick über das modifizierte Vorgangskettendiagramm. S. 213

Abb. 6.5 Ein Formular zur Akquisition von Regeln in halb-formalisierter Form für eine Erfahrungsbank. S. 225

Abb. 7.1 Die Evolution der DV-Unterstützung für die Produktentwicklung (nach [BREESE 89]). **S. 228**

Abb. A.1 Ablauforganisation eines Produktentwicklungsprozesses bei Sequentieller Produktentwicklung (SPE) - modifiziertes Vorgangskettendiagramm in voller Länge mit potentiellen Schleifen und Verzögerungen. S. 235

Abb. A.2 Ablauforganisation eines Produktentwicklungsprozesses bei Integrierter Produktentwicklung (IPE) - modifiziertes Vorgangskettendiagramm in voller Länge mit Anmerkungen. S. 242

Glossar

ABS	Anti-Blockier-System
ACM	Association for Computing Machinery
ADT	Abstrakter Datentyp
AI	Artificial Intelligence
AIT	Artificial Intelligence Technologies, Inc.
AK	Arbeitskreis
ANSI	American National Standards Institute
AR	Analogical Reasoning (vgl. CBR)
ARC-TEC	Acquisition, Representation and Compilation of Technical Knowledge – ein Projekt am DFKI
ASME	The American Society of Mechanical Engineers
ASIC	Application-Specific Integrated Circuit
ATMS	Assumption-based TMS
BREP, b-rep	Boundary Representation
CAD	Computer-aided Design
CAE	Computer-aided Engineering
CAM	Computer-aided Manufacturing
CAP	Computer-aided Planning
CAQ	Computer-aided Quality Assurance
CASE	Computer-aided Software Engineering
CAx	- dieser Begriff steht für alle „Computer-aided ...“-Techniken
CBR	Case-based Reasoning
CD-ROM	Daten-CD's (Compact Discs mit Read-Only-Daten)
CDD	Common Data Dictionary von DEC
CEC	Kommission der Europäischen Gemeinschaften
CIM	Computer-integrated Manufacturing
CLOS	Common Lisp Object System
CLX	X-Window-Schnittstelle von Common Lisp
CMU	Carnegie Mellon University, Pittsburgh, USA
COINS	Department of Computer and Information Science (UMass)
CPM	Critical Path Method (im Projektmanagement)
CSG	Constructive Solid Geometry – Volumenmodelle in CAD
CSRI	Computer Systems Research Institute (Univ. of Toronto)
CYC	Ein Projekt für eine Allgemeinwissensbasis (MCC Austin, Texas)
DARPA	Defense Advanced Research Projects Agency (DoD)
DB	Datenbank
DBMS	Datenbank-Management-System
DDL	Data Definition Language (in einem DBMS)
DEC	Digital Equipment Corp.
DECwindows	DEC's Implementation des X-Window-Systems
DEFT	Diagnostic Expert for Final Test (IBM)
DFKI	Deutsches Forschungszentrum für KI GmbH
DICE	DARPA Initiative for Concurrent Engineering
DIN	Deutsches Institut für Normung e.V.
DLI	Data Level Interface des KHMS
DML	Data Manipulation Language (in einem DBMS)
DoD	(United States) Department of Defense
DoE	Design of Experiments (Taguchi)
DSS	Decision Support System
DV	Datenverarbeitung

EDA	Electronic Design Automation
EDIF	Electronic Design Interchange Format
EDIFACT	Electronic Data Interchange for Administration in Commerce and Transport
EDRC	Engineering Design Research Center (CMU)
EIA	Electronic Industries Association (vgl. EDIF)
EPROM	Erasable, Programmable ROM
ERC	Engineering Research Center (der NSF)
ERM	Entity-Relationship-Modell
ESPRIT	European Strategic Programme for R&D in Information Technology
ETA	Event Tree Analysis (vgl. FMEA, FTA)
ETH	Eidgenössische Technische Hochschule (Zürich)
F&E	Forschung und Entwicklung
FAW	Forschungsinstitut für anwendungsorientierte Wissensverarbeitung, Ulm
FEA / FEM	Finite-Elemente-Analyse / -Methode
FG	Fachgruppe (der GI)
FMEA	Failure Modes and Effects Analysis (vgl. FTA, ETA) = Fehler-Möglichkeiten- und -Einfluß-Analyse
FMEA-IS	FMEA-Informations-System (Robert Bosch GmbH, Abtlg. K/TDV)
FORS	Flexible Organizations (by CMU EDRC)
FTA	Fault Tree Analysis (vgl. FMEA, ETA)
gfmt	Gesellschaft für Management und Technologie – Verlags KG, München
GI	Gesellschaft für Informatik (German chapter of the ACM)
GIS	Geographische Informationssysteme
GKS	Graphisches Kernsystem (ISO/ANSI-Norm)
GUI	Graphical User Interface
HoQ	House of Quality (QFD)
HPGL	Hewlett-Packard Graphics Language
IBM	International Business Machines Corp.
IEEE	The Institute of Electrical and Electronics Engineers, Inc.
IFIP	International Federation for Information Processing
IGES	Initial Graphics Exchange Specifications
IMKA	Initiative for Managing Knowledge Assets (Carnegie Group u.a.)
IPE	Integrierte Produktentwicklung
ISO	International Standards Organization
KBE	(Mercury) Knowledge Base Environment (von AIT)
KEE	Knowledge Engineering Environment (by Intellicorp)
KHB	Know-How-Bank
KHMS	Know-How-Management-System
KIF	Knowledge Interchange Format (Stanford KSL)
KRISYS	Knowledge Representation and Inference System (vom ZRI)
KSL	(Stanford) Knowledge Systems Laboratory
LMP	(MIT) Laboratory for Manufacturing and Productivity
MIS	Management-Informations-Systeme
MIT	Massachusetts Institute of Technology, Cambridge (Boston), USA
MOPA	Modellierungsrahmen für Objekte, Produkte und Aktivitäten
MSQL	Mercury SQL (von AIT)
MTBF	Mean Time Between Failures
NC	Numerically Controlled, numerisch gesteuert
NDBS	Non-standard DBS
NSF	National Science Foundation (USA)
NIST	National Institute for Standards and Technology (USA)

OLI	Object Level Interface
OODB	Objektorientierte DB
OOP	Objektorientierte Programmierung
OSF	Open Software Foundation
OSI	Open Systems Interconnection (ISO 7498-1984)
PARC	(Xerox) Palo Alto Research Center
PDES	Product Data Exchange Specification
PERT	Project Evaluation and Review Technique (im Projektmanagement)
PEX	PHIGS Extension to X
PHIGS	Programmer's Hierarchical Interactive Graphics Standard (ISO/ANSI)
PME	Produktmodell-Editor
PPS	Produktions-Planung und -Steuerung
QS	Qualitätssicherung
QFD	Quality Function Deployment
RAL	Rutherford Appleton Laboratory (Großbritannien)
RAM	Random Access Memory
Rdb	DEC's relationales DBMS auf VMS
ROI	Return on Investment
ROM	Read-Only Memory
SEI	Strategische Entwicklungs-Initiative
SGML	Standardized General Markup Language (ISO 8879-1986)
SIG	Special Interest Group (Fachgruppe)
SMD	Surface Mounted Devices
SPC	Statistical Process Control, Statistische Prozeßregelung
SPE	Sequentielle Produktentwicklung
SQL	Structured Query Language (ISO/ANSI Standard X3.135-1986)
STEP	Standard for the Exchange of Product Model Data
THESEUS	The Software Engineering User Interface System (vom ZGDV)
TIFF	Tagged Image File Format
TMS	Truth Maintenance System (AI)
UFIS	Umwelt-Führungs- und Informations-System, Baden-Württemberg
UIL	User Interface Language (von OSF / Motif bzw. DECwindows)
UIMS	User Interface Management System
UMass	University of Massachusetts
UNIX	Ein Betriebssystem
VAX	Eine Computer-Baureihe von DEC
VDA	Verband der Automobilindustrie
VDA-FS	Freiformflächen-Schnittstelle des VDA
VDA-PS	Prozeß-Schnittstelle des VDA
VDI	Verein Deutscher Ingenieure
VDI-EKV	VDI - Gesellschaft Entwicklung, Konstruktion, Vertrieb
VHDL	Very High-Level Description Language (IEEE-Norm 1076), eine textorientierte Programmiersprache zur Beschreibung von Aufbau und Arbeitsweise digitaler Geräte.
VLSI	Very Large Scale Integration
VMS	Ein Betriebssystem von DEC
VUIT	Ein interaktives Werkzeug zum Entwerfen von GUI für OSF / Motif von DEC
WBMS	Wissensbank-Management-System
WBS	Wissensbasiertes System
WG	Working Group (Arbeitskreis)
WIMP	Windows, Icons, Mouse, and Pointer – Ein GUI-Stil
WYSIWYG	What You See Is What You Get

X	Ein GUI-System, ursprünglich entwickelt im MIT Project Athena (1983-91)
XCON	Ein Konfigurations-XPS für VAX-Computer (DEC)
XPS	Expertensystem
XUI	X User Interface Toolkit
ZGDV	Zentrum für Graphische Datenverarbeitung e.V., Darmstadt
ZRI	Zentrum Rechnergestützte Ingenieursysteme, Universität Kaiserslautern

Stichwortverzeichnis

A

Ablauforganisation, 9; 12; 13; 14; 16; 23; 25; 41; 136; 140; 167; 168; 202; 207; 213; 229; 235; 267; 269
  in IPE, 210
ABS, 10
Abstrakte Datentypen, 70
Aggregation, 71; 91; 118; 138; 140; 155
AIT, 114; 268
Aktivitäten, 140
Allgemeinwissen, 204; 231
Analysegerechte Konstruktion, 52
Anekdoten-Bank, 173
ANSI, 75
Anti-Blockier-System, 10; 170
Arbeitspläne, 19; 91; 132; 133; 154; 169; 182; 188
Arbeitsteilung, 35; 214
Archivierung, 88
Artificial Intelligence, 75
ASIC, 17
Assoziation, 71; 91; 98; 138
Athena, 96
ATMS, 173
Aufbauorganisation, 9; 11; 22; 23; 38; 41; 136; 140; 154; 167; 168; 170; 192; 202; 207; 211; 228; 267
Aufgabenverteilung
  zwischen Know-How-Bank und Objektsystem, 160
Aus- und Weiterbildung
  für IPE, 217
Aus- und Weiterbildungbildung
  Maßnahmen, 217
Ausarbeiten, 27
  Werkzeuge fürs ~, 184
Automatic Truth Maintenance Systems, 172
Automobilindustrie, 12; 24; 62
  Verzehnfachung der Kosten, 54
Autorouter, 18

B

Bahre
  von der Wiege bis zur ~, 209
Bauelemente, 17; 71; 110; 182; 189; 219
  Plazierung, 18
Bauelemente-Katalog, 175
Bauteilebibliotheken, 35
Bauteilekatalog, 131; 132; 185; 188
Bedarfsplanung, 132
Benutzer-Team, 210
Benutzungsoberfläche, 88; 96; 97; 98; 109; 110; 111; 112; 113; 114; 119; 120; 127; 128; 135; 150; 155; 161; 165; 166; 171; 175; 177; 178; 179; 184; 189; 193; 268
Beschleunigung
  Wege zur ~ von Entwicklungsprozessen, 211
Blackboard, 84
brittleness, 77
Browsing, 172
Business Rules, 158

C

C++, 74; 75; 135; 143
CAD, 17; 18; 27; 35; 40; 65; 80; 91; 127; 129; 130; 131; 134; 135; 138; 142; 152; 164; 165; 169; 182; 183; 184; 185; 188; 189; 193; 202; 212; 214; 219
  Feature-basiertes ~, 184
CAD / CAM, 38
Cadillac, 206
CAE / CAD, 38; 131
Call-outs, 158
Callback-Prozedur, 119; 120
CAM, 132; 135
CAP, 132
CAQ, 132
Carnegie-Mellon University, 83
CASE, 78; 215; 217; 231
Case-based FMEA, 181

Case-based Reasoning, 181; 232
CAx, 36
CBR, 163; 232
CD-ROM, 173
CDD, 113
check-out, 147
CIM, 13; 34; 38; 45; 46; 65; 66; 79; 87; 187; 201; 214; 229; 230; 267
Client-Server, 70; 98; 149
CLOS, 74; 75; 113; 117; 135; 143; 147
CLOS-MOP, 136
CMU, 83; 85
Common Data Dictionary, 113
Common Lisp, 74; 75; 113
Common Lisp Object System, 74; 113
Commonsense Knowledge Base, 231
Computer-aided Design, 131
Computer-aided Engineering, 131
Computer-aided Manufacturing, 132
Computer-aided Planning, 132
Computer-aided Quality Assurance, 132
Concept Modeller, 184
Concurrent Engineering, 46; 83
Constraint Network, 80; 81; 268
Constraints, 80; 82; 85; 171; 172; 174; 208; 214; 219
create-Event, 120

D

Dämon, 219
DARPA, 83
Data Definition Language, 166
Data Level Interface, 143; 151; **163**; 175; 185
Data Manipulation Language, 166
Daten
    extensionale vs. intensionale, 160
Daten- und Vorgangsintegration, 39; 66
Daten-Server, 118
Datenbank, **145**
    FMEA-~, 111
Datenbank-Management-System, 87; 93; 115; 146; 166; 268; 269
Datendefinitionssprache, 165
Datenintegration, 39; 46; 201
Datenmanipulationssprache, 166
DB
    Attribute
        wie Slots, 92
DBMS, 87; 88; 89; 90; 91; 92; 93; 94; 98; 100; 106; 112; 113; 114; 116; 118; 127; 129; 134; 142; 145; 146; 147; 148; 150; 151; 153; 154; 159; 160; 165; 166; 184; 230; 268; 269
    Integration mit WBS, 95
    Kopplung mit WBS, 93
    Recovery, 92
    Wiederanlauf, 92
DBMS und WBS
    Vergleich, 92
DDL, 91; 166
DEC, 75; 113
Decision Support System, 82
DECwindows, 112; 113; 127
delivery environment, 79
Denke, 41; 105; 193; 217; 230
Design
    for Assembly, 48
    for Disposability, 51
    for Manufacturability, 48
    for Recyclability, 51
    for Testability, 48
    for the Environment, 48
    Life-Cycle ~, 48
Design Automation, 38
Design Fusion, 83; 85; 191
Design of Experiments, 59
Deskriptoren, 152; 153; 156; 177; 223; 225
development environment, 79
Diagnose, 75; 77; 78; 86; 132; 158; 169; 175
    als recyclierte FMEA, 185
DICE, 83
Digital Equipment Corporation, 75
DLI, 143; 163
DML, 166
DoE, 59
Dokumentation, 33; 34; 40; 62; 67; 89; 98; 130; 165; 173; 191; 193; 205; 210; 222
DSS, 82
Dynaform, **121**; 122; 125; 126; 180; 268
Dynamische Menüs, 177

E

EDIF, 135; 164
EDIFACT, 135
EDRC, 85
Einspritzpumpe, 29; 155; 156; 170; 175; 176; 178; 223; 269
Encapsulation, **74**; 86
Engineering, 75
 Green ~, 51
 Quality ~, 53; 58
Entity-Relationship, 129
Entscheidungstabelle, 174
Entscheidungsunterstützungssystem, 82; 133; 232
entsorgungsgerechte Konstruktion, 51
Entwerfen, 27
 Werkzeuge fürs ~, 176
Entwicklung
 Über-den-Zaun- ~, 23
Entwicklungs-Leitstand, **167**; 168; 171; 173; 192; 210; 216; 219; 269
Entwicklungs-Stückliste, 19
Entwicklungsprozeß, 15; 19; 22; 27; 32; 35; 38; 48; 53; 57; 62; 63; 137; 140; 142; 167; 172; 187; 198; 202; 203; 210; 214; 216; 220
 Beschleunigung, 211
Entwicklungsprozeß-Administrator, 192
EPROM, 217
Erfahrungsbank, 89; 156; 167; 174; 175; 176; 177; 178; 181; 189; 193; 223; 224; 225; 269
Erfahrungsbank- und Hypermedia-Editor, **173**; 181
Erklärungskomponente, 37; 189; 193
Events, 119
Experten-Pensionierungs-Syndrom, 176
Experten-Teams, 208
Expertensystem, 66; 75; 76; 78; 79; 127; 152; 158; 169; 171; 181; 183; 189; 193; 218; 232; 268
Export-Methoden, 163; **164**; 165; 185
extensional, 86
extensionale Daten, 160

F

F&E, 79; 89; 136; 161; 198; 199; 207; 208; 217
Facette, 117
Failure Modes and Effects Analysis, **60**
Fallbasierte FMEA, 181
Fault Tree Analysis, **60**
Feature Extraction, 164
Features, 80; 81; 85; 164; 169; 170; 188; 268
Fehler
 = unerwünschte Funktionen, 63
Fehler-Möglichkeiten- und -Einfluß-Analyse, **60**; 108
Fehlerbaumanalyse, **60**
Fehlervermeidung, 53; 66; 67; 202; 229
fertigungsgerechte Konstruktion, 48; 175; 182; 183; 187; 188; 189; 223
Fertigungsplanung, 18; 19; 133; 208
FMEA, **60**; 167; 175; 179; 218
 -Team, 62
 generische ~, 181
 Produkt- ~, 60
 Prozeß- ~, 60
 System- ~, 60
 Wiederverwendung für Diagnose, 185
FMEA-Formular, 61; 122; 126; 180; 267; 268
FMEA-Informationssystem, **108**
FMEA-IS, **108**
Frame, 77
Freigabegespräch, **19**
FTA, **60**; 63; 65; 66; 138; 167; 175; 181; 202
Funktionsmodell, 65; 91; 185
funktionsübergreifend, 65; 66; 128; 201; 202; 207; 208; 209; 228; 269
Funktionsübergreifende Matrix-Organisation, 208
Funktionsübergreifender Pate, 208
Fürstentümer, 22

G

Generalisierung, **71**; 73; 74; 91; 154; 170; 269
generische Funktion, 74
GIS, 91

GKS, 96
Gozinto-Graph, 71
Graphen-Editor, 169; 171; 180
Green Engineering, 51
grüne Wiese, 215; 230
GUI, 96; 98

H

handle, 123
Heterogenität, 35; 36; 88; 131; 132; 201
Heuristik, 76
Homonyme, 154
HoQ, 57
Host Language, 119
House of Quality, 55; 56; 57; 267
HyperDesign, 82
Hypermedia, 98; 100; 143; 145; 148; 151; 160; 171; 173; 178; 181
HyperPicture, 99; 268
hyperspace
 lost in ~, 173
Hypertext, 98; 100; 148; 165; 173; 178

I

I-DEAS, 184
ICAD, 184
Icons, 96; 99; 268
IGES, 135; 164
Import-/ Export-Toolkit, 165
Import-Methoden, **164**
Inference Engine, 77
Inferenzmaschine, 77; 78; 82; 85; 113; 151; 158; 183; 268
Ingenieurwerkzeug, 106; 134; 167; 174; 175; 179; 182; 188; 189; 191; 201; 208; 216
Ingenieurwerkzeuge
 aktive, 175
 passive, 175
Ingenieurwesen, 88; 200
Ingenieurwissenschaft, 24; 41; 176
Insel, 22; 23; 30; 41; 64; 105; 199; 217; 219
Insel-Denke, 217
Inseln
 Know-How- ~, 22
Instanz, 70; 71; 72; 73; 74; 77; 90; 91; 95; 118; 123; 124; 138; 145; 151; 152; 154; 157; 159; 160; 161; 163; 172; 219; 267; 268
Integration
 heterogener DV-Landschaften, 188
 konventioneller Anwendungen in IPE, 131
 von DBMS und WBS, 95
 von Know-How b, 39
Integrations-Pate, 208
Integrierte Produkt-Entwicklung: siehe IPE:, 4
Integrität
 referentielle ~ der Know-How-Bank, 172
intensional, 86
intensionale Daten, 160
Inter-Prozeß-Kommunikation, 32; **33**; 89; 118; 139; 181
Interlisp-D, 96
Interoperabilität, 134
Intra-Prozeß-Kommunikation, 32; 34; 139; 220; 267
IPC, 118
IPE
 Anforderungen an DV, 130
 Auswirkungen, 186
 Definition, **4**
 DV-Synergieeffekte, 187
 Look and Feel, 218
 Normen und Standards, 135; 268
 Pilotprojekt, 221
 Positionierung, 267; 5
 Szenario, 218
 Testgebiet für ~, 221
 Übergang von SPE zu ~, 197
 Ziele, 38; 41; 201
 Ziele b, 202; 269

K

KBE, 95; 113; 114; 268
KEE, 78
Key Players, 198
KHMS, 106; 131; 133; 136; 137; 141; 142; 143; 145; 146; 147; 148; 149; 150; 152; 153; 154; 159; 163; 164; 166; 167; 171; 172; 179; 184; 185; 188; 216; 219; 228

KI, 75; 76; 79; 80; 86; 92; 152; 176; 181; 231; 232
KI-Assembler, 78
KIF, 136
Klasse, **70**; 71; 72; 73; 74; 77; 117; 267; 268
Relations- ~, 117
Klassen-Ravioli, 75
Klassifikation, **71**
Kleinstaaterei, 22
Know-How, **30**
Know-How-Akquisition, 66; 200; 222; 223; 224
Know-How-Bank, 143; **145**; 227
Know-How-Bank-Administrator, 154; 155; 159; 166; 192; 208; 214
Know-How-Bank-Architektur, 191
Know-How-Bank-Schnittstelle, 151; 152; **159**; 160; 162
Know-How-basierte Informationsverarbeitung, 186; 208
Know-How-basierte Ingenieur-Werkzeuge, 218
Know-How-basierte Ingenieurwerkzeuge, 174
Know-How-Definitions- und -Manipulations-Werkzeuge, 106; 148; **165**; 174; 216
Know-How-Fluß, 23
Know-How-Fluß-Analyse, 203; **205**
Know-How-Insel, 23; 30; 64; 219
Know-How-Inseln, 22
Know-How-Integration, **39**; 64; 69; 176; 214
logische ~, 40
physische ~, 39
Know-How-Konservierung, **33**; 37; 38; 62; 66; 69; 167; 181; 193
Know-How-Management-System, 106; 131; **142**; 146; 194; 228; 229; 230; 269
Know-How-Partikel, 139
Know-How-Rückkopplung, **33**; 39; 49; 58; 157; 176; 182; 203; 206; 212; 228
Know-How-Sicherung, 176
Know-How-Verlust, **36**
Know-How-Vorwärtskopplung, **32**; 39; 49; 206; 220; 228
kombinatorische Explosion, 63; 181; 183
Kompatibilität, 134
Konfiguration, 75; 78; 82; 142; 149; 158; 171; 174; 175; 184
von Computern und Lastwagen, 133
Konstruktion
analysegerechte ~, 52
Constraint-gesteuerte ~, 174
entsorgungsgerechte ~, 51
fertigungsgerechte ~, 48
kostengerechte ~, 49
Lebenszyklus-orientierte ~, 48
montagegerechte ~, 48
prüfgerechte ~, 50
recyclinggerechte ~, 51
spezifikationsgesteuerte ~, 174
umweltgerechte ~, 51
X-gerechte ~, 47
konstruktionsbegleitende Kalkulation, 46; 50; 229
Konstruktionsberatung, 86; 158; 175; 183
Konstruktionsberatungssystem, 40
Konstruktionsprozeß, 25; 26; 47; 83; 84; 130; 267
Konstruktionsregel, 37; 38; 86; 157; 159; 174; 175; 183; 184; 187; 188; 189; 192; 223
konventionelle Anwendungen, 131; 136; 142; 191
Konzipieren, 27; 79; 82; 130
Werkzeuge fürs ~, 176
Kopplung, 113; 116; 148; 149; 165
Enge ~, 94
Grade der ~ von DBMS und Objektsystem im KHMS, 147
lose 'Off-Line'- ~, 94
lose 'On-Line'- ~, 94
von DBMS und WBS, 93
Kosten
80% bereits fest ..., 2
Verzehnfachungsregel, 54
Kostenabrechnung, 50; 267
Kostenfestlegung, 50; 267
Kostengerechte Konstruktion, 49
kostengerechte Konstruktion, 50; 66
Kreativität, 37; 191; 200; 229; 231; 233
KRISYS, 82; 95
Kulturschock, 128; 217
Künstliche Intelligenz, 75

L

Layout, 175
Lebenszyklus-orientierte Konstruktion, 48
Lebenszykluskosten, 50; 187; 221; 267
Leiterplatte, 10; 12; 17; 18; 19; 22; 31; 32; 35; 48; 49; 71; 88; 164; 175; 182; 183; 187; 188; 189; 191; 193; 212; 214; 218; 219; 220
  Entflechtung, 18
Leiterplatten-Konstruktion, 18
Leiterplatten-Layout, 182
Leiterplatten-Layout-Berater, 182
Life-Cycle Design, 48
Lisp, 74; 75; 78; 112; 113; 117; 119; 124; 127; 129
  strong typing in ~, 117
logische Know-How-Integration, **40**; 41; 64; 202; 208; 227
Look and Feel, 128
  von IPE, 218
lost in hyperspace, 173

M

Manufacturing Automation Protocol, 46
MAP, 46
Materialwirtschaft, 132
Mean Time Between Failures, 110
Mehrbenutzerfähigkeit, 87; 89; 92; 95
Mercury, 95; 113; 114; 116; 117; 127; 128; 160; 268
Meta-Regeln, 158
Methode, 74
Methoden, 70
MIT, 85; 96
Modellierung, 13; 67; 69; 80; 88; 90; 101; 130; 136; 137; 139; 141; 146; 154; 176; 191; 192; 229; 267; 268
Modifizierte
  Vorgangskettendiagramme, 12; 16; 38; 168; 200; 204; 211; 213; 220; 235; 267; 269
montagegerechte Konstruktion, 48; 175
MOPA, 137; 139; 140; 141; 168; 191; 192; 229; 268
Motif, 96; 99; 113; 114; 135; 149; 151; 161
MSQL, 113; 116; 117; 160
MTBF, 110
Multiple Inheritance, 71
Murphy's Law, 60
MYCIN, 77; 78

N

N-Dim, 85
NC-Programmierung, 132
Netzliste, 17
Notebook-PC
  zur Wissensakquisition, 224
NoteCards, 98

O

Object Level Interface, 143; 147; **150**; 175; 190; 224
  Mögliche Erweiterungen, 160
Objekte, 70; 71; 86; 87; 95; 117; 119; 138; 140; 145; 147; 151; 164; 165; 167; 173; 179; 180; 190
  Permanente ~ im OLI, 152
  Temporäre ~ im OLI, 152
Objektorientierte Programmierung, 70; 74
Objektsystem, 112; 113; 143; 147
Objektsystem und Know-How-Bank
  Aufgabenverteilung, 160
OLI, 143; 147; **150**
Online-Datenbanken, 153
OODB, 95
OOP, 70; 79; 91; 92; 98; 100; 106; 112; 127; 138; 143; 152; 231
OPS5, 78
Organisations-Team, 210
OSF, 96; 99; 113; 114; 135; 149; 151; 161
OSF / Motif, 121
Outsourcing, 211
over-the-fence engineering, 6

P

PARC, 96
PDES, 135

Perspektive, 80; 82; 84; 85; 133; 154; 155; 166; 168; 172; 180; 181; 184; 185; 187; 219; 230
PEX, 135
PHIGS, 96; 135
physische Know-How-Integration, **39**; 57; 62; 64; 199; 208; 228
Pilotprojekt
IPE- ~, 221
Placement, 18
PME, **169**; 171; 172
Politik, 38; 232
Polymorphie, **74**
präventive QS, 54
präventive Qualitätssicherung, 52; 54; 63; 66; 67; 108; 179; 187; 193; 202; 203; 212; 214; 218
Pro/ENGINEER, 184
Produkt-FMEA, 60
Produkt-Team, 208
Produktentwicklungs-Teams, 209
Ausbildung, 217
Produkthaftung, 52
Produktionsregel, **76**; 157; 165
Produktlebenszyklus, 47; 49; 54; 201; 209; 210; 267
Produktmodell, 66; 80; 85; 133; 169; **170**; 174; 180; 181; 185; 186; 188; 192; 212; 224; 230
Produktmodell-Editor, 168; **169**; 170; 173; 176; 180; 269
Profit Center, 12
Programmierung in die Tiefe, 190
Project Athena, 96
Projekt-Vorlagen, 168
Prolog, 78
Prototyping, 190
für Benutzungsoberflächen mit UIL, 119
Prozeß-FMEA, 60
Prozeßregeln, 158
prüfgerechte Konstruktion, 50; 66
Prüfmittel, 50
Pushbutton, 119

Q

QFD, 55; 56; 57; 58; 63; 64; 66; 202; 218
QS, 52; 53; 54; 57; 63; 64; 65; 66; 109
ex-post vs. ex-ante, 53
Qualität
Definition nach Taguchi, 58
Qualitätssicherung
Grundaxiome, 63
Quality Engineering, 53; 58; 202
Quality Function Deployment, 55
Quantifizierbarkeit, 65; 201

R

R1, 75; 78
RAM, 119
Rapid Prototyping, 190
Ravioli
Klassen- ~, 75
Rdb, 113; 117
Re-usability, 75
recyclinggerechte Konstruktion, 51
referentielle Integrität, 172
Regel, 76; 182; 214; 224; 225; 269
-verkettung
Rückwärts- ~, 77
Vorwärts- ~, 77
Regel-Editor, 172
Regel-Manager, 151; **157**; 182; 269
Regeln
Business Rules, 158
Meta- ~, 158
Prozeß- ~, 158
Relations-Klasse, 117
representational glue, 136
Ressourcen, 30; 63; 129; 138; 140; 161; 192; 193; 198; 202; 210; 222
Return on Investment, 65
Robustheit, 59
ROI, 65
Rollback, 89
ROM, 173
Routing, 18
Rückwärtsverkettung, 77
Rule of Ten, 54; 267

S

Schaltplan, 17
Schaltplanentwicklung, **17**; 175

Schleifen
  im Entwicklungsprozeß, 24
    direkte ~, 24
    lange ~, 24
semantische Lücke, 86
semantisches Netz, 72; 73; 80; 98; 161; 163; 167; 179; 267; 268
Sequentielle Produkt-Entwicklung, siehe SPE; 16; 267
Service-Mentalität, 217
SGML, 135
Signal-to-Noise Ratio (Taguchi), 59
Simple Text Widget, 120
Simultaneous Engineering, 46; 47; 64; 66; 189; 206; 208
Slot, 71; 117; 120; 123; 128; 163; 170; 182; 219
  wie DB-Attribute, 92
Smalltalk, 74; 75; 96; 135; 143
Software-Team, 210; 215
  Aus- und Weiterbildung, 215
Spaghetti-Code, 75
SPC, 52
SPE, 9; 20; 27; 32; 35; 38; 130; 131; 134; 140; 215; 235
  Übergang zu IPE, 197
Spezialisierung, 11; 23; 71; 82; 88; 158; 211
SQL, 90; 94; 113; 116; 117; 135; 178
Stanford, 85
Statistische Prozeßsteuerung, 52
STEP, 135; 164
Steuergerät, 10; 15; 17; 31; 40; 170; 172; 182; 217; 218
Störgrößen, 59
Strategische Entwicklungs-Initiative, 198; 200; 206; 218; 220
stromabwärts, 27; 32; 38; 83; 171; 220
stromaufwärts, 32; 133; 157
strong typing
  in Lisp, 117
Stückliste, 17; 19; 46; 71; 91; 131; 132; 142; 154; 155; 169; 182; 188
Synergieeffekte
  innerhalb der DV, 187
Synergien
  zwischen präventiven QS-Methoden, 66
  zwischen QS und DV, 67
  zwischen QS und Simultaenous Engineering, 66
  zwischen QS und X-gerechter Konstruktion, 66
Synonyme, 154
System Design (Taguchi), 58
System-FMEA, 60
Szenario
  IPE-~, 218

T

Taguchi, 58; 63; 202
Task Force, 197; 198; 199; 200; 203; 206; 210; 218; 220
  Ziele, 200
Taxonomie, **74**; 151; 152; 153; 154; 163; 166; 167; 170; 172; 177; 223; 224; 225
Taylorismus, 6
Testgebiet
  für IPE, 221
Text- und Hypermedia-Bank, 143; 145; 148; 151; 160; 171; 173
Thesaurus, **153**; 192
Thesaurus-Editor, 155; **166**; 223
Thesaurus-Manager, 151; **152**; 157; 163; 171; 181; 223
Thesaurus-Team, 210
TMS, 172
Tolerance Design (Taguchi), 59
Top-Down-Einführung, 65
Top-Down-Verpflichtung zur Qualität, 202
Total Quality Management, 55; 63; 64
TQM, 55; 57; 63; 64
Tracing, 172
Transaktion, 89; 90; 92; 93; 167; 219
Transformations-Pipeline, 116
Truth Maintenance Systems, 172

U

Über-den-Zaun-Entwicklung, 23
UIL, 112; 113; **119**; 120; 161
UIMS, 96; 98; 151; 161
Umwelt, 21; 47
umweltgerechte Konstruktion, 51; 67
Umweltschutz, 139; 232
Unternehmensweites Datenmodell, 210
User Interface Language, 112; 113; 161

User Interface Management System, 161

V

VAX, 112; 113
VDA-FS, 135
VDA-PS, 135
VDI, 25; 26; 267
Vererbung, 70; **71**; 73; 74; 93
Mehrfach- ~, **71**; 73; 91
Versionsverwaltung, 88
Verzehnfachungsregel, 53
VHDL, 135; 164
VLSI, 10; 175
VMS, 112; 113; 118; 128
Vorgangsintegration, 39; 46; 201
Vorgangskette, 11; 15; 214
Vorgangsketten-Analyse, **203**
Vorgangskettendiagramm, 13; 15; 267
Vorgangskettendiagramme, 12
Vorstand, 198; 199; 207; 208
Vorwärtsverkettung, 77

W

WBMS, 82; 95; 100; 145; 146; 147; 148; 269
WBS, 75; 76; 78; 79; 86; 87; 91; 92; 93; 94; 98; 100; 106; 145; 146; 147; 151; 268; 269
Integration mit DBMS, 95
Kopplung mit DBMS, 93
Nachteile, 86
Vorteile, 86
WBS und DBMS
Vergleich, 92
Weltklasse, 1
Werks-Stückliste, 19
Widget, **120**
Simple Text ~, 120
Widget-Matrix, 119; 120; 123; 124
Widgets, 114
Wiederanlauf, 90; 129
Wiederverwendbarkeit, 70; 75; 152
Wiege
von der ~ bis zur Bahre, 209
WIMP, 96
Window-Klassen, 162; 269
Wissensakquisition, 76; 127; 173; 191; 210
mit Notebook-PC, 224
Wissensbank-Management-System, 82; 95; 145; 146; 230; 269
Wissensbasierte Systeme, 75
Wissensprinzip, 183
Wissensrepräsentation, 76; 77; 78; 79; 86; 94; 95; 136; 145; 151; 222
WYSIWYG, 109; 110; 121

X

X Windows, 98; 99; 112; 127; 129; 135; 149
X-gerechte Konstruktion, 47; 51; 66; 142; 156; 158; 202
XCON, 75; 77; 78
Xerox, 96
XUI, 124

Z

ZGDV, 99; 268

Telekommunikation mit dem PC

Ein praxisorientierter Leitfaden für den Einsatz des Personal-Computers in modernen Telekommunikationsnetzen

von Albrecht Darimont

1993. XII, 380 Seiten Gebunden
ISBN 3-528-05377-1

Aus dem Inhalt: Grundbegriffe der Datenfernverarbeitung – Übertragungsarten, Datenfluß, Synchronisationsverfahren, Lokale Netzwerke, Elektronische Briefkästen – Telekommunikation (Telex, Telefax, Videokonferenz, Bildfernsprechen, Cityruf, Mailbox-Systeme, Datex-P-Dienst, TEMEX, DASAT) – Technik (Modem, Btx-Hardwaredekoder und DBT03, Akustikkoppler, Multi-Telefon und Btx-Endgerät, ISDN) – Telekommunikations-Software – Bildschirmtext-Systembeschreibung – Dienstleistungen im Btx – Fenestra – Btx unter Windows – Amaris Btx/2 Plus – Btx im ISDN mit IBTX – Btx unter Novell Netware

Dieses Buch richtet sich an alle, die die Möglichkeiten moderner Telekommunikationstechniken kennenlernen wollen sowie an PC-Nutzer, die ihren Rechner für die Datenfernverarbeitung nutzen. Zur Sprache kommen die wichtigsten Grundlagen der Datenfernverarbeitung, moderne technologische Verfahren sowie die erforderliche aktuelle Hardware- und Softwarebasis. Zahlreiche Tabellen und Abbildungen machen das Buch zu einem Nachschlagewerk für erfahrene Anwender. Für Programmierer finden sich grundlegende Hinweise zur Entwicklung eigener Anwendungen.

Über den Autor: Albrecht Darimont ist als EDV-Trainer mit Schwerpunkt PC-Anwendungen für einen großen Weiterbildungsträger tätig.

Verlag Vieweg · Postfach 58 29 · 65048 Wiesbaden